1001

深空天体观测指南

今生必看的 1001 个天体奇景

■ ［美］迈克尔·E. 巴基奇｜著

魏晓凡｜译

U0279807

图书在版编目（CIP）数据

深空天体观测指南：今生必看的1001个天体奇景 /
（美）迈克尔·E.巴基奇著；魏晓凡译. -- 北京：人民
邮电出版社，2022.9
（爱上科学）
ISBN 978-7-115-37391-5

Ⅰ．①深… Ⅱ．①迈… ②魏… Ⅲ．①天体－普及读
物 Ⅳ．①P1-49

中国版本图书馆CIP数据核字(2021)第274583号

内 容 提 要

　　本书以深空天体为主要对象，介绍了最值得天文爱好者观测的1001个天体，涉及86个星座、357个
星系，书中介绍的绝大部分天体在北半球都可以观测到，并且书中介绍的每个天体都附有列表和简单介绍，
部分天体的介绍中配有精美图片。全书正文部分共分为12章，对应一年的12个月，每一章介绍的天体都
是最适合在当月观测的。本书阅读门槛不高，大部分天体用小望远镜即可看到。对天文爱好者来说，本书
是此生值得一看的一本书。本书适合对天文感兴趣的读者阅读。

　　◆ 著　　　　[美]迈克尔·E.巴基奇
　　　　译　　　　魏晓凡
　　　　责任编辑　胡玉婷
　　　　责任印制　陈　犇
　　◆ 人民邮电出版社出版发行　　北京市丰台区成寿寺路 11 号
　　　　邮编　100164　　电子邮件　315@ptpress.com.cn
　　　　网址　https://www.ptpress.com.cn
　　　　雅迪云印（天津）科技有限公司印刷
　　◆ 开本：787×1092　1/16
　　　　印张：33　　　　　　　　　　2022 年 9 月第 1 版
　　　　字数：812 千字　　　　　　　2022 年 9 月天津第 1 次印刷
　　　　著作权合同登记号　图字：01-2019-2705 号

定价：298.00 元

读者服务热线：(010)81055493　印装质量热线：(010)81055316
反盗版热线：(010)81055315
广告经营许可证：京东市监广登字 20170147 号

序 言

　　人们观赏深空天体时的感觉是妙不可言的。当你置身于洒满星辰、如黑绒布一样深暗的穹苍之下，身边摆着望远镜，心里迫不及待地对天上的诸多"景点"如数家珍时，整个宇宙似乎变得温柔亲切了。星空中密布着令人激动的、值得一看的目标。单是银河系之内就有大约4000亿颗恒星，而宇宙中至少有1250亿个星系。不过，我们可不能通过这些来推算业余天文爱好者有500万亿亿个可观测目标，我们没必要也不可能那样"贪婪"。对于能架设在自家后院里的中等口径的天文望远镜而言，能够观赏到的较好的天体约有1万个，它们都是离我们相对较近，也因此相对较亮的天体。迈克尔·E.巴基奇在本书中介绍了其中的1001个天体，包括星团、星云和星系等，可以说一卷在手，你就已经开发了通过自家望远镜理论上能观测到的大约1万个天体中那最精彩的10%！

　　在拥抱星空之前，你还要谨记几个原则。第一，要尽可能地远离城市的光害；第二，要尽量挑选远离满月的夜晚。大气中飘浮的微粒少，也就是所谓的"通透"——这样的夜晚，或者拥有这样条件的地点都应该成为你的优先选择。大气中的湍流活动弱，就是所谓的"视宁度"好，这也应该是一个优先选项。在具体观察时，切记不要急着把望远镜的放大率调得太高，绝大多数的深空天体其实在相对较低的放大率下才能呈现出最佳的视觉效果。另外，只要有足够的资金，就应该添置一整套光害滤镜，它们能帮你减小人工光源对成像的影响。此外，一定要掌握使用业余天文望远镜的一些基本技巧，例如瞥视法：让你的视野中心对准目镜视场的边缘，这样你的视杆细胞就能发挥其专长，察觉到目镜中心的暗弱天体。

　　你要确信自己能在观星之旅中获得乐趣。我现在拥有许多部大大小小的望远镜，但我在星夜中最快乐的记忆大多集中在自己观星生涯的第一年。当时我身在俄亥俄州的一片郊野上，手头的装备只有双筒望远镜，观察到的目标也不外乎哑铃星云、仙女座大星系，以及像M7这样的星团，那是我最初的探奇之路。我既不知道此外还可以看什么目标，也不知道那些目标看起来会是什么样子。我当时那种好奇和敬畏的心态应该等同于伽利略当年通过望远镜初窥夜空时一片茫然的感受吧。从某种意义上说，如今操作着口径为762mm的大望远镜、遍览许多极为遥远的天体的我，所拥有的新奇感反而不比当初了。

但随着观测经验与日俱增，你也会在天空中结识越来越多的"朋友"，你将一遍遍地重访这些让你喜爱不已的目标。比如我非常喜欢的天体之一是NGC 6888，也叫"新月星云"。这个星云正在不断扩张，因为它的中心有一颗温度很高且极为"狂躁"的恒星HD 192163，这颗沃尔夫–拉叶型恒星的炽热内层已经暴露在外。遇到条件良好的观测夜，通过200mm口径的望远镜就能看到"新月星云"驳杂而诡异的外观，它飘在一片密密麻麻的暗星之中。而NGC编号为7635、位于仙后座天区的"气泡星云"也是一处奇特的发射星云，虽然它的表面亮度确实有些低，也就是说，它显得有些弥散，这给我们的观赏增加了一点儿难度，但通过150mm口径的望远镜照样有可能在夜空中发现这个"泡泡"。

在阅读迈克尔写的这本书的同时，你可以坚持制作自己喜爱的天体观测目标清单。这样的一份清单既能让你筹划未来将要与哪些天体"谋面"，也能提醒你不断"重访"某些天体。当你度过了足够多的观星夜晚之后，你就会认识到这本书的参考价值。而且，我觉得你会在每次观星时都把它带在身边。

戴维·J.艾彻[1]

---

1. 译者注：戴维·J.艾彻是《天文学》杂志的首席编辑，也是《深空》杂志的创办人兼编辑，他有 30 年的深空天体观测经验，观星足迹遍及全球多地。

前　言

　　在业余天文爱好者的圈子里，如果有人问"我要干什么呢"，这可不是一句档次很高的话，因为这样的问话是在寻求帮助，它也可以被大致转换成"我该观察些什么天体呢？"或者"我的望远镜能看到哪些天体呢？"而且，在观测现场抛出这个问题的人绝不只是那些新近入门的人哦！

　　2000年9月，我在密苏里州堪萨斯城附近参加"大平原星空大会"。有一天晚上，接近子夜时分，我正步行穿过观测场地，有位朋友站在他的观测梯上叫我："嗨，迈克尔，我计划观察的天体都看完了，你能给我出点儿主意吗？"

　　听到这样的求助，我很惊讶，因为我知道这位朋友可不是什么"菜鸟"，他是一位勤勉的业余天文学家，还是大型天文俱乐部的资深会员，而且他用的是自己的望远镜。他当天晚上架设的是一部崭新的609mm口径的牛顿式反射望远镜，配有"观星大师"的道布森式支架，可以指向天幕的任何位置。但即便如此，他还是问出了那句"我要干什么呢"。

　　为了更好地回答这个问题，我写了这本书。

　　这本书要介绍的1001个观赏目标是我从自己观测过的天体目标中逐个挑选出来的，其中少数的天体还是我在30多年前观赏到的。为了更好地甄选这些天体，我不仅翻阅了自己所有的观测日志，把自己以前写过的文章全读了一遍，还向天文同行们打探了他们最喜爱的天体。当然，挑选出最初的218个天体并不是我的功劳，它们是梅西尔深空天体目录中的109个目标，以及帕特里克·摩尔爵士的科德威尔目录中的109个目标。

　　来自《天文学》杂志的两项资源也对我有所帮助。一项是由亚利桑那州的业余天文学家汤姆·伯拉基斯于1998年4月至2004年3月发表的杰出系列文章《星空肖像》，如果你当时没有读到，那么现在还可以在该刊物的网站上买到它的PDF格式的版本[1]。另一项资源也能在相关网站上找到，那就是"星穹"，杂志的订阅者们还可以得到增强版"星穹+"。我把"星穹"中亮于11等的天体大都收录进来了，同时还收录了少量暗于11等天体的天体。

1. 译者注：此书写作时间较早，目前此信息不一定可用。

简单算起来，我甄选的天体目标中共有357个星系，这也是本书中收录数量最多的天体类型，其中包括214个普通的旋涡星系、61个棒旋星系、57个椭圆星系、19个不规则星系，还有6个星系团。书中规模第二大的天体类型是星团，共收录325个，其中疏散星团225个，球状星团100个。另外，本书还收有140处星云、114处双星等可供观赏的目标。鉴于会有观星新手阅读本书，我也收录了9个星座图形和15个星群图形作为目标。

我为挑选天球上最佳的观赏目标做了大量努力，但同时我也必须承认，在选择的时候，我还是对天球北半部的目标有所侧重，毕竟我自己的大多数观星活动是在北半球完成的。当然，我也尽量做到了对全天区各个星座的覆盖，本书最终选择的1001个目标涉及了88个星座中的86个，只有凤凰座和绘架座例外。与之相比，也有些星座的天区被重点关注，其中14个星座各有不少于20个天体入选本书：大熊座42个、人马座38个、室女座33个、仙后座29个、天鹅座29个、蛇夫座29个、豺狼座29个、狮子座28个、天蝎座28个、仙王座24个、麒麟座24个、后发座23个、猎户座21个、猎犬座20个。

在书中，每个目标所介绍的篇幅并不均等。有些类型的天体的介绍内容比较简短，例如双星。而有些目标，尤其是堪称顶级风景的天体，我就毫不吝惜笔墨，会讲解一些相关概念，或附加一些历史掌故说明。但无论如何，我都做不到把某一个天体的方方面面彻底讲透。本书仍然是本"入门读物"，而非"终极之书"，还请各位理解。

建议各位使用本书时拿一支铅笔，如果证实了书中描写的某个特征（例如"轮廓长轴长度是短轴长度的3倍"），可以在相关文字旁边打一个小钩。倘若各位观察到了书中未曾提到的细节，请一定记在书页上，这很有意义也很重要。我当年就是这样踏上了观星之路并开始制作属于自己的观测日志的。

书中如有任何错误，都由我负全部责任；如有纠错信息，请直接写电子邮件赐教（电子邮箱是m_bakich@yahoo.com）。

本书中，天体顺序的编排原则是便于开展历时全年的观星活动。正文部分共有12章，对应每年的12个月。在每一章中介绍的全部天体都是最适合在该月观察的。当然，每个天体在其最佳观测时机的前后几个月内也有较好的机会被看到。

最后要针对本书收录天体的规模多说几句。诚然，我们可以按本书介绍的顺序观察所有天体（至少是在自己所在的地理位置上可见的所有天体），但也完全可以通过多种"非主流"的方式来使用这本书，例如将某一个星座的天区内的各处目标作为下次观测活动的内容，再如开展针对旋涡星系或行星状星云的专题活动。总之，请尽情发挥你的创造力。

致　谢

　　首先要感谢我的妻子霍莉在我写书的全过程中的宽容和忍耐。她对我没陪家人旅行、错过美术展览、闷头在楼上写作全都给予理解，她是我的最佳伴侣，我爱她。

　　本书使用的摄影作品大都来自住在亚利桑那州图森市的亚当·布洛克和住在希腊雅典的安东尼·阿伊奥马米蒂斯。亚当的摄影作品既有他在基特峰天文台的高级观测计划中担任首席观测员时拍摄的，也有他在亚利桑那大学的莱蒙山天空中心担任大众观测活动协调员时拍摄的，但全都令人感到震撼。我在《天文学》杂志社工作7年，其间他的很多摄影作品刊登在《天文学》杂志上。其实，在那段日子里，他是在这份刊物上刊登作品最多的天文摄影家。他为各类天体目标拍照，尤以拍摄旋涡星系见长。至于安东尼，我还没有跟他见过面，但已经通过电子邮件与他联络多年。他特别擅长制订周密的天文摄影计划，在希腊的许多历史遗迹拍摄日出月落之类的天象，使之与地面风景巧妙结合，并以单次曝光来完成作品。此外，他用一年时间拍摄的"日行迹"作品也在天文摄影界赫赫有名。让我深感幸运的是，他也很喜欢拍摄星团，我在《天文学》杂志社时经手过他拍摄的许多高品质图片。当我需要给特定的文章配图时，他总是很愿意伸出援手，还经常主动问我对天文摄影作品有什么需求，我谨在此对亚当和安东尼表达我的敬意。

　　我还要感谢比斯克软件工作室的汤姆·比斯克和史蒂夫·比斯克，他们在将近20年的时间里慷慨地为我提供天文软件"天空"（The Sky，目前已经升级为The Sky X）的副本，供我在家里和单位使用。我曾在1995年出版了自己的第一本书，为了写那本书而进行的所有天文方面的前期工作都是依靠这款软件完成的。而现在这本书的所有坐标、角度数据和星图数据也都取自该软件。如果你也是该软件的用户，请记得到它的官方网站下载最新版的天体数据库。本书介绍的1001个观测目标都在这个数据库的收录范围内。这项资源会让我们在寻找和确认自己打算观赏的天体时方便不少。本书所用的数据文件也承蒙汤姆·比斯克帮我创建。

　　这里还要特别对地产开发商吉恩·特纳致以谢意，他是波特尔的"亚利桑那天空小镇"的创办者，同时也创立了阿尼玛斯的"兰彻·伊达尔戈天文与马术社区"。有赖于他，我完成了很多次观测任务，每次观测都持续多日。在这些日子里，我使用他的762mm口径"观星大师"道布森式反射镜完成了对本书中的很多天体的观察。吉恩的热情好客，以及上述两个地点的纯净、深暗的夜空，让我每次的观测之行都不同凡响。

请原谅我把自己对《天文学》杂志的首席编辑戴维·J.艾彻怀有的感激之情留到这里才写出来。我感激他并非因为他是我的上级。要知道，正是他在30多年前创办了《深空》杂志，他对我在这本书里介绍的1001个目标的熟悉程度胜过我所知的任何人。无论是此书还是其他任何工作，只要我提问，他就能给予非常有用的指点；每次和他一起观星，无论手里用的是762mm口径的"大炮"还是76mm口径的"小筒"，我都能在快乐之中增加自己的经验。

当然，我也要感谢斯普林格出版集团的约翰·沃森、毛里·所罗门和梅根·恩斯特，他们满怀热情地推进这本书的写作，给了我很多英明的建议，解除了我的困惑。在他们的帮助下，本书的写作过程比我预想的容易了不少。

最后，我要把这本书献给两位已经去往星空深处的挚友：杰夫·梅德凯夫、维克·文特尔。这两位资深的观测者都对夜空有着深刻的体悟，也都与我分享过徜徉于星河、找寻一个个熟悉或陌生的天体时的那种兴奋和喜悦。与他们在夜空下共度的那些时光会让我毕生难忘。愿他们安息。

关于作者

　　迈克尔·E.巴基奇住在美国威斯康星州的密尔沃基，是《天文学》杂志的高级编辑，著有1995年出版的《剑桥星座导览》、2000年出版的《剑桥行星手册》、2003年出版的《剑桥天文爱好者指南》。此外，他还在"天文学杂志书系"中编写了单本篇幅约100页的小册子，包括2006年的《星之图》、2007年的《哈勃的最伟大的图片》、2008年的《百大壮观天体》。《天文学》杂志近期的许多文章也是他的手笔。

关于译者

　　魏晓凡，北京人，中国传媒大学文学博士，毕业后在母校担任学术期刊责任编辑兼教师。喜爱天文多年，在母校开设的观星选修课也较受欢迎。合著有《天文爱好者Skymap手册》（第一作者），译有《天文迷的夜空导游图》《宇宙之旅》《宇宙奇景1001图》《星河之外：宇宙真容探秘记》《洞察宇宙：摸得着的天文史》《登陆火星：红色行星的极客进程》等书，发表多篇科普文章。

译者的话

随着人们科学素养和生活水平的提升，以及环境保护工作的全面推进，近年来我国适合开展观星科普活动的场地如雨后春笋般涌现，拥有较大口径的业余天文望远镜并具备一定相关知识的同胞也越来越多。这本书作为以深空天体为主要对象的科普观测活动指导书，比以前引进的许多同类图书的规模都要宏大，非常适合我国观星爱好者参考，但它同时也需要读者拥有少量相关的专业知识。译完此书最强烈的感受是：自己的203mm口径的望远镜太小，要攒钱买更大口径的望远镜。为方便读者阅读，本人对书中一些频繁出现的、但原作者又未在正文或序言中予以解释的必要知识点作简单阐述，具体如下。

第一，书中提到的一些星座、星群，严格来说不能称为"天体"，只能称为"观测目标"。不过，在通盘考虑之下，可以作宽泛理解。

第二，本书使用的是十六向的近似体系，即在我们日常所用的八向体系（东北、东、东南、南、西南、西、西北、北）的基础上，在其各对相邻方向之间再作对半等分，由此产生8个新的方位（东北偏东、东南偏东、东南偏南、西南偏南、西南偏西、西北偏西、西北偏北、东北偏北）。

第三，书中所说的方向都是天球上的方向，其方位词"北"和"南"分别是指天球上的北天极和南天极，"东"和"西"分别是指天球上赤经坐标数值增大和减小的方向。不要把这些方向描述简单地与实际地理方向对应起来。如果对此理解不深，建议采用坐标数据寻星法（查询电子星图或纸质星图），或使用望远镜的自动寻星功能。

第四，书中的度、角分、角秒，是球面坐标系中常用的角距计量单位。一个圆周等于360°，1°等于60′，1′等于60″。

第五，"星等"是天文学领域描述天体在我们眼中的亮度（而非其实际发光强度）的指标。两天体间的亮度若差100倍，则星等数值相差5等。星等的数值幅度是以倍数来定义的，也就是说，每差1等，亮度差约2.512倍（因为2.512的5次方约等于100）。

第六，寻星镜是单筒天文望远镜上的一种常见配件，它与主镜筒平行安装，自身也是一只小望远镜，只是口径没有主镜筒的口径大（所以看到暗天体的能力更差），但是视场直径更宽（所以可以一次看到更宽阔的天区），主要功能是帮助观测者找到想要观察的天体（视场宽阔有利于将周围的天体作为参照物），确保其进入主镜的视场，后续的具体观察是通过主镜筒进行的。不过，由于它本身也是一只小望远镜，所以高品质的寻星镜也可以直接被当作观察较亮天体时的便携望远镜来使用（甚至从主镜筒上拆下来当作手持的小单筒镜使用）。

第七，天文双筒镜的基本参数标注方式通常是一个乘式，乘号之前是放大率（单位为倍），乘号之后为物镜口径（单位为mm）。比如7×50表示放大率为7倍，物镜口径为50mm。

第八，单筒天文望远镜的放大率并没有一定的倍数，这也是新手常常不清楚的一点。在配以不同焦距的目镜时，单筒镜获得的放大率是不同的，因此书中常有类似于"配以x倍放大率"的表述。单筒镜放大率配置的具体计算方式是以物镜的焦距除以目镜的焦距，这两项参数通常分别写在主镜筒上和目镜的侧面。例如900mm焦距的主镜配上25mm焦距的目镜时，放大率就是900除以25，即36倍。

第九，单筒天文望远镜根据光路不同，可以分为折射镜、反射镜、折反射镜几大类。同等口径下，反射镜的成本最低。"道布森式"并不是光学上的一个类型，但它是望远镜架设方式的一大类，很适合大口径的反射镜。

第十，关于瞥视法，虽然艾彻在序言中已经提到了，但是并未讲明其中的道理。直盯着某个暗弱天体时看不见它，把视线挪到旁边时却用余光瞥见了它，这种貌似反常识的现象其实缘于人眼的结构瑕疵。人眼中的感光细胞接收光子后，要将相应的电信号通过神经传递给住在"后台"的大脑。奇怪的是，不知为何，人类的基因决定了这些神经长在了感光细胞的前面而非后面。所有的此类神经汇聚成一束，然后从眼底中心的一个洞里穿过去。这个洞上显然是无法长出感光细胞的，所以我们直盯着某个暗弱光源时，其发出的光子可能正好落在这个洞上，从而无法被观测到。

第十一，本书在介绍部分星系的观赏方法时，会提到其"附近"有恒星。虽然这种搭配很好看，但应该指出，这些恒星都是"前景恒星"，也就是说，它们只是偶然重叠在这个星系与我们之间的连线附近。实际上，星系离我们很远，其与我们之间的距离跟这些处于银河系内部的恒星与我们之间的距离完全不在一个数量级上。

第十二，最常见的几种星系是旋涡星系、棒旋星系、椭圆星系。其中，椭圆星系是无旋臂结构的，整体接近椭球形；而旋涡星系或棒旋星系是有旋臂的，而且其盘面通常也更圆。只不过，由于星系的盘面与我们的视线之间通常有任意的夹角，所以很多拥有圆形盘面的星系在我们看起来都呈"半侧身"姿态，从而投影出一个椭圆形的轮廓。必须注意，这种"椭圆轮廓"跟"椭圆星系"完全不是一个概念。

目　录

一月

必看天体 1　NGC 2264　迈克尔·加里皮 / 亚当·布洛克 /NOAO/AURA/NSF[1]

必看天体 1	NGC 2264
所在星座	麒麟座
赤经	6h41m
赤纬	9°53′
星等	3.9
视径	20′
类型	疏散星团
别称	圣诞树星团（The Christmas Tree Cluster）

---

1. 译者注：NOAO 指美国的国家光学天文台，AURA 指美国的高校天文研究协会，NSF 指美国的国家科学基金会。鉴于这三个机构的中文名称较长，后文仍均以英文缩写呈现，不再另附解释。

本书介绍的第一个天体是"圣诞树星团",这个漂亮的深空天体位于星光黯淡的麒麟座中。它的总亮度达到了3.9等,因此,若是在良好的夜空环境下,甚至可以直接用肉眼看到它。当然,如果不用望远镜,顶多也只能看到一个并不显眼的模糊光斑。要定位它,可以先找到3.4等的双子座ξ星(中文古名为"井宿四")[1],然后朝其西南偏南方向移动3.2°。

通过望远镜看它,就不难理解它为何能得到"圣诞树星团"这一别称。在50倍的放大率下,可以看到它的10多颗成员星,它们分布在4.7等的麒麟座15号星的东西两侧。这些成员星构成了"圣诞树"的基本宽度(大约0.5°),而其"树尖"是指向南的。

必须指出,南边的这几颗星虽然构成了"圣诞树"的"树尖",但它们并不属于上述的疏散星团。观测已经证实,它们的自行[2]方向跟上述星团的成员星们并不一致,但其内部一致。上述的星团距离地球更远,有2500光年左右。

如果使用300mm左右或更大口径的望远镜,你还可以看见一个长约5′的明亮星云带,它仿佛是从这里最亮的那颗星向西发散出来的。这团发光的气体属于发射星云沙普利斯2-273,它其实向西延伸达2°之多。

在"圣诞树"的顶部还有"圆锥星云",这块不发光的暗星云浮现于亮星云的背景上,在专业天文照片里相当明显。但若使用业余天文望远镜,则只有通过口径最大的那类设备才能看到它。

必看天体 2	NGC 2266
所在星座	双子座
赤经	6h43m
赤纬	26°58′
星等	9.5
视径	5′
类型	疏散星团

这个漂亮的小星团位于3.3等的双子座η星(中文古名为"钺")北侧1.8°,它处在一片星点密集的银河星场之中。通过100mm口径并配以100倍的放大率的望远镜观看它,可以看到20多颗成员星,其中最亮的是8.9等的SAO 78670,位于整个星团的西南端。

必看天体 3	NGC 2280
所在星座	小犬座
赤经	6h45m
赤纬	-27°38′
星等	10.5
视径	6.3′×2.8′
类型	旋涡星系

这个天体位于1.5等的大犬座ε星(中文古名为"弧矢七")的西北偏西方向3.3°。在小型望远镜中,它的轮廓呈椭圆形,长轴长度约为短轴长度的2倍。它的中心区域外观均匀统一,唯一的明显特征是有一条与长轴方向平行的暗带。在约300mm口径的望远镜中,可以看出它的两条细细的

---

1. 译者注:后文所有加注的中文古星名均为译者加的,不再赘标。

2. 译者注:关于"自行"可参见本书"必看天体 22"中的译者注内容。

旋臂从其核心区出发，分别伸向东西两侧。这个星系的核心区与旋臂之间的空间较小，但如果把放大率配到300倍以上，仍可以看出区分二者的暗线。

必看天体 4	天猫座 12 号星
所在星座	天猫座
赤经	6h46m
赤纬	59°27′
星等	5.4/7.3
角距	8.7″
类型	双星

天猫座是一个很难找的星座，所以找到这颗5等双星后也需要仔细地辨认，以免找错。我们最好以3.7等的御夫座δ星（中文古名为"八谷一"）作为寻找该双星的起点，该双星位于御夫座δ星的东北方8.2°。在找准御夫座δ星之后，即便只用小口径的望远镜也可以在100倍左右的放大率下分辨出该双星，其主星呈蓝色，伴星呈黄色。

必看天体 5　NGC 2281　安东尼·阿伊奥马米蒂斯

必看天体 5	NGC 2281
所在星座	御夫座
赤经	6h49m
赤纬	41°04′
星等	5.4
视径	14′
类型	疏散星团

这个星团处于5等的御夫座ψ^7星（中文古名为"座旗六"）的西南偏南方向0.8°。通过100mm口径并配以100倍放大率的望远镜观察它，可以分辨出20多颗成员星。在它的中心区域，有4颗亮度在8.8～10.1等的成员星组成了一个紧致的平行四边形。如果望远镜口径达到300mm，则有望看到超过50颗成员星。

必看天体6	大犬座 α 星
所在星座	大犬座
赤经	6h45m
赤纬	-16°43'
星等	-1.5/8.5
角距	8.8″
类型	双星
别称	天狼星（Sirius）[1]

美国著名的望远镜制作师阿尔文·克拉克于1862年发现天狼星其实是双星。那时，他正在伊利诺伊州的迪尔伯恩天文台测试一块直径18英寸（约457mm）的透镜。

在那一年，把天狼星和它的伴星分辨开几乎是不可能的，当然如果在其他年代做这件事或许就不那么难——因为二者的角距一直在变化。目前，这个角距处于增大的阶段，要到2025年才能达到最大并开始重新缩小，届时二者之间将相隔11″。天狼伴星（又叫天狼B或者"小狗"即Pup）从2025年开始将重新与天狼星（又叫天狼A）减少角距，到2043年达到一个最小值，仅2.5″。

要想清楚地看到天狼伴星，需要一个大气视宁度极佳的观测地点，并且在天狼星上中天（通过正南方）的时刻前后来观察。各项条件都要尽可能理想，以便透过稀薄、安静、透明的空气去指向这个目标。你也应该对二者的角距在望远镜里的呈现效果有一定的把握[2]。另一颗双星参宿七（本书"必看天体939"）的两子星角距约为9″，在2010—2011年，天狼星的两子星角距与此相仿。另外，要把放大率加足，我个人每次从天狼星的耀眼光芒之下辨认出它的伴星时，放大率都不低于250倍。

"天狼星"这个别称来自希腊文的$\sigma\varepsilon\iota\rho\iota\sigma\sigma$，大意为闪耀、激烈。理查德·艾伦在他的著作《星星的名字及其含义》中提到，这个希腊文的名字是生活在公元前8世纪后期的希腊诗人赫西奥德起的。

但是，19世纪最权威的天文观测指导书《天体大巡礼》的作者史密斯上将在自己的这部书中提出了不同的意见。他这样写道：

"赫顿博士（可能是指英国的数学家查尔斯·赫顿）郑重地告诉我们，Sirius这个名称来自Siris，后者是尼罗河最古老的名称，那是因为古埃及人和古埃塞俄比亚人每次看到这颗亮星与太阳同时升起时，就宣布新的一年开始了，而那也是他们丰饶的尼罗河又一次开始泛滥的时候。在他们看来，为田地带来养料的洪水正是在这颗美丽的亮星的感召下才涌起的。这颗星由此被尊奉

---

1. 译者注：很多天体的外文别称和中文别称的文字意思并不直接对应，且部分天体的外文别称目前暂无公认的中文译法。因此，译者在遇到这类情况时，会将中文名称或中文古称写在该栏，同时附列原书给出的外文别称，且暂不直译后者。全书同。

2. 译者注：角距会按放大率配置被增大。

为索提斯、欧西里斯、死神阿努比斯等神祇，还曾被看作生育女神伊西斯的住所。"

必看天体 7	NGC 2286
所在星座	麒麟座
赤经	6h48m
赤纬	-3°09'
星等	7.5
视径	15'
类型	疏散星团

先找到4.2等的麒麟座β星（中文古名为"参宿增二十六"），然后朝东北方移动6.1°，就可以找到这个疏散星团。通过约100mm口径的望远镜就可以在直径大约15'（相当于满月的视直径的一半）的区域中看到大约30颗它的成员星。在该星团内部靠近东南方的边缘处，有一处漂亮的双星，亮度分别为9.7等和10.2等，二者相距34″，此双星是该星团内最亮的星。

必看天体 8	M 41（NGC 2287）
所在星座	大犬座
赤经	6h47m
赤纬	-20°44'
星等	4.5
视径	38'
类型	疏散星团

M 41可以说是最容易寻找的深空天体之一，因为你可以以夜空中最亮的恒星为参考点来轻松地找到它：从大犬座α星（本书"必看天体6"）向南移动4°即可。如果在夜空条件特别好的观测地点，你甚至仅凭肉眼就可以察觉到它的存在。

古希腊的哲学家亚里士多德可能早在公元前325年左右就知道这个天体了。而现代公认的它的发现者是意大利的天文学家乔瓦尼·霍迪纳，霍迪纳察觉它的时间不晚于1654年。在所有未曾获得别称的深空天体中，M 41是亮度最高的一个，我一直很奇怪为什么它从来没有得到通用的别称。

使用约150mm口径的望远镜可以看到大约50颗它的成员星；如果口径翻倍，能看到的成员星的数目又会多出不少。天文学家们通常认为它的成员星略多于100颗，散布在比满月的视面积稍大的天区内，这些成员星的亮度分布在7~13等。

在望远镜中观看M 41时，视野里会出现6.1等的大犬座12号星，它比周围的M 41成员星都亮，但它并不属于这个星团，它只是叠加在M 41的中心位置东南方21'。它离我们大约1100光年，而M 41与我们之间的距离是这个距离的2倍不止。

M 41初看上去大致呈现圆形的轮廓，仔细放大观察可以看出它内部有几条南北向的星链。可以通过双筒望远镜，或者把单筒望远镜的放大率配置放低一些，来观察这种分布特征。

必看天体 9	NGC 2298
所在星座	船尾座
赤经	6h49m
赤纬	-36°00′
星等	9.2
视径	6.8′
类型	球状星团

这个球状星团位于2.7等的船尾座π星西边5.8°。由于离我们有4万光年，故它看上去并不明亮。在不足200mm口径的望远镜中，它呈现为一个平滑、紧致的白色光晕。如果将放大率配置到250倍以上，则可以分辨出它的颗粒状质感，那说明它是由许多成员星组成的。通过350mm以上口径的望远镜可以把它看得更清楚，此时配以300倍以上的放大率可以从中分辨出大约30颗靠近它边缘的成员星，但其核心区的成员星仍然无法被分辨出来。

必看天体 10	NGC 2301
所在星座	麒麟座
赤经	6h52m
赤纬	0°28′
星等	6.0
视径	15′
类型	疏散星团
别称	海格之龙（Hagrid's Dragon）

这个星团比较亮，眼神犀利的观测者在足够深暗的夜空中有可能不借助任何光学设备就可以直接看到它。它位于4.2等的麒麟座δ星（中文古名为"阙丘二"）的西边5.1°，在各种口径的望远镜中都是个引人注目的天体，且它周围的星场也很热闹，适合用宽视场的目镜来欣赏。通过150mm左右口径的望远镜，可以观察到大约50颗成员星；将放大率换到200倍以上，可以看到星团的正中心有一处双星，其两颗子星的亮度分别为8.0等和8.8等。

它的别称"海格之龙"诞生于近些年：《天文学》杂志的特约编辑斯蒂芬·奥米拉在观察这个星团时觉得它的外观像一条正在飞翔的龙。他借用J. K. 罗琳的系列小说《哈利·波特》中的角色海格，将这个天体命名为"海格之龙"。但是，罗琳在原作中已经给海格的龙起了个名字"诺伯特"，奥米拉为何不用这个称呼呢？我觉得或许是因为"海格之龙"念起来比"诺伯特"更霸气——我这绝对不是不尊敬所有名为"诺伯特"的人。

必看天体 11	NGC 2302
所在星座	麒麟座
赤经	6h52m
赤纬	-7°04′
星等	9.0
视径	2.5′
类型	疏散星团

这个星团位于4.2等的麒麟座β星以东5.7°，成员星较少，我通过200mm左右口径的望远镜只能识别出10多颗成员星。如果换用口径更大的望远镜，有望看到更多的成员星，但也不会多出太多。在该星团中心位置的西北方9′处有一颗6.6等的恒星，那是SAO 133781。

必看天体 12	大犬座 ε 星
所在星座	大犬座
赤经	6h59m
赤纬	−28°58′
星等	1.5/7.4
角距	7.5″
类型	双星
别称	弧矢七（Adhara）

通常，观察双星的有趣之处在于它们的颜色对比，但这处双星的特点在于其亮度对比。其蓝色的主星亮度大约是白色伴星的230倍。要想分辨这对双星，需要一些耐心，并应使用150倍以上的放大率，以便把伴星从主星的光芒掩盖下剥离出来。

其英文别称Adhara也写作Adara，来自阿拉伯文al Adhara，意为"处女"。该星曾与周围的少量恒星一起被视为一个星座，但这一星座现已不被看作一个整体来观察。"处女"这个名字与它原来所在的星座形象有关。

该星是大犬座内第二亮的恒星，但拜尔命名法分配给它的编号ε仅是希腊字母表中的第5个字母，也就是表示它应该仅是大犬座内亮度排在第五的恒星。这种使用希腊字母的恒星命名法来自德国的星图绘制家约翰尼斯·拜尔，他于1603年发布的《测天图》把这颗星标为大犬座中的ε星，这显然犯了一个错误，按字母顺序命名，此星本应叫作β星。

必看天体 13	NGC 2311
所在星座	麒麟座
赤经	6h58m
赤纬	−4°35′
星等	9.6
视径	7′
类型	疏散星团

这个星团内最亮的15颗成员星沿着从东南—西北的方向排成了带状。通过100mm左右口径的望远镜就可以看到这15颗恒星，或许还会更多一些。通过200mm口径左右的望远镜，可见的成员星数跃升到30颗上下。要定位这个星团，可以先找到5.0等的麒麟座19号星，然后往西南偏西方向移动1.3°。

必看天体 14	NGC 2316
所在星座	麒麟座
赤经	7h00m
赤纬	−7°46′
视径	4′×3′
类型	发射星云

这块星云很小，外表像颗彗星，位于疏散星团M50（本书"必看天体15"）的西北方向1°。使用250mm左右口径并配以200倍放大率的望远镜可以看出一块亮斑贯穿于它的表面。要想进一步观察它的细节，可以加装一块星云滤镜。

必看天体 15 M 50 安东尼·阿伊奥马米蒂斯

必看天体 15	M 50（NGC 2323）
所在星座	麒麟座
赤经	7h03m
赤纬	-8°20′
星等	5.9
视径	16′
类型	疏散星团
别称	心形星团（The Heart-Shaped Cluster）

梅西尔深空天体目录中不乏辉煌壮丽的观察目标，例如"仙女座大星系"M 31、"猎户座大星云"M 42、"旋涡星系"M 51等。与它们相比，这里要介绍的M 50就显得有点儿"小众"了。

但是，它的名气真的不该这么小。5.9等的累计亮度使得视力出众的人可以在最好的观测环境中不用望远镜就能直接看到它。若使用小口径的天文望远镜并配以100倍的放大率，就可以在直径约12′的天区内看到它至少50颗成员星，其中最亮的成员星的亮度有8等。另外，多颗亮度在8～10等的成员星组成了一个弧形的星链。

史密斯上将在《天体大巡礼》中谈到过这颗8等星及其伴星，还有这个星团的其他成员星："在一个位于银河中的星团里，有一处精致、紧密的双星，它就在'独角兽'（麒麟）的右肩上，主星亮度为8等，伴星亮度为13等，都呈苍白的颜色。这个星团呈现不太规则的圆形，成员星众多。成员星的亮度分布在8 ~ 16等。这些成员星充填了望远镜的视场，不少比较靠边的成员星已经处于视场之外。其中心区域是一个壮观的亮斑，这说明那里还有更多更暗的成员星，只不过已经超出了我的望远镜的极限。"

　　诚然，你可能没怎么听人说起过M 50，但请不要忽视它。对观测者来说，它是一处不为大众所知的美景。它椭圆形的中心区域带有两条向外伸展的星链，这也是它的别称"心形星团"的由来[1]。

必看天体 16	NGC 2324
所在星座	麒麟座
赤经	7h04m
赤纬	1°03′
星等	8.4
视径	7′
类型	疏散星团

　　这个天体位于亮度为4.2等的麒麟座δ星的西北方2.5°，其成员星的亮度多在12 ~ 13等。通过100mm左右口径的望远镜即可轻松地看出此星团有一个略呈椭圆形的轮廓。此时的放大率若配到100倍，应可看出30多颗成员星。如果使用200mm口径的望远镜，可见的成员星则会超过50颗且不规则地散布在整个视场之中。这个星团所在的天区中有很多背景恒星，但我们仍然可以明确地识别出它的边界所在。

必看天体 17	NGC 2331
所在星座	双子座
赤经	7h07m
赤纬	27°21′
星等	8.5
视径	19′
类型	疏散星团

　　这个天体位于4.4等的双子座τ星（中文古名为"五诸侯二"）的西南偏南方向3.1°。其成员星稀疏，散布在直径超过满月的一半的天区内，它们数量不多，通过150mm左右口径的望远镜只能辨认出20颗左右。

必看天体 18	NGC 2335
所在星座	麒麟座
赤经	7h07m
赤纬	−10°02′
星等	7.2
视径	7′
类型	疏散星团

---

1. 译者注：该星团位于 4.1 等的大犬座 θ 星的东北偏北方向约 4.2° 处。

　　定位这个天体最简单的方式是先找到4.1等[1]的大犬座θ星（中文古名为"天狼增二"），然后朝东北偏东方向移动3.7°。这里最醒目的特征之一是：有一颗7.0等的恒星SAO 134220位于该星团中心的东北方向8′处。

　　使用100mm左右口径的望远镜即可明显看出20多颗属于该星团的星，其中较亮的成员星组成了几条星链以及几个几何形状。使用300mm左右口径并配以150倍放大率的望远镜，则可以看到的成员星数量会增加至50颗。

必看天体 19　NGC 2336　亚当・布洛克 /NOAO/AURA/NSF

必看天体 19	NGC 2336
所在星座	鹿豹座
赤经	7h27m
赤纬	80°11′
星等	10.4
视径	6.4′×3.3′
类型	棒旋星系

　　这个天体位于一个星光黯淡的区域，我们可以先找到4.6等的鹿豹座γ星（中文古名为"杠一"），然后朝东北偏北方向移动视野15°来尝试找它。通过较小口径的望远镜可以看到这个星系明亮的中心区，它周围的光晕区也不难看到。使用250mm左右口径并配以200倍放大率的望远镜，可以看到这个棒旋星系核心的棒状结构。当你观察完这个星系后，还可以顺便看看12.3等的星系IC 467，它就在NGC 2336的东南偏南方向20′处。

---

1. 译者注：原书说 4.4 等。

必看天体 20	NGC 2343
所在星座	麒麟座
赤经	7h08m
赤纬	−10°37′
星等	6.7
视径	6′
类型	疏散星团

这个星团位于一个巨大的天体复合体IC 2177（本书"必看天体23"）内部的东北端，哪怕仅用双筒镜或者寻星镜都可以轻松找到它。要定位这个目标，可以先找到4.1等的大犬座θ星，然后朝东北偏东方向移动3.7°。曾有视力特别好的观测者，利用条件绝佳的深暗夜空，不依靠其他任何光学设备的帮助就看到了它。通过100mm左右口径的望远镜可以在一块小区域内看到15颗它的成员星；当望远镜的口径达到300mm左右时，还可以多看到10颗。要定位这个天体，可以先找到4.1等的大犬座θ星，然后朝东北偏东方向移动3.7°。

必看天体 21	NGC 2345
所在星座	大犬座
赤经	7h08m
赤纬	−13°10′
星等	7.7
视径	12′
类型	疏散星团

要定位这个天体，可以先找到5.3等的大犬座μ星，然后朝东北偏东方向移动3°。使用150mm左右口径并配以150倍放大率的望远镜可以在视场内看到这个星团内的大约30颗分布并不均匀的成员星。该星团的东部成员星分布更为紧密，最亮的几颗成员星沿着南北方向组成了一条弧形的星链。改用300mm左右口径的望远镜后，可见的成员星数量上升到50颗。这个星团周围天区的恒星很多，但它仍然能够凸显出来。

必看天体 22	NGC 2348
所在星座	飞鱼座
赤经	7h03m
赤纬	−67°24′[1]
视径	11′
类型	疏散星团（存疑）

对于这个天体到底是不是一个星团，天文学家们目前还有争议，所以你不妨观察一下，提出你自己的看法。在这个地方聚集的恒星数量确实达到了"星团"的要求，但关键问题在于，这些恒星是否在太空中有着相同的运动趋势[2]？在直径大约10′的天区里聚集了20多颗亮度在10～14等的恒星。这个星团位于4.0等的飞鱼座δ星（中文古名为"飞鱼五"）的西北偏西方向1.4°处。

---

1. 译者注：赤纬在 −50° 以南的天体在我国大部分地区无法被观测或极难观测到，敬请注意。全书同，后文不赘述。
2. 译者注：这是指恒星的"自行"，即它相对于天球背景本身的缓慢移动，但移动的幅度很小，所以通过几次短时间的观察并不能得到这一问题的答案。

必看天体 23　IC 2177 内的塞德布拉德 90　塔德·登顿 / 亚当·布洛克 /NOAO/AURA/NSF

必看天体 23	IC 2177
所在星座	麒麟座
赤经	7h05m
赤纬	–10°38′
视径	120′×40′
类型	发射星云
别称	海鸥星云（The Seagull Nebula）

这个天体面积巨大，因此可以通过搭配特定口径的望远镜与目镜，取得合适的宽视场来欣赏，如果使用星云滤镜，效果会更好。星链沿着星云的长边延伸。我曾经故意把200mm左右口径的望远镜的电动跟踪功能关掉，用低倍率目镜看着它慢慢飘过视场。这样做会让你很容易注意到这块星云的存在。

该星云的南端[1]有一个从主体中松脱出来的部分，视径为19′×17′，天文学家将其单独编号为NGC 2327，它是"海鸥"的"头部"。靠近"头部"中心处有一颗8等星，它正好位于一个黑色暗条的一端，该暗条是一块不发光的星云物质。或许，这个窄窄的暗条很像海鸥的嘴。

由此向南1°就是反射星云——塞德布拉德亮星云目录中第90号星云，它"发光"的原理其实是它中心处一颗8等恒星的光被反射了。这个视径3′的星云整体呈圆形、边缘模糊。由于它属于反射星云而非发射星云，所以你无法使用星云滤镜来观察它。

通过300mm左右口径或更大口径的望远镜可以看到IC 2177的东侧边缘和深暗夜空的交界线处的丰富细节。此外，还可以试着找找这块星云内部的几个疏散星团，例如NGC 2335（本书"必看天体18"）和NGC 2343（本书"必看天体20"）[2]。

必看天体 24	飞鱼座 γ 星
所在星座	飞鱼座
赤经	7h09m
赤纬	-70°30′
星等	3.8/5.7
角距	13.6″
类型	双星

飞鱼座γ星（中文古名为"飞鱼二"）也是需要我们到北纬20°以南的地方去观看的。如果一切顺利，你可以看到黄色的主星和白色的伴星形成的美丽对比。该星位于著名的"大麦哲伦云"（本书"必看天体944"）的东南偏东方向大约9°处。

必看天体 25	沙普利 2-301
所在星座	大犬座
赤经	7h10m
赤纬	-18°29′
视径	8′×7′
类型	发射星云

这个天体位于4.1等的大犬座γ星（中文古名为"天狼增四"）的东南偏南方向3.2°处，离银河系的中心有4.2万光年。在200mm左右口径的望远镜中，不加滤镜就可以看到它处在繁密、璀璨的星场之中，有着明亮的中心区和模糊的边缘。加入星云滤镜后，可以看到更多有趣的细节。如果换用更大口径的望远镜，还可以看到它发亮的表面上散布着一些暗区。

---

1. 译者注：似应为西侧。
2. 译者注：寻找此天体可以从 4.1 等的大犬座 θ 星出发，往东北偏东方向移动约 3°。

必看天体 26	NGC 2353
所在星座	麒麟座
赤经	7h15m
赤纬	−10°18′
星等	7.1
视径	20′
类型	疏散星团
别称	埃弗里之岛（Avery's Island）

观察这个天体时，首先会注意到的应该是6等的恒星SAO 152598，它就位于这个星团的中心位置往南一点点的地方。即使望远镜口径只有100mm左右，也可以从中看到30多颗成员星。使用300mm左右口径的望远镜，在此可以看到的成员星超过100颗，其中绝大部分成员星的亮度为9～11等。该星团的南半边比北半边亮，即便没有那颗6等的亮星也是如此。

要想找到这个天体，可以从3.9等的麒麟座α星开始，向西移动视场6.6°。

《天文学》杂志的特约编辑奥米拉借用埃弗里船长的典故来命名这处珠宝盒般的夜空景观。埃弗里船长在1695年俘获并洗劫了一艘印度莫卧儿帝国的船，然后带着所有不义之财逃到了一座岛上，当了大富翁。

必看天体 27	NGC 2354
所在星座	大犬座
赤经	7h14m
赤纬	−25°44′
星等	6.5
视径	20′
类型	疏散星团

这个目标也比较容易被找到，它就在1.8等的大犬座δ星（中文古名为"弧矢一"）的东北偏东方向1.5°处。使用100mm左右口径的望远镜即可看到该星团的30多颗成员星，使用250mm左右口径的望远镜则可以看到100颗成员星。你还可以尝试辨认该星团中心部位的一个无星的暗区，该暗区呈椭圆形，长轴在南—北方向上。

必看天体 28	ADS 5951
所在星座	大犬座
赤经	7h17m
赤纬	−23°19′
星等	4.8/6.8
角距	26.8″
类型	双星

这处双星景观的颜色对比鲜明，其主星呈现黄色或金色，伴星则呈蓝色。它们位于3.0等的大犬座ο²星的东边3°处。

它所属的天体目录ADS是一份双星目录，仅从这一点就可以看出它是双星。这份目录出自美国天文学家罗伯特·艾特肯的两卷本巨著《距北天极角距小于120°的双星新版总目》，此目录包括了整个北半天球及从天赤道到赤纬南纬30°之间的17180处双星目标。

必看天体 29	NGC 2355
所在星座	双子座
赤经	7h17m
赤纬	13°47′
星等	9.7
视径	8′
类型	疏散星团

　　这个目标位于双子座天区的南端，离大犬座天区只有1.5°。要定位它，可以从3.6等的双子座λ星出发，向南移动2.8°。望远镜的口径越大越好。使用100mm左右口径的望远镜可以从中看出大约20颗成员星，而使用200mm左右口径的望远镜可以看到接近50颗成员星。

必看天体 30　NGC 2359　克里斯蒂娜·史密斯、戴维·史密斯 / 史蒂夫·曼德尔 / 亚当·布洛克 /NOAO/AURA/NSF

必看天体 30	NGC 2359
所在星座	大犬座
赤经	7h19m
赤纬	−13°12′
视径	9′×6′
类型	发射星云
别称	雷神头盔（Thor's Helmet）、野鸭星云（The Duck Nebula）

在深空天体的别名之林中，"雷神头盔"或许是最让人难忘的名字了。这个星云是宇宙中的一种"物质泡"，它来源于一种大质量的发光恒星——沃尔夫–拉叶型恒星的辐射作用。这种超巨星的寿命很短、数量也很少，目前天文学家们在整个银河系之内也只发现了大约250颗这种恒星。

当一颗恒星的级别达到沃尔夫–拉叶型这一级别，其喷射的物质（"星风"）会十分强劲，速度达到10 000 000km/h，在它的外围呈现立体的物质包层。被以高速抛向星际空间的离子化气体物质，可以让这个包层展现出震撼人心的美丽外表。

NGC 2359位于大犬座最亮的恒星，即天狼星的东北偏东方向8.8°处。当然，你也可以改用4.1等的大犬座γ星来寻找它，从该星出发朝东北方向移动4.3°即可。如果望远镜加了窄带滤镜和星云滤镜，观察这块星云的效果会特别好。通过300mm左右口径的望远镜，可以看到它圆形的中心区以及仿如雷神头盔上两只"犄角"的结构。该星云中最亮的区域宽度约1′，长度方面向南延展约4′。

最近，我还使用762mm左右口径的望远镜观察了这个天体，结果看到了令人惊讶的丰富细节，我原本以为这样的细节只能在画册上看见。当然，专业天文摄影用的CCD（Charge Coupled Device，电荷耦合器件）可以记录这块星云绚丽的色彩，而人眼无法直接察觉这些颜色。如果读者有机会使用特大口径的望远镜观察深空，一定不要错过NGC 2359——请相信我，这个天体不会让人失望。

"雷神头盔"这个别称听起来像是出自古代神话中的典故，但它的历史其实很可能比神话年代晚很多。为什么这么说？因为这里的"雷神"来自古代挪威神话，而神话中的雷神并没有戴头盔，只有一对犄角。依据现在出版物中的图像，雷神确实戴着头盔，但这种描绘方式只能追溯到1962年8月：当时"雷神"这个角色在漫威公司推出的漫画《神秘之旅》第83集中首次登场，此角色采用了有头盔的扮相。

必看天体 31	NGC 2360
所在星座	大犬座
赤经	7h18m
赤纬	−15°37′
星等	7.2
视径	12′
类型	疏散星团
别称	科德威尔 58（Caldwell 58）

这个天体也位于恒星众多的天区，可以从4.1等的大犬座γ星出发，向东移动3.3°来找到它。通过100mm左右口径的望远镜，可以在这个星团的中心区看到一个以东西方向贯穿该区的、近似棒

状的、成员星密集的结构。该星团中最亮的成员星是8.9等的SAO 152691，位于星团内部的东端。

在夜空环境很好时，使用200mm左右口径的望远镜可以从中看出不少于50颗成员星。这个天区的背景恒星很多，所以要想辨认出这个星团东端和背景星场的分界，恐怕得费一番工夫。[1]

必看天体 32	NGC 2362
所在星座	大犬座
赤经	7h19m
赤纬	-24°57′
星等	4.1
视径	8′
类型	疏散星团
别称	大犬座τ星团（The Tau Canis Majoris Cluster）、墨西哥跳星（the Mexican Jumping Star）、科德威尔64（Caldwell 64）

按亮度排名，这个天体可以在全天区所有疏散星团中排到第9位。它的别称"大犬座τ星团"即源自它所包含的最亮星——4.4等的大犬座τ星（中文古名为"弧矢增六"）。它的其他成员星都比它暗得多，其他成员星的亮度与大犬座τ星的亮度差距都大于3个星等。

大犬座τ星也是我们已知的发光能力最强的超巨星之一。它的绝对星等（假定将其放在离地球32.6光年的地方，在地球上会看到的它的亮度）达到-7等，这个亮度大约是太阳亮度的5万倍。

大犬座τ星也叫"墨西哥跳星"，这大概是因为北半球的业余天文观测者们总是看到它剧烈地闪烁——由于它的高度角在北半球看来偏低（在北纬40°观察它时，它的地平高度角不会超过25°），它的光芒在到达望远镜之前已经穿过了特别厚的大气层。

要定位这个星团，可以先找到1.8等的大犬座δ星，然后朝东北偏东方向移动2.7°。即便直接用肉眼也不难发现这个星团，使用双筒望远镜就可以看到不少恒星聚集在那里，而那里也属于冬季银河的天区。

在望远镜中，大犬座τ星光芒太强，使得它周围不少10等左右的成员星显得若有若无。要想更准确地对其成员星计数，可以故意把大犬座τ星置于视野之外：先向正北偏移，使其刚好移出视场，然后计数一部分成员星，随后依次向西、向南、向东重复这个动作。这样，你就可以分4次数清那些在大犬座τ星离开视场之后突然显现出来的较暗成员星了。

必看天体 33	双子座δ星
所在星座	双子座
赤经	7h20m
赤纬	21°59′
星等	3.5/8.2
角距	6.8″
类型	双星
别称	天樽二（Wasat）

这个不需要望远镜都能看见的目标位于双子座天区的中部。其主星呈白色，伴星的亮度低得

---

1. 译者注：关于前缀"科德威尔"的介绍请参见本书"必看天体762"。

多，呈橙色。要想分辨开这处双星，必须配以超过100倍的放大率的望远镜。

其英文别称Wasat来源于阿拉伯文的Al Wasat，意思就是"中间"。得名的可能原因有二：一是它位于这个星座中的两位"孪生子"之间（更确切地说，是其中一子"波吕克斯"的中部）；二是它离黄道很近，与黄道相距还不到0.2°。

必看天体 34	NGC 2366
所在星座	鹿豹座
赤经	7h29m
赤纬	69°13′
星等	10.8
视径	8.2′×3.3′
类型	不规则星系

这个天体是一个暗弱但很大的星系。由于视面较大，它的亮度被分摊了，所以就显得较暗。我们需要在很好的夜空环境下使用至少300mm口径的望远镜来观察它，并努力在这个显得黯淡而乏味的光斑中找出一点儿细节。如果使用的望远镜口径较小，那么最多只能看到这个星系西南部边缘的一小块氢离子云气，那是它的一个"氢II"区。或许你知道这个星云区拥有独立的天体编号NGC 2363，但那只是个编目错误。

这块星云的表面亮度颇高，跟黯淡的星系本体差异明显。有两个星团在给它提供着发光所需的能量，其中贡献较多的那个星团被这团云气包裹在内部。你可以把放大率调到200倍以上，然后加上"氧III"滤镜，这样会让星系本体消失不见，但同时也让"氢II"星云区更为明显，便于识别该星云明亮的中心部分。

必看天体 35	NGC 2367
所在星座	大犬座
赤经	7h20m
赤纬	-21°53′
星等	7.9
视径	5′
类型	疏散星团

这个漂亮的天体位于3.0等的大犬座o^2星（中文古名为"军市增五"）的东北偏东方向4.4°处，处于一个比较密集的星场之中。其较亮的成员星基本集中在东侧。其中还有一对醒目的双星，位于星团中心的东边一点，亮度分别为9.4等和9.7等，二者角距为5″。

必看天体 36	天猫座 19 号星
所在星座	天猫座
赤经	7h23m
赤纬	55°17′
星等	5.6/6.5
角距	14.8″
类型	双星

用各类天文望远镜都不难分辨这对双星。其主星带有太阳花一样的黄色，伴星则呈现一种不深不浅的蓝色。从3.4等的大熊座*o*星（中文古名为"内阶一"）出发，朝西南偏西方向移动10.5°即可找到此天体。深空观测者还可以注意一下在这处双星的西北偏北方向仅0.5°的一个星系团——阿贝尔576，其成员星系众多。

必看天体 37	NGC 2371 和 NGC 2372
所在星座	双子座
赤经	7h26m
赤纬	29°29′
星等	11.3
视径	54″×35″
类型	行星状星云
别称	双重泡泡星云（The Double Bubble Nebula）

"双重泡泡星云"是一处亮度约11等的行星状星云，所谓"双重"是指它对称的两个物质瓣，这两个瓣分别得到了NGC 2371和NGC 2372的编号。

它的这个别称得自它非同寻常的外观：两个有着圆形轮廓的气体物质泡比邻而生，每个物质泡都是边缘亮些、中心暗些。

要找这个天体，可以先找到3.8等的双子座*ι*星（中文古名为"五诸侯三"），然后向北移动1.7°。使用200mm左右口径的望远镜就可以看到这处"双重泡泡"，但如果望远镜的口径能达到300mm以上，就可以看到它的更多细节。

在第一次尝试定位这个天体时，应使用低倍目镜。这个天体54″×35″的视径，让它看起来很像天琴座著名的"指环星云"M57。在目镜端加装"氧Ⅲ"滤镜会对观察这个目标颇有帮助。

如果大气视宁度不错，可以尝试改用200倍以上的放大率寻找两个"气泡"之间的亮度差异。此外，还可以尝试看出它的中心恒星。如果能看到那颗恒星，就等于看到了使"双重泡泡星云"发光的能量之源。

必看天体 38	NGC 2374
所在星座	大犬座
赤经	7h24m
赤纬	-13°16′
星等	8.0
视径	12′
类型	疏散星团

可以从3.9等的麒麟座*α*星（中文古名为"阙丘增七"）出发，向西南移动5.6°找到这个天体。使用100mm左右口径的望远镜并配以100倍放大率观察，可以看到约20颗亮度相仿的成员星。使用200mm左右口径的望远镜可以看到两倍的成员星，并且能看出由成员星组成的各条星链之间深暗的"隔离带"。

必看天体 39	NGC 2383
所在星座	大犬座
赤经	7h25m
赤纬	-20°57′
星等	8.4
视径	5′
类型	疏散星团

以3.0等的大犬座o^2星为起点，朝东北偏东方向移动5.8°就可以找到这个星团。该星团的规模不大，用各种口径的望远镜都只能看到20颗左右的成员星。它的东、西两端各有一颗9.7等的星。而接下来的一个目标NGC 2384就在它的东南偏东方向8′处。

必看天体 40	NGC 2384
所在星座	大犬座
赤经	7h25m
赤纬	-21°01′
星等	7.4
视径	5′
类型	疏散星团

这个天体的西北偏西方向8′处就是我们的上一个目标NGC 2383。它内部的两颗亮星可能会最先引起你的注意，那就是8.6等的SAO 173685和8.9等的HD 58465。此后，你还可以观察一下它那条沿着东西方向分布的、不太规则的成员星带。

必看天体 41	NGC 2395
所在星座	双子座
赤经	7h27m
赤纬	13°37′
星等	8.0
视径	15′
类型	疏散星团

先找到3.6等的双子座λ星（中文古名为"井宿八"），然后往东南方向偏移3.7°就可以找到这个星团。通过150mm左右口径的望远镜可以看到它的成员星沿着从东南—西北的方向柔和地铺展开来。其中最醒目的是3颗10等的成员星，其中一颗在星团中心附近，另两颗在星团的东南边缘。它的成员星中亮于15等的大约有50颗，周围的背景星场也很漂亮。

必看天体 42　阿贝尔 21　阿尔·费拉奥米、安迪·费拉奥米 / 亚当·布洛克 /NOAO/AURA/NSF

必看天体 42	阿贝尔 21
所在星座	双子座
赤经	7h29m
赤纬	13°15′
星等	10.3
视径	615″
类型	行星状星云
别称	美杜莎星云（The Medusa Nebula）

从上一个目标（NGC 2395）出发，向东南移动0.5°就可以找到这处行星状星云——"美杜莎星云"（也有人习惯称呼它的另一个编号，即沙普利2-274）。它不属于比较亮的行星状星云，所以如果只使用200mm左右口径的望远镜很难发现它，除非观测时的夜空环境特别好。若找到它了，应该能看到它的云气物质呈现为一个肥厚但不甚连续的圆弧，其中夹杂着多条暗带。这处星云中最亮的区域包括它北端的一个楔形部分以及它南侧的一个圆润的部分。欣赏这个天体时，使用"氧Ⅲ"滤镜很有帮助。要想更好地把它看清楚，可以使用400mm左右口径的望远镜。

它的别称"美杜莎星云"缘于它内部有多条丝状、发光的氢物质带，这些细丝彼此缠结，在曝光时间较长的照片中它很像神话中的魔女美杜莎那令人肝胆俱裂的凝视眼神。

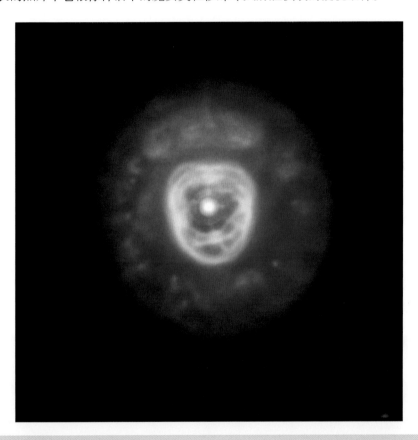

必看天体 43　NGC 2392　彼得·埃里克森、苏西·埃里克森 / 亚当·布洛克 /NOAO/AURA/NSF

必看天体 43	NGC 2392
所在星座	双子座
赤经	7h29m
赤纬	20°55′
星等	9.2
视径	15″
类型	行星状星云
别称	爱斯基摩星云（The Eskimo Nebula）、小丑脸星云（The Clown Face Nebula）、科德威尔 39（Caldwell 39）

这块行星状星云之所以被称为"爱斯基摩"，是因为在中等口径的望远镜里，它看上去很像一张被皮大衣的帽子包裹着的人脸。

要找到这个星云，可以从3.5等的双子座δ星（中文古名为"天樽二"）出发，往东南偏东方向移动2.4°。该目标9.1等的亮度决定了你用任何口径不算太小的望远镜都可以看到它。

但若想看到它的细节，还是要使用250mm以上口径的望远镜。只要天气状况允许，就要采用尽量高的放大率。此时，看到该天体的那颗10等的中心恒星并非难事。

这个天体展现出双层的气体壳，其中，内层壳较亮，带有斑驳的纹理，外层壳则看上去更暗一些，而且离中心越远就越暗。两层壳由暗环隔开。

必看天体 44	双子座 α 星
所在星座	双子座
赤经	7h35m
赤纬	31°53′
星等	1.9/2.9
角距	3.9″
类型	双星
别称	北河二（Castor）

双子座α星是夜空中亮度排名前30位的恒星之一，它也是双星，但两子星间的角距太近，所以必须使用150倍以上放大率才能分辨它。大部分的观测者认为它的主星呈白色，而伴星呈粉色或橙色。

其别称Castor源自双子座神话"孪生子"中寿命有尽的那一位——卡斯托尔（Castor）的名字，他的兄弟波吕克斯则长生不老。在传说中，由勒妲所生的这对孪生兄弟分别有不同的父亲，波吕克斯的父亲是大神宙斯，而卡斯托尔的父亲只是斯巴达的王者廷达柔斯。

必看天体 45　NGC 2403　亚当·布洛克 / 莱蒙山天空中心 / 亚利桑那大学

必看天体 45	NGC 2403
所在星座	鹿豹座
赤经	7h37m
赤纬	65°36′
星等	8.5
视径	25.5′ × 13′
类型	棒旋星系
别称	科德威尔 7（Caldwell 7）

NGC 2403是地球夜空中最亮的星系之一，它8.5等的亮度在众多星系中显得鹤立鸡群。不过，它的视径较大，所以视面积也大，这意味着8.5等恒星的亮度也要均摊到这个面积里。25.5′ × 13′相当于满月所占视面积的47%。

在小口径的望远镜中，这个星系模糊不清，隐约可辨认出其长轴长度大约是短轴长度的2倍，中心区域相对明亮。通过300mm左右口径的望远镜可以看到它的旋臂结构，但要想把这个结构看完整，识别出旋臂从星系核出发直到末端的轨迹，还需要更大口径的望远镜。

你可以试着在这个星系的旋臂中寻找一些"星协"。所谓"星协"是一种类似于疏散星团的天体，但比疏散星团的成员星更少（通常不超过100颗成员星），而且成员星分布得更为广阔稀疏。这些星协的存在说明该星系内有新的恒星正在形成。

在制订观测计划时，不妨给这个星系多留一点儿时间，毕竟它是壮观度处于顶级的深空天体之一。从3.4等的大熊座o星出发，往西北方向移动7.7°就可以找到它。

必看天体 46	NGC 2414
所在星座	船尾座
赤经	7h33m
赤纬	−15°27′
星等	7.9
视径	6′
类型	疏散星团

这个小星团的中心有一颗亮恒星，即8.2等的SAO 153096。使用100mm左右口径并配以150倍放大率的望远镜，可以看到围绕着这颗恒星的大约15颗成员星。望远镜口径若达到200mm，则可让看到30颗成员星。

必看天体 47　NGC 2419　安东尼·阿伊奥马米蒂斯

必看天体 47	NGC 2419
所在星座	天猫座
赤经	7h38m
赤纬	38°53′
星等	10.3
视径	4.1′
类型	球状星团
别称	星系际流浪者 / 流浪汉（The Intergalactic Wanderer/Tramp）、科德威尔 25（Caldwell 25）

　　这位"星系际流浪者"位于天猫座西南部一个缺乏亮星的天区。要定位它，可以利用1.6等的双子座α星（本书"必看天体44"），从该星出发向正北移动7°。

　　作为一个球状星团，它的知名度并不是来自亮度或者外观，而是因为在银河系旗下所有的球状星团中，它属于离银河系中心最远的一批星团之一。它离银河系的中心约有30万光年，离太阳系稍微近一点儿，但也有27.5万光年。银河系一些最有名的伴星系与银心的距离都比它与银心的距离短，例如"大麦哲伦云"和稍远处的"小麦哲伦云"。NGC 2419作为球状星团竟然比这两个星系离银心还远10万光年。

　　天文学家们最早叫它"星系际流浪汉"，后来逐渐把"流浪汉"一词改成了"流浪者"，或许是因为"流浪汉"一词目前被认为带有歧视色彩吧。不过，这个星团确实已经远离母星系，跑到了星系之间。当然，我们现在已经知道银河系的引力依然控制着这个星团，但它绕银心公转的周期长达30亿年。

　　通过100mm左右口径的望远镜观察NGC 2419能看到的细节很少，但不是全无细节。使用口径200mm以上并配以200倍以上放大率的望远镜就有望分辨出它那亮度稍高一点儿的核心区域，以及它外围区域不太规则的形状。虽然细节不多，但它仍然是通过绝大多数业余天文望远镜可以看到的最远的球状星团之一，所以仍是一个值得观赏的天体。

必看天体 48	NGC 2420
所在星座	双子座
赤经	7h39m
赤纬	21°34'
星等	8.3
视径	10'
类型	疏散星团

这个目标位于3.5等的双子座δ星东边4.3°处。使用200mm左右口径的望远镜，可以看到20多颗它的成员星，其中大部分成员星的亮度在12～13等之间。该星团的边缘有一颗9.4等的恒星，但此恒星并不是它的成员星，该星的编号为GSC 1373:1207。

必看天体 49	NGC 2421
所在星座	船尾座
赤经	7h36m
赤纬	-20°36'
星等	8.3
视径	8'
类型	疏散星团

你可以以3.3等的船尾座ζ星（中文古名为"弧矢增十七"）为出发点，往西北移动5.2°来找到这个目标。它的成员星较多，因此通过各种口径的望远镜来欣赏都挺漂亮，特别是在纬度靠南一些的地方，高度角超过45°，观赏效果更好。用100mm左右口径并配以150倍放大率的望远镜可以识别出30颗较亮的成员星，若用250mm左右口径并配以200倍放大率的望远镜，可以看到更为繁密的星辉——此时新出现大约30颗稍暗一些的成员星，这些成员星在视场中闪烁着光芒。

必看天体 50　M 47　安东尼·阿伊奥马米蒂斯

必看天体 50	M 47（NGC 2422）
所在星座	船尾座
赤经	7h37m
赤纬	−14°30′
星等	4.4
视径	29′
类型	疏散星团

　　有些深空天体在足够深暗的夜空中不依靠任何光学设备辅助也可以被看到，这个星团就是其中之一。不过，有一些观测者喜欢找个"参考点"来定位它：从3.9等的麒麟座α星出发，往西南偏南方向移动5°。

　　按亮度排名，这个星团在全天区所有疏散星团中排名第14。它的亮度绝大部分来自其中的6颗成员星，这6位"主力"的亮度为5.7～8.0等。

　　使用双筒镜或寻星镜来观察，它显得相当震撼人心；但是如果使用单筒望远镜以较大的倍率（特别是超过75倍的倍率）来看它的话，视觉效果反而会让人有点儿失望，这是因为它的成员星其实比较稀疏，散布在一个像满月那么大的天区里。除了刚才说的6颗较亮的成员星，还有约75颗其他成员星。

必看天体 51	NGC 2423
所在星座	船尾座
赤经	7h37m
赤纬	−13°52′
星等	6.7
视径	12′
类型	疏散星团

　　这个天体就位于刚才介绍的天体（M 47）北侧仅0.6°的地方。它的成员星数量算是比较多的，在极佳的夜空环境中，视力很好的观测者仅凭肉眼可以勉强察觉到它的存在。使用100mm口径的望远镜大约可以看到30颗成员星。口径越大，这个计数就越大，在望远镜口径达到300mm且放大率达到100倍时，大约可以看到100颗成员星。其中，最亮的成员星位于星团的中心，是9等的HD 61098。

必看天体 52 M 46 安东尼·阿伊奥马米蒂斯

必看天体 52	M 46（NGC 2437）
所在星座	船尾座
赤经	7h42m
赤纬	−14°49′
星等	6.1
视径	27′
类型	疏散星团

　　诚然，船尾座的天区内有几个疏散星团比这里要讲的M 46更引人注意，比如M 47的累积星等比它亮至少1.5等，又如NGC 2451（本书"必看天体62"）比它亮3等多。但如果让我评选100个最值得观赏的天体，M 46依然位列其中，你只要通过100mm以上口径的望远镜亲自看看它，就知道我为什么这么说了。

　　这个星团由法国著名的"彗星猎手"查尔斯·梅西尔于1771年发现，其成员星有几百颗，使用200mm左右口径的望远镜即可观察到其中的100颗。这些成员星均匀地分布在一个直径略小于0.5°的圆形天区内，当然，如果更加仔细地观察，可以注意到其南侧边缘处的成员星稍微密集一些，且这些成员星和其他成员星被一条暗带隔开。

必看天体 53	NGC 2438
所在星座	船尾座
赤经	7h42m
赤纬	-14°44′
星等	11.0
视径	66″
类型	行星状星云

　　这个天体正好处于上一个目标（M 46）的范围之内，它的NGC编号是2438，位于M 46的中心点北边，离中心点只有7′，自身的视径约1′。使用250mm左右口径的望远镜配以高倍目镜，可以看到这个行星状星云的外观像个小甜甜圈。在这个小圈之内有几颗恒星，但都不是这个行星状星云的中心恒星，而它真正的中心恒星非常暗，亮度仅为17.7等。

　　绝大多数天文学者认为NGC 2438比M46离我们更近，实际上，它只是在我们的位置看来碰巧重叠在了M 46的位置上，让M46成了它的背景。这两个天体与我们的距离之差有几千光年。

必看天体 54	NGC 2439
所在星座	船尾座
赤经	7h41m
赤纬	−31°39′
星等	6.9
视径	10′
类型	疏散星团

要确定这个天体的位置，最简单的方法就是以1.8等的大犬座δ星为起点，向2.5等的大犬座η星（中文古名为"弧矢二"）作一条连线，通过后者之后继续延长约1倍的距离。NGC 2439就在这段延长线的尽头。

通过100mm左右口径的望远镜，可以看到它有15颗成员星排成一个接近完美的圆环。这个圆环的东北段内还有船尾座R星，它是一颗变星，亮度在6.6等上下。这个"星之环"的周围还有大约20颗更暗一些的成员星。

如果你拥有300mm左右口径的望远镜，且夜空环境极好，还可以试着在这个较亮的星团东北方23′处找一下"鲁普莱希特30"，后者也是属于星团，但比较暗弱，像一块星际尘埃云，看上去其大小约为NGC 2439的一半。

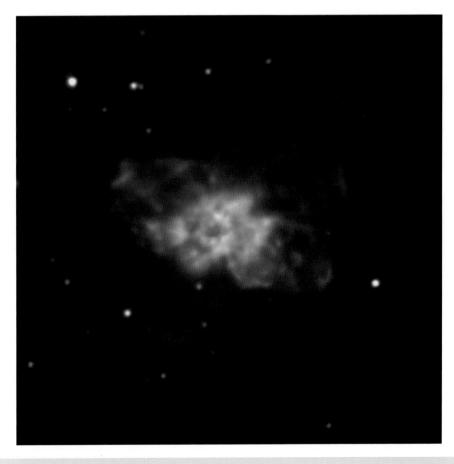

必看天体 55　NGC 2440　杰夫·克莱默 / 亚当·布洛克 /NOAO/AURA/NSF

必看天体 55	NGC 2440
所在星座	船尾座
赤经	7h42m
赤纬	−18°13′
星等	9.4
视径	14″
类型	行星状星云
别称	白化蝴蝶星云（The Albino Butterfly Nebula）、吻之星云（The Kiss Nebula）

这个行星状星云位于 2.8 等的船尾座 ρ 星（中文古名为"弧矢增三十二"）西北方 8.5°，同时也位于 M 46 南边 3° 多一点儿的地方，距离我们约有 3500 光年。

在 100mm 左右口径的望远镜中，可以看到这个天体的轮廓呈椭圆形，长轴在西北—东南方向上。由于它的表面亮度较高，所以不妨使用更高的放大率来观察。在 300mm 左右口径的望远镜和 300 倍放大率的帮助下，有望辨认出它的两个瓣状结构，其中位于东北方位的那个瓣相对更亮一些。在它明亮的内层盘面周围，还围绕着虚无缥缈的外层。

注意，不要把这个天体跟那个由明可夫斯基发现的"蝴蝶星云"弄混了。许多行星状星云有蝴蝶状或沙漏状的外观，但 NGC 2440 的颜色发白，颇有特点。正因这一特点，它才被称为"白化蝴蝶星云"。

必看天体 56	NGC 2442
所在星座	飞鱼座
赤经	7h36m
赤纬	−69°32′
星等	10.4
视径	5.4′ × 2.6′
类型	棒旋星系
别称	肉钩星系（The Meat Hook Galaxy）

只要看一眼这个天体，你就能明白它为什么得到"肉钩"这一别称。这个星系位于 4.0 等的飞鱼座 δ 星的东南方 2.3°。在 250mm 左右口径的望远镜中，这个星系核心长度为 4′ 的棒状结构虽然暗淡但是并不纤弱，而且弯曲成了两个彼此对称的钩状。除去核心部分较为明亮外，这个星系的其他部分亮度较为均匀，目前它的形状不够规整，这缘于过去它与其他星系发生过引力互动。如果能使用 400mm 左右口径甚至更大口径的望远镜来欣赏它，绝对是一种美的享受。

如果你真的可以使用这种大口径的设备，别忘了在它的东北偏东方向 10′ 处寻找一下 13.4 等的旋涡星系 PGC 21457，后者拥有不同寻常的矩形轮廓，观察这个特点需要配以 150 倍以上的放大率。

必看天体 57	梅洛特 71（Melotte 71）
所在星座	船尾座
赤经	7h38m
赤纬	−12°04′
星等	7.1
视径	9′
类型	疏散星团

　　这个星团的编号所属的目录（详见本书"必看天体251"）比较冷门，但它绝对是船尾座天区内堪称样板的星团之一。它的位置就在船尾座和麒麟座的分界线南侧1°处，从3.9等的麒麟座α星出发，往西南偏南方向移动2.7°就可以找到它。

　　在250mm左右口径的望远镜中，这个星团会呈现出30颗左右亮度不超过10等的成员星，它们聚合得很明显。使用400mm左右口径的设备则可以看到它60颗左右的成员星。

必看天体 58	船尾座 κ 星
所在星座	船尾座
赤经	7h39m
赤纬	-26°48′
星等	4.5/4.7
角距	9.9″
类型	双星

　　这处双星景观相当匀称：两颗子星亮度相近，而且都呈白色。我在观察过它们之后，一直感觉它们很像一对汽车头部的大灯。

必看天体 59	小犬座
赤经（约）	7h36m
赤纬（约）	6°30′
面积（约）	183.37 平方度
类型	星座

　　小犬座，顾名思义，它看上去像一条小狗，而且面积也不大。在当前88个国际标准星座中，按"面积"排名，它排在第71位——共183.37平方度，只占整个天球面积的0.4%。

　　它的"兄长"大犬座比它更为知名，大犬座拥有全天区最亮的200颗恒星中的7颗，相比之下，小犬座在这个榜单里只拥有2颗。

　　但是，小犬座的α星同时也是全天区第8亮的恒星，它的亮度为0.34等，距离我们11.4光年。它外文别称Procyon在希腊文中是"在犬之前"的意思，这意味着生活在北半球中纬度地区的古人已经知道，这颗亮星一旦升起，那么大犬座的天狼星也很快要升起了。天狼星叫作"犬星"，而小犬座α星正像天狼星的"开路官"。

　　小犬座的β星也不算暗，它的外文别称是Gomeisa，视亮度为2.9等，在全天区恒星中排在第149位。

　　在用肉眼观星时，这区区两颗亮星就是小犬座的第一形象，其中α星代表狗头，β星代表狗尾。星空中的"小犬"就是这么简朴。

　　观赏整个小犬座的最佳时机是每年的1月14日前后，此时太阳在天球上正好运行到离小犬座最远的地方，即两者赤径相差180°左右。由此可知，每年最不可能看到这个星座的时间是7月16日前后，此时的太阳正好与这个星座重叠。

必看天体 60	小犬座 α 星
所在星座	小犬座
赤经	7h39m
赤纬	5°14′
星等	0.4/10.0
角距	4.8″
类型	双星
别称	南河三（Procyon）

　　小犬座α星的外文别称Procyon在希腊文中意为"在犬之前"，这等于叙述了一项客观事实，即这颗星升起之后不久，大犬座的天狼星（"犬星"）就要升起了。

　　在19世纪中叶，天文学家尝试测量小犬座α星的"自行"幅度，结果发现它相对于天球背景的这种运动并不是沿着直线进行的，而是时进时退，仿佛有一种看不见的力量正在拨弄着它。后来人们推断，这种力量来自它的一颗伴星（可以称之为Procyon B）[1]。到了1896年，美国天文学家约翰·舍贝勒终于在里克天文台使用口径达914mm的望远镜看到了这颗暗伴星。它与天狼伴星同属一类，都是白矮星。

　　显然，想观察小犬座α星的伴星并不容易，但你可以用下面这个最有希望的方法尝试一下。2001年我在得克萨斯州的星空大会上，曾经在前半夜的暮色中观察到它。当晚的视宁度绝佳，我使用的设备也很好，是"观星大师"的279mm左右口径的道布森式牛顿反射镜，加目镜配以300倍放大率。由于伴星太暗，我看到后还咨询了三位正在观测的朋友，请他们各自报出自己所见的这颗伴星的方位。直到确认他们观察到的方位都跟我观察到的方位一样之后，我才敢确认不是自己看错了。

必看天体 61	M 93（NGC 2447）
所在星座	船尾座
赤经	7h45m
赤纬	-23°52′
星等	6.2
视径	22′
类型	疏散星团

　　这个天体也是被梅西尔深空天体目录收录的，它位于3.3等的船尾座ζ星西北方向1.5°。值得一提的是，在极佳的夜空环境中，不依靠任何外部设备也有可能通过余光瞥见这个星团[2]。

　　使用100mm左右口径的望远镜并配以100倍放大率，可以看到这个星团内最亮的约30颗成员星组成了一个箭镞的形状，其尖部指向西南。使用200mm左右口径的设备可以在这个箭镞形状附近多看到20余颗更暗一些的成员星。

---

1. 译者注：可称其为"南河三 B"。

2. 译者注：对处于目力极限上下的天体而言，经常会有直盯时看不见而余光可以瞥见的情况，这与人眼的内部结构有关。使用望远镜观测时，对亮度处于望远镜的观测能力极限附近的天体来说，同样有此现象。

必看天体62	NGC 2451
所在星座	船尾座
赤经	7h45m
赤纬	-37°58′
星等	2.8
视径	45′
类型	疏散星团（"伪"）
别称	刺蝎星团（The Stinging Scorpion）

这个目标位于2.2等的船尾座ζ星（中文古名为"弧矢增二十二"）的西北偏西方向4.1°处，它也是整个天球上整体亮度最高的"伪"疏散星团之一。之所以说"伪"，是因为它的"成员星"其实并未组成一个物理意义上的星团——天文学家已经测定了这群恒星的自行，发现其运动方向各不一样。尽管如此，它还是一个明亮而漂亮的目标，只要夜空中的光害等级足够低，你用肉眼就可以看到它。

使用15倍放大率的双筒镜来欣赏它是最合适的。而如果使用单筒望远镜，请记得配个低倍的目镜来观察。我们可以观察到15颗左右的所谓"成员星"，位于它们中心的是一颗3.6等的橙色恒星SAO 198398。

《天文学》杂志的特约编辑奥米拉给它起了"刺蝎"的别称，但是几乎没人使用这一名称。奥米拉说，他眼中的这些恒星就像一只正在爬行的蝎子，它不仅伸出两只利爪，还竖起了尾巴准备蜇人。

必看天体63	船尾座2号星
所在星座	船尾座
赤经	7h46m
赤纬	-14°41′
星等	6.1/6.8
角距	17″
类型	双星

船尾座2号星很好找，它就在疏散星团M 46（本书"必看天体52"）的东边0.9°处。其两颗子星都呈白色，角距也不算小。

必看天体64	NGC 2452
所在星座	船尾座
赤经	7h47m
赤纬	-27°20′
星等	12.0
视径	19″
类型	行星状星云

从2.2等的船尾座ζ星出发，往南2.5°就是这个行星状星云。通过200mm左右口径并配以200倍放大率的望远镜观察，可以看到它有一个明亮的矩形轮廓，长宽比约为3：2，长边处于南北向。

使用350mm左右口径并配以300倍放大率的望远镜观察，可以看到这个矩形由两个模糊的瓣状结构组成。可分辨的细节不多，仅能发现它略带斑驳（亮表面上含有小的暗区）、边缘不够规整等特点。

必看天体 65	NGC 2453
所在星座	船尾座
赤经	7h48m
赤纬	−27°12′
星等	8.3
视径	4′
类型	疏散星团

从上一个天体（行星状星云NGC 2452）出发，朝东北偏北方向仅8′就是这个天体。这是一个疏散星团，其中心区域拥挤着约十多颗成员星，其中最亮的是9.4等的SAO 174539，位于星团的西北角。这个星团离我们大约1.9万光年，该距离大约是上一个天体与我们之间的距离的2倍。

必看天体 66	NGC 2467
所在星座	船尾座
赤经	7h53m
赤纬	−26°23′
星等	7.1
视径	14′
类型	疏散星团

这个天体位于3.3等的船尾座ξ星的东南偏南方向1.7°。它是个复合性质的天体，因为它是一个带有发射星云的疏散星团，而它的发射星云也有自己的编号：沙普利2-311。

该星团的主体呈现为被气体云包裹着的一批位置散乱的成员星。但此处的风景不止如此，在其发射星云的主要区域的西北侧还有一个9.4等的天体汉弗纳19，是一个更小、更稀散的星团。另外，星团里的恒星也绝对不是你把望远镜指向这里的唯一理由。

使用200mm左右口径并配以150倍放大率的望远镜，再加一块"氧Ⅲ"滤镜，就可以屏蔽掉这里的星光，从而单纯地呈现沙普利2-311的星云风貌。这块星云的表面亮度相当高，所以你可以放心地增加自己的放大率。该星云的中央区块包围着一颗8等星，南侧的边缘相对较亮，中心区域显得略为空洞。使用350mm左右口径并配以350倍放大率的望远镜，可以进一步显示这块星云表面各处亮度的不均匀性，其中几条暗带把整个星云分成了几个不同的次级区域。

必看天体 67	NGC 2477
所在星座	船尾座
赤经	7h52m
赤纬	−38°33′
星等	5.8
视径	27′
类型	疏散星团
别称	科德威尔 71（Caldwell 71）

从2.2等的船尾座ζ星开始，向西北偏西方向移动2.6°可以找到这个天体。在上好的夜空环境中，大部分人有望仅凭肉眼就可以察觉它的存在。不过，由于它所在的天区恒星较多，为了提高裸眼寻找这个天体的成功率，应该采用余光瞥视的技巧。

该星团是个适合各种口径望远镜观察的显著目标。即便只用100mm左右口径的望远镜，在此也可以不费吹灰之力看到60颗以上的成员星。这些成员星大部分密集在星团的中心区，其亮度彼此相差不大。若使用300mm左右口径的望远镜，看到的成员星会更多，此时要想知道它们的数量，得先将它们分区才行。

"分区"的技巧有助于估计特定圆形区域内的恒星总数，具体分成3个、4个或5个区等都可以。以分为4个区为例，要估计NGC 2477范围内的星数，可以将它看作一个钟表的盘面，然后数出"12点"到"3点"之间的扇形区域里的星数，再将其乘以4即可。试试看你可以数出多少颗？大约100颗，150颗，或者更多？

这个星团的规模是巨大的，占据的天区面积也跟满月差不多大。顺便一提，在它的东南偏南方向仅20′处的那颗4.5等星是SAO 198545。

必看天体 68	NGC 2482
所在星座	船尾座
赤经	7h55m
赤纬	-24°15′
星等	7.3
视径	10′
类型	疏散星团

这个星团位于3.3等的船尾座ξ星往东北偏东方向1.5°。可以先用200mm以下的口径并配以75倍或更低放大率的望远镜观察它，尝试看出由它的主要成员星排成的一个字母Y的形状。这个字母Y的顶端（开口）朝向西北，底端则指向东南。它是如此明显，所以请保持自信，找到一个合适的放大率来识别出它。

它主要的成员星不少，有50多颗，其分布的轮廓并不规则。使用300mm以上口径的望远镜可以看到的成员星会增至100颗左右。

必看天体 69	NGC 2489
所在星座	船尾座
赤经	7h56m
赤纬	-30°04′
星等	7.9
视径	5′
类型	疏散星团

这个目标可以从3.3等的船尾座ξ星出发，朝东南偏南方向移动5.4°来找到。使用口径较小的望远镜我们只能在视野中看到15～20颗分布稀散的成员星，而通过200mm左右口径并配以200倍放大率的望远镜我们可以看到50颗左右的成员星。

该星团的附近还有3颗不属于它的恒星作为陪衬。其中有颗散发深橙色光亮的6.3等星SAO 198609，而这颗星再往南仅7′还有另一个疏散星团——汉弗纳20，亮度为11等。找到SAO 198609后，将其向北移出视场一点点，就可以对准黯淡的汉弗纳20。

必看天体 70	NGC 2506
所在星座	麒麟座
赤经	8h00m
赤纬	−10°46′
星等	7.6
视径	12′
类型	疏散星团
别称	科德威尔 54（Caldwell 54）

这个天体在麒麟座天区内靠近船尾座的边缘处，离界线只有0.5°，同时距长蛇座的天区也不到3°。从3.9等的麒麟座α星出发，往东南偏东方向移动4.8°就可以找到它。

在100mm左右口径的望远镜中，该星团显得平淡无奇。它的各颗成员星亮度相差不多，但位置分布颇不均匀。用150倍的放大率来分辨它，可以看到一个较为密集的中心以及各种花式的外延分布，例如流畅的星链、"旋臂"状的星弧，还有像字母一样的分布格局。

使用300mm左右口径并配以200倍放大率的望远镜，观看这个星团就更有意思了。此前用小口径设备看到的30～40颗成员星此时已经像镶嵌在黑丝绒背景上的钻石那样熠熠生辉。而在各条形态妖娆的星链之间作为分隔的暗带，此时也显得更为宽阔和深邃了。

必看天体 71	NGC 2516
所在星座	船底座
赤经	7h58m
赤纬	−60°52′
星等	3.8
视径	30′
类型	疏散星团
别称	科德威尔 96（Caldwell 96）

定位这个天体的参考星是1.9等的船底座ε星（中文古名为"海石一"），从它出发，把视场朝西南偏西移动3.3°即可（船底座ε星也是南天星空中著名的"冒牌南十字"图案中最靠西兼最靠南的星）。即使仅凭裸眼也不难看到这个星团，因为它是全天区最亮的10个疏散星团之一。

使用150mm左右口径的望远镜就可以看到约75颗成员星，但想要分辨这70多颗星并非易事，这是因为许多亮的成员星会遮蔽掉较暗的同伴。该星团的成员星在亮度分布上明显分为两段，其中较亮的一段以5.8等的SAO 250055为首一直分布到8等，另一段明显比这些要暗。所以，放大率必须足够大，才能看到那些更暗的成员星。这里的"足够大"指的是250倍以上。

必看天体 72	船帆座 γ 星
所在星座	船帆座
赤经	8h10m

赤纬	-47°20′
星等	1.9/4.2
角距	41.2″
类型	双星
别称	天社一（Al Suhail al Muhlif；Regor）

只要观测地点足够靠南，识别这个目标就毫无困难可言。该双星的两颗子星都相当亮，而且都发蓝色的光。

它的阿拉伯文名字Al Suhail al Muhlif意为"誓言之原"，而这片天区内有几颗恒星的阿拉伯文名字都带Suhail这个词（其中最有名的是船底座α星）。它的另一个别称Regor则是Roger的倒写，这是为了纪念美国宇航员罗杰•查菲，当年肯尼迪航天中心试验"阿波罗1号"飞船时意外失火，他在那次火灾中遇难。

必看天体 73	NGC 2525
所在星座	船尾座
赤经	8h06m
赤纬	-11°26′
星等	11.6
视径	3′×2′
类型	旋涡星系

这个天体位于3.9等的麒麟座α星的东南偏东方向6.3°。以200mm左右口径并配以100倍放大率的望远镜观察，可以看到它长宽比约为3∶2的、亮度均匀的表面，其长轴位于东—西方向。使用400mm左右口径的望远镜则可以注意到该星系的核心与它浑厚的南侧旋臂之间有一道亮度略弱的交界区，该区呈弧线形，一直延伸到该星系的西侧。

必看天体 74	NGC 2527
所在星座	船尾座
赤经	8h05m
赤纬	-28°09′
星等	6.5
视径	10′
类型	疏散星团

这个稀散的星团位于3.3等的船尾座ζ星东南方4.8°。在100mm左右口径并配以150倍放大率的望远镜中可以看到它的20多颗成员星散乱地分布着。如果使用更大口径的望远镜则可以看到更多的成员星，但数量增幅不大。这个星团中最有趣的部分是它的东侧，那里有几颗彼此很近的星排成了一个字母U形。

必看天体 75	NGC 2533
所在星座	船尾座

赤经	8h07m
赤纬	−29°52′
星等	7.6
视径	6′
类型	疏散星团

　　这个星团的成员星分布得也相当稀松，其中的主角是9等的恒星SAO 175203。在它的西南侧1′处，还有10.8等的恒星HIP 39707。在这两颗相对较亮的星周围还分布着10多颗更暗一些的成员星，其中大部分位于前两者的北侧。这个星团的附近缺少可以作为"路标"的亮星，请从3.3等的船尾座ζ星开始，往东南方移动6.4°来尝试定位它。

必看天体 76	NGC 2539
所在星座	船尾座
赤经	8h11m
赤纬	−12°50′
星等	6.5
视径	21′
类型	疏散星团
别称	碟子星团（The Dish Cluster）

　　这个天体位于3.9等的麒麟座α星的东南偏东方向将近8°。当你把望远镜对准这块天区的时候，可以看到亮度为4.7等的船尾座19号星。而星团NGC 2539就在这颗星的西北偏西方向接近12′处。

　　至于"碟子星团"这个别称还是前文提到过的《天文学》杂志特约编辑奥米拉起的。他在使用23倍放大率的望远镜观察该星团时，看到其中较亮的成员星大致组成了一个椭圆形。

　　使用100mm左右口径的望远镜可以在该星团内看到约75颗成员星，其亮度分布在9~13等。如果换用250mm左右口径的望远镜，则可以看到不少于100颗成员星。其中比较明亮的成员星确实聚集成一个接近椭圆的形状，处于星团中心偏南一点儿的位置，其长轴在东—西方向上。

必看天体 77	NGC 2546
所在星座	船尾座
赤经	8h12m
赤纬	−37°37′
星等	6.3
视径	70′
类型	疏散星团
别称	心与短剑星团（The Heart and Dagger Cluster）、受伤之心星团（The Wounded Heart Cluster）

　　这个天体特别适合用大口径的望远镜来观赏。如果望远镜的口径在100mm左右，则只能看到大约15颗成员星，大致沿着东南—西北方向分布。使用200mm左右口径的望远镜，可看到的成员星数量会翻倍。如果使用350mm左右口径并配以150倍放大率的望远镜，则可以看到约75颗成员

星。其中，两颗亮度为6.4等的成员星肯定会先引起你的注意：其一是SAO 198942，位于从该星团中心到其南侧边缘的连线的中点附近；其二是SAO 198848，在该星团的西侧边缘上。

要寻找这个天体，可以从2.3等的船尾座ζ星出发，朝东北移动约3°。

这里列出了它的两种别称，这两个名字也都由《天文学》杂志特约编辑奥米拉所起。我曾经试着从中看出"短剑穿透心脏"这个相对复杂的图形，但是没有成功。如果读者试过后也看不出来，我建议，只要能看出一个类似希腊字母Φ的形状就足够了。

必看天体 78	NGC 2547
所在星座	船帆座
赤经	8h11m
赤纬	-49°16′
星等	4.7
视径	74′
类型	疏散星团
别称	金耳环（The Golden Earring）

这是一个相当华丽、炫目的天体，可惜大多数住在北半球的观测者从没亲眼看过它！在足够深暗的夜空里，仅凭肉眼都可以轻松察觉它的存在。它的成员星分布相当紧密，大致位于1.7等的船帆座γ星（中文古名为"天社一"）南侧1.9°。

不同口径的望远镜都可以在此轻松看到10多颗亮度大于9等的成员星，其中最亮的是SAO 219538，亮度达到6.5等，在星团中心稍微靠东一点儿。请注意，这个星团的视直径颇大，已经超过1°。它周围的背景星场也是一片繁星，所以很难分辨出它的边界。尽管如此，还是建议使用至少大于30′（满月直径）的视野来欣赏这个星团。

《天文学》杂志特约编辑奥米拉给这个星团草拟了几种别称，并最终将别称定为"金耳环"——其创意来自澳大利亚天文学家詹姆斯·邓禄普对这个天体的绘图记录。在邓禄普描绘的画面中，该星团有两条平行的星链，下面"悬挂"着一团椭圆形的星。奥米拉觉得这个外观很像旧时海盗戴的那种垂挂式的金耳饰。

必看天体 79	巨蟹座ζ星
所在星座	巨蟹座
赤经	8h12m
赤纬	17°39′
星等	5.6/6.0
角距	5.9″
类型	双星
别称	水位四（Tegmeni）

这处漂亮的双星景观位于巨蟹座"蜂巢星团"（M 44）的西南偏西方向7°。它的两颗子星都放射着诱人的黄光。

其英文别称Tegmen有"被遮蔽"的意思，或许是暗示它位于"大螃蟹"（即巨蟹座的图形联想）的"壳"的后边缘。

必看天体 80　M 48　安东尼·阿伊奥马米蒂斯

必看天体 80	M 48（NGC 2548）
所在星座	长蛇座
赤经	8h14m
赤纬	-5°48′
星等	5.8
视径	54′
类型	疏散星团

　　在理想的夜空环境中，对于视力很好的观测者来说，这个天体是肉眼直接可见的。使用口径较大的双筒望远镜即可看出它的20多颗较亮的成员星分布在直径约1°的天区里。

　　使用150mm左右口径的望远镜则可以从中看到大约75颗成员星，它们遍布整个视场。如果配以更高的放大率，可辨认的成员星数还会增加，这种特性说明这个星团正在逐渐失去它的成员星。另外，可以试着在这个星团中寻找一条由9等星和10等星组成的、折线形状的星链，该星链穿过星团的中心，沿西南偏南—东北偏北方向展开。

　　这个星团是梅西尔收入其深空天体目录中的第48个天体。你可以先找到4.4等的麒麟座ζ星（中文古名为"外厨增一"，该星距长蛇座的边界仅0.6°），然后从该星往东南偏南方向移动3°，即可找到这个星团。

必看天体 81	NGC 2559
所在星座	船尾座
赤经	8h17m

赤纬	-27°28′
星等	10.9
视径	4.2′×2.3′
类型	棒旋星系

  这个星系呈现给我们的长宽比约为2∶1，其长轴位于南—北方向上。在小口径望远镜中，它呈现一个矩形的轮廓。在200mm左右口径的望远镜下，可以看到其表面的光暗弱，中心略有增亮的倾向。该星系和下一个天体（NGC 2566）同属于"船尾座星系集合体"的成员星系。在该星系中心的东南偏东方向距离中心不到1′处，可以找到其9.4等的成员星SAO 175514。

  要寻找该星系，可以先找到2.8等的船尾座ρ星，然后往东南方向移动3.8°。

必看天体 82	NGC 2566
所在星座	船尾座
赤经	8h19m
赤纬	-25°29′
星等	11.0
视径	4.1′×2.0′
类型	棒旋星系

  这个天体位于2.8等的船尾座ρ星往东南偏东方向2.8°。在300mm左右口径的望远镜中，该星系显得小而亮，其中心区反而暗淡，中心区亮度低于边缘区的亮度。以它为起始点往东北方向移动7′便可看到椭圆星系IC 2311，后者亮度稍高一些，且中心区域有明显的增亮倾向，总星等为11.5等[1]。

必看天体 83	NGC 2567
所在星座	船尾座
赤经	8h19m
赤纬	-30°38′
星等	7.4
视径	11′
类型	疏散星团

  这个富有魅力的星团位于2.8等的船尾座ρ星的东南偏南方向6.8°。使用150mm左右口径的望远镜，可以辨认出30颗左右的成员星，其中一半左右的成员星构成了这个星团的两个主要外观特征：一条南北方向的星链，呈很接近直线的一条弧线，其中一端接近星团的中心；在星团内的西南部，几颗成员星组成了类似字母U的形状。

  观察这个星团时，视场里最亮的星是8.9等的SAO 199057，但它并不属于NGC 2567，它位于这个星团西南偏南方向7′处。

---

1. 译者注：深空天体的星等数值描述的是天体的总亮度，总亮度低的天体如果亮度分布不均匀，则其最亮区域的亮度完全可能超过某些总亮度更高的天体的亮度。

必看天体 84	NGC 2571
所在星座	船尾座
赤经	8h19m
赤纬	-29°45′
星等	7.0
视径	7′
类型	疏散星团

这个目标位于3.7等的罗盘座α星（中文古名为"天狗五"）的西北偏西方向6.3°。不论望远镜的口径大小，你都能率先注意到这个星团正中心区域有两颗亮星。它俩的亮度十分接近，其中靠东的一颗SAO 175580略微亮一些，亮度为8.8等，其伴星SAO 175577的亮度则为8.9等。两颗星相距1′。

必看天体 85	NGC 2610
所在星座	长蛇座
赤经	8h33m
赤纬	-16°09′
星等	12.8
视径	37″
类型	行星状星云

这处明亮的行星状星云位于长蛇座天区的西南角。从4.9等的长蛇座9号星出发，向西移动2°就可以找到它。不过，只要望远镜的口径不大于400mm，这个天体都只会呈现为一个小而明亮的、缺少其他特征的圆盘。使用大于400mm口径的望远镜则可能识别出它呈一个粗环形，中心位置上隐约可见一颗星。

必看天体 86	NGC 2613
所在星座	罗盘座
赤经	8h33m
赤纬	-22°58′
星等	10.5
视径	7.6′ × 1.9′
类型	旋涡星系

这个星系位于2.8等的船尾座ρ星以东6.1°。用250mm左右口径并配以200倍放大率的望远镜可以看到它整体明亮、中心区域更亮些，外围轮廓模糊，长轴长度和短轴长度之比大约是4∶1。像NGC 2559（本书"必看天体81"）一样，NGC 2613也是"船尾座星系集合体"的成员星系。其实，这个星系团的热闹和密集程度并不输给著名的"室女座星系团"，但它的绝大多数成员星系被银河所遮蔽，所以显示不出室女座星系团的那种壮观。

必看天体 87	船帆座超新星遗迹
所在星座	船帆座
赤经	8h34m
赤纬	-45°45′
视径	5°
类型	超新星遗迹

船帆座的这处"超新星遗迹"来自大约1.1万年前的一颗大质量恒星的爆炸。这颗已经毁灭的恒星距离我们大约800光年。在这处遗迹中,被观察得最多的部分叫作"铅笔星云"(参见后文的"必看天体101")。船帆座超新星遗迹也是天空中最大的此类天体,覆盖的天区居然达到5°;其到地球的距离在同类天体中也属于最短的那一类。"铅笔星云"是这处遗迹里处于东南偏东方向的那一部分。

在观察这处遗迹时,你还会看到一处靓丽的双星,那就是DUN 70。其两颗子星距离4.5″,亮度分别为5.2等和6.8等,颜色为一蓝一白。

这里的前缀DUN来自《新南威尔士帕拉玛塔观测南半球双星概略位置表》,编订者是前文提到的澳大利亚天文学家詹姆斯·邓禄普。他的这份目录中收录了256对双星,其对应的赤纬全部低于南纬30°。

要想找到船帆座超新星遗迹,从2.2等的船帆座λ星(中文古名为"天记")出发,向南大约移动2°即可。

必看天体 88	NGC 2627
所在星座	罗盘座
赤经	8h37m
赤纬	−29°57′
星等	8.4
视径	11′
类型	疏散星团

这个天体位于4.9等的罗盘座ζ星西南方向0.7°。在200mm左右口径的望远镜中,可以认出它的30多颗成员星,其中大多数组成了一条东西方向的、宽宽的星带,并且这个星带横贯整个星团。星团的背景还渗透出微弱的光芒,说明还有许多更暗的成员星存在。

必看天体 89	IC 2391
所在星座	船帆座
赤经	8h40m
赤纬	−53°04′
星等	2.5
视径	50′
类型	疏散星团
别称	船帆座 o 星团(The Omicron Velorum Cluster)、科德威尔 85(Caldwell 85)

找到这个星团几乎没有难度,因为它的亮度可以在所有疏散星团中排进前5名。只要夜空环境足够好,不需要任何光学设备辅助,它就可以直接跃入你的眼帘。或许你看到它的别称"船帆座o星团"就已经明白了,这个星团就是以这颗3.6等的恒星为中心的。如果你觉得用3.6等的星当"路标"还不够亮,那么可以先找到1.9等的船帆座δ星,然后朝西北偏北方向移动不到2°即可。

我喜欢使用15倍的双筒镜观察这个天体,或配以30倍放大率、76mm左右口径的小单筒望远镜。它的一堆光芒闪耀的成员星会主宰整个视场,当然,还有不少更暗的成员星悬浮其间。

该星团东部有两个分别为4.8等和5.5等的星形成了绝美的一对，二者角距为1′15″。在它们周围还有4颗星，亮度在7.4～8.7等，排列而成的形状很像一个缩小版的"乌鸦座"四边形。

必看天体 90　　M 44　　汤姆·巴什、约翰·福克斯 / 亚当·布洛克 /NOAO/AURA/NSF

必看天体 90	M 44（NGC 2632）
所在星座	巨蟹座
赤经	8h40m
赤纬	19°40′
星等	3.1
视径	95′
类型	疏散星团
别称	蜂巢星团（The Beehive Cluster）、秣槽（The Praesepe，即 Manger）

"蜂巢星团"成员星众多，从古代起就为人们所熟知。巨蟹座本来是个暗弱的星座，但借着这个星团的名气，也开始让人印象深刻了。该星团的位置在几颗亮星之间：若以双子座（"双胞胎"）的北河二和北河三为一端，以狮子座的轩辕十四为另一端，作一条粗略的连线，则该星团就在这条线的中间。

"蜂巢星团"是它最常见的别称，非常直白、形象，不用多解释。但另一个别称The Praesepe就让人困惑得多了，这个拉丁文词汇的英文意思其实是Manger——秣槽。

如果你的观测环境不够理想，那么就需要借助双筒镜来欣赏这个星团。对一些观测者来说，在这块长、宽均约满月的直径的3倍的天区里，透过10～16倍放大率的双筒镜，蜂巢星团可以算是最佳观测目标。

只用肉眼看的话，这个星团仅呈现为一团模糊的云气；借助望远镜才能更好地揭示它的真面目。伽利略在《星星的信使》一书中说，他通过望远镜看到了该天体的40多颗成员星。伽利略早在1610年就做出了这样的描述，而当今的天文学家们已经从这个星团里辨认出超过350颗成员星。

该星团里的最亮星是巨蟹座ε星，亮度为6.3等。其他成员星中亮度不低于10等的星约有80颗。

必看天体 91	NGC 2655
所在星座	鹿豹座
赤经	8h56m
赤纬	78°13′
星等	10.1
视径	6′×5.3′
类型	旋涡星系

如果使用较小口径的望远镜观察，你只能看到一个亮度均匀的椭圆形斑块，它其实只是这个星系的核心部分，长宽比约为3∶2，长轴在东—西方向。使用300mm左右口径的望远镜可以看见稍多一点儿的细节：其核心区亮度稍高，外围有一圈窄窄的光晕。

这个天体正好位于一个星光稀少的大天区的中央。要想借助亮星找到它，只能以3.8等的天龙座λ星（中文古名为"上辅/紫微右垣三"）为起点，朝西北方向移动13.5°。

必看天体 92	堰蜓座 η 星团
所在星座	堰蜓座
赤经	8h41m
赤纬	-78°58′
视径	30′
类型	疏散星团

堰蜓座η星团仅有13颗成员星，聚集在直径仅0.5°的天区里。天文学家直到1999年才认识到这些星符合一个疏散星团的定义。这个星团离我们很近，仅有315光年。在小口径的望远镜里，它有3颗主要的成员星，其中最亮的当然是使之得名的堰蜓座η星，亮度为5.5等（中文古名为"小斗七"）。在其东南偏南方向仅5′处，是7.4等的SAO 256544。稍亮一些的SAO 256549则位于堰蜓座η星的东南方8′处，亮度为6.1等。

从4.1等的堰蜓座α星（中文古名为"小斗九"）出发，往东南偏南方向2.4°即可找到这个星团。

必看天体 93	长蛇的头
所在星座	长蛇座
赤经	8h42m
赤纬	4°39′
类型	星群

这个天体特别适合初学观星的爱好者来试着识别，它就是长蛇座中的"长蛇"的"头"。长蛇座是当代所有星座中面积最大的，而这个"头"位于整个星座的最西端。

先找到狮子座α星（轩辕十四）和小犬座α星（南河三），假设在这两颗亮星间存在一条连线，则"长蛇的头"就在连线的中点偏南约2°处。只要你的观星环境没有被强烈的光害彻底毁掉，你就可以仅用肉眼识别出这个特殊的形状。

这个星群包括6颗星，其中最亮的是3.1等的长蛇座ζ星。以它为出发点，向西可以找到长蛇座的ε星（中文古名为"柳宿五"）和δ星（中文古名为"柳宿一"），然后折回向东，可以找到长蛇座ρ星（中文古名为"柳宿四"）。接着朝西南方向移动3.5°可以找到长蛇座σ星（中文古名为"柳宿二"），这颗4.4等的星是这6颗星中最暗的。最后再折回向东，可以看到长蛇座η星（中文古名为"柳宿三"）。

必看天体 94	巨蟹座 ι 星
所在星座	巨蟹座
赤经	8h47m
赤纬	28°46′
星等	4.2/6.6
角距	30″
类型	双星

巨蟹座的主要恒星组成了一个字母Y的形状，其中最北端的就是巨蟹座ι星。不论你的望远镜的口径如何，这个天体都是值得推荐的观测目标。其主星是黄色，而伴星是蓝色。

必看天体 95	长蛇座 ε 星
所在星座	长蛇座
赤经	8h47m
赤纬	6°25′
星等	3.4/6.8
角距	2.7″
类型	双星

这处令人赏心悦目的双星中，稍亮的一颗呈柠檬黄色，另一颗则是带有灰色调的蓝色。二者的角距很近，所以需要至少150倍的放大率才可能分清这两颗子星。

必看天体 96	NGC 2659
所在星座	船帆座
赤经	8h43m
赤纬	-45°00′
星等	8.6
视径	15′
类型	疏散星团

读者可以用两颗很亮的恒星作为参照物来找到这个星团。从1.8等的船帆座γ星出发，向2.2等的船帆座λ星引一条线，则NGC 2659就在这条线的一半稍多一点儿的地方。

使用100mm左右口径并配以100倍放大率的望远镜观察它，可以发现视场内散布有大约30颗亮度相差不大的成员星。其中最亮的是9.7等的GSC 8151:259，位于该星团的东南角。

必看天体 97	NGC 2681
所在星座	大熊座
赤经	8h54m
赤纬	51°19′
星等	10.2
视径	3.6′×3.3′
类型	旋涡星系

　　这个天体又小又圆，但作为星系来说，其亮度并不低。其中心区域占据了视径的大半，外缘是一圈暗弱的光晕。要想看到其半透明的悬臂，至少需要400mm口径并配以400倍放大率的望远镜，这些旋臂的走向呈紧紧抱住星系核心区的状态。

必看天体 98　　M 67　　安东尼·阿伊奥马米蒂斯

必看天体 98	M 67（NGC 2682）
所在星座	巨蟹座
赤经	8h51m
赤纬	11°50′
星等	6.9
视径	29′
类型	疏散星团

　　这是巨蟹座天区内除了蜂巢星团之外另一个主要的疏散星团。以4.3等的巨蟹座α星（中文古名为"柳宿增三"）为起点，向西移动1.7°就可以轻松地用双筒镜或小口径的单筒镜找到它。

　　若使用100mm左右口径的望远镜，则可以在宽度约为2/3满月的天区里识别出20多颗它的成员星。换用150mm左右口径的望远镜，大约可看到50颗成员星。

　　该星团的成员星里有10多颗成员星的亮度高于11等。当你用望远镜观察它时，可以注意到在它的东北边缘有一颗7.8等的星，那是SAO 98178，但它其实并不是这个星团的成员。

必看天体 99　NGC 2683　道格·马修斯 / 亚当·布洛克 /NOAO/AURA/NSF

必看天体 99	NGC 2683
所在星座	天猫座
赤经	8h53m
赤纬	33°25′
星等	9.8
视径	8.4′×2.4′
类型	旋涡星系
别称	外星飞船星系（The UFO Galaxy）

　　这个深空天体颇为壮观，但它所在的星座——天猫座却有些难找，或许比找深空天体还难吧。这个星座的成员星全是暗星，它们从巨蟹座的北边开始，并向西北延伸出去。

　　NGC 2683算是地球上可见的旋涡星系里比较亮的天体，在不错的观测环境中，即使使用76mm左右口径的望远镜也能看到它。不过，要想观察它的细节，还是需要使用口径更大一些的望远镜。

　　该星系属于那种典型的以侧面对着我们的星系，其外观在东北—西南方向上延展。其别称说明它看上去很像一只UFO，即外星来的不明飞行物——这种传闻从20世纪50年代就开始流行了。其长宽比值大于3，有着一个明亮且明显有延展特征的核心区。

　　在口径约300mm的望远镜中，可以看到由该星系那些暗弱的旋臂造成的明暗错杂的视觉效果。如果还有更大口径的望远镜，你会注意到它的旋臂在东北方向上延伸得比西南方向上略远一点儿。

二月

必看天体 100	NGC 2685
所在星座	大熊座
赤经	8h56m
赤纬	58°44′
星等	11.1
视径	4.9′×2.4′
类型	旋涡星系
别称	螺旋星系（The Helix Galaxy）、薄饼星系（The Pancake Galaxy）

　　这是个透镜状星系，且比较另类，又被天文学家归入"极环星系"中。在观察过程中，我们可以看到有一个螺旋状的环带在方位上跟这个星系的主盘面垂直，同时其几何中心又与星系核心重合，这个环带细若游丝，含有一些点状的、发光的恒星形成区。

　　NGC 2685的这种结构说明，它或许曾经有一个"伴系"（银河系也有伴系，例如"麦哲伦云"）[1]。NGC 2685的主要部分曾经凭借引力俘获了一个比它小的星系，而后者所含的恒星最终都被整合进前者更为庞大的系统里去了。那么，剩下的有什么？只有原来的小星系里的一些气体和尘埃。由于这些残余物质带内又开始有新的恒星形成，所以它又开始发光，成了一个看得到的细环。如此看来，如果麦哲伦云与银河系的距离更近的话，那么银河系也可能获得一个由前者的残余物质组成的极环。

　　从3.4等的大熊座o星出发，朝东南偏东方向移动3.8°，就可以找到NGC 2685。它虽然结构有

―――――――――

1. 译者注："麦哲伦云"虽然名字带"云"，但它并不是当今天文学意义上的星云，那只是历史局限造成的误会。它其实是一个比银河系小的星系，离银河系很近。

趣，但亮度并不太高。在较低的放大率下，可以看到一个长轴长度约为短轴长度的3倍、亮度均匀的盘面。

这个短命的极环会消逝，但它也给了这个星系一个别称——螺旋星系。当然，若使用350mm以上口径的望远镜，则还可以看到除这个极环之外的更多细节：从200倍开始，尝试逐渐增加放大率，直到夜空的条件不允许再增加为止[1]。我有幸亲眼观赏过这个极环，当时需要把这个星系的主体部分移到目镜视场之外一点儿。

必看天体 101	NGC 2736
所在星座	船帆座
赤经	9h00m
赤纬	-45°57′
视径	20′
类型	超新星遗迹
别称	铅笔星云（The Pencil Nebula）、赫舍尔之光（Herschel's Ray）

"铅笔星云"属于船帆座超新星遗迹的一小部分，位于船帆座的南部。天文爱好者们之所以把它比作铅笔，是因为它在望远镜中呈现的外观又长又直，而且其中一端还有点"削尖"感。

英国天文学家约翰·赫舍尔爵士于1835年在南非停留期间发现了这个天体，他写道："这是一道超级狭长、暗淡的光。"

它的长度为0.75光年，而整个船帆座超新星遗迹长约114光年。该遗迹与我们之间的距离为815光年。

观赏这个天体的最佳配置是300mm以上口径的望远镜，还应安装低倍目镜并加装星云滤镜（比如氧Ⅲ滤镜）。如果你使用的是配有电动跟踪的望远镜，请关掉自动跟踪或将其速度设置为"中速"，以便慢慢欣赏整个区域。

必看天体 102	NGC 2768
所在星座	大熊座
赤经	9h12m
赤纬	60°12′
星等	9.9
视径	6.4′×3′
类型	椭圆星系

天文学家爱把它归类为椭圆星系，但它显然是一个透镜状星系，其长度约是宽度的3倍，核心区的直径约占整个直径的2/3。据说其核心区和外围的亮度都比较均匀。我曾用762mm口径的大望远镜观看它，虽然它在视场中显得相当明亮，但仍然看不出任何细节。

---

1. 译者注：夜空中的背景光害以及大气的抖动，终将使图像在放大率超过一定限度之后失去实际意义。

必看天体 103 NGC 2775 杰夫·纽顿 / 亚当·布洛克 /NOAO/AURA/NSF

必看天体 103	NGC 2775
所在星座	巨蟹座
赤经	9h10m
赤纬	7°02′
星等	10.1
视径	4.6′×3.7′
类型	旋涡星系
别称	科德威尔 48（Caldwell 48）

　　这个天体位于3.1等的长蛇座ζ星的东北偏东方向3.8°。通过200mm左右口径的望远镜观看，它呈现一个卵形轮廓，长轴在西北偏北—东南偏南方向上。使用300mm左右口径并配以250倍放大率的望远镜观测，则隐约可见其稀薄的外围区域。

　　如果使用更大口径的设备，则可以在离它很近的地方看到两个更暗的星系，即13.6等的NGC 2773（在NGC 2775西北方12′处）和13.1等的NGC 2777（在NGC 2775东北偏北方向12′处）。NGC 2777实际上正在穿过NGC 2775附近的空间，但NGC 2773与我们的距离是前两者与我们之间的距离的4倍且与前两者之间并无直接的物理作用。

必看天体 104	NGC 2784
所在星座	长蛇座
赤经	9h12m
赤纬	-24°10′
星等	10.0
视径	5.5′×2.4′
类型	旋涡星系

这个天体位于4.6等的罗盘座κ星的东北偏北方向1.9°处。我在观察它时，觉得它像两个盘子（一个盘子里套着另一个盘子）。使用200mm左右口径的望远镜可以看到它呈拉长状的核心区，还有形状与之相似的外围区，外围区的光晕颇显厚实。核心区和外围区都在东北偏东—西南偏南方向上。在离该星系的东北边缘1'处有一颗12.9等的恒星GSC 6586:357。

必看天体 105	NGC 2787
所在星座	大熊座
赤经	9h19m
赤纬	69°12'
星等	10.9
视径	3.1'×1.8'
类型	旋涡星系

现在来看一个略微有点儿怪的家伙。虽然NGC 2787这个星系的亮度并不低，但最好还是用大口径的望远镜来欣赏它。当年，我曾在新墨西哥州的阿尼玛斯的"兰彻·伊达尔戈天文与马术小镇"使用762mm大口径的望远镜观察过这个星系，那时候我觉得它看起来像个棒旋星系。但是，天文学家却把它归入了一个奇特的类别——棒透镜星系。我的困惑不在于它的棒状特征（这一点我也看到了），而在于它的"棒"的长轴和它整体的长轴之间有并不平行，存在角度差。这个星系的中心区域亮度远超其外围区域亮度，不过我也看不出更多的细节了。

必看天体 106	NGC 2805
所在星座	大熊座
赤经	9h20m
赤纬	64°06'
星等	10.9
视径	6.3'×4.8'
类型	旋涡星系

要寻找这个星系，可以从4.7等的大熊座τ星出发，往东北偏东方向移动1.2°。虽然它的亮度被标为10.9等，但它的延展面稍微大些，所以还要显得暗些。以300mm左右口径并配以200倍放大率的望远镜，可以看到它的核心区相对致密，外围区形状不太规则且效果迷蒙，亮度也并不比核心区小太多。该星系整体呈椭圆形，长轴在东—西方向上。

必看天体 107	NGC 2808
所在星座	船底座
赤经	9h12m
赤纬	-64°52'
星等	6.3
视径	13.8'
类型	球状星团

该星团相当壮观，因为它是全天区第10亮的球状星团。如果夜空环境足够好，观测者的视力

也很好的话，就有可能不依赖任何光学设备直接看到它。它位于一片相当养眼的星场之中，从3.1等的船底座υ星（中文古名为"海石五"）开始，向西移动3.7°就可以找到它。

尽管它的外观靓丽，但如果你的望远镜口径不到350mm，就很难分辨出它的成员星。在200mm左右口径的望远镜中，它可以呈现出一个很亮的核心区以及亮度分布不均匀的外围光晕。

必看天体 108	NGC 2811
所在星座	长蛇座
赤经	9h16m
赤纬	−16°19′
星等	11.4
视径	2.5′×0.9′
类型	旋涡星系

以5.1等的长蛇座κ星（中文古名为"张宿五"）为参考点，向西南偏西方向移动6.1°就是NGC 2811的位置。在口径小于250mm的望远镜中，该星系的表面亮度均匀，长轴在东北偏北—西南偏南方向上。使用不超过200倍放大率的望远镜，可以看到它像个长条，长轴长度大约是短轴长度的4倍。要想看清它的核心区，必须使用更大口径的设备。

必看天体 109	NGC 2818
所在星座	罗盘座
赤经	9h19m
赤纬	−36°37′
星等	8.2
视径	9′
类型	疏散星团

寻找这个星团的参考点是4.0等的罗盘座β星（中文古名为"天狗四"），由后者出发朝东南偏东方向移动7.4°即可。它属于疏散星团，但内部还包含一个行星状星云。在绝大多数望远镜中，这个天体呈现为20多颗恒星的松散集合。其中，大部分成员星的亮度不足12等，好在这个星团周围的背景星场中也没有太多星星，所以它在视场里依然很醒目。

在它内部的那个行星状星云被命名为NGC 2818A，其呈一个小小的哑铃形状、亮度中等。通过200mm左右口径的望远镜可以看出它的两个瓣状结构，但要想看清它更多的细节，还是需要用500mm以上口径的望远镜。

必看天体 110	天猫座 38 号星
所在星座	天猫座
赤经	9h19m
赤纬	36°48′
星等	3.9/6.6
角距	2.7″
类型	双星

这处双星的两颗子星都是白色的。由于二者角距很近，请配置150倍以上的放大率来观赏。它周围的星场几乎没什么亮点，可以尝试从3.1等的天猫座α星（中文古名为"轩辕四"）处出发，向北移动接近2.5°来定位它。

必看天体 111	NGC 2832
所在星座	天猫座
赤经	9h20m
赤纬	33°44′
星等	11.9
视径	3′×2.1′
类型	椭圆星系
附注	隶属于"阿贝尔779"

"阿贝尔779"是个星系团，我们要看的NGC 2832是其中的一个成员星系，而且是其中最亮的那个成员星系。以3.1等的天猫座α星为出发点，朝西南偏南方向移动不到0.7°就可以找到它。其轮廓为椭圆形，长轴长度和短轴长度之比约为3∶2，长轴在西北—东南方向上。

如果你拥有400mm以上口径的望远镜，可以仔细观览一下NGC 2832周围的天区，试试看还能辨认出多少个更暗弱的星系。例如，在NGC 2832的西南边仅24″处就是13.4等的椭圆星系NGC 2381，另外在西南偏西方向略多于1′处，还有13.9等的、带有透镜形状特征的旋涡星系NGC 2830。

还想继续挑战吗？以NGC 2832为参考点，其西侧5′处有14.4等的NGC 2825，其东南方向4′处则有14.5等的NGC 2834。

必看天体 112	NGC 2835
所在星座	长蛇座
赤经	9h18m
赤纬	-22°21′
星等	10.3
视径	6.6′×4.4′
类型	旋涡星系

从4.7等的罗盘座θ星出发，朝东北偏北方向移动3.7°就可以找到NGC 2835。使用200mm左右口径并配以150倍放大率的望远镜可以看到它的圆形轮廓、在南—北方向上略显拉长的暗弱盘面。换用400mm左右口径并配以300倍放大率的望远镜后可以看出它的旋臂结构，这些旋臂显得细瘦、破碎。在这个星系的东侧边缘有一颗12.1等的恒星GSC 6040:550。

必看天体 113	NGC 2841
所在星座	大熊座
赤经	9h22m
赤纬	50°59′
星等	9.3
视径	8.1′×3.5′
类型	旋涡星系

这个天体相当绚丽。它有着非常典型的盘状结构，沿东南—西北方向倾斜，其核心区又宽又亮。使用200mm左右口径的望远镜可以看到其紧致的旋臂之间藏有几处暗区。其旋臂本身都比较粗壮，所以即使换用更低的放大率也足以看清。寻找这个天体时可以3.2等的大熊座θ星（中文古名为"文昌四"）为出发点，往西南偏西方向移动1.8°。

必看天体 114	NGC 2859
所在星座	小狮座
赤经	9h24m
赤纬	34°31′
星等	10.9
视径	4.6′×4.1′
类型	旋涡星系

要定位这个天体，可以先找到3.1等的天猫座α星，然后向东移动仅0.7°即可。使用250mm左右口径的望远镜，可看到其长轴在西北偏西—东南偏东方向上。其外围区域较为肥厚，外围区域的直径占到了整体直径的1/4，中心区域亮度均匀、缺乏细部特征。

必看天体 115	NGC 2867
所在星座	船底座
赤经	9h21m
赤纬	-58°19′
星等	9.7
视径	11″
类型	行星状星云
别称	科德威尔90（Caldwell 90）

以2.2等的船底座ι星（中文古名为"海石二"）为起点，朝东北偏北方向移动1.1°就可以找到NGC 2867。这个明亮的行星状星云适合在各种放大倍率的望远镜下分别观赏。使用大于100mm口径的望远镜时，大部分观测者认为它的颜色接近罗宾鸟的蛋[1]的颜色。使用300mm左右口径并配以300倍放大率的望远镜可以看出其明亮的边缘区，以及比边缘仅暗一点儿的中心区域。在其东侧边缘外仅2″多的地方，还有一颗10.2等的恒星。

必看天体 116	NGC 2899
所在星座	船帆座
赤经	9h27m
赤纬	-56°06′
星等	11.8
视径	2′
类型	行星状星云

从2.5等的船帆座κ星（中文古名为"天社五"）处出发往东南偏南方向移动1.3°就可以找到

---

1. 译者注：罗宾鸟的蛋呈一种接近天蓝的颜色，但略带荧光。

NGC 2899。天文学家把这个深空天体归类为双极结构的行星状星云。通过300mm左右口径的望远镜看到的它，外观呈矩形，表面亮度均匀，长度和宽度之比约为3∶2，长轴在东—西方向上。

在观赏过这个天体之后，可以顺便看一眼IC 2488，那是个巨大的疏散星团，亮度为7.4等。它就在NGC 2899的南侧0.9°处，也被称为"蓬蓬裙星团"或"串珠星团"。

必看天体 117	NGC 2903
所在星座	狮子座
赤经	9h32m
赤纬	21°30′
星等	9.0
视径	12′ × 5.6′
类型	旋涡星系

狮子座的天区内有许多好看的星系，其中有5个被梅西尔收进了他那份著名的深空天体目录中，即M 65、M 66、M 95、M 96、M105。这里要介绍的NGC 2903在亮度方面胜过了前述5个星系中的4个，仅逊于M 66。1784年，生于德国、后入籍英国的天文学家威廉·赫舍尔[1]发现了这个天体。但是，这个很容易在望远镜里看到的明亮天体到现在为止完全没有一个通用的别称，这一情况真是让我百思不解。

天文学家把这个天体归类为"热斑星系"，这是因为在接近它核心区的区域内有一个特别明亮的圆形斑点。这个斑点其实是个高温的"年轻"星团，只有600万～900万年的历史。

虽然这个星系相当明亮，但如果你的望远镜口径小于250mm，就不要指望看到它的太多细节。在250mm左右口径的望远镜下，可以试着在它明亮的核心区周围寻找那个大小约为4′ × 2′的外围光晕。配以更高的放大率仔细观察可以发现其核心区的棒状结构及其外侧的旋臂，但旋臂的亮度仅比边缘处光晕的亮度高出一小点。如果有更大口径的望远镜，则可以尝试观察穿插在它各条旋臂之间的一些暗带和发射星云。

在NGC 2903内部还有一个恒星形成区被单独赋予了编号NGC 2905，也就是这个恒星形成区被视为另一个深空天体。赫舍尔当初也单独识别了这个明亮的区域，它位于NGC 2903核心区的东北偏北方向仅1′多一点儿的地方。

必看天体 118	NGC 2964
所在星座	狮子座
赤经	9h43m
赤纬	31°51′
星等	11.2
视径	3′ × 1.7′
类型	旋涡星系

这个天体在狮子座天区的最北边，要找到它，可以从3.9等的狮子座μ星处（中文古名为"轩辕十"）出发朝西北偏北方向移动6.2°，也可以从5.6等的狮子座15号星（中文古名为"轩辕六"）

---

1. 译者注：他是约翰·赫舍尔的父亲。

处出发朝北移动1.9°。通过200mm左右口径的望远镜可以看出其亮度均匀的椭圆形外观。使用350mm左右口径并配以350倍放大率的望远镜可以看到其极为纤弱的外围光晕，那也是我们分辨该星系的旋臂结构的入手点。

要想看到它那紧密缠绕着核心区的旋臂，需要口径至少为600mm的望远镜。即便拥有这种级别的设备，也只能看出其旋臂的根部。在这个星系的东北方向6′处有11.9等的旋涡星系NGC 2968。如果还想继续挑战的话，还可以继续朝东北方向再移动5′，尝试寻找14.6等的NGC 2970。

必看天体 119	NGC 2974
所在星座	六分仪座
赤经	9h43m
赤纬	-3°42′
星等	10.9
视径	3.4′×2.1′
类型	椭圆星系

要定位这个天体，可以从3.9等的长蛇座ι星（中文古名为"星宿四"）处出发，向东南偏南移动2.6°。观察这个星系时，你首先注意到的可能是在它的核心区西南侧不到1′处的一颗9.4等的前景恒星，此星可能会让你在观察该星系的时候分心。该星系呈椭圆形轮廓，长轴长度和短轴长度之比约为3∶2，长轴在东北—西南方向上。通过250mm左右口径并配以250倍放大率的望远镜，或者更大口径的望远镜，可以看到它暗弱的外围区域。

必看天体 120	NGC 2976
所在星座	大熊座
赤经	9h47m
赤纬	67°55′
星等	10.2
视径	5′×2.8′
类型	旋涡星系

这个星系是"M 81星系群"的成员之一，离我们大约有1200万光年。它位于M 81的西南偏南方向1.4°处，同时也位于4.5等的大熊座24号星（中文古名为"少辅/紫微右垣四"）东南偏南方向2.2°处。在200mm左右口径的望远镜下，该星系呈现出一个长轴长度和短轴长度之比约为2∶1的椭圆形轮廓，长轴在西北—东南方向上。使用更大口径的望远镜可以看出其表面的斑驳特征——其盘面上有很多微小的暗区。

必看天体 121	NGC 2985
所在星座	大熊座
赤经	9h50m
赤纬	72°17′
星等	10.4
视径	4.6′×3.4′
类型	旋涡星系

这个天体位于大熊座天区的北部，以5.2等的大熊座27号星为起点，向东移动0.6°就可以找到它。使用150倍以上的放大率可以轻松看到它的盘面呈接近圆形的椭圆形。如果望远镜的口径不小于250mm，则可以看到它宽大、暗淡的边缘区。从这个星系出发再向东移动0.4°还可以尝试观赏11.5等的旋涡星系NGC 3027。

必看天体 122	NGC 2986
所在星座	长蛇座
赤经	9h44m
赤纬	−21°17′
星等	10.7
视径	3.2′×2.6′
类型	椭圆星系

可以以4.1等的长蛇座v^1星（中文古名为"张宿一"）为起点，往西南偏南方向移动6.7°寻找这个天体。虽然各种口径的业余天文望远镜都无法揭示出它的更多细节，但你可以看到它那亮度均匀的核心区，其直径超过了整个盘面的3/4。如果使用250mm以上口径和放大率足够高的望远镜，也可以看到它稀薄的外围区域。观察完这个天体之后，还可以继续换更短焦距的目镜以增大放大率，观察一下仅14.4等的旋涡星系PGC 27873，它就在NGC 2986的西南偏西方向仅2′处。

必看天体 123	NGC 2997
所在星座	唧筒座
赤经	9h46m
赤纬	−31°11′
星等	9.3
视径	10′×6.3′
类型	旋涡星系

可以从5.9等的唧筒座ζ^2星开始，往东北偏东方向移动3°找到这个天体。250mm左右口径的望远镜足以展现出它模糊的椭圆轮廓和明亮的核心区，其长轴在东—西方向上。其边缘区是暗弱的，但看上去更像一个围绕着核心区、比周围稍亮一点儿的环。

必看天体 124	船底座 v 星
所在星座	船底座
赤经	9h47m
赤纬	−65°04′
星等	3.1/6.1
角距	5″
类型	双星

即便你只有60mm左右口径的双筒镜，也足以轻松区分这处双星的两颗子星，二者都是白色的。

必看天体 125　M 81　斯特凡·希普/亚当·布洛克/NOAO/AURA/NSF

必看天体 125	M 81（NGC 3031）
所在星座	大熊座
赤经	9h56m
赤纬	69°04′
星等	6.9
视径	24′×13′
类型	旋涡星系
别称	波德星系（Bode's Galaxy）

　　这个星系位于大熊座天区的东北部，它也是地球的夜空中最为明亮的星系之一。从4.5等的大熊座24号星处出发，往东南偏东方向移动2°就可以找到它。

　　它的发现者是德国的天文学家、星图绘制家约翰·博德，发现时间是1774年12月31日，同时被发现的还有它旁边的不规则星系M 82。法国天文学家梅襄在不知此事的情况下，于1779年8月独立地发现了这两个深空天体，并将情况告诉了梅西尔，梅西尔遂将二者编入了自己的深空天体目录中。

　　M 81的亮度充足，即使用双筒镜也不难看到，当然如果用大口径的单筒镜，观赏效果会更好。在200mm左右口径的望远镜中，可以看到它大而明亮的中心区，还可以轻松分辨出更加明亮的星系核。如果物镜口径有300mm左右，还可以辨认出它那些紧紧缠绕着核心区的旋臂。此外，这个星系的东侧比西侧亮。遗憾的是，使用各种业余天文望远镜都不足以从它的盘面中识别出暗带和恒星形成区。

　　M 81是"M 81星系群"中最亮的成员星系，也是离银河系所处的"本星系群"（本书"必看天体126"）最近的星系群之一。"M 81星系群"包含10多个成员，包括M 82、NGC 2403、NGC 2366、NGC 3077等，它们都在离我们大约1200万光年的地方。

必看天体 126　M 82　亚当·布洛克 /NOAO/AURA/NSF

必看天体 126	M 82（NGC 3034）
所在星座	大熊座
赤经	9h56m
赤纬	69°41′
星等	8.4
视径	12′×5.6′
类型	星暴星系
别称	雪茄星系（The Cigar Galaxy）

　　从"波德星系"（即M 81）出发向南37′就可以看到"星暴星系"的典型代表——M 82，但不要指望看到什么"星系爆炸"的场面。M 82的核心区是多个恒星形成区的复合体，其规模可以让我们银河系的猎户座大星云相形见绌。

　　M 82的这副模样缘于它曾经跟M 81有过一次近距离的相互作用，时间大约是5亿～6亿年前。射电望远镜的观测数据显示，有大量的气体包裹在这两个星系周围。

　　天文爱好者们也管M 82叫"雪茄星系"，因为即使是通过小口径的望远镜也不难看出它像一支雪茄。其长轴长度约是短轴长度的4倍，长轴在东南偏东—西北偏西方向上。它最亮的区域在其中心的东侧，而在更东边还有一条暗带沿着它的短轴方向斜着切了过去。

　　M 82的表面亮度超过了绝大部分星系的表面亮度，为了理解这一点，可以换上一只视场足够大同时展现M 81和M 82的目镜，以便对比观察。虽然从星等数值上看，M 82的光亮应该只有M 81的一半左右，但它的视面更小，所以看起来反而更亮。使用更高放大率的望远镜还可以观察M 82的细节，即便夜空环境并不是很完美。对一些表面亮度更低的星系，例如M 101（本书"必看天体351"）来说，这招就不管用了。

必看天体 127	六分仪 B
所在星座	六分仪座
赤经	10h00m
赤纬	5°20′
星等	11.3
视径	5.5′×3.7′
类型	不规则星系

"六分仪B"星系是我们"本星系群"的成员星系之一。我们的银河系和其他一些星系一起组成了一个成员不多的星系群，"六分仪B"正好在这个星系群的外缘，它与我们之间的距离达450万光年。使用300mm左右口径的望远镜观测，可以看到它呈现为一个模糊的矩形光斑，还有几颗暗弱的前景恒星飘浮在它和我们之间。它的中心区直径约占整个直径的1/3，亮度比其边缘区只高出一点儿。

要定位这个星系，可以从4.5等的六分仪座α星开始往西北偏北方向移动6°。

顺便说一下，"六分仪B"这个名字源于射电天文学领域使用的命名法，即用一个星座的名字缀上一个大写字母。对每个星座天区内的各个星系，从字母A开始，按照"亮度"从高到低编列——但这里的"亮度"是指各星系在无线电波段内发出的能量强度。这一命名系统是在20世纪50年代前后由天文学家约翰·博尔顿和戈登·斯坦利引入的。

必看天体 128	NGC 3077
所在星座	大熊座
赤经	10h03m
赤纬	68°44′
星等	9.8
视径	5.5′×4.1′
类型	不规则星系

这个星系位于M 81的东南偏东方向0.8°处，或者说M 82的东南方向1.1°处。因此，如果你望远镜的物镜/目镜配置可以实现直径略大于1°的视场，你就可以欣赏到这3个天体"同框"的样子。当然，这样做时，放大率肯定较低。

这个星系的核心平展且明亮。其椭圆的形状和暗弱的外层物质，我观察起来也都毫无压力。经常有人说这个星系有一条朝着东北方延展出去的细长光带，但我看到的这条带子比较短粗且相当暗。

这个星系可能是M 81的一个伴系，它离M 81可能只有20万光年。

在NGC 3077的附近还有两颗8等星。其中一颗在NGC 3077与M 82的连线上，离NGC 3077不到4′；另一颗在离NGC 3077与M 81的连线不远处，离NGC 3077有10′。

必看天体 129　NGC 3079　杰夫·哈普曼 / 亚当·布洛克 /NOAO/AURA/NSF

必看天体 129	NGC 3079
所在星座	大熊座
赤经	10h02m
赤纬	55°14′
星等	10.9
视径	8′×1.5′
类型	棒旋星系

从4.6等的大熊座φ星（中文古名为"文昌三"）开始，朝东北方向移动2.2°就可以找到NGC 3079。它也是夜空中的一个"碎条状星系"，其轮廓长宽比为5∶1。用300mm左右口径并配以300倍放大率的望远镜观看，可以看到其狭长而明亮的中心区占了星系整个长度的近2/3。如果观测时大气状况特别稳定的话，还可能发现其延展出来的细瘦结构，那其实就是它的旋臂。

在靠近它的南端的地方有3颗比较亮的恒星，这3颗恒星组成了一个漂亮的三角形。其中最亮的是7.9等的SAO 27476，位于星系中心西南偏南方向6′处；9.6等的SAO 27482位于中心的东南方向不到4′处；9.5等的SAO 27486位于中心的东南偏南方向7′处。最后，你还可以找找位于该星系西南偏西方向仅10′处的一个椭圆星系NGC 3073，其亮度为13等。

必看天体 130	NGC 3109
所在星座	长蛇座
赤经	10h03m
赤纬	-26°09′
星等	9.8
视径	16′×2.9′
类型	棒旋星系

要定位这个天体，可以从4.3等的唧筒座α星处出发，往西北方向移动7.2°。这是一个离我们比较近的棒旋星系，也属于"本星系群"。在150mm左右口径的望远镜中，如果赶上极佳的夜空环境，则有可能看到它像暗淡的薄雾。其长轴长度是短轴长度的3~4倍。而如果拥有400mm左右口径的望远镜，就可以看到它表面杂乱的特征，例如由无法单颗分辨出来的恒星以及氢离子云气组成的一些光斑。

必看天体 131	NGC 3114
所在星座	船底座
赤经	10h03m
赤纬	-60°07′
星等	4.2
视径	35′
类型	疏散星团

请准备好享受视觉奇观，因为NGC 3114这个星团不仅本身很漂亮，还正好处于一片美不胜收的星场之中。严谨地说，可以从2.2等的船底座ι星开始，朝东南偏东方向移动5.8°来找到它。不过，它其实是个肉眼可见的天体，所以拿起双筒镜直接对准它所在的天区，寻找自己的最佳视场就行了。

使用100mm左右口径的望远镜观察这个天体时，首先会注意到两颗比较亮的恒星，即6.2等的SAO 237640和7.3等的SAO 237655，它们都处在该星团的范围之内。在它俩周围有几十颗亮度相差不大的成员星。它们之间组成的各种形状可以激发每个人不同的想象。使用更大口径的望远镜还可以看到一批更暗的成员星。

在观察这片天区时，别忘了顺便看一下8.8等的疏散星团"特朗普勒12"，它就在NGC 3114的东南偏东方向0.5°处。

必看天体 132	NGC 3115
所在星座	六分仪座
赤经	10h05m
赤纬	−7°43′
星等	8.9
视径	8.1′ × 2.8′
类型	透镜状星系
别称	纺锤星系（The Spindle Galaxy）、科德威尔 53（Caldwell 53）

　　纺锤星系不仅是六分仪座的代表性"景点"，也是夜空中亮度最高的星系之一。事实上，对于梅西尔没有把这个天体收入自己的深空天体目录中这件事，观测者们都觉得不可思议。它在星系形态分类上属于典型的 S0 类，美国天文学家哈勃将这类星系视为一个过渡形态。它的外观正好能填补旋涡星系和那些最扁平的椭圆星系之间的形态空当。S0 类星系有一个巨大的核球，它在一个维度上明显拉长（就像缠绕纱线的纺锤那样），但又没有旋臂。

　　这个天体的亮度不错，只用双筒镜或者寻星镜就能找到它。使用 100mm 左右口径的望远镜可以看到其几何轮廓的长轴长度和短轴长度之比约为 4∶1，并有一个明亮的中心区。而若使用 300mm 左右口径并配以 300 倍放大率的望远镜，其核球结构会呈现得更加清晰，这个围绕着星系中心的椭球周围还包裹着一层同样呈椭球形但亮度稍逊的光晕。

　　从 5.1 等的六分仪座 γ 星处出发，向东移动 3.2° 就可以找到这个夜空中的"纺锤"。

必看天体 133	狮子座 α 号星
所在星座	狮子座
赤经	10h08m
赤纬	11°58′
星等	1.3/8.1/13.5
角距	177″ 及 4.2″
类型	双星
别称	轩辕十四（Regulus）

　　这颗三合星的亮度主要来自于其中的轩辕十四，它也可以被称为该三合星的 A 星。另外，在离 A 星 177″ 处，还有组成一对的 B 星和 C 星，其亮度分别为 8.1 等和 13.5 等，二者间相距仅 4.2″。在深暗的夜空中，我使用 250mm 左右口径的望远镜就可以清楚看到这 3 颗子星的组合景象。

必看天体 134	NGC 3132
所在星座	船帆座
赤经	10h08m
赤纬	−40°26′
星等	9.7
视径	30″
类型	行星状星云
别称	八字星云（The Eight Burst Nebula）、南环状星云（the Southern Ring Nebula）、科德威尔 74（Caldwell 74）

　　距今约1万年前，船帆座有一颗质量跟太阳差不多的恒星走到了寿命的尽头，从而将其外层物质抛射进了太空，而其残余的核心部分只有地球的大小，表面温度则达到了约100 000℃，并开始发射紫外波段的能量。科学家称这种作为恒星"遗体"的天体为白矮星，其抛出的气体被来自中心天体的辐射照亮，就形成了行星状星云。

　　NGC 3132的视径、外观都跟著名的"指环星云"M 57（本书"必看天体567"）相仿，因此不难理解它也会得到一个通俗的称谓。不过，NGC 3132的结构其实比M 57的结构复杂，它含有多个椭圆形结构，其倾角各不相同，呈彼此叠加的位置关系。而且，这个行星状星云的外围区域形状看起来更加不规则，其接近中心恒星的部位也含有比M 57多得多的物质。

　　NGC 3132的表面亮度颇高，所以特别适合在高倍（不低于250倍）放大率的望远镜下观赏。其内层气体壳的形状杂散，包围着一颗徒有其名的中心恒星。其外围的物质全都来自中间这个明亮的气体性质区域。

　　由于在照片中呈现出复杂的气壳结构，NGC 3132也被称为"八字星云"（或者"八字行星状星云"），这个命名来自美国天文学家小罗伯特·伯纳姆的《伯纳姆星空手册第三卷：孔雀座至狐狸座》。

必看天体 135　NGC 3147　阿利克斯·贝克、迈克·贝克 / 亚当·布洛克 /NOAO/AURA/NSF

必看天体 135	NGC 3147
所在星座	天龙座
赤经	10h17m
赤纬	73°24′
星等	10.6
视径	4.3′×3.7′
类型	旋涡星系

这是个盘面正对着我们的旋涡星系，所以值得一看。它有一个明亮的小核心区，环绕在核心区周围的是迷离的正圆形光晕。虽然无法直接看到其旋臂结构，但其核心区和外围区的比例足以说明它一定拥有旋涡星系所必需的旋臂。从3.8等的天龙座λ星处出发，向西北移动7°即可找到它。

必看天体 136	狮子座 I
所在星座	狮子座
赤经	10h09m
赤纬	12°18′
星等	10.2
视径	12′×9.3′
类型	矮椭球星系

我对这个天体有着特别的喜爱。它是一个非常容易找到但又极难看清细节的深空天体。说它容易找是因为它就在1.3等的狮子座α星北边仅20′处；说它不容易看清，是因为狮子座α星的光亮总是在视场中遮蔽它的细节。

在良好的夜空环境中，使用200mm左右口径并配以150倍放大率的望远镜可以看到该星系呈现为一个暗弱的模糊斑点，表面亮度均匀。请注意先尽量把狮子座α星置于你的目镜视场之外，再设法去仔细观察这个星系。

这个星系于1950年被美国天文学家罗伯特·哈林顿和艾伯特·威尔逊发现。当时他们正在使用1219mm左右口径的奥斯钦施密特式望远镜执行美国国家地理学会的"帕洛马巡天计划"，在检查照相底板的时候发现了这个星系。

必看天体 137　NGC 3169（右上）和 NGC 3166（左下）　亚当·布洛克 /NOAO/AURA/NSF

必看天体 137	NGC 3169
所在星座	六分仪座
赤经	10h14m
赤纬	3°28′
星等	10.2
视径	5′×2.8′
类型	旋涡星系

这个观赏目标其实是两个天体的"二合一",除了NGC 3169外,还包括一个10.5等的旋涡星系NGC 3166,后者在前者的西南偏西方向仅8′处。这两个星系还和另外两个星系NGC 3165(13.9等)、NGC 3156(12.1等)构成了"四人组",不过它们彼此其实并无明显的引力作用,它们只是在视觉上像一个组合。

通过200mm左右口径的望远镜可以看到NGC 3169的长轴长度约为短轴长度的2倍,长轴在东北—西南方向上,其被拉长的中心区的亮度明显高于边缘区的亮度。

而亮度为10.5等的NGC 3166也近乎一个卵形(4.8′×2.3′),长轴在东—西方向上,其中心区较宽,边缘区稀薄。

必看天体 138	NGC 3172
所在星座	小熊座
赤经	11h47m
赤纬	89°06′
星等	13.8
视径	1.1′×0.8′
类型	棒旋星系
别称	天极之贝(Polarissima Borealis)

NGC 3172这个天体欣赏起来颇有难度,它的亮度仅有13.8等,还有的观测者凭目力可以估计出它暗于14等的天体。所以,即使拥有最佳的夜空环境,也需要至少250mm口径的望远镜才可能看到它。

不过,对生活在北半球的观测者来说,还多一份专属的优势——不管在几月都可以去看它,因为它离北极星(小熊座α星)只有1.5°。其实,它也是NGC目录中最接近北天极的天体,它距离天球赤道坐标系中的北天极仅0.9°。由于它所在天区几乎跟北天极重叠,所以在北半球的绝大多数地方,它是恒显天体,即24小时全在地平线之上。由此,也有天文学家给它起了个昵称"天极之贝"。

不过它在视觉上可没有"旋涡星系"(M 51)那么漂亮。NGC 3172这个处在特殊坐标区域内的星系看起来并不十分有趣,它只是一个长轴长度约为0.5′的椭圆形模糊光斑,其中心略亮于边缘。

必看天体 139	NGC 3175
所在星座	唧筒座
赤经	10h15m
赤纬	-28°52′

星等	11.3
视径	5′ × 1.3′
类型	旋涡星系

　　要找这个天体，可以从4.3等的唧筒座α星处出发，往东北方向移动3.5°。它呈现盘形，长轴长度是短轴长度的3倍左右。如果望远镜口径不足350mm，那么最多只能把它看成一个亮度均匀的小光条。使用超过350mm口径的望远镜则可能看出它那形状不太规则的外围光晕，还可以特别注意一下其两端明显不规则的特点。

必看天体 140	NGC 3183
所在星座	天龙座
赤经	10h22m
赤纬	74°11′
星等	11.8
视径	2.3′ × 1.4′
类型	旋涡星系

　　从3.8等的天龙座λ星处出发，往西北移动7.2°就可以找到这个星系。在250mm左右口径的望远镜下，可以看到其长轴长度大约是短轴长度的2倍，整体发出亮度均匀的光。而即便换用更大口径的望远镜，配以更高的放大率，也无法辨认其更多的特征。不过，有趣的是，在离星系北侧边缘内仅1′处，正好有4颗14等的暗星紧紧地扎成一堆。

必看天体 141	NGC 3184
所在星座	大熊座
赤经	10h18m
赤纬	41°25′
星等	9.8
视径	7.8′ × 7.2′
类型	旋涡星系
别称	小风车星系（The Little Pinwheel Galaxy）

　　如果使用大口径的望远镜，你会惊讶于这个星系看起来有多么华丽。这个正面对着我们的旋涡星系让我想起了跟它外观很像的一个同类——大熊座的M 101（本书"必看天体351"）。而从它的别称"小风车星系"可以看出，它跟别称为"风车星系"的M 33（本书"必看天体799"）也十分相似。"小风车星系"的旋臂很宽，所以亮度不高，要想在视觉上把其核心区与这些旋臂区分开来，必须使用放大率特别高（大于400倍）的望远镜。在这个星系的北端边缘，正好重叠着一颗11.6等的前景恒星GSC 3004:998，它看上去恍如是这个星系里爆发的一颗超新星。

　　该星系位于大熊座天区的边缘，靠近小狮座的天区。定位它时，可以以3.0等的大熊座μ星（中文古名为"中台二"）为起点，向西移动0.8°。使用稍大一些的望远镜，例如口径为150mm的望远镜，就可以看到它圆形的云雾状外观，其中心比外围稍亮一点儿。

必看天体 142	NGC 3190
所在星座	狮子座
赤经	10h18m
赤纬	21°50′
星等	11.2
视径	4.1′×1.6′
类型	旋涡星系
别称	狮子座γ星系群（The Gamma Leonis Group）

　　这个颇见风采的星系和其他3个星系合为一组，位于2.0等的狮子座γ星（中文古名为"轩辕十二"）的西北偏北方向2°处。这组星系也叫HCG 44，是加拿大天文学家保罗·希克森编写的致密星系群列表里100个同类目标中的第44号星空。该列表里名气最大的目标是HCG 92，即"斯蒂芬的五重奏"（本书"必看天体710"）。

　　NGC 3190是HCG 44里最大的成员星系，它呈现椭圆形，长轴长度是短轴长度的3倍，中心区长且明亮。使用300mm左右口径并配以250倍放大率的望远镜可以看到其星系核南部的一条尘埃带，它在靠近星系核的一端最窄，越接近星系外围就越宽。

　　HCG 44里最亮的成员星系就是下面即将介绍的天体，即NGC 3193。而12.0等的棒旋星系NGC 3185位于NGC 3190西南方11′处。最后介绍一下12.9等的旋涡星系NGC 3187：它位于NGC 3190的西北偏西方向5′处。即使利用特大口径的天文望远镜也无法分辨出这两个较暗的成员星系的细节。

必看天体 143	NGC 3193
所在星座	狮子座
赤经	10h18m
赤纬	21°54′
星等	10.8
视径	2′×2′
类型	椭圆星系

　　关于致密的星系群HCG 44，我已在上一段介绍了其成员NGC 3190，而NGC 3193也是成员之一，它位于NGC 3190的东北方6′处。使用200mm左右口径的望远镜可以看到这个星系拥有一个平展、亮度匀称的中心区以及呈现为纤弱光晕的外围区。

必看天体 144	NGC 3195
所在星座	堰蜓座
赤经	10h09m
赤纬	−80°52′
星等	11.6
视径	38″
类型	行星状星云
别称	科德威尔109（Caldwell 109）

这是个表面亮度挺高的天体，位于4.5等的堰蜓座δ^2星（中文古名为"小斗四"）的西南偏西方向1.5°处。使用100mm左右口径并配以100倍放大率的望远镜观看它，会觉得它跟一颗普通恒星的样子差不多，只是稍微有点显"胖"。改用250mm左右口径的望远镜并将放大率升到200倍以上之后，就可以看清这个行星状星云的真面貌了，并且可以注意到它在东北偏北—西南偏南方向上略有拉长。

必看天体 145	六分仪 A
所在星座	六分仪座
赤经	10h11m
赤纬	-4°42′
星等	11.5
视径	5.9′×4.9′
类型	不规则星系

这个星系也是我们的"本星系群"的成员，它与我们之间的距离达430万光年。它位于整个星系群的边陲地带。可以以5.2等的六分仪座δ星作为起点，朝西南偏西方向移动5°来定位它。

通过200mm左右口径或更大口径的望远镜可以看出这个星系的怪异之处：它的轮廓是方形的。如果改用350mm左右口径并配以300倍放大率的望远镜，再加装星云滤镜的话，可以在其东南边缘处看到一个非常明亮的HII发射区。

关于它的名字"六分仪A"的由来，请参看"六分仪B"（本书"必看天体127"）。

必看天体 146	六分仪矮星系
所在星座	六分仪座
赤经	10h13m
赤纬	-1°36′
星等	12.0
视径	26.9′×5.9′
类型	星系

这个目标比较暗，可以从4.5等的六分仪座α星处出发，往东南方向移动1.8°来找到它。它是1990年由天文学家们在一个照相巡天项目中发现的，离我们仅有32万光年，视面积又很大，所以它的微弱光亮很难从背景天光中被辨认出来。使用400mm以上口径的望远镜并配以长焦目镜降低放大率，在它的位置附近慢慢搜索，如果觉得有一块夜空稍微比周围亮那么一点儿，那就是它了。

必看天体 147　NGC 3198　约翰·维克里、吉姆·马瑟斯 / 亚当·布洛克 /NOAO/AURA/NSF

必看天体 147	NGC 3198
所在星座	大熊座
赤经	10h20m
赤纬	45°33′
星等	10.2
视径	8.5′×3.3′
类型	旋涡星系

　　要找到这个天体，可以从3.5等的大熊座λ星（中文古名为"中台一"）处出发，朝北移动2.7°。在150mm左右口径的望远镜下，它是一个不规则的椭圆形亮斑，长轴在东北—西南方向上，且长轴长度是短轴长度的2倍多。若使用350mm左右口径并配以300倍放大率的望远镜，可以看见它的多处细节。它的中心区小而明亮，外围光晕的形状不规则，仿佛一些被截短了的旋臂。在其东北边缘之外，向北仅移动2′，就可以看到一颗11.2等的恒星GSC 3435:470。

必看天体 148	NGC 3199
所在星座	船底座
赤经	10h17m
赤纬	-57°55′
视径	20′×15′
类型	发射星云

　　从3.5等的船帆座φ星处出发，往东南移动4.4°可以找到NGC 3199。在多种口径的望远镜里，它的外观像一个巨大且肥厚的月牙，缺口朝东。加装星云滤镜可以取得更好的观赏效果。使用业

余天文望远镜领域的最大口径的望远镜还可以看到它周围的一些附属星云区，这些附属物和NGC 3199一起构成了一个粗略的圆形。在这个"新月"的中心，有一颗沃尔夫-拉叶型星HD 89358，此星质量很大且温度很高，并在紫外波段有丰富的辐射，还发出强劲的"星风"（向外发射物质粒子）。就这个案例来说，这颗沃尔夫-拉叶型星正在塑造它周围物质的形状。

必看天体 149	NGC 3201
所在星座	船帆座
赤经	10h18m
赤纬	-46°25′
星等	6.8
视径	18.2′
类型	球状星团
别称	科德威尔 79（Caldwell 79）

　　这个天体是南天最好看的球状星团之一，它位于2.7等的船帆座μ星的西北偏西方向5.7°处。在绝佳的夜空环境下，视力很好的人有可能不借助任何设备可以直接看到它的踪迹。诚然，用双筒镜或寻星镜也很容易找到它，但还是建议你通过单筒望远镜的目镜好好欣赏一下这一大堆"太阳"的惊艳。它的外观不会让你失望。

　　使用100mm左右口径并配以100倍放大率的望远镜可以看到其明亮的核心区域，那里有很多的成员星，但都无法仅凭目视分辨。配上更高的放大倍率可以分辨出该星团最外围的少量成员星。在279mm左右口径的望远镜下，可分辨出来的成员星会超过100颗，观赏其他球状星团很难达到这种程度。另外不妨注意一下，有一个比较暗但很浅的、呈V形的缺口在该星团的南侧边缘刻下了自己的痕迹。

必看天体 150	狮子座 γ 星
所在星座	狮子座
赤经	10h20m
赤纬	19°50′
星等	2.3/3.5
角距	4.4″
类型	双星
别称	轩辕十二（Algieba）

　　只用小口径的单筒望远镜就可以欣赏这处双星的美。它的两颗子星都是发出黄色光的巨星，所以只能通过亮度来区分A星和B星，前者的亮度大约是后者的3倍。

　　这颗星的英文别称Algieba来自阿拉伯语中的al Jabbah，意思是"前额"。这颗星在古代阿拉伯文化中被视为月亮的第8所宅邸。但也有另一种看法，认为这个名字来自拉丁文单词juba，意思是"狮子的鬃毛"，而英文里的Algieba只是拉丁文单词被人们以阿拉伯文转写之后的间接产物。

必看天体 151	NGC 3227
所在星座	狮子座
赤经	10h24m
赤纬	19°52′

星等	10.3
视径	6.9′×5.4′
类型	旋涡星系

从2.0等的狮子座γ星处出发，朝东50′就可以找到NGC 3227这个旋涡星系，还有它的11.4等的伴系——椭圆星系NGC 3226。前者更亮，后者几乎系连在它的北端。通过不小于150mm口径的望远镜，可以看到NGC 3227的椭圆形轮廓以及它长且致密的中心区，还可以看到它的外围光晕边缘比较"生硬"。NGC 3226则呈圆形，中心区宽阔，核心部分很小，亮度也低，像是盘面上的一个黑点。

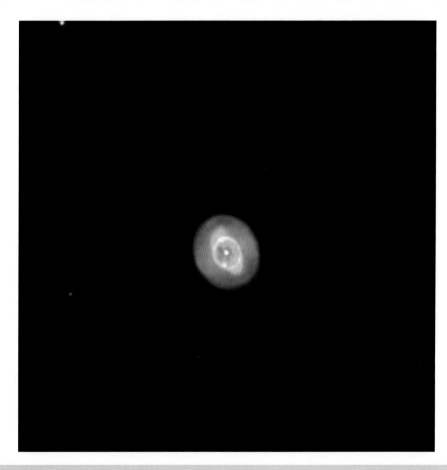

必看天体 152 NGC 3242 亚当·布洛克 /NOAO/AURA/NSF

必看天体 152	NGC 3242
所在星座	长蛇座
赤经	10h25m
赤纬	−18°38′
星等	7.8
视径	16″
类型	行星状星云
别称	木星之魂（The Ghost of Jupiter）、CBS 之眼（The CBS Eye）、科德威尔 59（Caldwell 59）

　　这个天体位于长蛇座天区的中部偏东，它同时也是春季星空中最有代表性的行星状星云。它之所以被称为"木星之魂"，是因为在小口径望远镜中，它看上去很像一颗行星，不过，要论颜色和亮度，它倒更像天王星或海王星。天王星的发现者威廉•赫舍尔爵士在1785年2月7日发现了这个天体。

　　使用150mm左右口径的望远镜，配低倍视场观察，这个天体蓝绿色的光芒显得柔和、浅淡。使用更大口径的望远镜配以超过200倍的放大率，还可以看出它内部的一个椭圆形的结构，像一只眼睛或一个橄榄球。它最核心的10″区域显得比较空洞，唯独中央位置有一颗暗淡的星。在外围，有一个直径40″的球形气体壳，以自己的弱光将"眼睛"完全包住。当你拥有300mm以上口径的望远镜时，不妨碰碰运气，把放大倍率配到大约100倍，再加上星云滤镜，看能否辨认出这个最外层的气体壳。

　　这个天体的蓝绿色主要来自于氧原子的受激发光。天体最中心的那颗星会在紫外波段向外辐射能量，这些能量先是被外层的氧原子吸收，然后再被转化为蓝绿色的可见光重新发出。由于该效应在这个天体上十分强烈，所以看它时应加装一块氧Ⅲ滤镜。这里的罗马数字"Ⅲ"虽然是"三"，但它的化学含义是"双电离"，因为中性的氧原子在以化学角度记写时也要加一个"Ⅰ"来表示。氧Ⅲ滤镜侧面都带有螺纹，它可以匹配直径约3cm或5cm的目镜内侧自带的螺纹，从而可以直接被拧到镜筒里去。

必看天体 153	IC 2574
所在星座	大熊座
赤经	10h28m
赤纬	68°25′
星等	10.4
视径	13.5′×8.3′
类型	旋涡星系
别称	柯丁顿星云（Coddington's Nebula）

　　虽然这个天体的别称里带着"星云"二字，但这个天体其实是个星系。1898年4月17日，美国天文学家埃德温•柯丁顿在里克天文台发现了它。

　　这个星系位于3.8等的天龙座λ星西侧5.7°处。使用200mm左右口径并配以75倍放大率的望远镜观看，可见其长轴在东北—西南方向上，其长度是短轴长度的2倍。因为视面积较大，所以它表面亮度较低。其中心区的亮度略高一点儿，但会有其位于整个天体的西南部的错觉。其实这个星系的核心区很宽，其中大部分物质集中在核的东北侧。使用口径300mm以上并配以250倍放大率的望远镜，再加上星云滤镜，就可以辨认出该星系东北边缘处的恒星形成区。

必看天体 154	NGC 3245
所在星座	小狮座
赤经	10h27m
赤纬	28°31′
星等	10.7
视径	3.2′×1.8′
类型	旋涡星系

从3.4等的狮子座ζ星（中文古名为"轩辕十一"）处出发，往东北偏北方向移动5.6°，就是这个星系。在200mm左右口径的望远镜中，它呈现透镜的形状，长轴长度约是短轴长度的2倍，长轴位于南—北方向上。其中心区平展且明亮，占据了整个天体直径的大部分。若以更大的物镜口径和更高的放大率观察这个天体，还可以看到其纤细的外层光晕。

必看天体 155	NGC 3310
所在星座	大熊座
赤经	10h39m
赤纬	53°30′
星等	10.6
视径	3.1′×2.4′
类型	旋涡星系

这个天体位于2.3等的大熊座β星（中文古名为"天璇/北斗二"）西南方4.4°处。使用200mm左右口径并配以200倍放大率的望远镜观察，可以看到其形状在西北偏北—东南偏南方向上略有拉长。该星系的正面亮度总体均匀，但其南北两端的亮度与其他地方的亮度略有差异，因为南北两端是它宽大的旋臂的起点。在NGC 3310的东北偏北方向10′处有一颗5.6等的恒星SAO 27724，为避免其光芒干扰，在观察NGC 3310时，应尽量将该星放置到目镜视场之外。

必看天体 156	NGC 3311
所在星座	长蛇座
赤经	10h37m
赤纬	−27°32′
星等	10.9
视径	4′×3.6′
类型	旋涡星系

NGC 3311这个星系是"长蛇座I星系团"的一个成员星系。从4.3等的唧筒座α星处出发，往东北偏北方向移动4.1°就可以找到它。"长蛇座I星系团"的外观跟"室女座星系团"相似，但"长蛇座I星系团"与我们的距离却是"室女座星系团"与我们的距离的3倍。

使用口径至少为300mm的望远镜就可能看到这片小小的天区里堆积了很多暗弱的星系，但有两颗恒星可能率先抢走你的注意力，那就是4.9等的SAO 179041和7.3等的GSC 6641:1410。在这些恒星周围，你可以找到NGC目录里的3307、3308、3309、3311、3312、3314、3316号天体。其中最亮的当然是NGC 3311，但它实际的外观只是一块圆形的云雾状物，其中心亮度更高。

在NGC 3311的东南偏东方向5′处是12.8等的NGC 3312，它的外观在这个星系团里最有趣，但要想分辨出它朝北边和南边分别伸出的旋臂，望远镜的口径至少需要达到400mm。

NGC 3309是一个巨大的椭圆星系，从我们的角度来看，它正好与NGC 3311的西侧边缘相接。它的样子看起来跟NGC 3311很相近，但相对于NGC 3311，它的视径要小一些。

必看天体 157	船帆座 χ 星
所在星座	船帆座
赤经	10h39m
赤纬	−55°36′
星等	4.4/6.6
角距	52″
类型	双星

　　如果想在天球的南半边找到一处像天鹅座β星（本书"必看天体595"）那样的双星，那么船帆座χ星正好符合这一条件。我们即便只用双筒镜或寻星镜也能分辨出它的两颗子星，当然，用配备50倍左右放大率的单筒望远镜观察它，效果更佳。其主星带有金黄的色泽，其伴星则是蓝色的。

三月

必看天体 158	IC 2602
所在星座	船底座
赤经	10h43m
赤纬	-64°24′
星等	1.9
视径	50′
类型	疏散星团
别称	南昴星团（The Southern Pleiades）、船底座θ星团（The Theta Carinae Cluster）、科德威尔102（Caldwell 102）

　　在三月，可以首先来看这个酷炫的天体。从2.7等的船底座θ星处（中文古名为"南船三"）出发，可以看到这颗蓝色恒星的周围布满了这个星团的成员星，所以它有时也被叫作"船底座θ星团"。不过，观星爱好者们更常叫它"南昴星团"，因为它的发现者法国天文学家拉凯曾把它跟北半球著名的昴星团（本书"必看天体882"）相提并论。

　　昴星团更适合用双筒镜来观测，因为其他更高倍率下的成像会把该星团的成员星分散得太厉害。IC 2602作为"南昴星团"也具有类似的性质。换句话说，如果你使用短焦距的折射镜并配以可提供至少1.5°直径视场的目镜，那么欣赏起这个星团来就会很舒服了。

　　在小口径的望远镜口径中，"南昴星团"看起来仿佛是挤在0.3°左右的天区里的两个小星团。靠西的那个"小星团"里有船底座θ星，还有分别朝南边和北边伸展出来的两条弧形星链。靠东的那个"小星团"在我看来像是著名的猎户座主要部分的一个严重缩小的版本，并且各颗星的亮度差异明显。

欣赏够了这个星团之后，可以把望远镜往南移动0.7°，那里有8等的疏散星团梅洛特101，后者最适合以75倍的放大率观赏。

必看天体 159	NGC 3338
所在星座	狮子座
赤经	10h42m
赤纬	13°44′
星等	10.9
视径	5.7′×3.4′
类型	旋涡星系

可以利用3.3等的狮子座θ星（中文古名为"西次相/太微右垣四"）来定位这个天体，从θ星处出发，往西南偏西移动7.9°即可。也可以以5.5等的狮子座52号星（中文古名为"长垣二"）为起点，往西南偏西移动1.1°。通过小望远镜只能看见它有着发光均匀的椭圆形视面，长轴长度和短轴长度之比约为3∶2。如果使用300mm以上口径的望远镜，则可以区分出其视面上几个亮度不同的区域，包括暗弱的外围光晕、稍亮一些的中心区（也可称为"内晕"），当然还有恒星密集的星系核区。在该星系西侧不到3′处有一颗9.0等的恒星SAO 99253。

必看天体 160	NGC 3344
所在星座	小狮座
赤经	10h44m
赤纬	24°55′
星等	9.9
视径	6.9′×6.4′
类型	旋涡星系
别称	洋葱片星系（The Sliced Onion Galaxy）

可以从3.4等的狮子座ζ星处出发，往东北偏东方向移动6.3°来定位这个天体。它在200mm左右口径的望远镜下会呈现出一个明亮的、致密的中心区。如果改用400mm左右口径的望远镜，就可以看到旋涡星系典型的旋臂结构，而且这个星系的盘面是正对我们的。它的多条旋臂紧紧盘在核心区的周围，让它的整体轮廓成为圆形。

有两颗叠在该星系东半部的恒星"抢镜"。其中，离星系中心位置较远的那颗亮度稍高，为10.2等，它是GSC 1977:2634。另一颗离星系中心位置稍近，亮度为11.5等。

《天文学》杂志的特约编辑奥米拉给这个星系起了别称——"洋葱片星系"。他作这个比喻倒不是因为这个星系以自己的盘面正对着我们，而是因为随着放大率的提升，这个星系越来越多的细节会如同一层层剥掉洋葱的皮那样显现出来。

必看天体 161　M 95　亚当·布洛克 / 莱蒙山天空中心 / 亚利桑那大学

必看天体 161	M 95（NGC 3351）
所在星座	狮子座
赤经	10h44m
赤纬	11°42′
星等	9.7
视径	7.8′×4.6′
类型	棒旋星系

　　从3.9等的狮子座ρ星（中文古名为"轩辕十六"）出发，朝东北方移动3.6°就可以定位到这个让人震撼的星系。在200mm左右口径的望远镜中，它会显示出在东北偏北—西南偏南方向上略显拉长的轮廓。其中心区域明亮，外围的一圈比较暗弱，但这暗弱的一圈正是由该星系的各条旋臂的根部组成。如果通过400mm以上口径并配以很高放大率的望远镜，则可以很快看出这个星系中心的星棒结构，其长轴在东—西方向上，从外围环状暗区的一侧直达另一侧。

　　这个星系也是M 96星系群的一员，该星系群也被叫作"狮子座I星系群"，其各个成员星系与我们之间的距离平均是3800万光年。请注意不要把这个名字与矮星系"狮子座I"（本书"必看天体136"）搞混，后者虽然是个矮星系，但它并不属于跟它名字相似的那个星系群。"狮子座I星系群"共有9个星系，其中比较明亮的有这里介绍的M 95，还有M 96（本书"必看天体163"）、M 105（本书"必看天体166"）、NGC 3384（本书"必看天体168"）和NGC 3377（本书"必看天体165"）。

必看天体 162　NGC 3359　斯文·弗雷塔格、卡尔·弗雷塔格 / 亚当·布洛克 /NOAO/AURA/NSF

必看天体 162	NGC 3359
所在星座	大熊座
赤经	10h46m
赤纬	63°13′
星等	10.3
视径	7.2′ × 4.4′
类型	旋涡星系

　　该天体位于1.8等的大熊座α星（中文古名为"天枢/北斗一"）西北方2.5°处，它亮度不错，所以可以将放大率调高些。通过250mm左右口径并配以150倍放大率的望远镜可以立即注意到它的长轴在南—北方向上，中心区域最亮，向两端则逐渐暗弱。若使用400mm左右口径并配以300倍放大率的望远镜，还可以看到从其主体两端伸展出来的旋臂的根部：南端旋臂向东弯曲，北端旋臂则向西弯曲。

必看天体 163 M 96 亚当·布洛克 /NOAO/AURA/NSF

必看天体 163	M 96（NGC 3368）
所在星座	狮子座
赤经	10h47m
赤纬	11°49′
星等	9.2
视径	6.9′×4.6′
类型	旋涡星系

　　M 96是M 95（本书"必看天体161"）的伴侣，位于后者东侧仅0.7°处。如果不依靠M 95，也可以从3.9等的狮子座ρ处出发，往东北方向移动4.3°来定位M 96。在100mm左右口径的望远镜中，M 96呈现为一个表面亮度不低且均匀的椭圆形天体，长轴在西北—东南方向上，长轴长度和短轴长度之比约为3∶2。其中心区亮度稍高，但面积占比非常小。M 96也是我们能看到的最亮的旋涡星系之一，因此不妨利用较高的放大率来欣赏。但若想辨认出它更多的细节，望远镜的口径至少要达到500mm。

必看天体 164	NGC 3372
所在星座	船底座
赤经	10h44m
赤纬	−59°52′
星等	3.0
视径	2°
类型	发射星云
别称	船底座 η 星云（The Eta Carinae Nebula）、科德威尔 92（Caldwell 92）

　　请想象一块星云长约1光年且还在以每小时230万千米的速度延展，它的内部还装着一颗超大质量的恒星，它的辐射高度是太阳的500万倍。这个场面说的就是船底座η星云还有它内部的中央恒星——亮度为6等的船底座η星。

　　大约在150年之前，船底座η星刚刚经历了一次大规模的爆发，当时从地球看去它成了全天区第二亮的星星。虽然它当时发出的光芒堪与超新星的光芒媲美，但它并没有就此结束生命，而只是从两极各喷射出了一个物质瓣，并在赤道平面上产生了一个纤薄却巨大的盘状物质区。天文学家给这个双瓣结构起名霍尔蒙克斯，霍尔蒙克斯在拉丁文中的意思是神话传说中的"小矮人"。

　　观赏船底座η星云对天文爱好者来说是一种享受。在南半球的银河中，即使只用肉眼也能轻松见证它的存在。显然，它也适合通过各类口径的业余天文望远镜观看。

　　在放大率低于50倍的情况下，它呈现出的最明显的特征是一个V字形的裂口，星云的中心部分已经被"切开"。在100倍放大率下，还可以看到它的边缘有荷叶状的起伏感，与明亮的背景反差明显。

　　你还可以注意一下这个星云的中心，尝试寻找一个叠加在它前面的暗星云，即"钥匙孔星云"。可以把放大率配到200倍左右，观察船底座η星周围一片泛黄的区域，有的观测者称这片区域为"煎蛋"。如果大气视宁度极佳，还有望识别出云气中的一些辐条状的纤细结构，它们仿佛是从中心恒星向外伸展出来的。

必看天体 165	NGC 3377
所在星座	狮子座
赤经	10h48m
赤纬	13°59′
星等	10.4
视径	4.1′ × 2.6′
类型	椭圆星系

　　可以从3.3等的狮子座θ星处出发，朝西南偏西方向移动6.6°来定位该天体。也可以从5.5等的狮

子座52号星处出发，往东南偏东方向移动0.4°来寻找该天体。使用150mm左右口径并配以150倍放大率的望远镜可以看到其长轴长度和短轴长度之比为2∶1的椭圆形轮廓，其中心区占比很大，外围光晕区极其薄弱。使用更大的口径和更高的放大率的望远镜可以把该星系的外围区域看得更清楚一些，但效果不会改善太多。

如果你使用的是300mm以上口径的望远镜，则可以在这个星系的西北方向6′处尝试寻找13.6等的天体NGC 3377（又叫UGC 5889）。

必看天体 166	M 105（NGC 3379）
所在星座	狮子座
赤经	10h48m
赤纬	12°35′
星等	9.3
视径	3.9′×3.9′
类型	椭圆星系

这个天体是M 96（本书"必看天体163"）附近的又一处风景，它位于M 96的东北偏北方向仅0.8°处。不过，它能呈现的细节不是特别多。它的中心区明亮，周围也被光晕包裹，其边缘的位置很难被明确识别。在低倍镜中可以看到它的轮廓呈圆形，但如果配以250倍以上的放大率，则可以看出它的形状是一个接近圆形的椭圆，其长轴在东北—西南方向上。

从NGC 3379出发往东北偏东方向移动7′，还可以找到M 96星系群的另一个成员NGC 3384（本书"必看天体168"）。而在NGC 3379的东南偏东方向10′处，还有一个11.8等的深空天体NGC 3389，不过它在物理层面上跟M 96星系群没有联系。

必看天体 167	长蛇座 V 星
所在星座	长蛇座
赤经	10h52m
赤纬	-21°15′
星等	6.6 ~ 9.0
周期	531d
类型	变星

这个目标就是一颗恒星，它叫长蛇座V星。用双筒镜望向长蛇座那巨大天区的中段，可以发现长蛇座V星就在"长蛇"图形的旁边（接近巨爵座的地方）。

可以首先定位到4.0等的巨爵座α星（中文古名为"翼宿一"），然后朝西南偏南方向移动3.5°（如果使用7×50的双筒镜，则这个距离大概只有其视场直径的一半）来找到这个天体。或者直接把巨爵座α星放在视场中央不动，那么在大约"表盘五点钟"方向、视场边缘附近就是长蛇座V星的位置了。在使用双筒镜熟悉了这颗变星的位置之后，可以换用单筒镜以100倍的放大率观察它。

长蛇座V星的一个突出特点是它的颜色。我观察过很多恒星，但它是其中红光最为浓烈的一颗。想象一下红宝石或者鲜血的那种深红色吧，长蛇座V星的颜色比那两种颜色还要深一些，但仍然是红色。

天文学家把长蛇座V星归入变星中的一个亚类——"碳星"，这类恒星的大气外层堆积了太多的碳元素（或者说是"煤灰"）。虽然碳元素是黑的而非红的，但这些高碳的灰尘把波长较短的光（也就是可见光光谱上靠近蓝色一端的光）散射掉了，只放过了星光中那些接近红色的成分。

随着这类物质越积越多，这颗星的亮度就逐渐下降，而且颜色越来越红。不过，当这些碳吸收了足够多的辐射能量之后就会逃逸，使该星亮度恢复，从而开启下一个变光周期。

长蛇座V星的亮度变化周期为531天，在每次循环中，它的亮度都会从6.6等逐渐落到9.0等，然后恢复。也就是说，它最暗的时候的亮度仅为最亮时亮度的11%。

必看天体 168	NGC 3384
所在星座	狮子座
赤经	10h48m
赤纬	12°37′
星等	9.9
视径	5.4′ × 2.7′
类型	椭圆星系

如果你能看到了M 105（本书"必看天体166"），就很可能同时也看到了这个天体，因为它就在前者的东北偏东方向7′处，亮度也有前者的大约3/4。用各种口径的业余天文望远镜都可以看到它的椭圆形外观，其长轴在东北—西南方向上，长轴长度约是短轴长度的2倍。其中心区巨大且明亮，外围的光晕则相当微弱，即便在大口径的望远镜中观看也是如此。

由于19世纪初期的观测水平不高，你可能会发现有的文献把这个星系说成NGC 3371。那些文献中所描述的"NGC 3371"其实与这里说的NGC 3384是同一个天体。

必看天体 169	NGC 3412
所在星座	狮子座
赤经	10h50m
赤纬	13°24′
星等	10.4
视径	3.7′ × 2.2′
类型	棒旋星系

要定位NGC 3412，可以从5.5等的狮子座52号星处出发，往东南移动1.3°。如果你偏好找更亮的参考星，也可以从3.3等的狮子座θ星处出发，朝西南偏西方向移动6°来找到这个天体。使用200mm左右口径并配以200倍放大率的望远镜，可以看到它明亮的中心区约占整个视径的一半，周围则是亮度适中的光晕，向外逐渐变暗直至无光。但若在低倍情况下，这个天体会呈现为一个亮度均匀的椭圆形，长轴长度和短轴长度之比约为2∶1。在它核心的北侧1′处有一颗14.2等的恒星GSC 852:749。

必看天体 170	破碎的婚戒
所在星座	大熊座
赤经	10h51m
赤纬	56°07′
类型	星群

这个目标适合用双筒镜观赏。先找到大熊座β星（"天璇"），然后向西移动1.5°就可以找到它了。

这枚"戒指"中最亮的星是其中最北边的星，编号为SAO 27788，亮度为7.5等。它被视为"戒指"上的"钻石"。在它的西南方向的另外两颗星亮度不一，亮度依次为9.1等、9.9等。

这个星群图形的直径约为16′（是满月视径的一半），"戒指"的环在最亮星的西南侧形成一条弧。用双筒镜整体观赏它时，放大率最好是10倍以上，可以使用照相机的三脚架把双筒镜固定住以优化效果。

必看天体 171	NGC 3414
所在星座	小狮座
赤经	10h51m
赤纬	27°58′
星等	10.9
视径	3.5′×2.6′
类型	透镜状星系

可以从4.5等的大熊座ξ星（中文古名为"下台二"）处出发，朝西南偏西方向移动6.8°定位这个天体。或者以6.1等的狮子座44号星为起点，向东移动仅0.3°即可。该星系外观呈不太规则的椭圆形，长轴在南—北方向上。如果望远镜的口径小于250mm，则可以看到其表面是亮度均匀的。更大口径的设备可以显现出它小而明亮的中心区和亮度则稍弱一些的外围光晕。

观察完这个天体，还可以顺便尝试找一下NGC 3418，后者比前者暗得多，亮度只有13.5等，位于前者北边仅8′处。

必看天体 172	狮子座 54 号星
所在星座	狮子座
赤经	10h56m
赤纬	24°45′
星等	4.5/6.3
角距	6.5″
类型	双星

这处双星的颜色对比效果很是讨人喜欢。大部分观测者认为其主星接近白色，伴星则呈深蓝色。当然也有部分观测者说主星是灰色的，还有观测者说主星呈带荧光感的蓝色。

必看天体 173	NGC 3448
所在星座	大熊座
赤经	10h55m
赤纬	54°19′
星等	11.6
视径	4.9′×1.4′
类型	不规则星系

对于不带自动寻星功能的望远镜来说，要定位NGC 3448这个天体，可以5.0等的大熊座44号星为参考点，朝东南方向移动0.3°。

很难分辨这个星系的细节，即便是业余天文望远镜中功能非常出色的设备也不行。我们只能看到它的中心球，球两边各有一个小的附属区域。

我推荐NGC 3448并不是因为它亮度高或者外表漂亮，它真正值得推荐的原因其实就是它所属的类型很特殊。天文学家认为，这种没有固定形状的星系是特别年轻的星系，它所含的物质大部分还没来得及演化成恒星。这类天体的代表还有"雪茄星系"M 82（本书"必看天体126"）。

在足够深暗、静定的夜空环境下，使用300mm左右口径的望远镜还能看到NGC 3448的伴系，即14.2等的UGC 6016。天文学家已经确定，这两个星系之间有物质上的输运。

必看天体 174	NGC 3486
所在星座	小狮座
赤经	11h00m
赤纬	28°58′
星等	10.5
视径	6.6′ × 4.7′
类型	旋涡星系

这个天体位于4.5等的大熊座ξ星的西南偏西方向4.6°处。使用200mm左右口径并配以200倍放大率的望远镜可以看到它有一个亮度均匀且宽大的圆形中心区，其外围光晕稍弱，夹杂着一些很小的暗点。换用350mm左右口径的望远镜后，还可以辨认出其南北两端各有一个深暗的V形缺口。

观赏完这个天体之后，还可以顺便瞧一眼12.6等的旋涡星系NGC 3510，后者就在前者东侧0.7°处。

必看天体 175	NGC 3489
所在星座	狮子座
赤经	11h00m
赤纬	13°54′
星等	10.3
视径	3.2′ × 2′
类型	旋涡星系

这个天体位于3.3等的狮子座θ星的西南偏西方向3.7°处。使用150mm左右口径的望远镜，可以看到它的轮廓是一个长轴长度和短轴长度之比例约为3∶2的"胖椭圆"。其长轴在东北偏东—西南偏西方向上。它的表面亮度均匀，好像没有任何外围结构。

必看天体 176	NGC 3504
所在星座	小狮座
赤经	11h03m
赤纬	27°58′
星等	10.9
视径	2.7′ × 2.1′
类型	棒旋星系

要找到这个天体，可以从4.5等的大熊座ζ星处出发，往西南方向移动4.8°。其外观为椭圆形，长轴长度和短轴长度之比为3∶2，长轴在西北—东南方向上。这个天体适合用各种口径的业余天文望远镜来观察，但几乎不会显示出什么细节。

这个天体还跟另外3个星系一起排成了一条在东北—西南方向上、长度约0.8°的线段，四者的分布也较有规律。以NGC 3504为共同基准点来说，13.9等的NGC 3515在其东北方向0.4°处，14.6等的NGC 3493则在其西南方向接近0.5°处。至于12.3等的NGC 3512则位于NGC 3504和NGC 3515的连线中点处。这4个星系都属于有旋臂的类型。

必看天体 177	NGC 3507
所在星座	狮子座
赤经	11h03m
赤纬	18°08′
星等	11.8
视径	3.3′×2.9′
类型	旋涡星系

从2.6等的狮子座δ星（中文古名为"西上相/太微右垣五"）处出发，往西南移动3.5°可以找到这个星系。该星系中心的东北方向仅0.5′处有一颗10.5等的前景恒星，后者发出的光给我们观察前者造成了一定的困难。此外，在前者南侧3′处还有一颗10.1等的恒星GSC 1433:1318在发光。

使用200mm左右口径并配以200倍放大率的望远镜，看到的星更多了，星系的核心区大小也因此显得更大了，暗弱的外围光晕也出现了。如果使用400mm左右口径的设备，还可以看到光晕中弯曲的旋臂和一些"切断"这些旋臂的暗带。

必看天体 178	NGC 3511
所在星座	巨爵座
赤经	11h03m
赤纬	-23°05′
星等	11.0
视径	5.5′×1′
类型	旋涡星系

这个星系几乎正好以侧面对着我们，所以是夜空中又一个"针状天体"。它位于巨爵座β星（中文古名为"翼宿十六"）的西侧2°处，长轴在东—西方向上，长轴长度大约是短轴长度的4倍。使用250mm以上口径并配以更高放大率的望远镜可以看到其表面的斑驳特征，其核心也似乎在其几何中心的偏北一点儿处。

在同一个视场内，还可以看到11.5等的棒旋星系NGC 3513，后者就在NGC 3511的东南偏南方向11′处。通过300mm以上口径并配以300倍放大率的望远镜可以看到NGC 3513接近于圆形的椭圆轮廓，以及相对明亮的核心区。通过更仔细的观察，还可能发现其中心的星棒结构，该星棒的长轴在东—西方向上。

必看天体 179	NGC 3521
所在星座	狮子座
赤经	11h06m
赤纬	-0°02′
星等	9.0
视径	12.5′×6.5′
类型	旋涡星系

　　旋涡星系NGC 3521离我们只有2800万光年，所以该星系比较明亮且能呈现出一些细节。

　　从4.5等的狮子座θ星处出发，往西北方移动4.5°即可找到该天体。该天体所在的区域夹在处女座和六分仪座中间，该区域是狮子座向外凸出的一块小天区。

　　使用250mm左右口径的望远镜，可以看到这个星系明亮且平展的中心区，以及显得弥散的外围光晕。在400mm左右口径的望远镜下，它展现出的视面是它在稍小口径望远镜中展现出的视面的2倍。

　　400mm口径的望远镜足以揭示这个星系细致的旋臂结构。在这种望远镜下，它看上去还有棉花般的质感，特别是在边缘区域和中心附近沿着短轴的区域。如果身处极佳的夜空环境中，不妨再试试辨认一下那条贯穿了该星系西侧的、长长的且不发光的尘埃带。

必看天体 180	NGC 3532
所在星座	船底座
赤经	11h06m
赤纬	-58°40′
星等	3.0
视径	55′
类型	疏散星团
别称	萤火虫聚会星团（The Firefly Party Cluster）、针垫星团（The Pincushion Cluster）、科德威尔 91（Caldwell 91）

　　这个赏心悦目的天体位于一片繁华的星场之中，可以从3.9等的半人马座π星处出发，朝西南偏南移动4.7°来找到它。它的总亮度高达3等，所以即使仅用肉眼也不难在夜空中注意到它，但是不依靠望远镜是分辨不出它的成员星的，所以用肉眼看的话，它只是银河中的一个模糊光斑。

　　通过100mm左右口径并配以100倍放大率的望远镜可以在该星团识别出100多颗成员星。若使用更大的口径和更高放大率的望远镜，你就会迷失在这个星团的局部之中。如果使用宽视场目镜，还可以看到该星团内由数十颗成员星组成的多条星链被几条暗带所分开的效果。

　　如果把注意力集中在这个星团致密的核心区域，可以看到那里的成员星颜色丰富多彩。在星团的东北端还有两颗亮星，分别是6.9等的蓝色星SAO 238839和6.2等的深红色星SAO 238855。

　　我曾经认为最贴切的深空天体别称是"雷神头盔"（本书"必看天体30"），即便在1986年初次观赏过NGC 3532之后也没有改变想法。但如今我拿不准主意了，毕竟给星团挑选一个最合适的别称这件事是很困难的。

必看天体 181	IC 2631
所在星座	堰蜓座
赤经	11h10m
赤纬	−76°37′
视径	5′
类型	发射星云

　　从4.1等的堰蜓座γ星（中文古名为"小斗三"）处出发，向东北移动2.7°，可以找到这个天体，它位于"堰蜓座I暗星云"的北端，是一个正在活动的恒星形成区，跟"蛇夫座ρ星云"类似。"堰蜓座I暗星云"在南北方向上延展达2°，其西侧还有个延长区，长度也接近2°。因此，观察它时可以使用倍率低、视场大的配置。

　　使用200mm左右口径并配以200倍放大率的望远镜可以看到这个明亮的半透明光斑，其中包裹着一颗9.0等的恒星GSC 9410:2805。

必看天体 182　M 108（上中）和 M 97（下中）　杨·奥/亚当·布洛克/NOAO/AURA/NSF

必看天体 182	M 108（NGC 3556）
所在星座	大熊座
赤经	11h12m
赤纬	55°40′
星等	10.0
视径	8.1′×2.1′
类型	棒旋星系

　　M 108特别适合用大口径的望远镜欣赏，因为这个棒旋星系差不多以侧面对着我们。它的轮廓

长轴在东北偏东—西南偏西方向上，其长度是短轴长度的4倍。要定位它，可以从2.3等的大熊座β星处出发，往东移动1.5°。

你会很快注意到，从M 108的中心到我们之间的连线上，正好有一颗12等的恒星。很多观测者曾经被这颗前景恒星"欺骗"了，误以为自己发现了M 108星系里的一颗爆发成了超新星的成员星。

使用各种业余天文望远镜，观测者都很难辨认出这个星系的旋臂。但如果你能使用400mm以上口径的设备而又足够走运的话，可以沿着它的东北边缘辨认出一条逐渐变暗的线。该线逐渐变暗是因为那里的恒星形成区里有一条大质量的尘埃带。

必看天体 183	NGC 3557
所在星座	半人马座
赤经	11h09m
赤纬	-37°32′
星等	10.6
视径	4′×3′
类型	椭圆星系

这个天体位于4.6等的唧筒座ι星东侧2.7°处，其外观为椭圆形，长轴长度和短轴长度之比是3∶2，长轴在东北偏北—西南偏南方向上。其中心区很宽，外围光晕很薄，要想认出其光晕需要使用300mm以上口径的望远镜。

这个天体附近还有两个旋涡星系：其东边8′处是12.2等的NGC3564；其东北偏东方向上11′处是12.3等的NGC 3568。

必看天体 184	NGC 3572
所在星座	船底座
赤经	11h10m
赤纬	-60°15′
星等	6.6
视径	7′
类型	疏散星团

请从半人马座o星（这是一对5等星，分别记作o¹和o²）处出发来定位该星团。从它们出发朝西南偏西方向移动2.7°就可以找到疏散星团NGC 3572。强烈建议你观赏这个天体，因为在那片直径仅0.5°的天区里就有多达6个被天文学家赋予了编号的疏散星团！

这个"星团之团"也叫科林德240，而NGC 3572是其中的一个成员。其他的成员包括：6.9等的霍格10，在NGC 3572的东南偏南方向7′处；8.1等的霍格11，在NGC 3572的东南偏南方向11′处；6.9等的特朗普勒18，在NGC 3572的东南偏南方向24′处；8.2等的NGC 3590，从特朗普勒18出发继续向东南偏南方向12′处，等等。

通过诸如15×70或更大的大型双筒镜观赏这片天区，会觉得其中的星星满溢得快要爆出来了。使用100mm左右口径并配50倍放大率的望远镜可以分辨出这里诸多星团的各式风貌。如果想逐个仔细观察这些星团，请把放大率配成125倍。

必看天体 185	NGC 3585
所在星座	长蛇座
赤经	11h13m
赤纬	-26°45'
星等	9.7
视径	6.9' × 4.2'
类型	旋涡星系

要定位这个天体，可以从5.0等的长蛇座χ星（中文古名为"翼宿二十"）处出发，朝东北偏东方向移动2°。这个旋涡星系总体轮廓为椭圆，长轴在东—西方向上，其长度不到短轴长度的2倍。它的中央位置太亮，让其周围的星系核心区都不太显眼了，所以可以尝试用瞥视法来观看。该星系附近有两颗恒星：一个是东侧8'处的SAO 179667，亮度8.6等；另一个是亮度同为8.6等的SAO 179663，在东南方向，与该星之间的距离恰好也是8'。

必看天体 186 M 97 加里·怀特、弗林·门罗/亚当·布洛克/NOAO/AURA/NSF

必看天体 186	M 97（NGC 3587）
所在星座	大熊座
赤经	11h15m
赤纬	55°01'
星等	9.9
视径	194"
类型	行星状星云
别称	夜枭星云（The Owl Nebula）

这是最适合北半球观测者在春季观察的行星状星云。它的表面亮度颇低，但出乎你意料的

是，这反而让它的表面细节得以凸显出来。所以，只要你足够细心和有耐心，它就是你欣赏行星状星云的最佳之选。

在很早前，天文学家就把这个天体称为"夜枭"，因为它的圆形视面上明显有两个小的圆形暗区，每个暗区的视径都略小于1′，其中位于西北方向的那个暗区更暗一点儿。

法国天文学家梅襄于1781年2月16日发现了这个天体，但给它起"夜枭"这个名字的人是第三代罗斯伯爵威廉·帕森斯。帕森斯在1848年3月是这样描述它的："其中心区有明显可分的两颗星，每个螺旋结构周围都有半暗的影状物。"而在其他时候，他也观察过这个天体，只看到其中的一颗星，并且他认为不能确定其中是否有螺旋状结构。

"猫头鹰的两只黑眼睛"是M 97最显著的特征。有的天文学家认为，该天体的物质呈"孔环"状分布，也就是一个圆球里面包含一个贯通两极的空心圆柱。由于它的这个空心圆柱是斜对着我们的，而圆柱两端开口处的物质是最为稀薄的，所以它看起来才成了现在这个样子。

M 97真正的中心恒星亮度为16等，位于"两只眼睛"之间，需要特别大口径的望远镜才有可能看到它。由于这个天体的表面亮度低，所以最好用100倍左右的放大率加上氧Ⅲ滤镜来观赏它。如果使用250mm以上口径的望远镜，则可以试着比较一下"两只眼睛"的大小差异。而如果夜空条件足够理想，或许就还能看出M 97的外围10%是一个暗环。

从大熊座β星处出发，往东南移动2.3°即可找到M 97。

必看天体 187	NGC 3593
所在星座	狮子座
赤经	11h14m
赤纬	12°49′
星等	11.0
视径	5.2′×1.9′
类型	旋涡星系

要定位这个天体，可以从M 95（本书"必看天体161"）处出发，朝西南偏西方向移动1.1°，或者从5.3等的狮子座73号星处出发，朝西南偏南方向移动0.6°。这个外形接近透镜状的星系的长轴在东—西方向上，长轴长度约是短轴长度的2倍。使用300mm以上口径并配以300倍放大率的望远镜可以在其东、西两端各辨认出一条旋臂的根部。

必看天体 188	NGC 3607
所在星座	狮子座
赤经	11h17m
赤纬	18°03′
星等	9.9
视径	4.6′×4.1′
类型	旋涡星系

NGC 3607位于2.6等的狮子座δ星的东南偏南方向2.6°处。找到这一个星系就相当于一次找到

了3个星系，因为13.2等的NGC 3605就在它的西南方3′处，而11.7等的NGC 3608则在它的北边6′处。这两个更暗的星系都属于椭圆星系。

使用200mm左右口径的望远镜，我们可以看到NGC 3607略呈椭圆形，其长轴在西北—东南方向上。其中心区看上去比较开阔，亮度分布均匀，而其外围区域的光晕（这需要更大一些口径的望远镜才能看到）很薄、很暗。

必看天体 189	NGC 3610
所在星座	大熊座
赤经	11h18m
赤纬	58°47′
星等	10.7
视径	2.7′×2.3′
类型	椭圆星系

这个目标位于1.8等的大熊座α星（"天枢"）东南方3.5°处。通常来说，我们看不出椭圆星系的太多的细节，但如果你能使用大口径的望远镜，那么这个椭圆星系说不准会把一些细节展现出来。

我曾经通过762mm口径的牛顿式反射望远镜确切看到了这个星系里的3个亮区，而且它的最核心区域不是点状的，而是透镜状的（这也是使用大口径望远镜的一个优势），长宽比约为4∶1。围绕其核心的区域亮度要低一些，而其外缘在我看来只是勉强可见。在该星系的西南方近4′处，我还看到了一个更暗的星系PGC 213808，它既小又有较高的表面亮度，不然还真不容易找到。别看这个小家伙的亮度在相关资料上仅被记为16.9等，但我还是建议你尝试去观看一下。

必看天体 190	NGC 3621
所在星座	长蛇座
赤经	11h18m
赤纬	-32°49′
星等	8.9
视径	9.8′×4.6′
类型	旋涡星系
别称	框架星系（The Frame Galaxy）

从3.5等的长蛇座χ星处出发，朝西南偏西方向移动3.3°即可找到这个天体。其长轴在西北偏北—东南偏南方向上，长轴长度约是短轴长度的2倍。其中心区宽大、亮度均匀，但其外围的光晕区有斑驳的特征，应该是其旋臂结构的体现。在其南部边缘还能看到两颗10等的恒星。

它的别称"框架星系"跟它本身的外观没有任何关系。给它起这个名字的人是《天文学》杂志的特约编辑戴维·利维，他的理由是这个星系周围的恒星组成了一个平行四边形，这个平行四边形像个框架把它圈了起来。当年，英国天文学家威廉·赫舍尔也曾注意到了这个由前景恒星组成的平行四边形。

必看天体 191　M 65　G. 多克、迪克・戈达德 / 亚当・布洛克 /NOAO/AURA/NSF

必看天体 191	M 65（NGC 3623）
所在星座	狮子座
赤经	11h19m
赤纬	13°06′
星等	9.3
视径	8.7′×42.2′
类型	旋涡星系

　　M 65的外观相当引人注目。要定位它，可以在3.3等的狮子座θ星和4.0等的狮子座ι星（中文古名为"西次将/太微右垣三"）之间假想一条连线，而它就在这条线的中点处。或者，以5.3等的狮子座73号星为起点，朝东南偏东方向移动0.8°也可以找到它。

　　该星系是"狮子座三重星系"的3个成员之一，另外两个成员是M 66（本书"必看天体193"）和NGC 3628（本书"必看天体194"）。这3个星系构成一个三角形，集中在一个直径不超过0.6°的小天区内。M 65是这个三角形的西南一角。

　　M 95的长轴长度是短轴长度的近4倍，其旋臂结构在业余天文望远镜里很难辨认出来，但你可以在该星系宽阔的核心区的南北两端隐约看出斑驳的画面。

必看天体 192	NGC 3626
所在星座	狮子座
赤经	11h20m
赤纬	18°21′
星等	10.9
视径	2.7′×1.9′
类型	旋涡星系
别称	科德威尔40（Caldwell 40）

这个天体位于2.6等的狮子座δ星的东南方2.6°处。通过小口径的望远镜最多只能看到它的椭圆形轮廓，其长轴在西北偏北—东南偏南方向上。通过200mm左右口径并配以300倍放大率的望远镜可以看到它明亮的中心区被一圈暗弱的外围光晕所环绕，且中心区的中央位置有一个像恒星一样的极小的亮点。

必看天体 193	M 66（NGC 3627）
所在星座	狮子座
赤经	11h20m
赤纬	12°59′
星等	8.9
视径	8.2′ × 3.9′
类型	旋涡星系

以M 65（本书"必看天体191"）为起点，朝东南偏东方向移动仅0.3°即可发现下面这个亮度匀称的天体M 66。在150mm左右口径的望远镜中，它看上去像一团雾，基本只显现出其明亮的中心区。其长轴在南—北方向上，长轴长度约是短轴长度的2倍。

通过300mm左右口径并配以200倍放大率的望远镜可以隐约看出它有旋臂：不妨试着找出从该星系中心区南端出发，伸向其东北方的一个弯钩状特征。与之对应，以其北端为起点也有一条旋臂，但它更难辨认，可以把放大率配到300倍以上试试。

利用特别大的望远镜可以看出这个星系的旋臂中夹杂着一些点状的恒星形成区，另外其中心区的东部还有一条暗带。不论望远镜的口径如何，该星系的边缘都还算清楚。

必看天体 194　NGC 3628　亚当·布洛克 /NOAO/AURA/NSF

必看天体 194	NGC 3628
所在星座	狮子座
赤经	11h20m
赤纬	13°35′
星等	9.5
视径	14′×4′
类型	旋涡星系
别称	国王头盔之魂（King Hamlet's Ghost）、消隐星系（The Vanishing Galaxy）

在了解过M 65和M 66之后，再认识一下NGC 3628，这三个天体共同构成了"狮子座三重星系"。NGC 3628的亮度虽然不如前两者，但它仍然算得上是地球的夜空中最亮的星系之一。以M 65为起点，将视场向东北移动0.6°就可以好好欣赏它了。

NGC 3628跟M 82（本书"必看天体126"）同属于星暴星系，且以侧面对着我们。天文学界认为NGC 3628在距今8亿年前曾跟M 66交会，所以目前这两个星系之间的距离也只有8万光年。

在300mm左右口径的望远镜中，NGC 3628是一个明亮的、长轴长度与短轴长度之比为4:1的天体，还有一条暗带贯穿了整个长轴方向，当然该暗带是从星系中心点的南侧穿过的，且并不与长轴严格平行。若使用600mm左右口径的望远镜，则可以看出这个星系的两端比其中心区要厚。

《天文学》杂志的特约编辑奥米拉给这个天体起了两个名字，我个人比较喜欢"消隐星系"这个名字。根据奥米拉观察，随着放大率的提升，这个天体在望远镜中会越发显得与背景混同为一体，这种现象是因为其尘埃带随着望远镜光力的增强而逐渐遮蔽自身成员恒星。

必看天体 195	NGC 3631
所在星座	大熊座
赤经	11h21m
赤纬	53°10′
星等	10.1
视径	5′×3.7′
类型	旋涡星系

从2.4等的大熊座γ星（中文古名为"天玑/北斗三"）处出发，往西移动4.9°即可找到这个以正面对着我们的旋涡星系。通过200mm左右口径的望远镜可以看到它呈圆形轮廓，有着明亮的中心区。使用350mm左右口径并配以300倍以上放大率的望远镜可以看到其紧抱中心区的旋臂。跟旋臂一样引人注意的是，有一条暗带从该星系的中心北侧开始一直盘绕到东侧边缘，而且由内至外越来越宽。

必看天体 196	NGC 3640
所在星座	狮子座
赤经	11h21m
赤纬	3°14′
星等	10.3
视径	4′×3.2′
类型	椭圆星系

寻找NGC 3640可以从4.1等的狮子座σ星（中文古名为"西上将/太微右垣二"）处出发，朝南移动2.8°。它所在的天区没有什么亮目标，如果使用300mm以上口径的望远镜观察，以这个椭圆星系为起点，朝东南偏南方向移动，可以看到共有5个星系勉强组成了一条"链"。除它本身之外，依次是13.1等的NGC 3641、14.1等的NGC 3643、14.3等的NGC 3647和14.2等的NGC 3644。

NGC 3640接近椭圆形，长轴在东—西方向上，其中心区明亮且平展，外围光晕区暗淡但并不狭窄。

必看天体 197　NGC 3642　亚当·布洛克 / 莱蒙山天空中心 / 亚利桑那大学

必看天体 197	NGC 3642
所在星座	大熊座
赤经	11h22m
赤纬	59°04′
星等	10.8
视径	5.5′×4.7′
类型	旋涡星系

从1.8等的大熊座α星处出发，往东南方向3.5°即可找到这个旋涡星系。在各种口径的望远镜中，它的轮廓均为圆形。使用300mm左右口径并配以300倍放大率的望远镜，可以看出其中心区略有不规则之处，外围光晕纤薄暗弱。

必看天体 198	NGC 3665
所在星座	大熊座
赤经	11h24m
赤纬	38°45′
星等	10.7
视径	4.3′×3.3′
类型	旋涡星系

从3.5等的大熊座μ星处出发，往北移动5.8°即可找到这个旋涡星系。它表面亮度均匀，外观呈椭圆形，长轴在东北偏北—西南偏南方向上，长轴长度和短轴长度之比为3∶2。其外围光晕非常狭窄，只有通过口径特别大的设备才能看到。

在它的西南偏西方向14′处有8.9等的恒星SAO 62530；而如果往西南方向移动15′，则可以看到12.1等的螺旋星系NGC 3658。

必看天体 199	NGC 3672
所在星座	巨爵座
赤经	11h25m
赤纬	-9°48′
星等	11.4
视径	3.9′×1.8′
类型	旋涡星系

这个天体位于4.8等的巨爵座ε星（中文古名为"翼宿十"）北侧1°处。使用350mm左右口径并配以200倍放大率的望远镜观察，可见它的长轴在南—北方向上，其长度是短轴长度的2倍。在极佳的夜空环境下，如果使用400倍放大率的望远镜，则可以看到它的边缘有一些缺口。最容易看到的一条旋臂是从北端起始、向东伸出的。该星系的东北方边缘还有一处明显的凹陷。

必看天体 200	NGC 3675
所在星座	大熊座
赤经	11h26m
赤纬	43°35′
星等	10.0
视径	5.9′×3.1′
类型	旋涡星系

从3.0等的大熊座ψ星（中文古名为"太尊"）处出发，朝东南偏东方向移动3.1°就可以定位到这个星系。在200mm左右口径的望远镜中可以看到，该星系表现亮度均匀，其长轴在南—北方向上，长轴长度是短轴长度的2倍。若使用350mm左右口径的设备，则可以注意到该星系的西半部亮度相对高一点儿。

必看天体 201	NGC 3680
所在星座	半人马座
赤经	11h25m
赤纬	-43°15′
星等	7.6
视径	7′
类型	疏散星团

要定位这个天体，可以从2.7等的船帆座μ星处出发，往东北方向移动9.1°。使用150mm左右口径并配以100倍放大率的望远镜可以看到它的10多颗10.5等或更暗的成员星。这些成员星被一条东西方向的暗带划分成了南、北两组。

必看天体 202	NGC 3699
所在星座	半人马座
赤经	11h28m
赤纬	−59°57′
星等	11.3
视径	67″
类型	行星状星云

这个天体位于5.0等的半人马座o星西南侧0.7°处，那里的星场繁密而灿烂。过去的天文学家一直把这处行星状星云归为H-II波段可见的天体，直到最近才意识到它也是可以用双筒镜直接观察的。

使用300mm左右口径的望远镜可以看出它具有两极特征。在250倍放大率的望远镜下，可以发现它表面的亮度不均匀，它呈现为两个圆盘，其中北侧的圆盘更亮一些。加装星云滤镜会对这一观察有所帮助。这个行星状星云虽然不大，但是表面亮度足够我们使用高倍（短焦）目镜，所以，无论能配出多高的倍率，都可以拿这个天体试试效果。

必看天体 203	长蛇座 N 星
所在星座	长蛇座
赤经	11h32m
赤纬	−29°16′
星等	5.8/5.9
角距	9.2″
类型	双星

该天体位于3.5等的长蛇座ξ星（中文古名为"青邱五"）北侧2.5°处。其两颗子星亮度几乎一样，一颗发白光，另一颗则发一种不太鲜艳的黄色光。

必看天体 204	NGC 3718
所在星座	大熊座
赤经	11h32m
赤纬	53°04′
星等	10.6
视径	8.1′×4′
类型	旋涡星系

从2.4等的大熊座γ星处出发，向西移动3.2°即可定位这个天体。使用250mm左右口径并配以250倍放大率的望远镜观看它，首先注意到的是一个圆形的轮廓。不过，有时候还可以看到它的南北两侧有着暗淡而厚实的延展部分，那其实是它的旋臂。这个星系的中心区很小但很亮，被巨大的外围光晕包裹着。

该星系的南侧有一处好看的双星，其两子星距离为33″，分别是11.5等的GSC 3825:806（二者中靠西的子星）和11.7等的GSC 577。此外，在该星系的东北偏东方向12′处还有一个12.1等的旋涡星系NGC 3729。

必看天体 205	NGC 3726
所在星座	大熊座
赤经	11h33m
赤纬	47°02′
星等	10.4
视径	5.6′×3.8′
类型	旋涡星系

　　这是个旋臂紧抱中心区的旋涡星系，可以用小口径的天文望远镜来观察它。例如100mm左右口径的望远镜看到的它有着小小的椭圆轮廓，表面亮度均匀。使用200mm左右口径的设备则可以看出它表面亮度的不均匀之处，有望辨认出其中的空当和暗带，那都是它存在旋臂的证据。

　　若使用口径特别大的望远镜，则还可以看到沿着它的旋臂存在着巨大的恒星形成区。我曾用600mm左右口径的反射式望远镜观察过它，加装星云滤镜则可以看到更佳的效果。

　　定位这个星系的方法是从3.7等的大熊座χ星（中文古名为"太阳守"）处出发，朝西南偏西方向移动2.3°。

必看天体 206	NGC 3735
所在星座	天龙座
赤经	11h36m
赤纬	70°32′
星等	10.6
视径	4.3′×3.7′
类型	旋涡星系

　　可以从3.8等的天龙座λ星（该星位于天龙座天区的边界，接近大熊座）处出发，往东北偏北方向移动1.3°来定位这个天体。从地球的角度看去，这个星系接近于侧面对着我们，倾角为13°，其姿态颇为动人。

　　在250mm左右口径的望远镜中，该星系的长轴长度和短轴长度之比为4∶1。如果配上足够高的放大率，可以看到其明亮的核心区的直径占据了其直径的2/3。

必看天体 207	NGC 3766
所在星座	半人马座
赤经	11h36m
赤纬	−61°37′
星等	5.3
视径	12′
类型	疏散星团
别称	珍珠星团（The Pearl Cluster）、科德威尔 97（Caldwell 97）

　　要定位这个大有可观的星团，可以从3.1等的半人马座λ星（中文古名为"海山三"）处出发，向北移动1.5°。如果你有机会到南半球旅行，我强烈建议你想办法欣赏一下它。凡是听从了这个建议的人都对我表示了感谢。

　　关于这个星团，我想讲一个小故事：它的别称"珍珠星团"是业余天文学家、科普专家雷·帕尔默在2006年2月15日起的。那天，他正式发起了"南天星光计划"，旨在精心修改和敲定天球南半部的众多天体名称，因为他觉得天文学要想向公众展示其魅力，就不能在名词上显得复杂和沉闷。他的想法是，公众（尤其是年轻人）更喜欢通过俗名、昵称来记住特定的天体，而不是专业化的目录编号。我赞同这个想法，所以下文改用"珍珠星团"来称呼这个天体。

珍珠星团的累积星等约为5等，因此即使不依赖任何光学设备也能直接被看到，不过由于它置身于密集的星场之中，所以仅凭肉眼识别它还是要费点气力。如果使用双筒镜，特别是放大率不低于15倍的双筒镜，则可以看出它的数十颗成员星。当然，改用单筒的天文望远镜并使用75～100倍的放大率才能以最佳效果欣赏这个星团。

通过100mm左右口径的望远镜可以大约识别出它的100颗成员星，其中最亮的成员星的亮度为7等。这么多的成员星本身已经足够让人沉醉了，但它的魅力不止于此：在这一片发出纯白光芒、如同钻石编织成的"地毯"之上，有两颗深红色的"宝石"跃然而出——其中一颗是7.5等的SAO 251483，位于从星团中心到东端的连线的中点儿，另一颗是7.3等的SAO 251470，处在从星团中心到西端的连线的中点处。珍珠星团不愧为南半球星空中的奇珍异宝。

必看天体 208　希克森57　尼尔·雅各布斯泰因／亚当·布洛克／NOAO/AURA/NSF

必看天体 208	希克森 57
所在星座	狮子座
赤经	11h38m
赤纬	21°59′
视径	5′×2′
类型	星系群
别称	科普兰七重奏（Copeland's Septet）

观察这个目标需要配备很大口径的望远镜，但观察它一次所换来的成就感肯定值得你为之付出运输和架设"大块头"望远镜的辛劳。它位于2.6等的狮子座δ星的东北偏东方向5.7°处。

苏格兰天文学家拉尔夫·科普兰于1874年发现了这个视径超级小的星系群，当时他是罗斯伯爵威廉·帕森斯的观测助手。帕森斯建立的巨型反射镜"列维亚森"以镜面玻璃为主镜，口径约为1829mm，这样的超级工具让科普兰几乎确认了该星系群的存在。在NGC目录中，科普兰写道，其7个成员星系中的5个"相当明亮"。

由于共有7个成员星系，所以后来这个星系群也被称为"科普兰七重奏"：15.2等的NGC 3745、14.0等的NGC 3746、14.8等的NGC 3748、15.0等的NGC 3750、15.0等的NGC 3751、14.5等的NGC 3753和14.3等的NGC 3754。请注意，由于这些星等数值在星图上太常见了，所以你难免发现有些资料所列的编号和我刚才列的有所差异。该星系群的整体轮廓长轴在南—北方向上，长约6′。

寻找这个星系群的时候一定要有耐心，特别是当望远镜的口径小于450mm时。能否看全这7个成员星系，关键在于你观测时的大气视宁度是否足够好。如果连天顶附近的星星都在"眨眼"，就说明大气状况不理想，可以先去找别的天体，改天再尝试观测这个星系群。

必看天体 209	科林德 249
所在星座	半人马座
赤经	11h38m
赤纬	-63°22′
视径	65′×40′
类型	疏散星团
别称	半人马座λ星团（The Lambda Centauri Cluster）、科德威尔 100（Caldwell 100）

科林德249这个天体所占的天区的直径超过了1°，从3.1等的半人马座λ星处出发往东南移动就可以找到这个大号疏散星团的领地。当然，这片天区内远不只有这一个深空天体。在观测环境理想时，通过100mm口径的望远镜还可以看到聚集在半人马座λ星周围的H-II发射区IC 2944（别称为"小鸡快跑星云"）。

IC 2944以其致密、浑浊的尘埃云闻名。这块尘埃云是南非的天文学家安德鲁·撒克里在1950年发现的，现在也被称为"撒克里云球"。其他天文学家又在多个致密的恒星形成区内发现了这样的暗区。这些与星云背景的亮光形成反差的区域离我们有5900光年，附近新诞生的恒星发出的紫外波段辐射会逐渐消减这种暗云，或许最终会令它们完全消失。

　　"撒克里云球"是无法在可见光波段被看到的，但我们可以通过配以低倍目镜的、200mm左右口径的望远镜看到（须加装星云滤镜）IC 2944。有些文献把它的亮度标注为4.8等。在IC 2944的东南侧仅12′处还有一个H-II星云IC 2948，比前者大不少，但是亮度较低。部分天文摄影师觉得IC 2948其实也是"小鸡快跑星云"的一部分。

必看天体 210　阿贝尔 1367　斯文·弗雷塔格、卡尔·弗雷塔格 / 亚当·布洛克 /NOAO/AURA/NSF

必看天体 210	阿贝尔 1367
所在星座	狮子座
赤经	11h45m
赤纬	19°50′
视径	100′
类型	星系团
别称	狮子座星系团（The Leo Cluster）

　　这个宏大的星系团主要位于4.5等的狮子座93号星（中文古名为"太子"，小熊座γ星也叫"太子"）的西南侧，但同时也略微延伸到了该星的东侧和北侧。参与巡天工程的观测者从这个星系团中心区直径1°的天区里就识别出了542个星系，而直径扩大到2°时观测者竟然找出多达1682个星系。这个星系团所占据的天区总直径接近2.5°，距我们3.3亿光年。正是因为这么远的距离，所以星系的光看起来很微弱，但该星系团里依然有20多个成员星系的光强到了足以使其在NGC列表中获得编号。

　　例如，在该星系团中心位置，视径近1′的NGC 3842亮度为11.8等，仅用200mm左右口径的望远镜就可以看得很清楚。其他比较亮的成员星还包括12.7等的NGC 3861、12.7等的NGC 3862、13.3等的NGC 3837和13.7等的NGC 3840。

如果使用口径为350mm并配以300倍放大率的望远镜，那么可以在扫视这片区域的时候看到大约50个显得极小的星系。我曾在非常理想的观测环境中使用762mm口径的望远镜欣赏过该星系团。说真心话，当时如果不是努力遏制自己，我整个晚上都可能会耗费在这个目标上。我还想在未来继续认真欣赏这个星系团！

必看天体 211	NGC 3877
所在星座	大熊座
赤经	11h46m
赤纬	47°30′
星等	11.0
视径	5.1′ × 1.1′
类型	旋涡星系

只要找到3.7等的大熊座χ星，就几乎找到了NGC 3877。如果还没找到，那把视场向南偏移0.3°即可。

这个星系以几乎以侧面对着我们，尽管不是完全"侧对"。我们还是可以认出它倾斜的盘面，不过看不出更多的细节。

该星系是M 109星系群的一个成员，这个小规模的星系"家族"至少含有30个成员，另外还有近20个潜在的成员。

必看天体 212	NGC 3887
所在星座	巨爵座
赤经	11h47m
赤纬	−16°51′
星等	10.6
视径	3.5′ × 2.4′
类型	棒旋星系

这个天体位于4.7等的巨爵座ζ星（中文古名为"翼宿三"）的东北偏东方向1.6°处。使用200mm左右口径并配以200倍放大率的望远镜可以看到它呈现为椭圆形的雾状，长轴在东北偏北—西南偏南方向，长轴长度与短轴长度之比约为3∶2。在其北端，可见一颗12等的恒星。

必看天体 213	NGC 3898
所在星座	大熊座
赤经	11h49m
赤纬	56°05′
星等	10.8
视径	4.4′ × 2.6′
类型	旋涡星系

在观察这个星系的同时，还可以顺便看看它的伴系NGC 3888（亮度为12.0等），位于前者西南方16′处。我在2009年的观测旅行中曾通过762mm口径的"观星大师"反射镜轻松看到了这两个

星系。当时，这对星系的样子让我想起了另一对比它们亮得多的星系，即M 81和M 82。

正如M 81亮过M 82，NGC 3898的总亮度也超过它的伴系NGC 3888。不过，NGC 3888更容易在望远镜中看见，因为它的视面积小，所以单位面积上的亮度反而超过了NGC 3898。另外，如果你能使用400mm甚至更大口径的望远镜，别忘了顺便在这两个星系之间尝试找一个暗至14.8等的星系NGC 3889。

要定位NGC 3898，可以从2.4等的大熊座γ星处出发，往西北偏北方向移动2.5°。

必看天体 214	NGC 3918
所在星座	半人马座
赤经	11h50m
赤纬	−57°11′
星等	8.1
视径	12″
类型	行星状星云
别称	蓝色行星（The Blue Planetary）

要找到这个天体，可以以2.8等的南十字座δ星（中文古名为"十字架四"）为起点，朝西北偏西方向移动3.6°。即便望远镜口径不大，也不难展现出这个天体明快的蓝色（也有人说是蓝中带绿的颜色，或者绿中带蓝的颜色，这取决于锥状视觉细胞灵敏度的个体差异）。其表面亮度高得有点儿不可思议，还有着清晰的边界。遗憾的是，除了这颜色，即使把放大率增加到500倍以上，也还是看不出它更多的细节。

必看天体 215	NGC 3923
所在星座	长蛇座
赤经	11h51m
赤纬	−28°48′
星等	9.6
视径	6.9′×4.8′
类型	椭圆星系

从4.0等的乌鸦座α星（中文古名为"右辖"）处出发，往西南移动5.6°即可找到这个星系。使用200mm左右口径并配以150倍放大率的望远镜，可以看到其呈椭圆形，长轴在东北—西南方向上，长轴长度和短轴长度之比约为3∶2，表面亮度均匀。它的外围有一个巨大的椭圆形光晕，里面是宽阔明亮的中心区。如果你的望远镜是"大炮"级别的，则可以试着在该天体东侧8′处找一下14.9等的PGC 100033。

必看天体 216　NGC 3953　汤姆·海因斯、盖尔·海因斯 / 亚当·布洛克 /NOAO/AURA/NSF

必看天体 216	NGC 3953
所在星座	大熊座
赤经	11h53m
赤纬	52°19′
星等	9.8
视径	6.9′ × 3.6′
类型	棒旋星系

要定位这个天体，可以从2.4等的大熊座γ星处出发，向南移动1.4°。使用100mm左右口径的望远镜就可能看到它，但如果有300mm或更大的口径的设备，则可以看到更多细节。

这个天体的轮廓呈椭圆形，长轴在南—北方向上，长轴长度是短轴长度的2倍。若是配以大于300倍的放大率，则可以看出其中心区明亮并有大致在东—西方向上延展的趋势，或者说它具有棒状结构。它的北端看起来比南端更亮，因此显得更圆，而南端就明显消瘦了。通过天文摄影可以确定，这种差异是一条向西弯曲伸展出去的旋臂造成的。

必看天体 217	NGC 3962
所在星座	巨爵座
赤经	11h55m
赤纬	−13°58′
星等	10.7
视径	2.6′ × 2.2′
类型	椭圆星系

从5.1等的巨爵座η星处出发，往北移动3.2°即可找到这个星系。通过300mm左右口径的望远镜可见其轮廓略呈椭圆形，长轴在南—北方向上，其中心区明亮、平展。它的外围光晕很薄，所以不配以极高的放大率是不可能看到它的。

必看天体 218	M 109（NGC 3992）
所在星座	大熊座
赤经	11h58m
赤纬	53°23′
星等	9.8
视径	7.6′ × 4.3′
类型	棒旋星系

要定位M 109，可以将2.4等的大熊座γ星作为起点，朝东南偏东方向移动0.6°。

虽然这个星系的表面亮度不高，但它仍然是棒旋星系这一类别的上等标本。在极佳的观星环境下，即使只用200mm左右口径的望远镜也可以看到它的棒状结构，当然，还要记得使用不低于200倍的放大率。

该星系显现出一个面状的明亮核心区，宽约1′；其棒状结构则从核心区的两侧延伸出来。

必看天体 219	NGC 3994
所在星座	大熊座
赤经	11h58m
赤纬	32°17′
星等	12.7
视径	0.9′ × 0.5′
类型	旋涡星系

NGC 3994属于一个小规模的星系群，其成员还有NGC 3995和NGC 3991。最好用特大口径的望远镜来观赏它。我曾在1977年观测过这个三重星系组合，而再次欣赏它就已是2009年初了。我

自忖应该更积极地出去观测才是。以4.3等的后发座γ星（中文古名为"郎位一"）为出发点，往西北方移动7.5°就可以找到这个目标。

NGC 3995是三者中最值得玩味的，因为它的某些暗弱特征可能反映出它有着不对称的旋臂。NGC 3994的星等数值跟NGC 3995差不多，但由于其视面积小，所以在望远镜里显得更亮。NGC 3991相对最暗，其亮度大约为13.0等。这个小星系群还有一个很炫的特征，那就是它的3个成员的长轴指向几乎一致。

必看天体 220	NGC 3998
所在星座	大熊座
赤经	11h58m
赤纬	55°27′
星等	10.6
视径	2.7′×2.3′
类型	旋涡星系

看过科幻片《星际迷航》的人应该还记得里面的"毛球族生物"。我在观赏NGC 3998时就想起了这种小东西，因为这个椭圆形天体的边缘显得柔软而模糊，看上去颇有立体感——好吧，也许是我联想过于丰富。在这个星系的西侧3′处还有一个跟它差不多亮的星系NGC 3990。如果你使用的是400mm以上口径的望远镜，则可以在这两个星系之间寻找一下一个编号为MGC +09-20-046的天体。我曾经用762mm口径的望远镜看到过这个特别暗的天体，它在目镜里直接呈现为一个椭圆形的暗斑。

定位NGC 3998的方式为：从2.4等的大熊座γ星处出发，往东北偏北方向移动1.9°。

必看天体 221	乌鸦座
赤经	12h24m
赤纬	−18°
面积	183.8 平方度
类型	星座

如果你还是观星的新手，那么小而易寻的乌鸦座是个绝对值得一观的星空图形。这个星座被3个星座夹在中间：它的北边和东边是室女座，西边是巨爵座，南边是长蛇座。

论天区面积，乌鸦座只占整个天球的0.45%，在全天区的88个星座中排在第70位。

每年3月28日前后是我们欣赏这个星座的最佳时间，因为此时太阳在天球上的位置离它最远（赤经相差12h，即180°），太阳落下，它升起，整夜都可以看到它。与之对应，9月28日前后是最不适合观看这个星座的时候，因为此时太阳几乎跟它重叠。

乌鸦座的天区内没有任何梅西尔深空天体目录里的天体，但有的梅西尔天体离乌鸦座很近。在室女座天区内，离乌鸦座的北边界很近的地方就有全天区最漂亮的星系之一——M 104（本书"必看天体288"）。

乌鸦座图形的顶端两颗星可以作为"指针"指向一颗明亮的蓝色恒星。假设在2.6等的乌鸦座γ星（中文古名为"轸宿一"）与2.9等的乌鸦座δ星（中文古名为"轸宿三"）之间连一条线，并继续延长4倍的距离，就可以找到室女座的最亮星——角宿一（室女座α星）。

必看天体 222	NGC 4027
所在星座	乌鸦座
赤经	12h00m
赤纬	−19°16′
星等	11.2
视径	3.8′×2.3′
类型	棒旋星系

　　要定位这个天体，可以从2.6等的乌鸦座γ星处出发，往西南偏西方向移动4.2°。通过400mm左右口径的望远镜可以确认该星系的轮廓像一个逗号。其中心区域形状不规则，但普遍致密，西端伸出一个暗的弧形结构，转弯向北。科学家认为这种只有一条旋臂的涡旋结构是它与邻近的NGC 4027A相互作用导致的。当望远镜的口径不小于350mm时，可以看到NGC 4027A就在NGC 4027的南侧4′处，其视径约1′。

必看天体 223	堰蜒座 ε 星
所在星座	堰蜒座
赤经	12h00m
赤纬	−78°13′
星等	5.4/6.0
角距	0.4″
类型	双星

　　如果想测试300mm左右口径的望远镜的光学品质，这处双星是个不错的选择。其两颗子星的角距不足1″，必须得依靠口径和放大率足够大的望远镜才能分辨。如果分辨成功，那么绝大多数观测者可以看到其主星呈蓝白色，伴星呈黄白色。

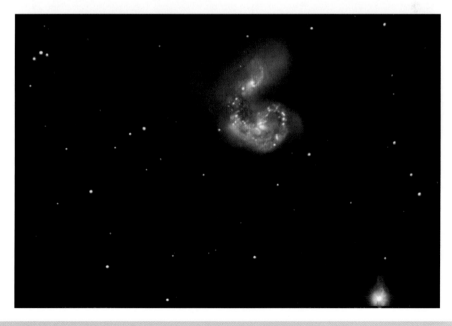

必看天体 224　NGC 4038 和 NGC 4039　鲍勃·特瓦迪、比尔特瓦迪 / 亚当·布洛克 /NOAO/AURA/NSF

必看天体 224	NGC 4038 和 NGC 4039
所在星座	乌鸦座
赤经	12h02m
赤纬	−18°52′
星等	10.5
视径	5.4′×3.9′
类型	相互作用的两个星系
别称	触须（The Antennae）、环尾猫星系（The Ringtail Galaxies）、科德威尔 60（Caldwell 60）和科德威尔 61（Caldwell 61）

　　NGC 4038和NGC 4039都有着明亮的尾状结构，所以被天文学家称为"触须"。这些细细的"尾巴"缘于这两个质量巨大的星系之间正在发生狂暴的相互作用。在"尾巴"周围聚集了大量的恒星，其数量很多，快要形成一批矮星系了。这对距离我们约6000万光年的星系，为我们提供了距离最近的星系碰撞案例。从2.6等的乌鸦座γ星处出发，往西南偏西方向移动3.6°即可找到这对星系。

　　在100mm左右口径的望远镜下，可以看到它们像两团暗弱的棉絮一样跃然浮现，其中西北侧的NGC 4038更大也更亮。使用300mm左右口径并配以200倍放大率的望远镜可以看出二者的核心都是椭圆形，其长轴长度约为短轴长度的2倍。如果把放大率加到400倍，可以看到其表面夹有亮区和暗区的斑驳特征，并且可以辨认出至少一条在引力作用下伸出的物质尾。但若想看清楚使这对星系得到"触须"之称的两条物质尾，就需要配备至少500mm口径的望远镜。物质尾的表面亮度是均匀的，所以一旦看到一条就可以估计出其全长。

必看天体 225　NGC 4051　乔治·塞兹 / 亚当·布洛克 /NOAO/AURA/NSF

必看天体 225	NGC 4051
所在星座	大熊座
赤经	12h03m
赤纬	44°31′
星等	10.0
视径	5.2′×3.9′
类型	旋涡星系

　　这个天体在3.7等的大熊座χ星的东南方向4.4°处，通过小望远镜可以看到其外观为椭圆形，其长轴在西北—东南方向上，长轴长度与短轴长度之比为3∶2。使用350mm左右口径并配以300倍放大率的望远镜观察可以看到它表面布满极细小的暗点，中心有一个暗弱的S形区域。这个S形在星系的东南边缘延伸成一条亮带并向北弯卷而去。

必看天体 226	NGC 4052
所在星座	南十字座
赤经	12h02m
赤纬	-63°12′
星等	8.8
视径	7′
类型	疏散星团

　　这个天体与4.3等的南十字座θ^1和4.7等的南十字座θ^2构成一个等边三角形。在中等放大率的目镜视场中，它会与这两颗星"同框"，位于两星的西侧。使用200mm左右口径并配以150倍放大率的望远镜大约可以看出50颗它的成员星，亮度在11～13等。在这个星团中心区的南侧，有七八颗成员星在东西方向上排成了一条漂亮的星链。需要注意的是，该星团位于银河的恒星密集区内，所以并不太容易从周围的星场中被识别出来。

必看天体 227	NGC 4062
所在星座	大熊座
赤经	12h04m
赤纬	31°54′
星等	11.2
视径	4′×1.8′
类型	旋涡星系

　　要定位这个天体，可以从4.3等的后发座γ星处出发，朝西北方向移动6.1°。使用200mm左右口径的望远镜就有可能看到它，但辨认不出什么细节。我曾在极深暗的夜空下使用762mm口径的望远镜观察它，但也识别不出它的旋臂结构，只能看出从它的中心到边缘它的亮度逐渐下降。另外，其外围光晕以半透明的状态伸入周围空间，你会觉得，看它越久，它伸入得越远。

必看天体 228	NGC 4105
所在星座	长蛇座
赤经	12h07m
赤纬	-29°46′

星等	10.4
视径	3.7′ × 1.7′
类型	椭圆星系

NGC 4105位于4.0等的乌鸦座α星南侧5°处，它是一对小星系中偏西侧且亮度较高的那个。另一个是NGC 4106，其累积星等为11.4等，其中心距离NGC 4105仅1′远。这两个星系的表面亮度都比较高，可以利用高放大率来观察。

我们基本只能看到NGC 4105明亮的圆形中心区，其外围似有似无。NGC 4106像它的小兄弟，其视径为1.6′ × 1.3′。

它俩附近还有两个更暗的星系，即东南偏南方向17′处的IC 3005（13.1等）和西南17′处的IC 2996（13.5等）。

必看天体 229	NGC 4103
所在星座	南十字座
赤经	12h07m
赤纬	-61°15′
星等	7.4
视径	6′
类型	疏散星团

这个星团很容易被看到，它位于南十字座西侧边缘，以3.6等的南十字座ε星为起点，往西南偏西方向移动2°处即可以找到它。使用150mm左右口径并配以150倍放大率的望远镜可以看到50颗左右的成员星密密麻麻地随机分布在整个视场里。在星团中心部分，还可以识别出五六对双星。

必看天体 230	猎犬座
赤经	13h04m
赤纬	40°30′
视面积	465.19 平方度
类型	星座

对观星新手来说，找到这个星座可能不太容易。这只天空中的"猎犬"周围有3个星座：西边和北边与大熊座相邻，南边有一部分与后发座相邻，南边的另一部分以及东边与牧夫座相邻。

在面积上，猎犬座的天区占整个天球的1.13%，在全天区88个星座中排在第38位。

每年的4月初是观赏猎犬座的最佳时机，因为此时太阳在天球上正好运行到跟猎犬座相距180°的位置，太阳落下即意味着猎犬座升起，所以猎犬座在4月初基本是整夜可见的。由此可推，每年最不适合观赏猎犬座的时间是10月初，因为此时太阳在天球上几乎跟猎犬座重叠了。

猎犬座天区内包含很多深空天体，其中光梅西尔天体就有5个，即球状星团M 3以及旋涡星系M 51、M 63、M 94、M 106。

定位猎犬座稍有难度，毕竟它在88星座的"暗度排行榜"中名列第5位。在深暗的夜空中，可以在北斗七星的"勺柄"下方尝试辨别它。这片天区里最亮的星（相对最亮）是猎犬座α星（中文古名为"常陈一"，2.8等）（本书"必看天体314"）。该星座内另一颗勉强称得上"亮"的恒星是仅4.3等的猎犬座β星（中文古名为"常陈四"），位于前者的西北偏西方向5°处。

必看天体 231	NGC 4111
所在星座	猎犬座
赤经	12h07m
赤纬	43°04′
星等	10.7
视径	4.4′×0.9′
类型	旋涡星系

在猎犬座的西侧边缘可以找到该星座天区内最典型的以侧面对着我们的星系——在我心目中它可是星空中的又一根"针"。从4.2等的猎犬座β星处出发，朝西北偏西方向移动5.2°就可以定位这个星系。在200mm左右口径的望远镜中看它的表面，看不出有什么特征，唯见亮度均匀，但可以看到其中心区仍是椭圆形，长轴长度与短轴长度之比约为5∶1。

在该星系东北方向仅0.5′处，有一颗8.1等的恒星SAO 44039。在观察这片天区的时候，可以顺便寻找几个邻近的星系：13.0等的NGC 4117和14.7等的NGC 4118（位于NGC 4111的东北偏东方向8′处），以及14.1等的NGC 4109（位于NGC 4111的西南偏南方向5′处）。

必看天体 232	NGC 4125
所在星座	天龙座
赤经	12h08m
赤纬	65°11′
星等	9.7
视径	6.1′×5.1′
类型	椭圆星系

要定位这个星系，可以从3.8等的天龙座λ星处出发，往东南方向移动5.5°。此外，这个星系还和北斗七星里的"天枢"和"天权"（即大熊座的α星和δ星）构成了一个等边三角形，其边长为8°。

通过200mm左右口径的望远镜可以看到它明亮且较为致密的椭圆形核心区被笼罩在雾气氤氲之中。在更大口径的望远镜中可以看到它更多的盘面，部分观测者甚至能注意到它有一个亮点状的中心。

必看天体 233	NGC 4143
所在星座	猎犬座
赤经	12h10m
赤纬	42°32′
星等	10.7
视径	2.9′×1.9′
类型	旋涡星系

这个星系位于4.2等的猎犬座β星的西南偏西方向4.6°处，那里是含有80多个成员的"大熊座星系团"的南部边缘。

　　该星系拥有一个高亮度的表面，所以适合用很高的放大倍数来观赏。但可惜的是，即便放大率上升到350倍，也只能见到一个明亮的中心区以及一个长轴长度约是短轴长度2倍的椭圆形外围光晕。

必看天体 234　M 98　亚当·布洛克 /NOAO/AURA/NSF

必看天体 234	M 98（NGC 4192）
所在星座	后发座
赤经	12h14m
赤纬	14°54′
星等	10.1
视径	9.1′×2.1′
类型	旋涡星系

　　定位这个漂亮的天体可以从2.1等的狮子座β星（中文古名为"五帝座一"）处出发，向东移动7.2°。在200mm左右口径并配以200倍放大率的望远镜下，可以看到它呈现为一个较宽的亮条，长轴在西北偏北—东南偏南方向上，长轴长度约是短轴长度的4倍。其中心区视面的亮度略高于其各条旋臂。使用400mm左右口径并加装星云滤镜的望远镜可以在其旋臂中识别出一些亮点，其中每一个亮点其实都是一块巨大的恒星形成区。

必看天体 235	NGC 4214
所在星座	猎犬座
赤经	12h16m
赤纬	36°20′
星等	9.6
视径	8′×6.6′
类型	不规则星系

要定位这个天体，可以以2.8等的猎犬座α星为起点，往西移动8.3°。通过200mm左右口径并配以200倍放大率的望远镜可以看到其长边是在西北—东南方向上。其中心区明亮且长，外围光晕很大。若使用更大口径和更高放大率的望远镜，则可以看出其中心区和外晕的形状都不够规整。

必看天体 236	室女座的"字母Y"
所在星座	室女座
赤经	12h42m
赤纬	-1°27′
类型	星群

与前面和后面的诸天体相比，室女座内这个恒星图形的赤经数值显得有些跳脱。我之所以提前介绍它，是因为后面要介绍一系列属于室女座的深空天体。室女座内的这个"字母Y"很大，由6颗亮恒星组成，其中最暗的恒星也亮于4等的星，所以即使是在城郊的夜空里也很容易被识别。

让我们从室女座的最亮星即室女座α星（中文古名为"角宿一"）开始，这颗蓝白色的1等星是"字母Y"的根部。由它出发往西北方移动14.5°可以看到2.7等的室女座γ星（中文古名为"东上相/太微左垣二"）（本书"必看天体291"）。

室女座γ星是"字母Y"的分叉点，其两个枝分别伸向东北偏北方向和西北偏西方向。如果你喜欢掌握一些奇奇怪怪的星名，这可是个学习的好机会。伸向东北偏北的一枝包括室女座δ星和ε星（中文古名为分别为"东次相/太微左垣三"和"东次将/太微左垣四"），而另一枝则包括室女座η星和β星（中文古名为分别为"左执法/太微左垣一"和"右执法/太微右垣一"）。

必看天体 237　NGC 4216　肯·显克微支 / 亚当·布洛克 /NOAO/AURA/NSF

必看天体 237	NGC 4216
所在星座	室女座
赤经	12h16m
赤纬	13°09′
星等	10.0
视径	7.8′ × 1.6′
类型	旋涡星系
别称	银条星系（The Silver Streak Galaxy）、织工之梭星系（The Weaver's Shuttle Galaxy）

可以用狮子座的"臀部"来定位NGC 4216：从狮子座θ星处出发，向狮子座β星引一条线，穿过后者继续向东延伸1倍距离即可，那里是"室女座星系团"的西侧边缘。在理想的夜空环境中，使用250mm左右口径的望远镜可以看到该星系团的几百个成员星系。所以，应该尽量使用大比例尺的星图来观赏那里的深空天体，并且要做到细心、细心再细心。

NGC 4216像一道发光的条痕，长轴长度约是短轴长度的4倍。其核心区明亮，但要想认出它的核球结构需要至少300mm口径的望远镜。还可以顺便在它西南侧12′处找一下12等的NGC 4216，其外观很像前者，只是亮度差一些。

"织工之梭"这个称呼是由天文科普专家乔治·钱伯斯提出的，他于1881年修订由史密斯编撰的《天体大巡礼》一书时是这样描述NGC 4216的："这个天体不寻常，它像正横卧在纬线上的纺织工的梭子；其上枝特别暗，中心区呈现出明显的核心，它照亮了我望远镜中的分划板刻度，相当抢眼。"

必看天体 238	NGC 4236
所在星座	天龙座
赤经	12h17m
赤纬	69°28′
星等	9.6
视径	21′ × 7.5′
类型	棒旋星系
别称	科德威尔 3（Caldwell 3）

从3.9等的天龙座κ星（中文古名为"少尉/紫微右垣二"）处出发，向西移动1.5°处即可找到这个天体。虽然它的星等数值为9.6，看起来不算暗，但它的视面积比较大，所以实际观察起来，它并不亮，用250mm左右口径或更小口径的望远镜来观测是极难认出它的。

它看起来像鬼魅的烟雾，长度约是宽度的3倍。使用更大口径的望远镜可以看出它内部有若干个暗点，那里是恒星形成区，这一特征跟"猎户座大星云"（本书"必看天体957"）里的特征类似。使用350mm口径的望远镜观测可以在它的南端看到明亮的H-Ⅱ波段发射区。

必看天体 239　NGC 4244　乔·瑙顿、史蒂夫·斯塔福 / 亚当·布洛克 /NOAO/AURA/NSF

必看天体 239	NGC 4244
所在星座	猎犬座
赤经	12h18m
赤纬	37°49′
星等	10.4
视径	17′ × 2.2′
类型	旋涡星系
别称	银针星系（The Silver Needle Galaxy）、科德威尔 26（Caldwell 26）

　　对北半球的观测者来说，春天是欣赏各种星系的好季节。一些面积很大的星座，例如室女座、大熊座和狮子座都含有数以百计的值得观看的目标。此时，不要忘了猎犬座，虽然这个星座的恒星很暗淡（恒星亮度在全天区88个星座中仅列第84位），但它包含很多明亮的星系。

　　梅西尔深空天体目录中有4个目标都在猎犬座的天区，那就是M 51、M 63、M 94和M 106。这里要讲的"银针星系"虽然没有这几个梅西尔天体那么亮，但仍能让观星人大饱眼福。

　　这是一个几乎用侧面对着我们的星系，其盘面与我们视线的夹角仅有5°。在目镜视场中，它表面的亮度均匀，只有中心点比其余区域稍亮一丁点儿。它得到"银针"这一别称主要跟它在小口径的望远镜中呈现的样子和它夸张的长宽比有关。

　　只要在良好的夜空环境下使用100mm左右口径或更小口径的望远镜观测它，你就明白它为何让人联想到绣花针了。如果换用大口径的望远镜看，那么它并不太像针，且在东北方向会由内向外逐渐变暗，最终变得透明。而在相反的一侧，其表面会显出更多的斑驳与不规则的细节[1]。

---

1. 译者注：原书未写这个天体的星桥寻星法，故自行补充一则于此——以 4.3 等的猎犬座 β 星为起点，向西南移动 4.6°。

必看天体 240　M 99　亚当·布洛克 /NOAO/AURA/NSF

必看天体 240	M 99（NGC 4254）
所在星座	后发座
赤经	12h19m
赤纬	14°25′
星等	9.9
视径	4.6′×4.3′
类型	旋涡星系
别称	风车星云（The Pinwheel Nebula）、圣凯瑟琳之轮（St. Catherine's Wheel）

猎犬座有个"风车星系"M 51[1]，但这里要介绍的是M 99"风车星云"（在19世纪，几乎任何弥散状的深空天体可能被称为"风车星云"），它的名气不如"风车星系"大，位于后发座的西南边缘。离M 99最近的一颗亮星是2.1等的狮子座β星，M 99在其东侧7.2°处。

第一眼看到M 99可能会觉得有点儿失望，因为即便用250mm左右口径的望远镜观察，也只能看到它位于其南侧边缘的那一条旋臂。不过这条旋臂因为内部有许多恒星形成区而颇为明亮。在望远镜中，这些区域像是一个个明亮的小疙瘩。

要想看到M 99的另外两条旋臂，至少需要350mm口径和250倍放大率的望远镜，它们比南侧的那条旋臂暗，其中向北延伸的那条更容易被看到。被旋臂包围的星系核巨大且亮度匀称，直径约占整个星系直径的1/4。

我不知道是谁把"圣凯瑟琳之轮"这个名字给了M 99，反正我看不出它跟这个名字有何关联。

必看天体 241　M 106　阿德里安·齐拉维奇、米歇尔·夸尔斯 / 亚当·布洛克 /NOAO/AURA/NSF

必看天体 241	M 106（NGC 4258）
所在星座	猎犬座
赤经	12h19m
赤纬	47°18′
星等	8.4
视径	20′×8.4′
类型	旋涡星系

---

1. 译者注：此处当是原作者笔误。M 51 是本书"必看天体 334"，但其别称是"旋涡星系"，即 The Whirlpool Galaxy；而"风车星系"是指三角座的 M 33，即本书"必看天体 799"。

这个星系不论是在梅西尔深空天体目录中还是在其他目录中都可以跻身"最亮星系"和"最值得观测星系"之列，然而它同时也可能进入"被观测最少星系"的排行榜。或许，这跟它在梅西尔深空天体目录中排序接近末尾有关，不少观星爱好者由此臆断它的观赏价值不高；又或许，是因为它不像M 104（本书"必看天体288"）那样有个一听就吸引人的别称"草帽星系"。目前我们只能了解到它的基本数据，因为几乎没人认真介绍过它。

M 106的盘面与我们的视线方向斜交，就像著名的M 31"仙女座大星系"（本书"必看天体767"）那样。其一些表面特征也和M 31相似。M 106的尘埃带特别醒目，这也跟它相对于我们的倾斜角度有关。

M 106位于猎犬座天区的西北角，与3.7等的大熊座χ星和2.4等的大熊座γ星构成了一个三角形，在大熊座χ星的东侧5.5°处、大熊座γ星的东南方7.5°处。对M 106的第一印象是明亮的核心和椭圆形的外层"雾气"，二者间夹有一个拉长了的星系盘内部区域，直径占整个星系直径的1/3。

使用250mm左右口径或更大口径的望远镜可以尝试辨认这个星系表面的斑驳纹理和它的旋臂结构。其线状的北侧旋臂很醒目，南侧旋臂则显得更弥散些。观察它的旋臂时要有耐心，或许多等一会儿就能等来一个大气视宁度很好的时间段，使你得以窥见这个星系的细节。

必看天体 242	NGC 4278
所在星座	后发座
赤经	12h20m
赤纬	29°17′
星等	10.1
视径	3.8′
类型	椭圆星系

这个天体位于4.3等的后发座γ星的西北方向1.8°处。在250mm左右口径并配以250倍放大率的望远镜中，它像一个无法分辨出成员星的球状星团。其核心致密、明亮，中心区较亮，外围光晕很暗并向外逐渐散失于天幕的漆黑之中。

在该天体的东北偏东方向3′处有一个椭圆星系NGC 4283，亮度为13.1等，视径为1.4′，可以顺便找找试试。

必看天体 243　NGC 4298 和 NGC 4302　杰夫·哈普曼 / 亚当·布洛克 /NOAO/AURA/NSF

必看天体 243	NGC 4302
所在星座	后发座
赤经	12h22m
赤纬	14°36′
星等	11.6
视径	4.7′×0.9′
类型	旋涡星系

要观察这个天体，需要深入"室女—后发星系团"那星系云集的腹地。可以从5.1等的后发座6号星（中文古名为"五诸侯五"）开始，把视野朝东南偏东方向移动1.4°。这个星系的长轴在南—北方向上，长轴长度与短轴长度之比大约为4∶1。它的表面亮度整体均匀，唯独中心区较开阔且稍微亮一点儿。

在这个星系东侧仅2′处还有11.4等的NGC 4298。后者的视径是3.2′×1.9′，有平展而致密的中心区。

必看天体 244 M 61 亚当·布洛克 /NOAO/AURA/NSF

必看天体 244	M 61（NGC 4303）
所在星座	室女座
赤经	12h22m
赤纬	4°28′
星等	9.7
视径	6′×5.9′
类型	旋涡星系

要定位M 61，需要先找到室女座16号（中文古名为"谒者"）和17号星，两星的亮度分别为5.0等和6.5等。M 61就在这两星连线的中间，离17号星稍近一点儿。M 61的旋涡状盘面正对我们，

可惜它的旋臂与核心抱得太紧，所以不容易像 M 101（本书"必看天体 351"）的旋臂那样被看得真切。因此，只有通过不小于 300mm 口径的望远镜才能看出其两条旋臂的粗壮部分。如果能使用特大口径的设备并配以高倍率，则可以尝试在南—北方向上辨认贯穿了该星系的一条粗大的星棒。

威廉·史密斯在他写于 1844 年的名作《天体大巡礼》中这样描写 M 61："这是位于室女座人物形象肩膀上的一块巨大的灰白色云雾状天体，其轮廓相当清晰，但梅西尔在 1779 年使用口径约 1060mm 的望远镜看到它时，它显得过于弥散和缥缈，所以才引起了梅西尔的兴趣。"[1]

必看天体 245	M 100（NGC 4321）
所在星座	后发座
赤经	12h32m
赤纬	15°49′
星等	9.3
视径	6.2′ × 5.3′
类型	旋涡星系

在北半球的春季，银河基本上会绕着地平线转圈，这样正好给头顶的天空亮出一扇巨大的"窗口"，便于观测者们欣赏那些遥远的河外星系。"北银极"在天球上为我们标画出了离银河系盘面最远的那一点，而它就位于后发座的天区之内。由此，后发座的面积虽然只是中等层次的面积，却包含了 8 个（或许更多）梅西尔深空天体目录中的天体（包括这里要说的 M 100），以及"室女—后发星系团"内几十个离我们相对较近的明亮星系。

"室女—后发星系团"有时也被简称为"室女座星系团"，离我们大约有 6000 万光年，天文学家估计它的成员星系有 1500～2000 个，由此它也是"本超星系团"的核心区。"本超星系团"是包括"本星系群"在内的、数个彼此邻近的星系集群的总称，而我们的银河系属于"本星系群"。单是"室女座星系团"的总质量就达到了太阳质量的 1.2×10^{15} 倍，其直径也达到了 1400 万光年。

法国天文学家梅襄于 1781 年 3 月 15 日发现了后来被称为 M 100 的这个星系，这也是室女座星系团中最亮的星系之一、适合业余天文望远镜欣赏的最佳目标之一。定位 M 100 可以从 2.1 等的狮子座β星处出发，向东移动 8.3°，也可以从 5.1 等的后发座 6 号星处出发，往东北偏东方向移动 1.9°。

通过 200mm 左右口径并配以低倍或中倍放大率的望远镜观看，可以看到这片光芒长约 4′。即便是在最适合观测的夜空条件下，如果放大率不到 200 倍，就看不出它的旋臂。

在口径和放大率足够大的望远镜下，可见其旋臂连接在星系核心区东、西两端的亮区之间。使用 300mm 左右口径的望远镜可以看到旋臂结构从其根部一直延伸到距离星系核心 2 倍远的地方。在该星系的北侧和东侧还有两个暗弱的矮星系，其中北侧的是 13.9 等的 NGC 4322，这是一个与 M 100 确实有物理联系的一个伴系，而南侧的是 13.3 等的 NGC 4328，它与地球之间的距离要近得多，只是碰巧重叠在这个位置上而已。

---

1. 译者注：梅西尔当时编制目录的直接动机是收集一些看起来很像彗星但又不是彗星的模糊天体，以便帮"彗星猎手"们"排雷"。

必看天体 246　M 40　安东尼·阿伊奥马米蒂斯

必看天体 246	M 40
所在星座	大熊座
赤经	12h22m
赤纬	-28°05′
星等	9.0/9.6
角距	53″
类型	双星
别称	温内克 4（Winnecke 4）

　　M 40是引导我们认识梅西尔深空天体目录的一个特殊入口，因为它只是一处双星，而且两子星的角距不太小，接近1′。这些算不上什么趣味点。它的两颗子星都较暗，亮度大约为9等，其中主星呈浅黄色，伴星则呈接近淡橙色的深黄色。

　　尽管这么无趣，但它毕竟还是梅西尔天体[1]，所以它值得你在观星生涯中至少去观测一次。从3.3等的大熊座δ星处出发，向东北方移动1.4°即可定位到它。

必看天体 247	NGC 4349
所在星座	南十字座
赤经	12h25m
赤纬	-61°54′
星等	7.4
视径	15′
类型	疏散星团

1. 译者注：双星并不在梅西尔编撰的天体目录的考虑之列，目前认为这处双星的入选是梅西尔观测的技术失误造成的。

从0.8等的南十字座α星（中文古名为"十字架二"）处出发，往西北偏北方向移动1.3°即可找到这个星团。使用150mm左右口径并配以150倍放大率的望远镜可以大约识别出75颗成员星，其中最亮的是8.4等的SAO 251883，位于星团的东南边缘。在靠近星团中心的地方，有6颗11～12等的成员星沿着西北—东南方向排成了一行。

必看天体 248　NGC 4361　亚当·布洛克 / 莱蒙山天空中心 / 亚利桑那大学

必看天体 248	NGC 4361
所在星座	乌鸦座
赤经	12h25m
赤纬	−18°47′
星等	10.9
视径	45″
类型	行星状星云

这个天体位于2.9等的乌鸦座δ星的西南偏南方向2.6°处。使用200mm左右口径并配以250倍放大率的望远镜可以看到一个略微呈拉长状的、不规则的盘面，其长轴在东北—西南方向上，边缘模糊。其中心恒星的亮度为13等，勉强可见，但如果换用更大口径的望远镜就能很容易看到。

必看天体 249	NGC 4365
所在星座	室女座
赤经	12h24m
赤纬	7°19′
星等	9.6
视径	6.9′×5′
类型	椭圆星系

这个天体位于4.9等的室女座ρ星（中文古名为"九卿一"）的西南方向5.2°处。由于这块天区的星系不少，所以定位这个目标需要更加认真。通过200mm左右口径并配以200倍放大率的望远镜可以看到它暗弱的椭圆形轮廓，长轴在东北—西南方向上。其中心区明亮，外围的光晕则宽大。

在该星系东北方10′处分布有12.9等的NGC 4370。如果望远镜的口径够大，还可以在NGC 4370和NGC 4365的连线上找找14.3等的NGC 4366。

必看天体 250	M 84（NGC 4374）
所在星座	室女座
赤经	12h25m
赤纬	12°53′
星等	9.1
视径	5.1′×4.1′
类型	旋涡星系

M 84和与它邻近的M 86经常会被弄混。二者几乎位于2.1等的狮子座β星和2.9等的室女座ε星的连线中点上，请记住其中稍微靠西的天体才是M 84。另外，在高放大率的望远镜下，M 84显得比M 86略小且略暗一些。

虽然M 84的亮度足以让梅西尔注意到它并将它编入目录，但它几乎没有什么显著的特征。它的核心区巨大，明显不呈点状。而包裹在这个宽阔的核心区外围的光晕也很暗弱，观星时挑战一下即可。

必看天体 251	梅洛特 111
所在星座	后发座
赤经	12h25m
赤纬	26°06′
星等	1.8
视径	275′
类型	疏散星团
别称	后发星团（The Coma Berenices star cluster）、阿里阿德涅的头发（Ariadne's Hair）、缇斯博的面纱（Thisbe's Veil）

后发座看起来像是个随便定义的星座，它只有3颗亮于4.5等的恒星的恒星。在这3颗星中，位于西北角时发出黄光的后发座γ星离我们有170光年，且正好位于这里要介绍的"后发星团"的前面。"后发星团"比它还要远100光年。

这个成员分布松散的疏散星团也叫"梅洛特111"，这是因为英国天文学家菲利伯特·梅洛特将其编入了《富兰克林-亚当斯图板中的星团之目录》，该目录被发表在1915年的《皇家天文学会论文集》（第60卷）上。不过，天文学界确认这个星团是个"真星团"（而不是正巧在视线方向上近乎重叠的一片星星）则是迟至1938年的事了。

梅洛特111的成员星约有40颗，亮度在5～10等，其中有10多颗是只用肉眼有可能直接看到的。由于这个星团的视径超过4°，所以要想同时看见其所有成员星，就一定要用专门的宽视场目镜。可以先用物镜口径不小于50mm的双筒镜观察它，然后再使用单筒镜，并配以尽可能低的放大率。

该星团的另外两个别称均来自古代。阿里阿德涅是个传说中的人物，是米诺斯国王克里特的女儿。古希腊的数学家埃拉托色尼（约公元前276—公元前195年）曾写道："这个星团代表着阿里阿德涅的头发。"

"缇斯博的面纱"这个称呼则来自古罗马作家奥维德的《变形记》（又名"金驴记"）里的故事。皮拉摩斯和缇斯博是一对恋人，因两家人之间的误会而相约殉情。众神之王朱庇特为这二人的痴情所感动，遂将"缇斯博的面纱"升入星辰世界。

必看天体 252	M 85（NGC 4382）
所在星座	后发座
赤经	12h25m
赤纬	18°11′
星等	9.1
视径	7.5′×5.7′
类型	旋涡星系[1]

位于后发座的这个透镜状的星系是全天区最亮的星系之一。但即便如此，观赏它也需要躲开城市的灯光，因为光污染对星系观测的威胁远胜过对其他类型深空天体的威胁。

所谓透镜状星系，是说星系的外观像一片凸透镜，它看起来很像一个以侧面对着我们的旋涡星系，但又看不出旋涡星系该有的旋臂结构。另外，透镜状星系里也没有恒星形成区，因为它包含的所有恒星中，最年轻的恒星也已在几百万年前诞生完毕了。

要定位M 85，可以从4.7等的后发座11号星处出发，往东北偏东方向移动1.2°。

使用口径太小的望远镜看它会让你失望，因为至多只能看到一个椭圆形的光晕包裹着一个相对明亮的核心。使用200mm左右口径的望远镜时，可以尝试在它的核心北侧不到1′处看到一颗13等的恒星。使用300mm左右或更大口径的望远镜，可以看到其外围区域的亮度差异。还可以注意一下它微妙的颜色，因为这个星系主要是由发出黄色光的老年恒星组成的。

在欣赏够了M 85之后，还可以在其东侧仅8′处找到一个10.9等的棒旋星系NGC 4394。后者也有自己明亮的核心，以及一个贯穿全身的棒状结构。

必看天体 253	NGC 4372
所在星座	苍蝇座

---

1. 译者注：其实是透镜状星系，是介于旋涡星系和椭圆星系之间的一种星系。

赤经	12h26m
赤纬	-72°39′
星等	7.3
视径	10′
类型	球状星团
别称	科德威尔108（Caldwell 108）

从3.8等的苍蝇座γ星处出发，往西南方向移动0.7°就可以找到NGC 4372。该星团是天空中最"疏松"的球状星团之一。它离我们大约有1.5万光年，最亮的成员星的亮度为12等，它在200mm左右口径的望远镜里看起来颇像一个疏散星团。它的主要成员星亮度在12等至14等，松散地闪烁在视场之中，几乎没有向星团中心汇聚的倾向。在它的中心西北侧仅5′处有一颗6.6等的恒星SAO 256939，要想仔细观察该星团中的暗星，最好先把这颗恒星移到视场之外，以免其光线干扰观察。

必看天体 254	NGC 4395
所在星座	猎犬座
赤经	12h26m
赤纬	33°33′
星等	10.0
视径	13.2′×11′
类型	旋涡星系

从2.8等的猎犬座α星处出发，往西南方移动7.8°即可看到这个星系。它的视面颇大，约占到了满月视面的1/5。由于其表面亮度较低，所以如果使用200mm左右口径的望远镜只能看到其中心区发出的微弱的光。换用350mm左右口径并配以150倍放大率的望远镜，可以看到它的核心区亮光仿佛一颗亮星，而其东南侧还有两个恒星形成区，它们也拥有自己的NGC编号：其中较暗的是NGC 4400，离NGC 4395仅有2′；稍亮的则是NGC 4401，在NGC 4395中心的东南偏东方向2′处。

必看天体 255	M 86（NGC 4406）
所在星座	室女座
赤经	12h26m
赤纬	12°57′
星等	8.9
视径	12′×9.3′
类型	椭圆星系

这个天体可以向我们证实"椭圆星系"真的是椭圆的，而不像很多人看到的那样呈圆形。即使用低倍的目镜配置，也可以看出它的椭圆形轮廓。而按照当代的星系分类方法看，它并不是十分标准的椭圆星系，而是更接近于透镜状星系。使用更高的放大率，还可以看出它有一个点状的亮核心。

要定位这个天体，可以在2.1等的狮子座β星和2.9等的室女座ε星之间作一条连线，则它就位于这个线段的中点处。请注意，不要把M 86与离它仅0.2°的M 84相混淆。二者中，稍暗且更圆一点儿的才是M 86。

必看天体 256	NGC 4414
所在星座	后发座
赤经	12h26m
赤纬	31°13′
星等	10.3
视径	4.4′×3′
类型	旋涡星系

这个天体位于4.3等的后发座γ星的北侧3°处。它的亮度较理想，即使只用100mm左右口径的望远镜也不难看到。其轮廓呈椭圆形，长轴在西北偏北—东南偏南方向上，长轴长度与短轴长度之比为3：2。它的中心区很小，但比外围光晕要亮。如果使用250mm左右口径的设备，可以看出它的光晕由内向外逐渐变暗的特征。

必看天体 257	NGC 4429
所在星座	室女座
赤经	12h27m
赤纬	11°06′
星等	10.2
视径	5.8′×2.8′
类型	旋涡星系

该天体位于6.3等的室女座20号星的西北偏西方向1.6°处。它旁边有两颗较亮的前景恒星：其东北偏北方向2′处是9.1等的SAO 100102，其东南偏南方向5′处是9.2等的SAO 100103。

这个星系的中心区宽阔且亮度均匀，中心区直径约占其整个直径的1/3。其外围光晕的亮度超过了大多数星系的外围光晕亮度，要想充分观察，请使用至少200mm口径并配以250倍放大率的望远镜。

必看天体 258 NGC 4435 和 NGC 4438 亚当·布洛克 /NOAO/AURA/NSF

必看天体 258	NGC 4435 和 NGC 4438
所在星座	室女座
赤经	12h28m
赤纬	13°01′
星等	10.0
视径	8.5′×3′
类型	旋涡星系
别称	眼睛（The Eyes）

如果你拥有300mm左右口径或更大口径的望远镜，可以特别关注一下这对星系，因为它们拥有"眼睛"之称。此外，为了纪念美国天文学家本雅明·马卡良，它有时也叫"马卡良之眼"。这两个星系位于M 86（本书"必看天体255"）东侧仅0.4°处。这两只"眼睛"正在巨大的引力作用之下相互撕扯，从对方那里夺取物质。天文学家认为，这两个星系之间的距离最短时曾经只有1.6万光年。其中，NGC 4438的形状被破坏得更明显些，观察时可以注意一下它轮廓的不规则倾向。

必看天体 259	南十字座 α 星
所在星座	南十字座
赤经	12h27m
赤纬	-63°06′
星等	1.4/1.9
角距	4″
类型	双星
别称	十字架二（Acrux）

这处双星在各种口径的望远镜下都不难被分辨出来，不过，当其口径超过200mm时，这处双星才会充分显示它的明亮和美丽。其两颗子星都亮于2等的星星，都呈蓝色，唯独在具体色调上有微妙差别。

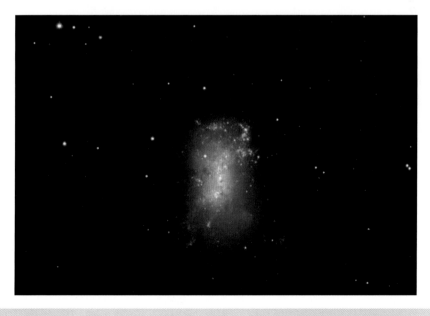

必看天体 260 NGC 4449 约翰·康诺尔、克里斯蒂·康诺尔 / 亚当·布洛克 /NOAO/AURA/NSF

必看天体 260	NGC 4449
所在星座	猎犬座
赤经	12h28m
赤纬	44°06′
星等	9.6
视径	5.5′×4.1′
类型	不规则星系
别称	科德威尔 21（Caldwell 21）

我觉得这个天体会特别受到观测者的喜爱。这是一个不规则星系，可以从4.2等的猎犬座β星处出发，往西北偏北方向移动2.9°来定位它。它的表面亮度很高，所以在望远镜中很容易被看到。

南半球的人可以看到"麦哲伦云"，那其实是离银河系比较近、规模比银河系小的星系，因此算是银河系的伴系。而这里介绍的NGC 4449因为外观很像麦哲伦云，所以也被天文学家划入一个叫"麦哲伦型星系"的类型中，"麦哲伦型星系"的特点为中心区有巨大星棒结构贯穿整个星系。

使用200mm左右口径的望远镜可以看到NGC 4449拥有少见的矩形轮廓，其核心区致密、明亮，而且看上去也有4个角。将放大率加到250倍可以观察其形状不太规则的外围光晕。

如果大气视宁度良好，279mm左右口径的望远镜就可以帮你在这个星系内识别出几个物质特别致密的恒星形成区，其中最大的恒星形成区在其北部，还有一个稍小的恒星形成区在星系核心的南侧，紧邻核心。使用更大口径的望远镜还可以探索该星系核心区的更多细节。

必看天体 261	NGC 4450
所在星座	后发座
赤经	12h29m
赤纬	17°05′
星等	10.1
视径	5′×3.4′
类型	旋涡星系

要定位该星系，可以先假设在4.7等的后发座11号星和5.7等的后发座25号星之间存在一条连线，该星系就在这条线段的中点偏南一点儿的地方。该星系呈椭圆形，相对明亮，长轴在南—北方向上，长轴长度与短轴长度之比为3∶2。其外围光晕厚重，形状跟中心区的形状差不多。

必看天体 262	M 49（NGC 4472）
所在星座	室女座
赤经	12h30m
赤纬	8°00′
星等	8.4
视径	8.1′×7.1′
类型	椭圆星系

这是个明亮的宽椭圆形星系，其中心区直径占了整个直径的2/3，外围有稍暗的光晕包裹着。由于它的亮度够高，所以只要放大率足够高就能看到它的外晕。

必看天体 263	NGC 4473
所在星座	后发座
赤经	12h30m
赤纬	13°26′
星等	10.2
视径	4.5′×2.5′
类型	椭圆星系

这个星系被淹没在了"室女—后发星系团"所包含的众多细碎星系之中。从5.1等的后发座6号星处出发，向东南偏东方向移动3.7°即可找到它的椭圆形轮廓。这块天区内的星系不少，所以需要认真辨别。

使用250mm左右口径的望远镜，可以看到它的表面明亮，长轴在东—西方向上，长轴长度与短轴长度之比为2∶1。其中心区宽阔，大约占整体直径的一半。使用更高的放大率可以观察到它暗弱的外围光晕的各个部分。

必看天体 264	乌鸦座 δ 星
所在星座	乌鸦座
赤经	12h30m
赤纬	−16°31′
星等	3.0/9.2
角距	24.2″
类型	双星
别称	轸宿三（Algorab）

这处双星是乌鸦座内指向室女座α星的"路标"之一，其主星呈蓝白色，伴星呈橙色。主星的光芒本来会淹没那颗暗伴星的光芒，好在二者角距足够大，伴星可以显露，我们也得以欣赏它们美丽的颜色对比效果。

在J. K. 罗琳的《哈利·波特》中，"小天狼星"的弟弟雷古勒斯·布莱克曾说："Algorab在阿拉伯文里是乌鸦的意思。"这或许呼应了乌鸦座δ星的别名。但该别名并非来源于这部小说。让我们回顾一下理查德·艾伦于1899年出版的那部影响深远的《星名及其释义》。艾伦指出，这一别称的历史并不久远，该别称最早出现在1803年的《帕勒莫星表》里，该表的编者为意大利天文学家朱塞普·皮亚齐。

必看天体 265	ADS 8573
所在星座	乌鸦座
赤经	12h30m
赤纬	−13°24′
星等	6.5/8.6
角距	2.2″
类型	双星

这处双星位于上面刚刚介绍过的2.9等的乌鸦座δ星北边3.1°处。其中主星呈黄色，伴星呈橙

色。这种颜色对比效果也十分美观，但望远镜的放大率超过150倍时才有较理想的视觉效果。

　　这处双星的编号前缀是ADS，这表示它被收录于《距北天极不超过120°的双星通用星表》中，其编者是美国天文学家罗伯特·艾特肯，收录双星达17180处。卡内基学院于1932年以两卷本的形式出版了这部星表。

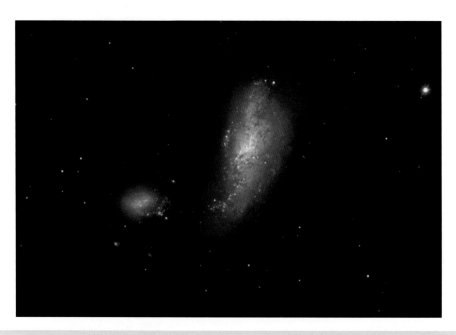

必看天体 266　NGC 4490　迈克尔·加里皮 / 亚当·布洛克 /NOAO/AURA/NSF

必看天体 266	NGC 4490
所在星座	猎犬座
赤经	12h31m
赤纬	41°38′
星等	9.8
视径	6.4′×3.3′
类型	棒旋星系
别称	蚕茧星系（The Cocoon Galaxy）

　　该星系位于4.2等的猎犬座β星的西北偏西方向0.7°处，可以与猎犬座β星呈现在同一片目镜视场之内。它有着明亮的、不太规则的椭圆形轮廓（所以被比作蚕茧），包裹着同样明亮的中心区。但无法直接看到它的旋臂，除非使用特大口径的业余天文望远镜。

　　观察这个星系时还有"看一送一"的"福利"：其西侧边缘以北仅3′处有一个12.5等的伴系——不规则星系NGC 4485。这一对星系之间存在引力互动，这也解释了二者的形状为何都不太规则。

必看天体 267   M 87   亚当·布洛克 /NOAO/AURA/NSF

必看天体 267	M 87（NGC 4486）
所在星座	室女座
赤经	12h31m
赤纬	12°24′
星等	8.6
视径	7.1′×7.1′
类型	椭圆星系
别称	室女座 A（Virgo A）、冒烟的枪（The Smoking Gun）

　　对天文学家来说，M 87是一个珍宝级的科研对象。这个星系体量巨大，其质量达到了太阳的3万亿倍，直径也约有50万光年。它内部含有众多的球状星团，总数可能达到数万个。

　　在目视欣赏方面，它也值得我们努力。在口径不超过500mm的望远镜中，它的外观呈圆形，其核心亮度拔群，直径约占整体直径的1/3。

　　此时可以把目光暂时从M 87上挪开一会儿，看看旁边的两个小星系：它们都在M 87的西南偏西方向，其中11.4等的NGC 4478离前者8.5′远，而12.0等的NGC 4476离前者12.5′远。

　　如果想看从M 87核心区射出的物质喷流，则需要最理想的夜空环境，以及至少762mm口径的望远镜。

　　M 87之所以又被天文学家称为"室女座A"，是因为它是室女座天区内最强的射电源，同时也是该星座内最早被发现的射电源。而"冒烟的枪"这个别称也是由天文学家所起，因为这个星系核心释放的物质流很像火枪刚刚射击之后从枪管里冒出来的烟。

必看天体 268	南十字座 γ 星
所在星座	南十字座
赤经	12h31m

赤纬	-57°07′
星等	1.6/6.4
角距	111″
类型	双星
别称	十字架一（Gacrux）

　　它是天空中最容易分辨的双星之一，其主星颜色为橙色，是一颗红巨星，伴星的颜色则是蓝色。即便只配以低倍的目镜，也可以清楚看到伴星在主星的东北偏北方向2′处。

必看天体 269	NGC 4494
所在星座	后发座
赤经	12h31m
赤纬	25°46′
星等	9.8
视径	4.6′×4.4′
类型	椭圆星系

　　在配以高倍率的望远镜中，这个明亮的星系略呈椭圆形。如果望远镜的口径不小于300mm，则还可以看到稀薄、暗弱的外围光晕环绕着中心区。如果望远镜的口径较小，则只能看到一个亮度均匀的"圆盘"。

　　要定位这个天体，可以从5.5等的后发座21号星（中文古名为"郎位八"）处出发，往北移动1.2°。

必看天体 270　M 88　亚当·布洛克 / 莱蒙山天空中心 / 亚利桑那大学

必看天体 270	M 88（NGC 4501）
所在星座	后发座
赤经	12h32m
赤纬	14°25′
星等	9.6
视径	6.1′×2.8′
类型	旋涡星系

从2.9等的室女座ε星处出发，往西北偏西方向移动8°就可以找到这个重要的目标。当视场对准这块天区的时候，我们可以看到上百个（至少几十个）暗弱的光点，所幸M 88是其中最亮的一个，所以很容易被认出。

使用150mm左右口径的望远镜观察，该星系呈现为椭圆形的雾状，长轴长度约为短轴长度的2倍，周围有明亮的核心区。使用300mm左右口径并配以300倍放大率的望远镜可以辨认出该星系的旋臂结构。如果望远镜的口径大于300mm，则还可以辨认出靠近该星系外围光晕东南边缘处的一对14等的恒星，两星相距20″。

必看天体 271	NGC 4517
所在星座	室女座
赤经	12h33m
赤纬	0°07′
星等	10.4
视径	9.9′×1.4′
类型	旋涡星系

该星系位于2.7等的室女座γ星的西北方2.7°处，看上去就像飘浮在宇宙中的一条发光的带子。它的长度约是宽度的7倍，中心区的亮度优势不明显，只有通过大口径的望远镜才能分辨出来。在其中心的东北方一点儿有一颗10等的前景恒星，看到它后请不要以为你发现了这个星系内部的一颗超新星。

必看天体 272	NGC 4526
所在星座	室女座
赤经	12h34m
赤纬	7°42′
星等	9.6
视径	7′×2.5′
类型	旋涡星系
别称	浓眉星系（The Hairy Eyebrow Galaxy）

要定位这个星系，可以从2.9等的室女座ε星处出发，朝西南偏西方向移动7.7°。《天文学》杂志特约编辑奥米拉看到哈勃太空望远镜为这个星系拍摄的照片后，觉得它的尘埃带很厚、很密，就给它起了"浓眉"这一别称。

使用各种口径的业余天文望远镜，我们都看不出它的太多细节。通过250mm左右口径或更大口径并配以250倍放大率的望远镜则可以区分出它平展的中心区暗淡的外围光晕。

该星系的侧边有两颗相对较亮的恒星，一个是其东北偏东方向7′的6.8等星SAO 119479，另一个是其西边7′处的7.0等星SAO 119466。

必看天体 273	IC 3568
所在星座	鹿豹座
赤经	12h33m
赤纬	82°33′
星等	10.6
视径	10″
类型	行星状星云
别称	小爱斯基摩星云（The Baby Eskimo Nebula）、橙片星云（The Sliced Lime Nebula）、理论家之星（The Theoretician's Planetary）

这个天体离天球的北极只有8°，可以说"很靠北"了。其内核细小而明亮，外部的气壳稍暗一些。使用250mm左右口径并配以200倍放大率的望远镜可以看到它那颗13等的中心星。在它西侧仅15″处还有一颗12等的恒星。不论所用望远镜的口径如何，在天气状况允许的情况下，观察这个目标都应该使用尽量高的放大率。

这个天体的外观本身就富有趣味，它也有着很多种别称，我最喜欢的是"理论家之星"，这个名字是由华盛顿大学的天文学家布鲁斯·巴里克所起，他曾为《天文学》杂志撰写了一系列的故事，他在1996年的一个故事中提到了这个天体："IC 3568这个天体即便原本不存在，恐怕也会被理论家们创造出来。"

必看天体 274　NGC 4535　亚当·布洛克 / 莱蒙山天空中心 / 亚利桑那大学

必看天体 274	NGC 4535
所在星座	室女座
赤经	12h34m
赤纬	8°12′
星等	10.0
视径	7′×6.4′
类型	旋涡星系 [1]
别称	遗失的星系（The Lost Galaxy）、麦克莱什天体（McLeish's Object）

对持有大口径望远镜的观星爱好者来说，NGC 4535是一处鲜为人知的风景，它拥有明亮、巨大的中心区，还有星棒结构，使得中心区看起来有点儿"方"。利用300倍以上的放大率仔细观察可以看到星棒两端各伸出一条暗淡的旋臂。此外，北旋臂天区内有一颗13等的恒星，它只是前景星，并不是该星系内爆发的超新星。

小罗伯特·伯纳姆在他的《伯纳姆星空手册》中介绍道，20世纪初期美国的业余天文学家科普兰曾把这个星系称为"遗失的星系"，因为"它模糊而透明的外观在望远镜里看上去如同幻影"。

"麦克莱什天体"这个名字是为了表彰天文学家大卫·麦克莱什而起的，他在阿根廷的科尔多瓦天文台发现了多处天体。请注意，还有另一个星系叫"麦克莱什互动天体"，不要混淆。后者是麦克莱什在1948年发现的，编号为IRAS 20048-6621。

必看天体 275	NGC 4536
所在星座	室女座
赤经	12h35m
赤纬	2°11′
星等	10.6
视径	6.4′×2.6′
类型	旋涡星系

这个旋涡星系也有些不寻常，因为它的旋臂几乎是从核心区直挺挺地伸展出来的。而且，每条旋臂在接近核心区时都是厚实且明亮的，但过了核心区长度的1/3后就迅速变暗、变薄了。在该星系的东北偏东方向13′处还有一颗7等星SAO 119485。

必看天体 276	后发座 24 号星
所在星座	后发座
赤经	12h35m
赤纬	18°23′
星等	5.2/6.7
角距	20.3″
类型	双星

这又是一处可以用来考验观测者对颜色的敏锐度的双星。当然，关于它的颜色并没有定说，

---

1. 译者注：似应为棒旋星系。

所以不妨试试，看一看你将看到什么颜色。多数观测者报告说其两子星一黄一蓝，但也有部分人说两星的颜色都是白色，还有少数人说它们是一橙一绿。

必看天体 277　M 91　托马斯·海因斯、盖尔·海因斯 / 亚当·布洛克 /NOAO/AURA/NSF

必看天体 277	M 91（NGC 4548）
所在星座	后发座
赤经	12h35m
赤纬	14°30′
星等	10.2
视径	5′×4.1′
类型	棒旋星系

　　定位这个天体最简单的方式就是找到 M 88（本书"必看天体 270"），然后向东移动0.8°。使用150mm左右口径的望远镜可以看到其轮廓接近矩形，长略胜于宽。其中心区平展、明亮。使用300mm左右口径并配以200倍放大率的望远镜，很容易看见它的星棒。如果更仔细地观察，还可能看出它多条旋臂中的一条，这条稍亮的旋臂从星棒结构的东段起始，向南卷曲。

必看天体 278	M 89（NGC 4552）
所在星座	室女座
赤经	12h36m
赤纬	12°33′
星等	9.8
视径	3.4′×3.4′
类型	椭圆星系

从M 90（本书"必看天体283"）向南不到0.7°处就是M 89的位置，M 89是一个又小又圆的椭圆星系。使用大口径的业余天文望远镜可以看到它的外围区域形成了一个暗淡的环，亮度由内向外迅速降低。

必看天体 279　NGC 4559　杰夫·哈普曼 / 亚当·布洛克 /NOAO/AURA/NSF

必看天体 279	NGC 4559
所在星座	后发座
赤经	12h36m
赤纬	27°58′
星等	10.0
视径	12′×4.9′
类型	旋涡星系
别称	科德威尔36（Caldwell 36）

定位这个目标可以从4.3等的后发座γ星处出发，往东南偏东方向移动2°。该星系是"后发座I星系群"的成员之一，与其他30多个星系有松散的力学关联。这个星系群离我们大约有3000万光年。

在200mm左右口径的望远镜中，该星系的轮廓呈明显的长椭圆形，长轴长度约是短轴长度的3倍。其中心极致密，看起来像单颗的恒星，其周围的区域也只是比它略暗而已。但是，该星系的外围光晕不是很容易被看到，除非望远镜的口径达到350mm。如果能识别出这个外围光晕上存在亮度不均匀处，那就可以判定该星系存在旋臂。

必看天体 280　NGC 4565　布鲁斯·雨果、莱斯利·高尔 / 亚当·布洛克 /NOAO/AURA/NSF

必看天体 280	NGC 4565
所在星座	后发座
赤经	12h36m
赤纬	25°59′
星等	9.6
视径	14′×1.8′
类型	旋涡星系
别称	针状星系（The Needle Galaxy）、科德威尔 3（Caldwell 3）

　　用望远镜看到这个星系，就等于欣赏到了最美丽的以侧面对着我们的旋涡星系。请注意不要把这个"针状星系"与"银针星系"（本书"必看天体239"）相混淆，后者在前者的西北偏北方向12.5°处。

　　使用200mm左右口径的望远镜，针状星系在西北—东南方向上展现出10′的长度，但宽度只有1.5′。换用更大口径的设备可以看到它变得更长，而通过400mm左右口径的望远镜可以看到其全长。

　　有一条尘埃带贯穿这个星系的全长，把该星系的旋臂发出的光挡掉了大半。该星系的中心区带有一个小的隆起，那里的尘埃带最容易被看到。由于该星系盘面相对于我们的视线有一个3.5°的倾角，这条不发光的带子看起来是从该星系的中心略偏北的地方经过的。

　　如果你拥有口径不小于300mm的望远镜，则还可以试试在该星系的西南方13′处寻找一个13.5等的星系NGC 4562。

　　虽然针状星系几乎正好以侧面对着我们，但天文学家已经推断出它的正面样貌与M 100（本书"必看天体245"）相差不多。针状星系离我们有3100万光年，自身直径超过15万光年。另外，它也是"后发-玉夫星系云"的成员。

必看天体 281	星际之门
所在星座	乌鸦座
赤经	12h36m
赤纬	−12°01′
类型	星群

　　仅用小口径望远镜就可以观赏这处风景，它有很多名字，但其中最受业余观测者推崇的还是"星际之门"。假设用线段连接2.9等的乌鸦座δ星和4.7等的室女座χ星，则"星际之门"就在该线段的中点上。

　　这处风景像是由恒星组成的一个大三角形套着一个小三角形的样子，但大三角形的边长大约也只有5′，所以其实整个目标较小（小三角形的边长还不到1′）。有观测者报告称自己只用双筒镜就看到了它，但最好还是使用不小于50mm口径并配以不低于10倍的放大率的望远镜来欣赏。我曾用16×70的双筒镜看过它。

　　如果在双筒镜中无法辨别当中的小三角形，请改用单筒镜对准这个目标，然后换焦距短一些的目镜，把放大率配到大约50倍——这个配置正适合看清这两个三角形。

　　"星际之门"外圈的大三角形分别由6.6等、6.7等和9.9等的恒星组成，而里面的小三角形亮度分布更为细致，分别为8.0等、9.7等和10.6等。

四月

必看天体 282	NGC 4567 和 NGC 4568
所在星座	室女座
赤经	12h37m
赤纬	11°15′
星等	11.3/10.9
视径	3.1′×2.2′；4.3′×2′
类型	旋涡星系
别称	暹罗双胞胎（The Siamese Twins）

这对星系堪称是展现星系间相互作用的一个典型案例。在深暗的夜空下，只需要150mm左右口径的望远镜就可以看到它俩组成了一个字母V的形状。但如果想看到更丰富的细节，则至少需要300mm口径的望远镜。

如果想分清这两个星系，可以记住那个稍微长一点儿、亮一点儿的星系是NGC 4568。

必看天体 283 M 90 保罗・科布拉斯、丹尼尔・科布拉斯 / 亚当・布洛克 /NOAO/AURA/NSF

必看天体 283	M 90（NGC 4569）
所在星座	后发座
赤经	12h37m
赤纬	13°10′
星等	9.5
视径	10.5′×4.4′
类型	旋涡星系

因为我们通常对梅西尔天体的视觉效果抱有较多的期待，所以这个M 90旋涡星系或许会被归类为非常乏味的目标。

通过望远镜可以看到M 90的轮廓长轴长度是短轴长度的约2倍。但它的旋臂紧贴核心，所以很难被看到。如果没有600mm以上口径的望远镜，只要看过这个梅西尔天体就可以收手了。[1]

必看天体 284	NGC 4589
所在星座	天龙座
赤经	12h37m
赤纬	74°12′
星等	10.7
视径	3′ × 2.7′
类型	椭圆星系

该天体位于3.9等的天龙座κ星的北侧4.4°处。使用300mm左右口径的望远镜可以看到其明亮的中心盘面，以及暗得多的椭圆形外围光晕，约3′ × 2.7′。在这个星系的西北偏西方向仅7′处还可以试着找一个暗至14等的、狭长的旋涡星系NGC 4572。

必看天体 285	M 58（NGC 4579）
所在星座	室女座
赤经	12h38m
赤纬	11°49′
星等	9.6
视径	5.5′ × 4.6′
类型	棒旋星系

使用各种口径的望远镜，我们都可以观察到M 58略显椭圆的外形。而如果使用400mm左右口径或更大口径的望远镜，则还可以看出其中心有明亮的星棒结构。有个稍微暗些的外围光晕包裹着这个星棒，此光晕其实是这个星系的各条旋臂，只是它们紧紧缠绕着中心区而已。

必看天体 286	马卡良之链
所在星座	后发座和室女座
赤经	12h40m
赤纬	13°
星等	多种
视径	多种
类型	星系群

牧夫座α星（中文古名为"大角"）、室女座α星、狮子座β星，这3颗亮星之间的天区有很多深空天体，所以被19世纪的观测者们称为"星云王国"——请注意，他们所说的"星云"的概念比现在的"星云"概念大，当时的"星云"包括当今所说的"星系"，因为当时许多人用的望远镜偏小，星云在其中也只呈现为云雾状，我们看不出其中的精细结构。

---

1. 译者注：定位这个天体可以从第282号目标处出发，朝北移动1.9°。

横亘在这片"星云王国"腹地中的星云就是"马卡良之链"。这其实是一串星系的合称，从两个巨大的透镜状星系M 84和M 86的西侧开始，然后向东北方蜿蜒而去。至于其尽头在哪里，并没有客观的标准。有的观测者认为NGC 4477是这个链条的终点，也有人的视线随后继续朝西北拐弯，认为NGC 4459才是终点。"马卡良之链"这个名字也是为了纪念美国天文学家马卡良而设，他在20世纪60年代发现了一类高能星系。

要观赏这个天区，最好有一份寻星导图，你可以将图上的内容与你透过目镜看到的天体进行匹配。当然，导图上绘制的天区和天体会比你要看的多，你只要按照导图中的信息朝各种不同方向微调你的望远镜指向，就可以依次观察各个目标。

必看天体 287	M 68（NGC 4590）
所在星座	长蛇座
赤经	12h40m
赤纬	−26°45′
星等	7.6
视径	12′
类型	球状星团

这个天体的亮度仅比肉眼视力极限低一点儿。从2.7等的乌鸦座β星（中文古名为"轸宿四"）处出发，往东南偏南方向移动3.5°即可定位它。在双筒镜中，它呈现为一个模糊的光点，但只要改用小口径的单筒望远镜就足以让它展现出一种完全不同的面貌。

在放大率较低的情况下，可以观察它宽阔的中心区，中心区的直径占了整个星团直径的一半。如果使用的是宽视场目镜，还可以看一下它所在的这片星场。围绕着这个星团的诸多恒星的亮度看起来相差不大，这增强了观赏这个球状星团的便利性。

如果夜空环境很好，使用100mm左右口径并配以200倍以上放大率的望远镜可以从该星团的边缘分辨出十多颗成员星。可以注意到，它的中心区并不太圆，亮度也不够均匀。如果使用150mm左右口径或更大口径的望远镜，视线可以"穿过"其中的亮星，可以看到其远端成员星形成的稍暗的云雾。

必看天体 288　M 104　莫里斯·韦德／亚当·布洛克/NOAO/AURA/NSF

必看天体 288	M 104（NGC 4594）
所在星座	室女座
赤经	12h40m
赤纬	−11°37′
星等	8.0
视径	7.1′×4.4′
类型	旋涡星系
别称	草帽星系（The Sombrero Galaxy）

　　M 104 "草帽星系" 位于室女座天区的中心地带，其风姿足以引发天文爱好者乃至普通公众的喜爱。对小口径的望远镜来说，它无疑是可以欣赏的最美的天体之一。

　　M 104也是最早被发现具有巨大红移植的星系。由于宇宙膨胀，所以许多天体正在离我们远去，这就会让它们的光在传向我们的过程中其波长有所增加。1912年，美国天文学家斯利弗确定了M 104远离我们而去的速度：3 600 000km/h。

　　这个星系的外观辨识度很高，因为它有着透镜状的轮廓，还有一条不发光的尘埃带，这条尘埃带把这个轮廓一分为二。分出来的这两部分的亮度并不相等，北半部更亮，这是因为该星系的盘面与我们的视线有6°的夹角，从我们的角度看，尘埃带从该星系核心区的南侧绕过去了。

　　使用100mm左右口径的望远镜，只能在靠近该星系中心的位置上看出尘埃带的一段。该星系的核心部分明亮，外围光晕很大，已经包住了旋臂中靠近核心区的部分。

必看天体 289	NGC 4605
所在星座	大熊座
赤经	12h40m
赤纬	61°37′
星等	10.9
视径	6′×2.4′
类型	旋涡星系
别称	俄式彩蛋星系（The Faberge Egg Galaxy）、弗兰肯斯坦星系（The Frankenstein Galaxy）

　　观赏这个星系并不需要很大口径的望远镜。这个星系有着巨大且明亮的中心区，外围光晕则薄且颇暗。除此之外，很难发现其他细节，不过你可以试着发现它椭圆形轮廓的并不十分标准之处——其南侧似乎更加向外隆起。

　　《天文学》杂志特约编辑奥米拉给这个星系起了两个别称。他看到该星系表面的光亮似乎带有纤细的涟漪纹，还点缀着一些亮点，于是想起了俄式的法贝热彩蛋。之所以有人造妖怪弗兰肯斯坦这个意象是因为这个星系的表面显得比较破碎，像是几个部分勉强拼接在一起的。

必看天体 290	斯特鲁维 1669
所在星座	乌鸦座
赤经	12h41m
赤纬	-13°01′
星等	6.0/6.1
角距	5.4″
类型	双星

　　这对双星的两颗子星亮度几乎一样，可以使用100倍以上的放大率分辨之。其主星呈黄色，伴星则呈白色。以2.9等的乌鸦座δ星为起点，往东北移动4.5°即可找到它的位置。

　　该天体的编号前缀"斯特鲁维"出自弗雷德里希·冯斯特鲁维这一名字（德国某一天文学家的名字），他曾于1827年把自己发现的双星的信息以列表的形式发表，后又于1837年出版了一部含有2714处双星信息的实测星表。

必看天体 291	室女座 γ 星
所在星座	室女座
赤经	12h42m
赤纬	-1°27′
星等	3.5/3.5
角距	0.5″
类型	双星
别称	东上相 / 太微左垣二（Porrima；Arich）

　　室女座γ星是最有名的双星目标之一，以它为对象的研究很多，还有一些天文学家以它作为题材写诗。不要只观察它一次就结束，请记得每隔一两年看它一次。目前[1]，它的两子星角距很小，

---

1. 译者注：指 2010 年前后。

必须利用300mm左右口径甚至更大口径的望远镜来分辨，但这个角距正在逐年增大，到了2020年前后，利用小口径的望远镜也能分辨这两颗子星。

根据理查德·艾伦1899年出版的《星星的名字及其含义》，该星的别称"Porrima"是拉丁文，是指古代的两位预言神之一波斯忒沃塔。至于有些文献使用"Arich"来指这个天体这件事，艾伦似乎没有注意到。

史密斯编撰的《天体大巡礼》用了8页的篇幅（包括4个表格和3幅图片）来讲述这处双星。他写道："主星4等，银白色；伴星4等，淡黄色。虽然皮亚齐认为两者的亮度相等，但目前十分肯定的是伴星已经暗了一些，其颜色的浓度也是会变化的，但这种变化到底是与大气层有关还是有其他原因，尚待研究。"

必看天体 292	M 59（NGC 4621）
所在星座	室女座
赤经	12h42m
赤纬	11°39′
星等	9.6
视径	4.6′×3.6′
类型	椭圆星系

虽然这个天体被梅西尔收进了他的目录中，但我们观察时不要对它抱有太多期望。可以注意一下这个椭圆形光斑均匀的表面亮度，其光芒只有在十分接近边缘时才开始下降。并没有太多其他值得观测的内容[1]。

必看天体 293　NGC 4631　约翰·维克利、吉姆·马瑟斯 / 亚当·布洛克 /NOAO/AURA/NSF

---

1. 译者注：该天体在 2.8 等的室女座 ε 星西侧 5° 处。

必看天体 293	NGC 4631
所在星座	猎犬座
赤经	12h42m
赤纬	32°32′
星等	9.8
视径	17′ × 3.5′
类型	旋涡星系
别称	鲸鱼星系（The Whale Galaxy）、鲱鱼星系（The Herring Galaxy）、科德威尔 32（Caldwell 32）

第一眼看上去，这个星系并不太像一个侧面对着我们的旋涡星系，因为其核心区很鼓且物质分布也不太对称。但它依然是与我们成侧面角度的旋涡星系里亮度最高的星系之一。

威廉·赫舍尔在1787年3月20日发现了这个天体，从那时开始，该天体就成了各种口径的天文望远镜持有者乐于观测的目标。通过100～150mm左右口径的望远镜观察可以看到它不太规整的透镜状外观，并可看到它两侧的亮度和大小不太一样。

使用更大口径的望远镜可以看到它的伴系NGC 4627，后者属于矮椭球星系，位于前者的西北方2.5′处。后者的引力摄动，使前者本来十分标准的旋臂结构变形了。其实，通过现有最大口径的望远镜可以发现二者之间有一道很暗的物质桥，有物质正在这二者之间被输送。前者的中心区是一个躁动的恒星形成区，使用300mm左右口径或更大口径的望远镜可以看到一些沿着前者旋臂分布的恒星"团块"。如果有幸使用400mm以上口径的设备观察前者，则可以在这些亮斑里试着找一下由尘埃和低温气体组成的暗区。

必看天体 294	NGC 4609
所在星座	南十字座
赤经	12h42m
赤纬	−63°00′
星等	6.9
视径	6′
类型	疏散星团
别称	科德威尔 98（Caldwell 98）

找到NGC 4609的难度不大，因为它不仅位于南十字座的最亮星（0.8等的南十字座α星）东侧仅1.8°处，而且还离"煤袋"（本书"必看天体311"）内部唯一一颗裸眼可见的恒星很近（在其西北方仅5′处）。

"煤袋"里的这颗恒星是5.3等的SAO 252002，也叫"南十字座BZ"，因为它的亮度会有轻微的变化，所以有了这个遵守变星命名法的名字。它的一侧是NGC 4609，另一侧则是10.3等的疏散星团——霍格15。

使用100mm左右口径并配以75倍放大率的望远镜可以辨认出NGC 4609的10多颗成员星。换用更大口径的设备还可以多看到大约20颗更暗的成员星。

必看天体 295	NGC 4636
所在星座	室女座
赤经	12h43m
赤纬	2°41′
星等	9.4
视径	5.9′×4.6′
类型	椭圆星系

　　要定位这个天体，可以从3.4等的室女座δ星处出发，往西南偏西方向移动3.3°。通过200mm左右口径的望远镜能看到其椭圆形的轮廓，长轴在西北—东南方向上。其中心区虽然小，但亮度不低，其外围光晕的亮度从内到外下降得很快，最后消失在周围的漆黑中。

必看天体 296	M 60（NGC 4649）
所在星座	室女座
赤经	12h44m
赤纬	11°33′
星等	8.8
视径	7.1′×6.1′
类型	椭圆星系

　　这个明亮但仍在被持续监测的天体位于4.9等的室女座ρ星的东北偏北方向1.4°处。使用中等口径的望远镜就可以轻易地发现它其实是两个星系的组合体——其伴系NGC 4647比它暗3等，但仍足以被150mm左右口径的望远镜清楚看到。

　　M 60呈略显不规则的圆形，除此之外，看不出其他细节。M 59在它的西侧不到0.5°处。使用低倍的光学配置可以在目镜视场中同时观赏两者。

　　在《天体大巡礼》中，史密斯表达了当时对这类天体的观点，并说明了天文学家为何有必要观测这类天体："约翰·赫舍尔爵士对双重星云的观点是新鲜且迷人的。这类天体确实可能是彼此绕转的恒星系统，这一点与过去人类对宇宙的观点并不冲突。不过，关于遥远、广阔的天空深处可能存在星团的想法并不是为古来的定说服务的，它令人想来感到钦佩，只不过我们还没有完全理解这种可能性背后的神秘机制。所以，我们当前应该努力收集关于此类事项的信息，尽管它们在目前显得难以理解，却也可能在我们的后代看来非常合理。显然，这也是我们在宇宙运行的伟大机制的接力过程中应该承担的那一棒。"

必看天体 297　　NGC 4656 和 NGC 4657　　道格·马修斯 / 亚当·布洛克 /NOAO/AURA/NSF

必看天体 297	NGC 4656 和 NGC 4657
所在星座	猎犬座
赤经	12h44m
赤纬	32°10′
星等	10.4
视径	14′×3′
类型	不规则星系
别称	曲棍球棍（The Hockey Stick）、撬棍星系（The Crowbar Galaxy）、钩子星系（The Hook Galaxy）

　　这个别称为"曲棍球棍"的星系外观靓丽，但它的附近缺少亮星，只能从2.8等的猎犬座α星处出发，朝西南偏南方向移动6.6°来寻找它。

　　英国天文学家威廉·赫舍尔于1787年发现了这个天体。其核心区域最亮，其次是"球棍"的"头部"（位于东北方）。而越往西南方向，星系盘面也越宽并越暗。

　　在欣赏这个外观奇特的星系时，还可以注意一件趣事：天文学家给"球棍"的"杆部"和它"头部"上的亮斑分别赋予了不同的NGC编号，即4656和4657。

　　既然已经在观察这片天区，不妨从NGC 4656出发，往西北方0.5°找一下"鲸鱼星系"NGC 4631（本书"必看天体293"）。"鲸鱼星系"和"曲棍球棍"之间的相互引力正在拉扯后者，所以后者奇怪的样子跟前者有关。

必看天体 298	猎犬座 Y 星
所在星座	猎犬座
赤经	12h45m

赤纬	45°26′
星等	4.8
周期	158d
类型	变星
别称	杰出者（La Superba）

　　这颗恒星是天空中最"红"的星之一。虽然它的学术名称是"猎犬座Y星"，但观星爱好者们通常叫它"杰出者"，这个雅号由意大利天文学家安杰洛·塞齐所起，主要是因为这颗星的颜色给塞齐留下了过于深刻的印象。

　　它是一颗变星，天文学家将它归类为"半规则变星"，因为在正常情况下它的亮度会以160天为周期，在4.8等和6.3等之间往复变化，但也有不够正常的时候。

　　它的表面温度很低，只有约2800K[1]，几乎接近了恒星世界里的表面温度下限。与之相比，太阳的表面温度约为5800K。

　　它同时也是一颗碳星[2]，类似于煤烟的含碳混合物会在这种恒星的大气外层不断积累，从而将其星光中偏蓝色的部分散射掉，所以我们看到的这种星光呈现红色。碳类物质积累得越多，星光就越暗，同时也越红。最终，碳类物质吸收了足够多的辐射能就会向星际空间逃逸，于是星光就暂时复原，开启了又一个变光周期。

　　要定位这颗变星，可以从2.8等的猎犬座α星处出发，朝西北偏北方向移动7°多一点儿。很多双筒镜的视场直径为7°左右。虽然用双筒镜就足以看到该星，但要分辨它的颜色还是用小口径的单筒望远镜更合适。

必看天体 299	苍蝇座 β 星
所在星座	苍蝇座
赤经	12h467m
赤纬	-68°06′
星等	3.7/4.0
角距	1.3″
类型	双星

　　用品质很好的100mm左右口径并配以200倍放大率的望远镜可以分辨这处双星，其两子星都呈淡蓝色或者蓝白色。

必看天体 300	NGC 4665
所在星座	室女座
赤经	12h45m
赤纬	3°03′
星等	10.3
视径	3.5′
类型	旋涡星系

---

1. 译者注：该数值减去 273 基本等于摄氏温度数值。

2. 译者注：本书"必看天体 167"也是。

这个天体的编号涉及一位著名天文学家犯下的错误（而且这类错误不止一次）。德裔英国天文学家威廉·赫舍尔爵士在编写天体目录时，把这个天体录入了两次。后来到了编写NGC目录的时代，该天体也得到了4664和4665两个编号。另外，NGC 4624有可能也是在指这个星系。

读者或许会觉得一个星系被录入多次是因为它给人的印象深刻。可惜事实恰好相反，该星系与M 31之类的目标几乎没有可比性。使用250mm左右口径的望远镜可以看到它明亮且拉长的中心区，长轴在南—北方向上。在其核心的西南方不到2′处有一颗10.7等的恒星GSC 293:1166。

必看天体 301	NGC 4697
所在星座	室女座
赤经	12h49m
赤纬	−5°48′
星等	9.2
视径	7.2′ × 4.7′
类型	椭圆星系
别称	科德威尔 52（Caldwell 52）

NGC 4697的亮度在星系之中名列前茅。从4.4等的室女座θ星（中文古名为"平道一"）处出发，向西移动5.3°就可以找到它。小口径的望远镜即可看到它的云雾状效果和椭圆形轮廓。

将望远镜口径逐步换到279mm左右之后可以辨认它的更多细节。除核心之外，该星系的亮度可以被划分为3个明显的等级，当然是越靠外围越暗。

该星系核心区的形状可能让人想到旋涡星系。但其实，天文学家把它归类为透镜状星系，这种星系带有椭圆星系的特征，但也显示出了向旋涡星系演化的趋势。

若能使用400mm左右口径或更大口径的设备，可以在该星系西北偏西方向6′处寻找一个特别暗的天体PGC 170203。这个旋涡星系只有15.1等，找不到也无妨，不必耗费太多时间。

必看天体 302	NGC 4699
所在星座	室女座
赤经	12h49m
赤纬	−8°40′
星等	9.6
视径	3.8′ × 2.8′
类型	旋涡星系

要寻找这个天体，可以从4.8等的室女座ψ星出发，往西北偏西方向移动1.6°。各种口径的天文望远镜都可以显示出其椭圆形轮廓，长轴在东北偏北—西南偏南方向上，长轴长度与短轴长度之比大约为3∶2。使用不小于200mm口径的望远镜，可以看到其外围光晕，其旋臂紧抱在宽大且明亮的核心区周围。在其东侧5′处有一颗10.7等星GSC 5535:1227。

必看天体 303	南十字座 DY 星
所在星座	南十字座
赤经	12h47m

赤纬	-59°42′
星等	8.4~9.8
类型	变星
别称	南十字红宝石（Ruby Crucis）

这个目标也是夜空中最"红"的星之一。如果能在北纬25°以南的地点观星，那会非常容易找到这颗星，因为它离1.3等的亮星南十字座β星（中文古名为"十字架三"）只有2′远，在后者的西侧。所以，只要把望远镜对准后者，然后把放大率配到100倍，就能看见前者了。

这颗"南十字红宝石"在天体目录里的编号有GSC 8659:1394、TYC 8659-1394-1、NSV 19481等。观察它的过程中唯一困难的环节在于要把亮度太高的南十字座β星移到视场之外，以便在不受眩光干扰的情况下观察它。如有条件坚持观察它，可以发现它在亮度越低的时候颜色越红。

必看天体 304	阿贝尔 3526
所在星座	半人马座
赤经	12h49m
赤纬	-41°18′
视径	180′
类型	星系团
别称	半人马座星系团（The Centaurus Cluster）

虽然天文学家把这个目标称为"半人马座星系团"，但其实在它的位置上有两个星系团。这片天区内的星系大多数属于"半人马座30号星系团"，其中最亮的成员星系是NGC 4696，离我们约有1.6亿光年。另一个是"半人马座45号星系团"，以NGC 4709为中心，其成员分布稀松得多，离我们有约2.2亿光年。

寻找这个目标可以从2.8等的半人马座ι星（中文古名为"柱十一"）处出发，往西南移动7.6°。使用400mm左右口径的望远镜可以在直径2°的天区内看到大约20个星系。NGC 4696为11.9等，视径为4.7′×3.3′，呈椭圆形，长轴在东—西方向上；NGC 4709为11.1等，位于NGC 4696的东南偏东方向15′处，轮廓接近圆形，视径为2.3′×2′，有一个明亮的核心。

必看天体 305	鹿豹座 32 号星
所在星座	鹿豹座
赤经	12h49m
赤纬	83°25′
星等	5.3/5.8
角距	21.6″
类型	双星

这处双星位于鹿豹座天区的极西北方，大约与北极星相距7°。其主星比伴星稍亮，二者分别呈蓝色和白色。

必看天体 306	NGC 4710
所在星座	后发座

赤经	12h50m
赤纬	15°10′
星等	11.0
视径	3.9′ × 1.2′
类型	旋涡星系

　　定位这个天体可以从4.3等的后发座α星（中文古名为"东上将/太微左垣五"）处出发，朝西南偏西方向移动5.4°。使用300mm左右口径的望远镜来看，它就像夜空中的又一根"针"，指向为东北偏北—西南偏南。将放大率增至250倍可以看到它明亮的中心隆起，两边各有一条旋臂，正好侧面对着我们。另外，还可以在它的西南边19′处寻找一下13.8等的旋涡星系IC 3806。

必看天体 307	NGC 4725
所在星座	后发座
赤经	12h50m
赤纬	25°30′
星等	9.4
视径	11′ × 8.3′
类型	旋涡星系

　　这个天体位于4.3等的后发座α星的东南偏东方向5.9°处。使用150mm左右口径的望远镜，可以看到它明亮的椭圆形轮廓，长轴在东北—西南方向上，中间有一个致密的核心。

　　若使用350mm左右口径的设备，可以辨认出它的旋臂。其中，根部在东北方的那条旋臂稍亮一些。在观察它时，可以发现，同一视场内还有两个较暗的星系，即它西侧0.2°处12.5等的NGC 4712和东北侧0.4°处12.2等的NGC 4747。

必看天体 308　　M 94　　亚当·布洛克 /NOAO/AURA/NSF

必看天体 308	M 94（NGC 4736）
所在星座	猎犬座
赤经	12h51m
赤纬	41°07′
星等	8.2
视径	13′×11′
类型	旋涡星系

请回答：在什么情况下，观察一个正面对着我们的旋涡星系时，却仍然觉得它不是旋涡星系？答案是：在观察M 94的时候。这个醒目的天体是猎犬座天区内最亮的星系，但它的旋臂蜷曲得太紧了。如果望远镜的口径不大，大部分人会觉得它像一个椭圆星系。

法国的梅襄于1781年3月22日发现了这个天体。两天之后，梅西尔也观察了它，并测定了它的坐标，将其写进了自己的那份目录中，描述道："这是一片无恒星的云气"。要定位这个天体，可以从2.8等的猎犬座α星处出发，往西北偏北方向移动3°。

《天体大巡礼》的编撰者史密斯对其做了更细致的描述，但显然仍不是把它当作一个星系来看待的："这是一块像彗星一样的星云，是一个细腻的灰白色天体，有迹象显示，它可能是许多小星星被压缩在一起的结果。它的亮度从中心往外逐渐降低。"

使用200mm左右口径的望远镜可以看到它有一个极小的核心，周围是一个视径仅有0.5′长的明亮的物质盘，物质盘外围的光晕则要暗得多。若换用400mm左右口径的设备，可能就会看到其紧贴着核心区的那些旋臂了。

必看天体 309	NGC 4731
所在星座	室女座
赤经	12h51m
赤纬	-6°24′
星等	11.5
视径	6.6′×4.2′
类型	旋涡星系

这个星系的亮度不高，只有11.5等，但我认为它的几个特征非常值得观星爱好者一看。要定位它，先找到4.7等的室女座χ星，然后朝东北偏东方向移动3.3°即可。

这个较暗的星系的外形已经严重扭曲，呈字母S形，因为它周围有其他星系的引力干扰。我们不难看到比它更亮的一个邻近星系，那就是它西北边仅0.8°处的9.2等星系NGC 4697（本书"必看天体301"），正是这个椭圆星系的引力破坏了NGC 4731的旋臂。

使用250mm左右口径的望远镜可以看到NGC 4731长且明亮的中心星棒。如果观测环境足够好，还可以把放大率配到200倍，观察从星棒两端伸展出的、宽阔且不规则的旋臂。

西侧的那条旋臂多多少少更亮一些；两条旋臂内部都有一些亮点，应该是恒星形成区的"热斑"。若使用500mm左右口径或更大口径的设备，可以加装星云滤镜来提升这个目标周围天区的对比度，凸显正在形成恒星的区域。

该星系位于室女座星系团的远端，据估计离我们大约有6500万光年。

必看天体 310	NGC 4762
所在星座	室女座
赤经	12h53m
赤纬	11°14′
星等	10.3
视径	9.1′×2.2′
类型	棒旋星系

　　该天体位于2.9等的室女座ε星的西侧2.3°处，其长轴长度是短轴长度的4倍有余，在中等口径的望远镜里它像一条白线。如果想向别人展示侧面对着我们的星系是什么样子，可以以它作为例子。

　　无论使用多大口径的望远镜我们也看不出这个星系中心的隆起，只能看出它的核心区亮度比旋臂要稍微高些。

必看天体 311	煤袋
所在星座	南十字座
赤经	12h53m
赤纬	−63°18′
视径	400′×300′
类型	暗星云
别称	麦哲伦之斑（Magellan's Spot）、黑色麦哲伦云（The Black Magellanic Cloud）、科德威尔 99（Caldwell 99）

　　南十字座是全天区88个星座中面积最小的，但如果按照单位面积内的恒星亮度来算，它又会一跃成为88个星座中的冠军。这就使得各种不发光的天体特别容易被凸显出来，尤其是"煤袋"这样面积巨大的天体。

　　仅用肉眼观察，"煤袋"具有强劲的视觉冲击力。但在望远镜镜中，这块天区就显得变亮了一些，与周围璀璨的银河星场也不再有那么强烈的对比。不论是通过双筒镜还是单筒镜，你都可以发现该区域并非没有恒星，由此你对它的别称也会有一个更妥当的认识。

　　"煤袋"大部分位于南十字座的边界区，但也有一小部分位于苍蝇座和半人马座。"煤袋"被发现的时间我们无从知晓，只知道南半球的居民们早在几千年前就注意到它了。西班牙的探险家文森特·平松于1499年向欧洲人报告了"煤袋"的存在。

必看天体 312	NGC 4753
所在星座	室女座
赤经	12h52m
赤纬	−1°12′
星等	9.9
视径	6′×2.8′
类型	旋涡星系

　　这个天体位于3.5等的室女座γ星的东侧2.7°处。通过100mm左右口径的望远镜，可以看到该天体的轮廓像个橄榄球，长轴在东—西方向上，长轴长度是短轴长度的2倍左右。其中心区大而明

亮，外围光晕暗一些，但仍明显可见。

必看天体 313	NGC 4755
所在星座	南十字座
赤经	12h54m
赤纬	-60°20′
星等	4.2
视径	10′
类型	疏散星团
别称	珠宝盒（The Jewel Box）、南十字座 κ 星团（The Kappa Crucis Cluster）、科德威尔 94（Caldwell 94）

　　许多天文爱好者表示，这个别称为"珠宝盒"的星团是最漂亮的疏散星团，并不是"最漂亮的星团之一"。其实，在众多的疏散星团中，它既不是最亮的，也不是最大的，甚至不是名气最大的。它能受到观测者的追捧，主要是因为它的成员星们有着丰富的颜色。

　　几乎所有的疏散星团是由高温的年轻恒星组成的，这类恒星绝大多数属于蓝色星，不过在望远镜里其颜色为白色。但是"珠宝盒"却拥有至少六七颗其他颜色的星星，例如蓝色的、黄色的和橙色的。

　　法国天文学家拉卡伊于1751—1752年在南非旅行期间发现了这个星团。而英国的约翰·赫舍尔对该天体的动人描述引得天文学同行们给了它"珠宝盒"的别称。

　　该天体的另一个别称"南十字座 κ 星团"并不是跟某一颗恒星有关，毕竟它内部的星星没有哪颗能亮到如此引人注意的地步。这里的希腊字母 κ 确实仅指整个星团。

　　150mm左右口径并配以50倍放大率的望远镜最适合用来观赏这个星团。在此配置下，可以从中看到接近10颗有彩色感的成员星，以及另外20颗左右的白色成员星，还有约200颗成员星组成的隐约可见的星光背景。

必看天体 314	猎犬座 α 星
所在星座	猎犬座
赤经	12h56m
赤纬	38°19′
星等	2.9/5.5
角距	19″
类型	双星
别称	查理之心（Cor Caroli）

　　在北半球的春季，只用小口径的望远镜并配以中等的放大率就可以很好地欣赏这处双星。其主星呈蓝白色，与伴星呈现出的亮丽颜色形成对比。在观星大会上，它是个很受欢迎的目标。

　　这对星星在公元1725年之前已经被赋予了含义——"狮子的肝"，但英国的天文学家埃德蒙·哈雷在这一年又给了它一个新名字"查理之心"，以颂扬查理二世。根据理查德·艾伦的叙述，哈雷此举是因为宫廷物理学家查尔斯·斯卡伯勒的建议——斯卡伯勒曾说，在1660年5月29日，查理二世回到伦敦的那个晚上，此星闪烁着异样的光辉。

必看天体 315	M 64（NGC 4826）
所在星座	后发座
赤经	12h57m
赤纬	21°41′
星等	8.5
视径	9.2′×4.6′
类型	旋涡星系
别称	黑眼睛星系（The Blackeye Galaxy）、睡美人星系（The Sleeping Beauty Galaxy）

英国天文学家爱德华·皮戈特于1779年3月23日发现了这个天体，而梅西尔比他晚一年独立地发现了该天体，并将该天体的信息编入了自己的目录中。后来，威廉·赫舍尔发现该天体内含有不发光的尘埃这一特征，于是将其比作"黑眼睛"，留下了这个著名的别称。

该天体的尘埃带很显眼，但也要在至少250mm口径的望远镜中才看得出来。在视觉上，该尘埃带从星系核心的北边经过，把核心区域和北侧的旋臂割裂开来。该星系的旋臂也环抱核心区颇紧，至少要用400mm口径的设备才可以分辨。如果你拥有这种级别的设备，则还可以试着在其旋臂的最外缘找找光晕。

必看天体 316	NGC 4815
所在星座	苍蝇座
赤经	12h58m
赤纬	-64°57′
星等	8.6
视径	3′
类型	疏散星团

这个天体就位于"煤袋"（本书"必看天体311"）的南侧边缘。当然，也可以从5.7等的苍蝇座θ星处出发，往西北偏西方向移动1.1°来定位它。

它虽然是个疏散星团，但即使是用300mm左右口径的望远镜也只能辨别出大约15颗最亮的成员星。该星团中有两颗星最为明亮，即最东侧的9.6等星GSC 8997:563，以及其西北偏西方向1′多一点儿处的10.0等星GSC 8997:72。

必看天体 317	NGC 4856
所在星座	室女座
赤经	12h59m
赤纬	-15°03′
星等	10.4
视径	4.3′×1.2′
类型	旋涡星系

NGC 4856位于室女座天区的西边，接近乌鸦座。使用200mm左右口径并配以200倍放大率的望远镜可以看到其圆面中间有个小而亮的中心区，其长轴在东北—西南方向上，长轴长度约是短

轴长度的3倍。如果使用的是350mm左右口径或更大口径的设备，可以把放大率换到350倍，在它核心的靠东一点儿的位置寻找一颗13.1等的恒星。

在不小于350mm口径的望远镜下，还可以在NGC 4856的附近看到一些更暗的星系。首先，在其东南21′处可以找到13.1等的旋涡星系NGC 4877，后者的视径为2.3′×0.9′。然后，在NGC 4856和NGC 4877之间，可以看到两颗恒星，即9.5等的GSC 6112:285和9.2等的SAO 157648。接着，在NGC 4856的东北方6′处找一找PGC 44645，后者是个14.9等的旋涡星系，视径也仅为1.6′×0.4′，很考验观测者的眼力。

必看天体 318	春季大三角
赤经	13h
赤纬	9°30′
类型	星群

不用任何望远镜就可以看到这个目标。在北半球的任何地方，每逢春季，整夜都可以看到这个巨大的几何图形悬挂在天上。

三颗耀眼的恒星围成了这个三角形。其中最亮的是牧夫座α星，它的位置接近牧夫座天区的南端，亮度高达-0.04等。发出橙色光芒的它是夜空中亮度排名第四的恒星，且它在天球的北半球内亮度排名第一。

这个三角形中亮度排名第二的是室女座α星，它可以作为1等星的最佳标本，但其实它的亮度也不算恒定，而是以比4天多一点儿的时间为周期，波动在0.92~1.04等间。相比于牧夫座α星的橙色，室女座α星的光带有强烈的蓝白色调，这说明它的表面温度超过11400K，而牧夫座α星的表面就"冷"得多，温度大约只有4300K。

这个三角形的第三个角是狮子座β星，也就是"狮子"的"尾巴尖儿"。其亮度为2.1等，在天球中排在第59位，只有室女座α星的36%、牧夫座α星的14%。

必看天体 319	NGC 4833
所在星座	苍蝇座
赤经	13h00m
赤纬	-70°53′
星等	7.8
视径	13.5′
类型	球状星团
别称	科德威尔105（Caldwell 105）

要定位这个天体，可以先找到3.6等的苍蝇座δ星（中文古名为"蜜蜂四"），然后往西北偏北方向移动0.7°即可。即使在双筒镜中，也很容易注意到它的存在。它属于球状星团中成员星分布得最为稀疏的那个级别，因此只要通过200mm左右口径并配以200倍放大率的望远镜就可以在其边缘区域分辨出大约30颗散乱飘浮着的成员星。其中心区的成员星密集度较高，呈椭圆形，长轴在东—西方向上。

必看天体 320	阿贝尔 1656
所在星座	后发座
赤经	13h00m
赤纬	27°59′
视径	319′
类型	星系团
别称	后发座星系团（The Coma Galaxy Cluster）

观察这个目标需要很大口径的望远镜，毕竟它就是编号为阿贝尔1656的、著名的后发座星系团。从4.2等的后发座β星处出发，把视场往西移动2.7°就可以看到这一大群星系了。

使用自动寻星系统的读者请注意，系统的数据库里可能没有"Abell 1656"，所以需要输入一些较亮的成员星系的具体编号，例如11.9等的NGC 4874或11.5等的NGC 4889。

阿贝尔1656占据了超过4°的视径，若使用大口径的业余天文望远镜，则可以在这片天区内找到数百个作为其成员的星系。当然，其中星系最为密集的地方还是它的中心区，其视径与满月的圆面相仿。

即便用大口径的设备，也很难从这些成员星系身上看出太多的细节。但其中有两个例外，即12.8等的NGC 4911和12.5等的NGC 4921，这两个旋涡星系很适合用300倍以上的放大率来观赏。

不过，这个星系团最大的看点或许依然是"它是一个星系团"这个事实。无论如何，这个离我们超过3亿光年的星系团聚集了接近1000个成员星系。

必看天体 321	NGC 4889
所在星座	后发座
赤经	13h00m
赤纬	27°59′
星等	11.5
视径	2.8′ × 2′
类型	椭圆星系
别称	科德威尔 35（Caldwell 35）

从4.3等的后发座β星处出发，向西移动2.6°就可以看到这个天体。在小口径的望远镜中可以看到它的椭圆形轮廓，中心区比外围稍亮一些，长轴在西北—东南方向上，长轴长度与短轴长度之比为3∶2。它的西北侧9′处有一颗7.2等的恒星SAO 82595，应注意回避其光芒，以免受干扰。

即使换用更大口径的设备，也无法看出该星系的更多细节，但可以在该星系附近的夜空中看到很多若隐若现的烟雾状斑点，需要注意的是其中每个斑点都可能是数十亿颗恒星的光。这片天区还是挺不可思议的。

必看天体 322	NGC 4945
所在星座	半人马座
赤经	13h05m
赤纬	-49°28′
星等	8.8
视径	23′ × 5.9′
类型	棒旋星系
别称	科德威尔 83（Caldwell 83）

这个大而明亮的星系位于4.8等的半人马座ζ¹星（中文古名为"库楼六"）东侧仅0.3°处，几乎是以侧面对着我们，其长轴在东北—西南方向上，在各种口径的望远镜里看起来都算清晰。其视面的亮度除旋臂末端外都很均匀，东北侧的旋臂末端更亮一些。使用300mm左右口径或更大口径的望远镜还可以在其东北末端附近看见一个不发光的缺口。在其东南边0.3°处还有一个更暗的星系，即12.5等的NGC 4945A。本书的下一个目标NGC 4976则在该天体东侧0.5°处。

必看天体 323	NGC 4976
所在星座	半人马座
赤经	13h09m
赤纬	−49°30′
星等	10.1
视径	5.6′×3′
类型	椭圆星系

这个星系就在上一个目标（NGC 4945）的东侧0.5°处。使用150mm左右口径的望远镜，可以看到它呈椭圆形、亮度均匀，长轴在西北偏北—东南偏南方向上，约比短轴长1/2。使用更大口径的设备还可以在其中心区亮光的影响下辨别出稀薄的外围光晕，但看不出更多细节。

必看天体 324　NGC 5005　雷·马格纳尼、艾米莉·马格纳尼 / 亚当·布洛克 /NOAO/AURA/NSF

必看天体 324	NGC 5005
所在星座	猎犬座
赤经	13h11m
赤纬	37°03′
星等	9.8
视径	5.8′×2.8′
类型	旋涡星系
别称	科德威尔 29（Caldwell 29）

这个天体位于2.8等的猎犬座α星的东南偏东方向3°处。在200mm左右口径的望远镜中可以看到它明亮的点状核心区和暗弱一些的、椭圆形的外围光晕。换用400mm左右口径并配以300倍放大率的设备仍不足以辨识出它紧紧卷曲的旋臂，但这足以使人发觉一些亮度不均匀的区域，那反映的是该星系中一些浓厚的尘埃带。

必看天体 325	M 53（NGC 5024）
所在星座	后发座
赤经	13h13m
赤纬	18°10′
星等	7.7
视径	12.6′
类型	球状星团

这个适合用小口径望远镜来欣赏的球状星团在梅西尔深空天体中的编号是53，从4.3等的后发座α星处出发，往东北方向移动不到1°就可以定位到这个星团。

该星团与太阳系的距离正好和它与银河系中心的距离差不多，都是6万光年左右，它所在的位置属于银河系自己的外围光晕区。在良好的夜空环境下，使用100mm左右口径的望远镜可以分辨出它的数十颗成员星，其亮度都不高。

它的其他大多数成员星汇聚成了一个宽大的星团核。该星团的周围几乎没有背景恒星和前景恒星，所以不难分辨出它的边界。

必看天体 326	NGC 5033
所在星座	猎犬座
赤经	13h13m
赤纬	36°36′
星等	10.2
视径	10.5′×5.1′
类型	旋涡星系

从5.2等的猎犬座14号星处出发，往东北偏东方向移动1.7°就可以找到这个星系。其长轴在西北偏北—东南偏南方向上，长轴长度是短轴长度的2倍。其宽阔且明亮的中心区在视觉上压制了其外侧暗弱的旋臂结构，要想看出旋臂必须使用至少350mm口径并配以不低于350倍放大率的设备。其旋臂亮度很低，绕过星系主体部分的姿态也比较松散，在星系的东、西两端最为明显。

必看天体327 M 63 亚当•布洛克/莱蒙山天空中心/亚利桑那大学

必看天体327	M 63（NGC 5055）
所在星座	猎犬座
赤经	13h16m
赤纬	42°02′
星等	8.6
视径	13.5′×8.3′
类型	旋涡星系
别称	向日葵星系（The Sunflower Galaxy）

每当北半球的春意浓厚之时，这个别称为"向日葵"的星系也"绽放"在北斗七星的旁边。看着它，我的头脑里会展开盛夏田野的风光画卷。

法国的梅襄于1779年6月14日发现了这个天体，这也是他首次发现新的深空天体。他把这个发现报告给了好友梅西尔，后者立刻将其记入了那份著名的目录中。

M 63离"旋涡"M 51（本书"必看天体334"）只有5.7°远，是M 51星系群的成员之一，其他成员还包括M 51的伴系NGC 5195以及另外五个亮度大约为12.3等的星系。

对心细、灵敏的观测者来说，M 63的细节相当丰富。在小口径的望远镜中，这个星系的核像一个亮点，外围包覆着长轴长度为3′的椭圆形光晕。使用250mm左右口径的望远镜，可以看到其光晕中有团块状结构，这种结构是该星系的旋臂内的恒星形成区的反映，以及其中部分恒星彼此汇聚的结果。

在这个星系的中心区之外，其旋臂越靠近星系边缘就越暗。即便使用大口径的设备，也只能看到一点许多条旋臂向外发散的迹象。这种旋臂特别多的、被天文学家称作"毛丛状"的旋涡星系，其旋臂都比较短，不绕着中心区充分延展。

必看天体 328	NGC 5053
所在星座	后发座
赤经	13h16m
赤纬	17°42′
星等	9.9
视径	10.5′
类型	球状星团

　　NGC 5053是银河系内部最稀松的球状星团之一，如果使用低倍目镜配置观察，还可以同时看到它和M 53（本书"必看天体325"）。它的成员星中，最亮的一颗星的亮度也只有14等，所以如果使用小口径的设备，就只能发现这个星团本身的存在，而不足以分辨其成员星。要成功分辨其成员星就需要用200mm左右口径的望远镜。这个"另类"的球状星团其实更像疏散星团，它的几十颗成员星散布在一定范围之中——它们的总体外观大致呈一个三角形。

必看天体 329	NGC 5068
所在星座	室女
赤经	13h19
赤纬	-21°02′
星等	9.8
视径	7.3′×6.4′
类型	旋涡星系

　　这个天体位于3.0等的长蛇座γ星（中文古名为"平一"）的北侧2.1°处。在250mm左右口径的望远镜中，它呈不够规则的圆形，南半边稍亮于北半边。使用超过450mm口径的设备可以看到这个旋涡星系正面对着我们，十分漂亮，它不但有平展的中心区，且其外围光晕内还有很多亮斑。

　　离它很近的地方还有两个值得一看的星系，其东北方0.5°处的11.4等的NGC 5087，而其东南偏南方向0.8°处的10.5等的NGC 5084，二者都是旋涡星系。

必看天体 330	NGC 5102
所在星座	半人马座
赤经	13h22m
赤纬	-36°38′
星等	8.8
视径	9.8′×4′
类型	旋涡星系
别称	伊奥塔之魂（Iota′s Ghost）

　　该天体位于2.8等的半人马座ι星的东北偏东方向0.3°处。它相对明亮是因为离我们较近，与我们之间的距离只有不到1100万光年。不过，在这个距离上，星系的视径已经变得比较小，这种视径的星系一般无法显现太多的细节。使用200mm左右口径的望远镜可以看出它明亮的中心区和相对巨大的椭圆形外围光晕，长轴长度是短轴长度的2倍。顺便提醒一下，半人马座ι星在视场中会显得非常亮，观察该星系时可以将此星移到视场之外。

必看天体 331	大熊座ζ星
所在星座	大熊座
赤经	13h24m
赤纬	54°56′
星等	2.4/4.0
角距	12′/14.4″
类型	双星
别称	"开阳"和"辅"（Mizar + Alcor）

从北斗七星"大勺子"的尾部数起，第二颗星就是大熊座ζ星，中国古代人称它为"开阳"，离它仅12′处还有一颗4等星，是大熊座80号星，中国古代人称它为"辅"。大部分人仅用肉眼就能看到这两颗星。

在天文望远镜里，"开阳"本身又可以被分辨成两颗相距仅14″的星。这也是观测者在历史上依靠望远镜分辨出的第一处双星——观测者为意大利的天文学家乔瓦尼·里齐奥利，观测时间为1650年。

这颗星的英文别称原来为Merak（或拼成Mirak），意思是"后腰"，但与大熊座β星的名字重复了。约瑟夫·斯卡里杰将其改成了现在的Mizar。

必看天体 332	NGC 5128
所在星座	半人马座
赤经	13h26m
赤纬	−43°01′
星等	6.7
视径	31′ × 23′
类型	不规则星系
别称	半人马座 A（Centaurus A）、汉堡包星系（The Hamburger Galaxy）、科德威尔 77（Caldwell 77）

观察高悬在夜空中的不规则星系"半人马座A"是南半球观星活动中最激动人心的事情之一。它的另一个称呼"汉堡包"缘于它有两个充满恒星的亮区（像两块面包），亮区中间夹着一个不发光的尘埃带（像深色的肉排）。遗憾的是，居住在北半球的观测者对它只能"浅尝辄止"。例如在美国亚利桑那州的图森市[1]，该天体最高时也只在地平线上15°。这种情况下，视线穿过的大气层厚度更大，所以很多细节被模糊了。根本的改善办法是去更靠南的地方。

澳大利亚天文学家邓禄普发现这个天体后，将其编入了收录有629个天体的观测信息的《新南威尔士帕拉玛塔观测南半球星云和星团目录》中，他的这些观测成果发表在1828年的《皇家学会哲学汇刊》第118卷上。

这个星系不规则的外观应该是由它与其他星系撞击造成的。其主要部分本来是一个椭圆星系，后来它吞噬了一个体量小些的旋涡星系。这次撞击距今至少已有2亿年，如今可以看到它留下的巨大"伤疤"。

使用小口径的望远镜可以看到这个星系大致仍属圆形，但被一条很宽的暗带切成了两半。使用300mm左右口径或更大口径的望远镜，还可以看到暗带的西端被一个发光的楔形结构穿透。该暗带中间窄、两端宽。

---

1. 译者注：约北纬 32°。

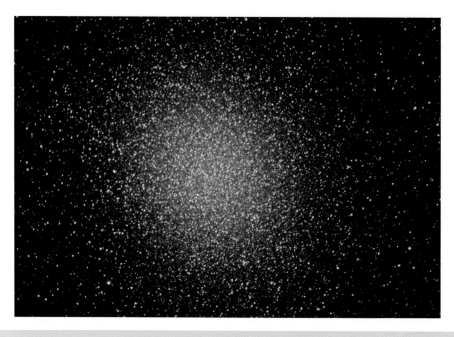

必看天体 333	NGC 5139
所在星座	半人马座
赤经	13h27m
赤纬	-47°29′
星等	3.5
视径	36.3′
类型	球状星团
别称	半人马座 ω（Omega Centauri）、科德威尔 80（Caldwell 80）

　　半人马座天区内既有离我们最近的恒星系统（半人马座α星），也有像刚才介绍过的"半人马座A"这样引人注目的星系。但对天文爱好者来说，这个星座里的头牌景点还要数夜空中的一个顶级球状星团，即"半人马座ω"。

　　话说，深空天体M 17（本书"必看天体538"）是因为其外观像一个大写的Ω才得到"欧米伽星云"这个称呼的。但是，半人马座ω星团使用希腊字母ω的理由可不是它的形状像这个字母，而是因为德国著名星图绘制者约翰尼斯·拜尔在1603年绘制《测天图》时将它错当成了一颗恒星。拜尔开创了用星座名字加一个小写希腊字母为一些亮恒星命名的方式，但他依据一张更古老的星图来绘制《测天图》时，由于在那张星图中这个星团被视为一颗暗星，所以他也就给这个星团赋予了一个本来只属于单颗恒星的名字。拜尔规定希腊字母的使用按亮度顺序排列，而这个天体正好对应ω。

　　无论是双筒镜还是单筒镜，无论物镜的口径如何，半人马座ω星团都是一处美丽的景观。它的视径比满月视径大一些，而且由于有较快的自转速度，轮廓略呈扁圆。使用200mm左右口径的望远镜即可辨认出它内部超过1000颗的成员星，每颗都像一个极小的、发着光的针眼。若配以较高的放大率，该星团会"漫出"整个视场，你将看到一片如白沙滩般密密麻麻的星光。如果望远镜的口径大于400mm，则可以尽管把放大率调高，试着在这片星海里识别出一些单颗的红巨星。

必看天体 334　M 51　琼・罗费、布莱恩・罗费 / 亚当・布洛克 /NOAO/AURA/NSF

必看天体 334	M 51（NGC 5194）
所在星座	猎犬座
赤经	13h30m
赤纬	47°12′
星等	8.4
视径	8.2′×6.9′
类型	旋涡星系
别称	旋涡星系（The Whirlpool Galaxy）、罗斯勋爵星云（Lord Rosse's Nebula）、问号（The Question Mark）

　　在这本上千个天体争奇斗艳的书里，M 51依然是鹤立鸡群。即使只用小口径的望远镜来欣赏，它就已经让人大呼过瘾了；若是用大口径的设备，恐怕观测者会目瞪口呆。以1.9等的大熊座η星（中文古名为"摇光/北斗七"）为起点，朝西南移动3.6°就可以定位到它。

　　梅西尔于1773年10月13日观测一颗彗星时发现了这个后来被他收入目录中的天体。他的好友梅襄则在1781年3月21日发现了该天体的小型伴侣NGC 5195。至于M 51的旋臂结构，最早是由有着罗斯伯爵封号的威廉・帕森斯于1845年在爱尔兰的帕森斯镇使用口径约1820mm的反射镜辨认出来的。

　　NGC 5195躲在M 51的盘面边缘背后，与M 51有些距离。虽然从照片看来二者似乎有着物质联系，但那只是错觉罢了。计算机模拟显示，NGC 5195在大约7000万年前从离M 51很近的地方经过，然后穿过了M 51的盘面。

　　要想欣赏M 51的旋臂，需要至少200mm口径的设备。若使用300mm左右口径的望远镜，则这些旋臂会以斑点的形式显现，并带有一些细节。注意，沿着旋臂的内缘有很窄的、不发光的尘埃带。另外也可以试着辨认一下M 51和NGC 5195之间那条纯属错觉的"物质连接臂"。虽然M 51的视径更大，但NGC 5195的核心更亮。

必看天体 335	NGC 5189
所在星座	苍蝇座
赤经	13h34m
赤纬	-65°59′
星等	9.9
视径	153″
类型	行星状星云
别称	旋涡行星状星云（The Spiral Planetary Nebula）

这个天体位于5.7等的苍蝇座θ星的东南偏东方向2.7°处。这个行星状星云长有5个"结节"，或者说这些是从其中心恒星放射出来的"柄"状特征。很多观测者对这个天体的第一印象是它的外观更像一个有旋涡结构的星系，所以它还被称为"旋涡行星状星云"。

不少人报告过这个天体与棒旋星系的相似性。它被一个细瘦而明亮的棒状结构穿透，中心恒星的亮度为13等。使用300mm左右口径并配以300倍放大率的望远镜还可以看到从其棒状结构的西端伸出了一条由云气构成的旋臂，它拐向北边，并绕住了11.0等的恒星GSC 9003：1874。该天体南侧还有一条气体臂，但想观测到它需要至少500mm口径的望远镜。

必看天体 336　M 83　阿兰·库克 / 亚当·布洛克 /NOAO/AURA/NSF

必看天体 336	M 83（NGC 5236）
所在星座	长蛇座
赤经	13h37m
赤纬	-29°52′
星等	7.5
视径	15.5′ × 13′
类型	旋涡星系
别称	南旋涡星系（The Southern Whirlpool Galaxy）

如果随便给哪个南天星系冠以"南旋涡星系"这种与"旋涡星系"比肩的名字，难保名不副实。不过，M 83可以当仁不让。还有观测者认为它是在北半球的观星活动中可以被观测到的最漂亮的棒旋星系。

它的发现者是拉卡伊，发现时间为1752年2月23日，它也是天文史上被发现的第三个星系，此前的两个分别是仙女座大星系M 31（本书"必看天体767"）及其伴星系M 32。梅西尔于1781年3月18日将它加入自己的目录中。我们从3.3等的长蛇座π星（中文古名为"平二"）处出发，往西南偏西方向移动7.2°就可以找到它。

它也是"M 83星系群"里最亮的星系，这个以它为名的星系群目前被认为有14个成员星系，其余成员里最有名的就是"半人马座A"（本书"必看天体332"）。

这个"南旋涡星系"几乎以正面对着我们，如果望远镜口径大于150mm，就可能看到它的旋臂结构。它的核心小而圆，其棒状结构处在东北—西南方向上。它的两条旋臂都不难识别，但其中从棒状结构东北端起始并拐向南侧的那条旋臂更加明显。若使用300mm或更大口径的望远镜，还可以看到其旋臂内由恒星形成区及其中恒星组成的巨大团块。

必看天体 337	NGC 5247
所在星座	室女座
赤经	13h38m
赤纬	−17°53′
星等	9.9
视径	5.4′×4.9′
类型	旋涡星系

要定位这个天体，可以从3.0等的长蛇座γ星处出发，朝东北方向移动6.9°。虽然它在照片里展现了绕着核心的优雅弧线的旋臂，但实际上它的旋臂很暗，在绝大部分业余天文爱好者使用的望远镜中无法呈现出来。使用口径较小并配以200倍放大率的望远镜可以看到它明亮的中心区，以及略呈椭圆形的外观、长轴在东北—西南方向上的外围模糊区域。

必看天体 338	风筝
所在星座	牧夫座
赤经	14h40m
赤纬	29°15′
类型	星群

这个适合在北半球春季观察的目标被很多观星爱好者称为"风筝"。不过，在很多人欣赏这只"风筝"的同时，我倒是一直觉得它更像个甜筒冰激凌（同样的星体分布情况完全可以给人不同的联想）。它由牧夫座的6颗亮星组成，我们不妨从其中最容易找的（也是全天区亮度排名第四的）牧夫座α星开始介绍。

要找到这颗星，要先找到北斗七星（也就是"大勺子"），然后沿着"勺柄"的曲线一直延长下来，看到一颗非常亮的、带橙色的星时便是找到了。它位于"甜筒"的最底端。

而"甜筒"细瘦的"筒身"大约朝向东北偏北，所以从牧夫座α星起，向上可以找到该座的ε星和δ星（中文古名为"梗河一"和"七公七"，它们是"筒身"的左侧），然后用类似方法找到该座的ρ星和γ星（中文古名为"梗河三"和"招摇"，它们在"筒身"的右侧）。至于牧夫座β星（中文古名为"七公增五"）当然就是冰激凌顶端的尖角了。

　　有时候，我会想象这只"甜筒"上曾经有两堆冰激凌，但是在夏天最炎热的日子里，"甜筒"会升到天顶附近，所以其上的第二堆"冰激凌"在很久以前就融化并掉出来了，落在了"甜筒"的东侧，形成了北冕座。

必看天体 339　NGC 5248　戴尔·尼克什 / 亚当·布洛克 /NOAO/AURA/NSF

必看天体 339	NGC 5248
所在星座	牧夫座
赤经	13h38m
赤纬	8°53′
星等	10.3
视径	6.2′×4.6′
类型	旋涡星系
别称	科德威尔45（Caldwell 45）

牧夫座内最亮的星系低调地躲在这个星座的西南角上，那就是NGC 5248。它处在一个相对空旷的天区内，所以如果要定位它，就得从2.9等的室女座ε星处出发，往东南偏东方向移动8.9°。

即使望远镜的口径较小，也可以看到它明亮的星系核。而如果使用250mm左右口径并配以200倍放大率的望远镜，则可以看到其较短的旋臂，其中每条都在拐弯处因恒星形成区而出现的较亮段落。

若使用350mm左右口径的设备，还可以尝试寻找该星系的两个15等的伴系：它的西边0.5°处是UGC 8575，东南边0.5°处则是UGC 8629。

必看天体 340	MyCn 18
所在星座	苍蝇座
赤经	13h40m
赤纬	-67°23′
星等	12.9
视径	25″
类型	行星状星云
别称	沙漏星云（The Hourglass Nebula）

必须承认，这个天体很暗，要想看到它的细节至少需要400mm口径并配以400倍放大率的望远镜，但如果你能在南半球观星，它非常值得一试。从4.8等的苍蝇座η星处出发，向东移动2.4°就可以找到这个别称为"沙漏"（有时也称为"雕花沙漏"）的行星状星云。不过，不要指望真的能看到一个酷似沙漏的外观，因为该别称是根据哈勃太空望远镜给它拍的照片而取。

用我们自己的望远镜来看，它像是两个超级暗弱的、正在彼此融合的烟圈，其融合的接触点倒是很亮，但是又特别小。

它的编号前缀"MyCn"来自玛格丽特·梅奥尔和安妮·坎农编写的"有发射线的天体"的列表，该表包括39个天体的信息，"沙漏"是其中的第18个。这两位科学家在1940年发现了它。

必看天体 341	NGC 5253
所在星座	半人马座
赤经	13h40m
赤纬	-31°39′
星等	10.2
视径	5.1′×1.3′
类型	不规则星系

从2.1等的半人马座θ星（中文古名为"库楼三"）处出发，往西北方向移动7.3°即可定位这个天体。另外，也可以从M 83（本书"必看天体336"）开始往东南偏南方向移动1.9°来找到它。这个怪异的矮星系离我们比较近，与我们间的距离只有1100万光年，不过也观测不出它的太多细节。

天文学家认为，这个星系过去曾经是个矮椭圆星系，后来偶然跟M 83相遇才变成了如今的样子。通过200mm左右口径的望远镜观察它，看到的主要是明亮的中心区。使用300mm左右口径的望远镜可以在该星系亮度最高的东北端看出一些很细小的亮点。

必看天体 342　M 3　比尔·乌明斯基、辛迪·克里斯托佩 / 亚当·布洛克 /NOAO/AURA/NSF

必看天体 342	M 3（NGC 5272）
所在星座	猎犬座
赤经	13h42m
赤纬	28°23′
星等	6.2
视径	16.2′
类型	球状星团

M 3这个适合在春季观赏的球状星团即使呈现在小口径望远镜里也令人震撼。要定位它，可以假设在光芒耀眼的牧夫座α星与猎犬座α星之间连一条线（该线长约25°），而它就在这条线的中点附近。它的附近缺少其他的明亮深空天体，所以很容易在望远镜中确认找到的天体是它。这里还可以进行一个眼力测试：在夜空环境相当理想的情况下，不依靠任何外部设备，仅凭肉眼看出它来。由于累积亮度只有6.2等，所以通过这个测试确实有一定难度，不过也有很多观测者成功过，所以这并非不可能。

即使望远镜口径只有100mm左右，M 3的样子也可称壮观。其中心区宽且亮，中心区视径占到整个视径的一半左右。在其外围区可以辨认出数十颗成员星，其分布的密集程度由内至外均匀降低。

开始可以先用大约100倍的放大率来观察它。如果大气的稳定程度允许，可以换用更高的倍数试试。M 3的视径并不小，达到了满月视径的一半，同时又相当致密，因此使用更强大的望远镜可以分辨出更多的成员星，可以进一步感受这个星团的迷人之处。

史密斯在他1844年出版的经典观星书《天体大巡礼》中对M 3的描述令我难忘："这个明亮而美丽的星团位于猎犬座南部和'牧夫'的膝盖之间，聚集了超过1000颗细小的星星，越靠近中心，其光芒就越炽烈，外围轮廓除南侧外也都完整。而其南侧，一些'离群'的星星彼此邻近。这个星团仿佛是夜空中一只透明的水母。"

必看天体 343	NGC 5286
所在星座	半人马座
赤经	13h46m
赤纬	-51°22′
星等	7.2
视径	9.1′
类型	球状星团
别称	科德威尔84（Caldwell 84）

这个天体位于2.3等的半人马座ε星的东北偏北方向2.3°处。在离这个球状星团的中心仅有4′的地方还有一颗明亮的前景恒星SAO 241157，也就是"半人马座M"。之所以说是前景恒星，是因为该星与地球的距离仅有这个星团直径的1/200，双方之间没有明显的相互作用。

说回这个星团，虽然它有很多成员星，但其中最亮的成员星的亮度也只有13.5等，所以如果望远镜口径小于350mm，你就很难分辨出它的成员星。它的中心区域呈现为一片紧实的光芒，但外围区的星光则通常被"半人马座M"的光掩盖掉了，从而很难被注意到。

必看天体 344	NGC 5281
所在星座	半人马座
赤经	13h47m
赤纬	-62°54′
星等	5.9
视径	5′
类型	疏散星团
别称	小蝎子星团（The Little Scorpion Cluster）

这个明亮的星团位于0.6等的半人马座β星（中文古名为"马腹一"）的西南方3.3°处。使用100mm左右口径并配以100倍放大率的望远镜可以在其很小的视径内辨认出30多颗成员星，其中最亮的是6.6等的SAO 252442，位于星团中心偏北一点儿。以该星为起始点，有六七颗成员星组成了一条略微弯曲并缓缓指向西南方的星链。

《天文学》杂志的特约编辑奥米拉给这个星团赋名"小蝎子"，因为他觉得这些成员星组成的图形既带有蝎子的螯，又有扬起的蝎子尾巴。

必看天体 345	NGC 5308
所在星座	大熊座
赤经	13h47m
赤纬	60°58′
星等	11.4
视径	3.7′×0.7′
类型	旋涡星系

要定位这个天体，可以从3.7等的天龙座α星（中文古名为"右枢/紫微右垣一"）处出发，往西南偏南方向移动3.9°。在放大率为200倍的情况下，这个星系像个发光的金属片。换用更高的倍数会看到其主体显得更加厚重，并呈现出一个略宽的星系核。有的观测者通过300mm口径的望远镜观测到它夹有一个暗带。我曾使用762mm口径的牛顿式反射望远镜观测到从该星系核心的两侧各延伸出来的短短的"亮线"，其方向和这个星系的长轴的方向相同。

必看天体 346	NGC 5322
所在星座	大熊座
赤经	13h49m
赤纬	60°11′
星等	10.1
视径	6′×4.1′
类型	椭圆星系

从3.7等的天龙座α星处出发，往西南偏南方向移动4.5°即可定位这个天体。使用200mm左右口径的望远镜，可以看到它的椭圆形轮廓，还可看到其长轴在东—西方向上，长轴长度与短轴长度之比为3∶2。其中心区明亮且开阔，外围光晕则比较瘠薄，在放大率足够高时才能被看见。

必看天体 347	NGC 5350
所在星座	猎犬座
赤经	13h53m
赤纬	40°22′
星等	11.3
视径	3.1′×2.5′
类型	棒旋星系

在猎犬座天区的东缘有一个"NGC 5333星系群"，也叫"希克森68"，它最大的成员星系就是这里要介绍的NGC 5350。从牧夫座γ星处出发，往西北偏西方向移动7.8°即可定位到它。

使用300mm左右口径并配以300倍放大率的望远镜可以看到穿过该星系中心点的棒状结构，其长轴在东—西方向上。

而在该星系的西南偏南方向4′处，有一对正在相互作用的星系，即11.1等的NGC 5353（视径为2.2′×1.1′）和11.5等的NGC 5354（视径为1.4′）。这个致密的星系群的另外两个成员分别是13.0等的NGC 5355和13.7等的NGC 5358。另外，在NGC 5350的西南偏西方向3′处有一颗6.5等的前景恒星HIP 67778。

必看天体 348	NGC 5316
所在星座	半人马座
赤经	13h54m
赤纬	-61°52′
星等	6.0
视径	13′
类型	疏散星团

从0.6等的半人马座β星处出发，往西南方向移动1.9°处就可以找到这个星团。其累积亮度达到6等，所以在夜空环境极佳时，理论上它可以被直接观测到，但实际上它却由于深陷银河的繁密星场而无法被识别。

使用100mm左右口径并配以150倍放大率的望远镜可以看到它的30多颗成员星，亮度均在9～10等这一范围内。若使用250mm左右口径并配以150倍放大率的望远镜可以看出亮度更逊一层的第二批成员星，这时可辨认的成员星总数突破50。

必看天体 349	NGC 5315
所在星座	圆规座
赤经	13h54m
赤纬	-66°31′
星等	9.8
视径	5″
类型	行星状星云

要观察这个明亮的行星状星云，可以从3.2等的圆规座α星（中文古名为或为"南门增二"，有争议）处出发，往西南偏西方向移动5.2°。在300mm左右口径的望远镜中，它呈暗淡的蓝色，若放大率达到200倍就可以观测到一个圆面。建议加装氧Ⅲ星云滤镜欣赏，这样效果更佳。其中心恒星的亮度为14.2等，但它也有可能被看到。

必看天体 350	NGC 5367
所在星座	半人马座
赤经	13h58m
赤纬	-39°59′
视径	2.5′×2.5′
类型	反射星云

要定位这个天体，可以从4.4等的半人马座χ星（中文古名为"衡四"）处出发，往西北移动2°。使用250mm左右口径的望远镜可以看到它呈现为一片亮度均匀的烟雾状，还有一颗与之有互动的9.8等的恒星。在其东北方，还有一块没有与之连接的附属物，视径为2′。不宜使用星云滤镜观察该天体，因为它的光芒是因反射恒星的光而形成的，其光谱是全波段的。

必看天体 351   M 101   亚当·布洛克 / 莱蒙山天空中心 / 亚利桑那大学

必看天体 351	M 101（NGC 5457）
所在星座	大熊座
赤经	14h03m
赤纬	54°21′
星等	7.9
视径	26′×26′
类型	旋涡星系

　　M 101本应该成为在每位观星人心目中排名前十位的天体，只不过有一个因素使这一点无法实现，那就是它表面的亮度比较低。它的视面比满月的视面稍大一些，其7.9等的光亮分散到了如此之大的区域里，所以只有使用大口径（指口径不小于300mm）的业余天文望远镜，你才能充分欣赏它的美。

　　尽管如此，M 101也绝对算得上旋涡星系中的"模特"之一，因为它的旋臂既巨大又清晰可辨。旋涡星系的旋臂通常环绕着其整个中心区，或至少环抱了大部分中心区，但在我们看来只有约10%的旋涡星系可以作为"模特"。

　　如果你在深暗的夜空环境下使用了大口径的望远镜，可以仔细观察一下M 101的各条旋臂。该星系的核心致密但又宽阔，完全呈面状，而非点状。而沿着它的旋臂则可以看到很多恒星形成区或者恒星扎堆而成的小亮点（可称后者为"星协"）。其实，这些附属结构中有5个都亮到了可以获得属于自己的NGC编号的程度，即NGC 5447、NGC 5455、NGC 5461、NGC 5462、NGC 5471，其中NGC 5447最为醒目，它在M 101核心的西南方6′处。此外，M 101内部一些其他的结构也一度拥有过独立的编号，只是目前的天文学界已经不再将其视为独立的天体。要区分恒星形成区和星协，可以使用星云滤镜，这种滤镜能过滤掉星协中恒星发出的光，但是会让恒星形成区内的气体发出的光通过。

要对M 101的位置有个大概的印象，可以记住它与北斗七星"勺柄"末端的两颗亮星呈一个等边三角形。当然也可以说，它在5.7等的大熊座86号星的东北偏东方向1.5°处。

M 101是以正面对着我们的旋涡星系里"颜值"最高的天体之一。在上好的夜空环境中，使用300mm左右口径的望远镜可以看到它呈面状的核心区以及多条旋臂。

使用口径400mm左右或更大口径的设备，并加装星云滤镜，遮蔽该星系中的恒星发出的光，可以更好地观察该星系的气体氢发出的光芒。

史密斯在《天体大巡礼》中这样描写M 101："它属于那种看上去由极多的恒星堆积而成的圆形星云[1]，而不只是一堆弥散的发光物质；有人担心，物质如此致密的天体会对我们造成威胁，但从它不怎么争气的亮度来看，它应该离我们非常远，因此，或许实际上它也十分稀散。"

必看天体 352	IC 972
所在星座	室女座
赤经	14h04m
赤纬	−17°15′
星等	13.9
视径	43″
类型	行星状星云
别称	阿贝尔37（Abell 37）

看到这个行星状星云暗到亮度逼近14等，读者或许想跳过它，直接观察下一个目标。如果望远镜的口径是100mm这个级别，那当然可以跳过这个天体；但如果设备口径不低于250mm，不妨关注一下这颗曾跟太阳类似的恒星喷射出的暗弱物质壳。由于它的视径很小，所以表面亮度并不是特别低，它影像边缘清晰，内部亮度也比较均匀，在阿贝尔目录里被列为第37号。

必看天体 353	NGC 5466
所在星座	牧夫座
赤经	14h06m
赤纬	28°32′
星等	9.0
视径	11′
类型	球状星团

这个星团就在明亮的球状星团M 3的东侧大约5°处。它虽然比M 3暗3个星等，但仍然值得一观，毕竟它也属于成员分布最稀松的那类球状星团。

使用300mm左右口径并配以150倍放大率的望远镜观察，可以辨认出20多颗成员星，但需要注意的是这些成员星都非常暗。该星团的成员星亮度都在14等这个水平。观看时，视场里还会有另一颗恒星SAO 83172，它本身的亮度跟整个星团的亮度差不多，为6.9等，位于该星团的东南偏东方向20′处。

---

1. 译者注："星云"这种用词的出现显然是19世纪中期人们的认识局限所致。

必看天体 354	圆规座星系
所在星座	圆规座
赤经	14h13m
赤纬	−65°20′
星等	10.1
视径	8.7′×2.8′
类型	旋涡星系

这个天体虽然不是那种特别适合用望远镜观察的天体，但有特殊意义，值得去看一次。以3.2等的圆规座α星为起点，向西移动3.1°就可以找到它。它属于"塞弗特星系"[1]，但由于其坐标位置离银河系的盘面只有4°远，严重受消光作用影响，所以迟至1977年才被发现。

这个星系的实际体量很大，直径超过了30万光年，而且，很有趣的是，它是"独立"的，即不属于本星系群，也不属于附近的任何一个星系群，而且没有任何已知的伴系。

使用300mm左右口径并配以100倍放大率的望远镜观察，可以发现，它呈现出一个亮度尚可的核心，以及一个暗弱的外围光晕，其长轴长度约是短轴长度的3倍。另外要注意，这里提供的它的星等数值可能有最多达2等的偏差。

必看天体 355	牧夫座 κ 星
所在星座	牧夫座
赤经	14h16m
赤纬	51°47′
星等	4.6/6.6
角距	13.4″
类型	双星

这处双星的两颗子星分别呈蓝白色（一说为蓝色）和白色（具体判断可能带有主观性）。它位于4.0等的牧夫座θ星（中文古名为"天枪三"）西侧1.8°处，并且很美丽。

必看天体 356	NGC 5523
所在星座	牧夫座
赤经	14h15m
赤纬	25°19′
星等	12.1
视径	4.3′×1.3′
类型	旋涡星系

该天体位于4.8等的牧夫座12号星（中文古名为"帝席一"）东侧1°处，盘面呈椭圆形，适合用300mm左右口径或更大口径的望远镜观赏，不过即使设备口径达到600mm也观测不出更多的细节。

能够观测出来的细节包括：它的中心区亮度略高于外围，外围稍带一点模糊感。在其西北侧仅2′处有一颗10.8等的恒星GSC 2010:1226。

---

1. 译者注：指核心有激烈活动的星系，可以看作类星体的弱形式。

必看天体 357　NGC 5529　比尔·凯利、西恩·凯利 / 亚当·布洛克 /NOAO/AURA/NSF

必看天体 357	NGC 5529
所在星座	牧夫座
赤经	14h16m
赤纬	36°13′
星等	11.9
视径	5.7′×0.7′
类型	旋涡星系

　　我特别喜欢看那些因角度条件而呈现为狭长状的星系。读者如果也有这方面的兴趣，那就不要错过NGC 5529，该天体位于3.0等的牧夫座γ星的西南偏西方向3.9°处。

　　使用200mm左右口径的望远镜可以看到，这个星系的长轴长度是短轴长度的六七倍；只有当放大率够高时（而且还要有良好的大气条件配合）才可能勉强看到它中心的隆起。

　　在该星系东南偏南方向的尖角之外仅5′处，有一颗10.9等的恒星GSC 2552:903。也就是说，该星系的长轴正好指着这颗星。

必看天体 358	牧夫座ι星
所在星座	牧夫座
赤经	14h16m
赤纬	51°22′
星等	4.9/7.5
角距	38″
类型	双星

　　牧夫座ι星（中文古名为"天枪二"）是一处在各种口径的望远镜中都不难分辨的双星，其主

星呈黄白色，而伴星呈白色。

必看天体 359	IC 4406
所在星座	豺狼座
赤经	14h22m
赤纬	−44°09′
星等	10.2
视径	106″
类型	行星状星云
别称	视网膜星云（The Retina Nebula）

　　作为一处行星状星云，"视网膜星云"算是比较明亮的，考虑到它的视径大于1.5′，这种"明亮"就更为难得。它的赤经约在南纬44°，所以北半球的很多观测者无法看到它。我常用的一个判定方式是：如果观测者在自己所在的地理位置上可以看到NGC 5139（本书"必看天体333"），那就可以观测到"视网膜星云"，因为它比NGC 5139更靠近北方，二者的差距是3°。

　　从2.3等的半人马座η星（中文古名为"库楼二"）处出发，朝西南移动3°多一些，就可以定位这个天体。通过加装了氧Ⅲ滤镜的200mm左右口径的望远镜观察时，首先可以看清其整体外观，随后在它内部可以找到一个眼睛状的结构（它的别称也因此而来）。这个行星状星云的"顶端"和"底端"分别位于东西两个方向，所以外观明显是直筒形的。其北边缘的亮度比南边缘高。升高放大率后还可以看出其中心区有一些缺口，这让它更像一个哑铃形的星云了。

五月

必看天体 360	半人马座 α 星 C
所在星座	半人马座
赤经	14h30m
赤纬	-62°41′
星等	11.0
类型	恒星
别称	半人马座的比邻星（Proxima Centauri）

这个天体是离太阳最近的恒星，也就是"比邻星"。单凭这一点，即使它的亮度为11等，也足以轻松获得被本书收录的资格。要定位它，可以首先找到它的两颗很亮的伴星，即"半人马座α星A-B"，后者的亮度高达-0.1等。比邻星在它们的东南偏南方向2°多一点儿的位置上。比邻星离我们有4.22光年，比前述两颗亮星还要近0.17光年，只不过11.05等的亮度导致它很容易被我们忽略而已。

"Proxima"一词在拉丁文中的意思就是"近"，英文里的"proximity"（邻近）一词也来自这个词根。

必看天体 361	NGC 5634
所在星座	室女座
赤经	14h30m
赤纬	-5°59′
星等	9.5
视径	5.5′
类型	球状星团

这个球状星团位于3.9等的室女座μ星（中文古名为"亢宿增七"）和4.1等的室女座ι星（中文古名为"亢宿二"）的连线的中点上。它在室女座天区内的地位十分特殊。众所周知，室女座是以星系之多而闻名的，光是亮度超过13等的星系它就有200多个，但是，说到球状星团，它却只有一个——NGC 5634。

使用100mm左右口径的望远镜可以看到很多暗星，其中最亮的是8.0等的橙色星SAO 139967，该星在整个星团中心的东南偏东方向1′多一点儿的位置上，但它并不是这个星团的成员，只是从地球的角度看过去恰好与这个星团重叠罢了。

该星团的成员星相当密集，因此很难以单颗的形式被辨认出来。不过，前景恒星和后方星团营造出的影像纵深感还是可以保证让这一处宇宙风景不缺魅力的。

必看天体 362	NGC 5643
所在星座	豺狼座
赤经	14h33m
赤纬	−44°10′
星等	10.4
视径	5.1′×4.3′
类型	旋涡星系

要定位这个天体，可以从2.3等的半人马座η星处出发，朝西南偏南方向移动2.1°。通过口径100mm左右的望远镜就可以看出这个星系亮度均匀的圆形盘面。如果使用300mm左右口径并配以300倍放大率的设备，则可以发现该星系的北半部亮度超过南半部的亮度。它中心的棒状结构的长轴在东—西方向上，亮度并不低，它周围紧紧抱住中心区的旋臂的亮度也可以与之比肩。东侧的旋臂明显比西侧的旋臂更亮，且有猛拐向北的特征。此外，还有几颗比较暗的前景恒星在丰富视场里的风景，叠加在该星系的前面。

必看天体 363	NGC 5676
所在星座	牧夫座
赤经	14h33m
赤纬	49°28′
星等	11.2
视径	3.7′×1.6′
类型	旋涡星系

要定位这个星系，可以从4.0等的牧夫座θ星处出发，往东南偏南方向移动2.7°。使用150mm左右口径的望远镜观察可以发现，该星系呈灰白色，表面亮度颇高，有一个矩形轮廓。若使用300mm左右口径并配以200倍放大率的设备，则可以看出其表面亮度不均匀，因为它倾斜对着我们，这是其旋臂结构造成的视觉效果。总体上说，该星系的东北半边亮度高于西南半边的亮度。

必看天体 364	NGC 5694
所在星座	长蛇座
赤经	14h40m

赤纬	-26°32′
星等	9.2
视径	3.6′
类型	球状星团
别称	科德威尔66（Caldwell 66）

　　这个球状星团位于长蛇座，由威廉·赫舍尔于1784年发现，但直到1932年才被天文学家认定为球状星团。

　　在长蛇座这个全天区最大星座的极东端有3颗5等的暗星，即长蛇座55、56和57号星。这3颗星排成了一条短线，而这里要找的球状星团就在这条短线的西南偏西方向2°处。这3颗作为路标的星亮度相似、相邻星的间距相仿，让我觉得它们酷似一个缩小并变暗了的"猎户座腰带三星"图形。

　　该星团9.2等的亮度让口径小到62mm左右的望远镜都有可能见证它的存在。不过，它的视径不大，成员星也都偏暗，所以我们无法将其中的星点很好地分辨出来。

　　该星团的光亮绝大部分来自其占视径一半的、致密的核心。若放大率超过150倍，你还可以看到正好叠加在这个星团前方的几颗无关恒星。

必看天体365	牧夫座π星
所在星座	牧夫座
赤经	14h41m
赤纬	16°25′
星等	4.9/5.8
角距	5.6″
类型	双星

　　先找到明亮的牧夫座α星，然后朝东南偏东方向移动6.5°就可以定位这处双星。其主星呈白色（一说蓝白色），而其伴星呈黄色（一说黄白色）。

必看天体366	NGC 5728
所在星座	天秤座
赤经	14h42m
赤纬	-17°15′
星等	11.5
视径	3.7′×2.6′
类型	棒旋星系

　　以天秤座α星（本书"必看天体369"）为起点，朝西南偏西方向移动2.4°即可找到这个棒旋星系，它有一个亮得出奇的核。这样的特征也使得它被归入塞弗特星系中，这类星系的核心区域活动性特别强，会从相对很小的星系核里辐射出总量巨大的可见光和红外光。

　　在250mm左右口径的望远镜中，该星系会呈现出一个暗淡的外围光晕，以及一个很亮但非常小的核心。在核心东北侧仅20″处有一颗前景恒星，请注意不要把它与星系核相混淆。不过，该恒星倒是和真的星系核一起创造了一个"双核心"的视觉效果。

必看天体 367	牧夫座 ε 星
所在星座	牧夫座
赤经	14h45m
赤纬	27°04′
星等	2.7/5.1
角距	2.8″
类型	双星
别称	梗河一（Izar）、最美之物（Pulcherrima）

该双星的英文别称"Izar"的意思是"腰带"，而另一个别称"Pulcherrima"则是很久之后被提出的，其拉丁文意思是"最美"——这处双星的观感确实也很光鲜。其两子星角距很近，所以放大率至少为150倍时才能成功分辨它们。其主星是橙色的巨星，而伴星则像正处于演化过程中的太阳，只不过其发的光呈蓝白色。

必看天体 368	NGC 5749
所在星座	豺狼座
赤经	14h49m
赤纬	-54°31′
星等	8.8
视径	7′
类型	疏散星团

这个星团位于豺狼座天区的南部边界，在3.4等的豺狼座ζ星（中文古名为"车骑一"）的西南方4.2°处。通过100mm左右口径的望远镜可以看到它的10多颗成员星，其中最亮的是9.6等的SAO 242013，位于星团的西侧边缘。使用更大口径的设备还可以看到一批更暗的成员星，它们居于视场的背景中。

必看天体 369	天秤座 α 星
所在星座	天秤座
赤经	14h51m
赤纬	-16°02′
星等	2.8/5.2
角距	231″
类型	双星
别称	氐宿一（Zubenelgenubi）

这处双星的角距很大，所以双筒镜或寻星镜都可以将其成功分辨。我认为利用50倍上下的放大率来欣赏它最为合适。其主星呈淡蓝色，而伴星呈橙色或者橙白之间的颜色。

其英文别称"Zubenelgenubi"来自阿拉伯文"Al Zuban al Janubiyyah"，意思是"南方之爪"。

必看天体 370	牧夫座 ζ 星
所在星座	牧夫座

赤经	14h51m
赤纬	19°06′
星等	4.7/7.0
角距	6.9″
类型	双星

找到这处美丽的彩色双星非常容易，它们就在牧夫座α星的东侧8.5°处。其两子星角距略短，所以应使用100倍以上的放大率。其主星呈白色，但不少观测者说其主星呈黄色；伴星的颜色倒没什么争议，几乎所有观测者说伴星是橙色的。

必看天体 371　NGC 5792　布拉德·厄霍恩 / 亚当·布洛克 /NOAO/AURA/NSF

必看天体 371	NGC 5792
所在星座	天秤座
赤经	14h58m
赤纬	−1°05′
星等	11.2
视径	7.3′ × 1.9′
类型	棒旋星系

部分观测者认为，该星系是天秤座天区内最漂亮的星系，它几乎以侧面对着我们，因此其轮廓显得相当瘦长。使用279mm左右口径的望远镜，可以看到其核心呈点状，两翼状的延展结构总长近5′。虽然看不出它的旋涡结构，但在大口径的望远镜中可能会看出它的旋臂在核心区附近造成的斑驳画面。不巧的是，在该星系西北边缘处正好叠加了一颗9.6等的恒星GSC 4987:827，它发出的光遮掩掉了暗弱的细节。

必看天体 372	IC 4499
所在星座	天燕座
赤经	15h00m
赤纬	-82°13′
星等	9.4
视径	7.6′
类型	球状星团

这个天体靠近南天极，可以从5.7等的南极座π²星处出发，往北移动0.8°来定位它。它与我们之间的距离超过了6万光年，因此我们从中看到的成员星的亮度都为15等。使用200mm左右口径并配以200倍放大率的望远镜观看，其中心区显得紧致、密实，外围的光晕区形状不太规则。在其中心点南侧2′处有一颗10.3等的前景恒星GSC 9440:489。

必看天体 373	NGC 5812
所在星座	天秤座
赤经	15h01m
赤纬	-7°27′
星等	11.2
视径	2.3′ × 1.9′
类型	椭圆星系

该天体位于天秤座δ星（中文古名为"氐宿增一"）的北侧1°处。使用200mm左右口径的望远镜观察，它呈现出完美的圆形，部分观测者觉得它很像行星状星云。通过350mm左右口径的望远镜可以看出它极为暗弱的外围光晕，还有可能看到该星系东侧大约5′处的另一个星系，即14.9等的IC 1084。

必看天体 374	牧夫座 44 号星
所在星座	牧夫座
赤经	15h04m
赤纬	47°39′
星等	5.3/6.2
角距	2.1″
类型	双星

这处双星位于牧夫座的北部远端，在牧夫座β星的北方7.3°处。其主星呈黄白色，伴星呈橙黄色。这里的这颗伴星本身又是双星，它属于天文学家所称的"密近双星"类型，即两颗星彼此距离太近，到了在相互引力作用下出现变形乃至触碰的地步。但是，用业余天文望远镜是不可能把这种密近双星分辨开的，即便要分辨这里介绍的这处普通双星，也需要150倍以上的放大率。

必看天体 375	NGC 5822
所在星座	豺狼座
赤经	15h04m

赤纬	-54°25′
星等	6.5
视径	35′
类型	疏散星团

该天体位于3.4等的豺狼座ζ星的西南偏南方向2.6°处。在夜空条件极好时，肉眼也能感觉到它的存在，若使用双筒镜或单筒镜则可以看到很多细节。通过100mm左右口径并配以100倍放大率的设备大约可以看到50颗成员星，它们均匀地分布在略大于满月视径的视径之内，所以很难辨认出一个中心区。使用更大口径的设备可以看到更多的成员星。

必看天体376	NGC 5823
所在星座	圆规座
赤经	15h06m
赤纬	-55°36′
星等	7.9
视径	10′
类型	疏散星团
别称	科德威尔88（Caldwell 88）

这个漂亮的疏散星团位于4.1等的圆规座β星的西北偏西3.6°处，处于豺狼座天区的北侧边缘上。我觉得，既然它能被列为科德威尔天体目录的第88号，那么上一个天体（NGC 5822）就更应该身在科德威尔目录之列，但该目录的编写者帕特里克·摩尔不知为何并没有这么做。使用200mm左右口径并配以150倍放大率的望远镜观察它可以看到30多颗成员星，亮度主要在10～11等这一范围内，大部分成员星组成了一个两侧向后卷曲的长条形星带，像字母S。另外，该星团的轮廓呈不规则的形状。

必看天体377	NGC 5824
所在星座	豺狼座
赤经	15h04m
赤纬	-33°04′
星等	9.1
视径	7.4′
类型	不规则星系

从3.6等的豺狼座φ^1星[1]（中文古名为"顿顽一"）处出发，朝西北移动4.9°即可定位到这个星团。在200mm左右口径的望远镜中，它呈现出致密的圆形中心区和破碎的边缘，其外围光晕暗得出奇，夹杂着几颗柔弱地吐出微光的单颗恒星，其中一颗位于该星团的中心北侧4′处，是12等的GSC 7315:514。

---

1. 译者注：应为球状星团。

必看天体 378	M 102（NGC 5866）
所在星座	天龙座
赤经	15h07m
赤纬	55°46′
星等	9.9
视径	6.6′×3.2′
类型	旋涡星系
别称	愚人金星系（The Fool's Gold Galaxy）

M 102这个天体真的对应于NGC 5866吗？对这个问题，不同的人有不同的回答。有些天文史专家认为M 102其实就是M 101（本书"必看天体351"），是重复记录造成了二者被区分开的错误；另一些人则认为有证据表明NGC 5866才是M 102。

不论当年梅西尔把M 102写进目录的时候到底是不是在指后来的NGC 5866，众所周知的是，这个有透镜状特征的星系易于观测，只用100mm左右口径的望远镜就可以看到它明亮的盘面和耀眼的中心。在夜空条件绝佳时，使用250mm左右口径的设备可以看出一条沿着该星系的长轴展开的、细薄的尘埃带。

想要亲自鉴定这个有争议的星系，可以从3.3等的天龙座ι星（中文古名为"左枢/紫微左垣一"）处出发，朝西南偏南方向移动4.1°。

《天文学》杂志特约编辑奥米拉做了一项研究，论证了M 102只是梅西尔对M 101的一次更精细的观测结果而已。因此，他给M 102起了"愚人金"的别称，意思是说，如果认为NGC 5866是M 102，那么等于被骗了[1]。

必看天体 379	UGC 9749
所在星座	小熊座
赤经	15h09m
赤纬	67°12′
星等	10.9
视径	41′×26′
类型	矮椭圆星系
别称	小熊矮星系（The Ursa Minor Dwarf）

这个天体位于小熊座这个全天区最北星座的最南端。它是一个矮椭圆星系，其别称就来自其所在的星座。从3.0等的小熊座γ星（中文古名为"太子/北极一"，注意狮子座93号星也叫"太子"）处出发，朝西南偏南方向移动4.7°就可以定位到它。

我建议观察它时使用口径不低于279mm的望远镜，但放大率不要配得太高，事实上使用低倍的宽视场目镜是最合适的。这是因为该天体的覆盖面积达41′×26′，等于满月面积的1.5倍，其10.9等的总亮度分摊到这个面积上之后，实际的表面亮度相当可怜。

要欣赏这个天体，最好先找到一个尽量黑暗、通透的观星环境，同时，如果望远镜装有自动跟踪机构，要关掉它，手动让视场慢慢扫过它所在的区域。如果能感觉到背景天光在某个区域有微弱的增亮，就是成功了。祝各位好运。

---

1. 译者注："愚人金"指黄铁矿石，因外观酷似金块而经常被误以为是黄金。

必看天体 380	NGC 5846
所在星座	室女座
赤经	15h06m
赤纬	1°36′
星等	10.1
视径	4′×3.7′
类型	椭圆星系

GC 5846位于室女座天区的最东端，在4.4等的室女座110号星东南偏东方向1°处。通过250mm左右口径的望远镜观察可以发现，其轮廓为圆形，中心区平展、明亮，外围光晕也很宽。将放大率改配到300倍以上还可以看到其光晕的东南部分内夹藏着一个13.8等的星系NGC 5846A。

NGC 5846与其他3个星系一起沿着东—西方向排成了一条略有弯曲的线，它是其中最亮的星系。该线的最西端是12.7等的NGC 5839，位于NGC 5846的西侧15′处，二者中间则是12.5等的NGC 5845。而在NGC 5846的东南偏东方向10′处是漂亮的旋涡星系NGC 5850，亮度为10.8等。

必看天体 381	NGC 5885
所在星座	天秤座
赤经	15h15m
赤纬	−10°05′
星等	11.8
视径	3.2′×2.6′
类型	棒旋星系

该星系位于天秤座β星（中文古名为"氐宿四"）的西南偏南方向0.8°处。使用250mm左右口径的望远镜可以看到它呈现一种暗弱模糊的、亮度近乎均等的表面。它的旋臂非常不易被识别，即使是用很大口径的望远镜也无法识别，只有长时间的曝光照相才能使之显现。在该星系的东北方仅98″处有一颗10.1等的前景恒星SAO 140412。

必看天体 382	NGC 5905
所在星座	天龙座
赤经	15h15m
赤纬	55°31′
星等	11.7
视径	4.3′×3.3′
类型	棒旋星系

NGC 5905位于3.3等的天龙座ι星的西南偏南方向3.7°处，同时也在比它壮观得多的NGC 5907（本书"必看天体384"）的南侧不到1°处。使用250mm左右口径的望远镜可以看到NGC 5905呈现出一个直径约3′的圆形光晕。虽然它的视觉效果不够大气，但它的物理直径其实达到了40万光年，是我们已知的最大的旋涡星系[1]之一。

---

1. 译者注：疑应为棒旋星系。

必看天体 383	牧夫座 δ 星
所在星座	牧夫座
赤经	15h16m
赤纬	33°19′
星等	3.5/8.7
角距	105″
类型	双星

    这处双星的角距比较大，双筒镜或寻星镜都可以被用来分辨它，不过要观察它的颜色还是需要用放大率配到50倍左右的单筒镜才行。其主星呈黄色，稍暗的伴星呈白色或黄白色。

必看天体 384   NGC 5907   亚当·布洛克 / 莱蒙山天空中心 / 亚利桑那大学

必看天体 384	NGC 5907
所在星座	天龙座
赤经	15h16m
赤纬	56°20′
星等	10.3
视径	11.5′×1.7′
类型	旋涡星系

这个目标也是深空天体领域的一根"针",它位于3.3等的天龙座ι星的西南偏南方向接近3°处。它与我们之间的距离达3500万光年,在物理空间上与M 102有相交。

它的盘面与我们的视线夹角仅有3.5°,通过100mm左右口径的望远镜可以看到它呈狭长状的中心区。换用更大口径的望远镜也无法揭示其更多细节,但能使其可见轮廓变得更长。

必看天体 385	帕洛玛 5
所在星座	巨蛇座(头部)
赤经	15h16m
赤纬	-0°07′
星等	11.8
视径	6.9′
类型	球状星团

这个暗弱的天体位于3.5等的巨蛇座μ星(中文古名为"天乳")的西北偏西方向9°处。当然,也可以先找到M 5这个明亮的球状星团(本书"必看天体389"),然后朝西南偏南方向移动2.3°。

在"15个最难观察的球状星团"列表(即"帕洛玛列表")中,这个星团位列第五。它于1950年被德裔美籍天文学家沃尔特·巴德发现,但是是被美国的另一位天文学家乔治·阿贝尔列入"帕洛玛列表"的。该列表里的天体都是观测者在帕洛玛天文台实施其巡天工程时,通过照相底片发现的。

之所以说观看该天体的难度大,主要是因为其表面亮度太低。通过300mm左右口径并配以75倍放大率的望远镜也只能看到它呈现为夜空背景中一处微弱的光亮。

必看天体 386	天秤座 β 星
所在星座	天秤座
赤经	15h17m
赤纬	-9°23′
星等	2.6
类型	彩色恒星
别称	氐宿四(Zubeneschamali)

这个目标是天秤座天区的最亮恒星,其英文别称"Zubeneschamali"来自阿拉伯文,意思是"北方之爪"。这个意思来自很久以前,那时候"天秤"的形象还没有定义出来,这颗亮星被视为"天蝎"的两只螯爪之一。另一只"螯爪"是天秤座α星(本书"必看天体369"),位于前者的西南方大约9°处。

拜尔命名法是指按照亮度的大小来给亮星依次赋予希腊字母，但天秤座是明显打破这个规则的一个案例。拜尔作为星图绘制界的先贤，认为这颗星在天秤座里亮度排名第二，但如今我们知道它的亮度是2.6等，超过天秤座α星（2.75等）约15%。

读者可能会对这两颗星的别称很感兴趣，但更有趣的还在后面。请找个晴朗的夜晚，出门去用肉眼直接盯着天秤座β星看看（不要使用天文望远镜，甚至双筒镜都不要用），你注意到它的颜色有些什么特点吗？

关于这个问题，我从20世纪70年代中期开始就一直在跟观星圈里的好友们争论不休。包括我在内的大部分人认为可以看到该星发出绿色的光，但另外一些业余天文玩家认为我疯了（请注意这些朋友的水平同样很值得我信任，而且我在其他大多数问题上跟他们的意见是一致的），他们说这颗星的颜色不过就是白色或者浅蓝色。

所以，我希望更多的读者来参与这场争论。请关注这颗星，然后尊重个人的主观感觉，说说它的光到底是不是带一些绿色调，然后写邮件告诉我。

必看天体 387	NGC 5882
所在星座	豺狼座
赤经	15h17m
赤纬	-45°39′
星等	9.4
视径	7″
类型	行星状星云

这个行星状星云明亮到了可以直接呈现其蓝绿色的程度。我们可以从3.4等的豺狼座ε星（中文古名为"骑官六"）处出发，往西南移动1.4°来定位它。使用250mm左右口径并配以250倍放大率的望远镜可以看到它圆形的气体壳。若换用更大口径、更高放大率的望远镜，则还可以看到它内部的一个倾斜的椭圆形结构。

必看天体 388	NGC 5897
所在星座	天秤座
赤经	15h17m
赤纬	-21°01′
星等	8.6
视径	12.6′
类型	球状星团
别称	幽灵球状星团（The Ghost Globular）

NGC 5897是天秤座天区内最美的深空天体，从天秤座α星处出发，往东南移动8°即可找到它。这个星团距离我们有4万光年，所以它最亮的成员星的亮度也只有13等，不过它的成员星非常多，所以即便使用11×80的双筒镜也很容易观测到它。它最大的特点则是成员星朝中心汇聚的倾向特别弱。

在夜空环境良好时，使用200mm左右口径的望远镜只能从中分辨出10多颗成员星，它们的背景呈现出一片像彗星那种的暗弱光芒。使用325mm左右口径的设备能分辨出的成员星数可以增至

50。而如果可以使用500mm左右口径并配以超过200倍的放大率的望远镜，则可以看出许多成员星独立分布在视径之内，在靠近中心位置处略有汇聚倾向。

《天文学》杂志特约编辑奥米拉认为这个星团的外观有M 55（本书"必看天体597"）那种较为鬼魅的感觉，所以称它为"幽灵球状星团"。

必看天体389　M 5　萨利·金、科特·金/亚当·布洛克/NOAO/AURA/NSF

必看天体 389	M 5（NGC 5904）
所在星座	巨蛇座（头部）
赤经	15h19m
赤纬	2°05′
星等	5.7
视径	17.4′
类型	球状星团

巨蛇座的这个球状星团特别好看，它也是天球的北半部最明亮的球状星团。从天秤座β星处出发，向北移动11.5°就可以找到它。如果视力很好，那么在良好的夜空环境下就可以不依靠任何光学设备直接用肉眼看到它，此时它像一颗长有绒毛的5.7等暗星。在它的东南侧22′处有一颗5等星，那是巨蛇座5号星，注意不要混淆二者，当然在观察前者时后者可以起到辅助确认的作用。

使用100mm左右口径的望远镜就可以看出这个星团的许多细节。若将放大率配到150倍或更高，可以看到该星团呈现出带有颗粒质感的结构，在其核心附近可以识别出几十颗成员星，它们约占星团直径的1/4。

使用279mm左右口径的设备可以分辨出超过100颗成员星，其边缘区域像是分布了各种星链，这与相对空旷的背景形成了强烈的对比。

必看天体 390	NGC 5899
所在星座	牧夫座
赤经	15h15m
赤纬	42°03'
星等	11.8
视径	3.3' × 1.4'
类型	旋涡星系

从3.5等的牧夫座β星处出发，向东北移动3°就可以找到这个星系以及另外的3个星系。该星系的西北方0.2°处有一颗6.1等的橙色恒星SAO 45445。使用200mm左右口径的望远镜，可以看到它的盘面。其长轴在东北偏北—西南偏南方向上，长轴长度是短轴长度的2倍多。盘面的北半部比南半部稍亮一些。

在极佳的夜空环境下使用不小于350mm口径的设备可以看到它附近的3个更暗的星系。以它为起点，朝北移动9'可以找到14.1等的NGC 5900，朝西南偏西方向移动14'可以找到14.3等的NGC 5895，朝西南方向移动4'可以找到13.2等的NGC 5893。

必看天体 391　NGC 5921　亚当·布洛克 /NOAO/AURA/NSF

必看天体 391	NGC 5921
所在星座	巨蛇座（头部）
赤经	15h22m
赤纬	5°04'
星等	10.8
视径	4.9' × 4.2'
类型	棒旋星系

以2.7等的巨蛇座α星（中文古名为"蜀/天市右垣七"）为起点，朝西南偏西方向移动5.7°就

可以找到NGC 5921。使用250mm左右口径的望远镜即可看到这个星系的明亮中心，且有可能勉强感受到它的棒状结构，或者隐隐看到一个暗弱的椭圆形边缘，那是它的旋臂结构的反映。

该星系离我们有7500万光年，其外围光晕的西南边缘上有一颗11.6等的前景恒星GSC 344:738，当然相对于前者，GSC 344:738离我们更近。另外，该星系的东南偏南方向36′处还有一个暗达16.5等的伴系UGC 9830，如果设备的口径够大，可以碰碰运气。

必看天体 392	阿贝尔 2065
所在星座	北冕座
赤经	15h23m
赤纬	27°43′
视径	30.5′
类型	星系团

如果手头有大口径的望远镜，例如400mm左右口径的望远镜，那么可以用这个星系团来考验一下其光学威力。在这片直径仅约0.5°的天区里，这个口径的设备可以辨认出五六个星系。

我曾在绝佳的夜空环境下使用口径约762mm的望远镜观察过这个星系团，虽然看到了30多个星系，但还是认为观测这个天体目标颇有难度，因为这些星系都太暗。要定位该目标，可以从3.7等的北冕座β星（中文古名为"贯索三"）处出发，朝西南方移动2°。

必看天体 393	牧夫座 µ 星
所在星座	牧夫座
赤经	15h25m
赤纬	37°23′
星等	4.4/6.5
角距	108″；2″
类型	双星

这个目标其实是三合星，其A星和B星之间的角距很大，二者分别呈浅黄色和深黄色，可以在低倍视场里被分辨开。如果换用高倍镜头，可以仔细观测一下B星，并发现它本身也是由两颗很近的子星组成的。

必看天体 394	NGC 5925
所在星座	矩尺座
赤经	15h28m
赤纬	-54°31′
星等	8.4
视径	14′
类型	疏散星团

矩尺座的天区几乎就在银河系的盘面上，所以包含了海量的疏散星团。可以从3.4等的豺狼座ζ星处出发，往东南移动3.3°定位这里的NGC 5925。它的各颗成员星凌乱地分布在整个视径内，其中最亮的一批成员星的亮度在10~12等这一范围内，这批成员星大约有30颗，通过150mm左右口

径的望远镜即可辨认出来。使用更大口径的设备有可能多看到50颗更暗的成员星。

必看天体 395	NGC 5927
所在星座	豺狼座
赤经	15h28m
赤纬	-50°40′
星等	8.0
视径	12′
类型	球状星团

　　要定位该天体，可从3.4等的豺狼座ζ星处出发，朝东北偏东方向移动2.9°。使用200mm左右口径的望远镜可以看到这个星团紧致的核心以及破碎的轮廓。若使用500mm左右口径并配以300倍放大率的望远镜，则可以在外围分辨出大约50颗成员星，但星团的核心区仍跟使用较小口径的望远镜时一样呈现为紧紧的一团。

　　在这个星团的东边1.2°处，还有另一个同样难以分辨的球状星团NGC 5946（本书"必看天体398"），亮度为8.4等。

必看天体 396	巨蛇座 δ 星
所在星座	巨蛇座（头部）
赤经	15h35m
赤纬	10°32′
星等	4.2/5.2
角距	4″
类型	双星

　　这处双星其实是两对双星（共四颗星）的组合，其角距为66″。这里列出的是其中A、B两星的参数，二者之间的角距为4″。C、D两星之间的角距稍大一点儿，为4.4″，只不过这后两颗星都太暗，亮度分别为14.7等和15.2等。如果拥有400mm左右口径的设备，可以试着找找C星和D星。

必看天体 397	NGC 5938
所在星座	南三角座
赤经	15h36m
赤纬	-66°52′
星等	11.7
视径	2.7′×2.4′
类型	棒旋星系

　　要寻找这个遥远的星系，可以从4.1等的南三角座ε星处出发，向南移动0.5°。它跟我们的距离远达3亿光年，使用400mm左右口径并配以300倍放大率的望远镜可以看到这个以正面对着我们的星系呈现出一个小而亮的中心区，有许多破口的边缘。在贴近其中心点南侧处有一颗12等的前景恒星。

必看天体 398	NGC 5946
所在星座	矩尺座
赤经	15h35m

赤纬	−50°40′
星等	8.4
视径	3′
类型	球状星团

从3.4等的豺狼座ζ星处出发，朝东北偏东方向移动3.9°就可以找到这个星团。在200mm左右口径或口径稍小的望远镜中，这个视径较小的星团会呈现出向中心汇聚的特征，但此时你几乎无法分辨出其成员星。在其核心的西南方0.5′处有一颗11.8等的恒星。

必看天体 399	NGC 5962
所在星座	巨蛇座（头部）
赤经	15h37m
赤纬	16°37′
星等	11.3
视径	2.6′ × 1.8′
类型	旋涡星系

这个星系位于巨蛇座头部区的北部，在组成"巨蛇头部"的3颗星（即巨蛇座β星、γ星和κ星）的西边一点儿的位置上。它的旋臂呈现出"绒毛"状，这说明它属于那种旋臂已经破碎成许多小块的旋涡星系，跟"典型的"旋涡星系那种延展良好的旋臂有着显著的对比。若配以150倍或更高的放大率，则可以注意到其面状的中心区内汇聚的物质，中心区正中央还有一个突出而明亮的星系核，视径约15″。

必看天体 400	NGC 5965
所在星座	天龙座
赤经	15h34m
赤纬	56°41′
星等	11.9
视径	5.2′ × 0.7′
类型	旋涡星系

从3.3等的天龙座ι星处出发，往东南偏南方向移动2.6°就可以找到这个星系。在300mm左右口径并配以200倍放大率的望远镜中，它呈现一种典型的以侧面对着我们的旋涡结构，长轴在东北—西南方向上，长轴长度是短轴长度的4倍有余。如果望远镜的口径较小，则看到的长宽比可能有所减小，这是因为该星系的旋臂亮度由内至外降低得非常快。其中，位于东北侧的旋臂比其他旋臂稍微亮一点儿。

必看天体 401	斯特鲁维 1962
所在星座	天秤座
赤经	15h39m
赤纬	−8°47′
星等	6.5/6.6
角距	11.9″
类型	双星

这对亮度差不多相等的双星几乎沿着南—北方向排列，二者都呈白色或蓝白色。从2.6等的天秤座β星处出发，朝东移动5.4°即可找到它们。

必看天体 402	北冕座ζ星
所在星座	北冕座
赤经	15h39m
赤纬	36°38′
星等	5.1/6.0
角距	6.3″
类型	双星

这处双星位于北冕座天区的北半部，差不多是这个"冠冕"图形最宽的地方。大多数观测者认为其两子星都呈蓝白色或者白色。

必看天体 403	NGC 5985
所在星座	天龙座
赤经	15h40m
赤纬	59°20′
星等	11.1
视径	5.3′×2.9′
类型	旋涡星系

NGC 5985本身就是一个较美丽的旋涡星系，而它还和12.0等的椭圆星系NGC 5982、13.2等的旋涡星系NGC 5981一起组成了一处更引人入胜的景观。这3个星系沿东—西方向排成一条线，总长不超过14′。从3.3等的天龙座ι星处出发，朝东北偏东方向移动1.8°就可以找到它们。

要看出NGC 5985的细节，需要借助300mm或更大口径的望远镜。至于另外两个星系，就不要期望观测出什么细节了。但值得一提的是，NGC 5981也是一个对我们呈现出"针"状轮廓的星系。配以100倍左右放大率的望远镜，最适合"同框"欣赏这3个星系。

必看天体 404	NGC 5986
所在星座	豺狼座
赤经	15h46m
赤纬	-37°47′
星等	7.5
视径	9.8′
类型	球状星团

要定位这个天体，可以从3.6等的豺狼座η星（中文古名为"积卒二"）处出发，往西移动2.8°。使用150mm左右口径并配以200倍放大率的望远镜来观察它，可见其有斑驳和不规则的特征，在接近星团中心处无法分辨出成员星，唯独在中心东北侧1′处可见一颗11.2等的恒星GSC 7837:1334。若改用300mm左右口径的设备，可以辨认出20～40颗成员星。该星团离我们约有3.5万光年，与银河系的中心相距1.5万光年左右。

必看天体 405	北冕座 R 星
所在星座	北冕座
赤经	15h49m
赤纬	28°09′
星等	5.7
周期	不规则
类型	变星

要定位这颗变星，可以从2.2等的北冕座α星（中文古名为"贯索四"）处出发，往东北偏东方向移动3.4°。它叫北冕座R星，与3.8等的北冕座γ星、4.6等的北冕座δ星（中文古名为"贯索五"和"贯索六"）正好构成一个等腰三角形。

如果你把望远镜对准这个位置，那么，看得见或者看不见这颗星都属正常情况。这颗星的亮度在大部分时间里处于6等上下，但其亮度波动的周期并不固定，从几个月到数年都有可能。

它每次变暗时能暗到什么程度，也很难预测。在天文学家的观测记录里，它的亮度有一次居然达到了14等。这就是说，它最亮和最暗时的发光能力相差接近1600倍。

虽然这颗星会在哪些时候变暗依然是件无法预测的事，但天文学家们至少对其变暗的原理提出了两种假设。第一种假设为该星会释放一些尘埃云，由于它会像太阳那样向外喷出粒子，这些尘埃也就源源不断随着粒子被吹拂出来，降低了该星的亮度。第二种假设更为冷僻，指有一块巨大的尘埃物质云正在绕着这颗星球运转，每当它挡在我们和该星之间时，亮度就下降。

因此我们还需要不断观察这颗星。每逢天气条件合适时，就不妨抽空去看看它，然后将此次的观测结果和上次的观测结果进行对比，看是否有什么变化。当然，有时候它会暗到让你看不见，但我也无法告诉你它会在什么时候变暗。

必看天体 406　NGC 6015　保罗·科布拉斯、丹·科布拉斯 / 亚当·布洛克 /NOAO/AURA/NSF

必看天体 406	NGC 6015
所在星座	天龙座
赤经	15h51m
赤纬	62°19′
星等	11.1
视径	6.4′ × 2.2′
类型	旋涡星系

从2.7等的天龙座η星（中文古名为"少宰/紫微左垣三"）处出发，往西北偏西方向移动近4°即可找到这个天体。通过200mm左右口径的望远镜可以看到它大而模糊的椭圆形盘面，其中心区更亮，约占整个星系直径的30%。使用更大口径的设备还能略微感受到它的细部结构——呈现为一些散乱的暗点。

必看天体 407	NGC 6025
所在星座	南三角座
赤经	16h04m
赤纬	-60°30′
星等	5.1
视径	12′
类型	疏散星团
别称	科德威尔 95（Caldwell 95）

这个天体位于南三角座天区的北侧边缘，接近矩尺座所在的天区。从2.8等的南三角座β星（中文古名为"三角形二"）处出发，往东北偏北方向移动3.1°即可找到它。在夜空环境很好时，大部分观测者可以仅凭肉眼就发现它。使用150mm左右口径的望远镜大约可以看到40颗成员星，其亮度在7～11等。换用350mm左右口径或更大口径的设备并配以更高的放大率，还有可能在这个星团中心的东南偏南方向20′处找到一个14.6等的旋涡星系PGC 56940。

必看天体 408	NGC 6027
所在星座	巨蛇座（头部）
赤经	15h59m
赤纬	20°45′
星等	14.0
视径	2′ × 1′
类型	星系群
别称	塞弗特六重奏（Seyfert's Sextet）

这处目标是由6个星系组成的一个视径非常小的星系群，其中3个比较暗，另外3个特别暗。它们分别是13.8等的NGC 6027、13.9等的NGC 6027a、13.4等的NGC 6027b、16.5等的NGC 6027c、16.5等的NGC 6027d和15.5等的NGC 6027e。

法国天文学家爱德华·斯蒂芬于1882年发现了该天体，但他并不明白其实际性质。1951年，美国天文学家卡尔·塞弗特确定了这是一个星系群。

1982年，保罗·希克森将这处景观列入了自己编订的致密星系群目录中，并将其排为第79号。它位于4.7等的巨蛇座ρ星东边1.9°处。

观赏这个星系群需要在极佳的夜空环境下使用至少400mm口径的望远镜，而且即使配以200倍的放大率，你也很容易误认为这个组合天体是单一的天体。如果大气透明度和稳定度都很合适，最多可以看到NGC 6027、NGC 6027a、NGC 6027b，但辨认不出其中任何一个的任何细节，充其量可以确定它们不是点状的天体，而是有自己的视面这一事实。如果你能把6个星团都观测到，那简直是可以终生对星友们炫耀的成就。

必看天体 409	天蝎座ζ星
所在星座	天蝎座
赤经	16h04m
赤纬	-11°22′
星等	4.8/7.3
角距	7.6″
类型	双星

天蝎座ζ星（中文古名为"西咸一"）位于该星座的极北部，在天蝎座α星（中文古名为"心宿二"）的西北偏西方向远达16°多一点儿处，所以最好换一颗参考星。可以从2.5等的蛇夫座ζ星（中文古名为"韩/天市右垣十一"）处出发，往西移动8°来定位这处双星。其主星呈白色，伴星呈橙色。如果在视场里还看到了另一对双星的话，那这对双星就是本书要介绍的下一个观测目标。

必看天体 410	斯特鲁维 1999
所在星座	天蝎座
赤经	16h04m
赤纬	-11°27′
星等	7.4/8.1
角距	11.6″
类型	双星

本书介绍的上一个目标天蝎座ζ星其实还有一个编号，即斯特鲁维 1998，而它的南侧不到5′处就是斯特鲁维 1999。望远镜的目镜很容易将这两处双星同时包含进来。这处双星的分辨难度略低于天蝎座ζ星，大多数观测者认为其两子星的颜色是淡黄色和橙色。

必看天体 411	NGC 6058
所在星座	武仙座
赤经	16h04m
赤纬	40°41′
星等	12.9
视径	42″
类型	行星状星云

从4.6等的武仙座χ星（中文古名为"七公四"）处出发，朝东南移动2.8°处即可以找到这个天体。如果所用的望远镜口径较小，那么可能在看出这处行星状星云之前先看到它旁边的3颗星排成

一个三角形，把它围在中间。这3颗星分别是它东北侧6′处的SAO 45881（9.0等）、西北侧5′处的SAO 45874（9.3等）和南侧不到4′处的GSC 3064:1181（10.7等）。

使用200mm左右口径的望远镜观察，可以看到该行星状星云呈现出暗弱但均匀的视面，其中心区有一个亮度稍高的小点。使用350mm左右口径的设备，可以看到其13等的中央恒星被一个小的光晕包裹着。加装星云滤镜（特别是氧Ⅲ滤镜）还可以使效果更佳。

必看天体 412	天蝎座 β 星
所在星座	天蝎座
赤经	16h05m
赤纬	−19°48′
星等	2.6/4.9
角距	14″
类型	双星
别称	房宿四（Graffias）

该处双星的两颗子星都是高温的B型恒星，因此都应该呈蓝色。不过，或许是由于亮度的差异，业余观测者们经常说其中比较暗的那颗，也就是伴星呈现出几分黄色甚至橙色。所以，请读者不要在意成说，而是用自己的眼睛做出自己的判断。

提示一下，还有这样一种试验技巧：把放大率配到200倍以上，然后把主星移动到视场之外，视场内只留伴星。此时再来观察此星的颜色是否与主星有所区别。

理查德·艾伦在《星星的名字及其含义》一书中说："'Graffias'这个别称的来源和沿革，目前尚不明确"。但是他接着写道："这个单词在希腊文中是'螃蟹'的意思，这可能足以解释这个问题，因为众所周知，对很久以前的人来说，螃蟹和蝎子这两个词及其背后的概念几乎是可以互换的"。

必看天体 413	阿贝尔 2151
所在星座	武仙座
赤经	16h05m
赤纬	17°45′
视径	68′
类型	星系团
别称	武仙座星系团（The Hercules Galaxy Cluster）

本书收集的大多是"深空"天体，但是若论"深"，也就是"远"的话，阿贝尔2151这个位于武仙座内的星系团可以说算是一个新的层次，因为它与我们的距离达到了惊人的6.5亿光年。请想象一下，你从这个星系团里看到的任何一个光子，其出发的时间比地球上第一只恐龙的诞生时间还要早数百万年。

即便是带有自动寻星功能的望远镜，其对应的天体数据库中也可能不包括阿贝尔星系团目录。但这并不算很大的问题，只要以这个星系团中最亮的成员星系NGC 6041为目标就可以了，它的亮度是13.4等。如果是手动寻星的朋友，可以将5.0等的武仙座κ星当作起点，朝西北方向移动1°。此时，望远镜的视场里应该已经包含了数百个星系，只是其中那些很暗的星系无法被看到而已。尽管如此，这里还是有数十个星系适合用中档的业余天文望远镜观赏。

　　要想成功地欣赏这个星系团，需要至少300mm口径的望远镜，且放大率至少要配到250倍。较高的放大率可以增加像星系这类有延展面的天体与夜空背景的对比度。对于阿贝尔2151这个视径超过1°的星系团，不妨让视场绕着其周围多转转，数数自己最多能观测到几个成员星系。

必看天体 414	武仙座 κ 星
所在星座	武仙座
赤经	16h08m
赤纬	17°03′
星等	5.3/6.5
角距	2.8″
类型	双星

　　从3.7等的武仙座γ星（中文古名为"河间/天市右垣二"）处出发，朝西南偏西方向移动3.9°即可找到这个星座的κ星（中文古名为"晋/天市右垣三"）。这处双星的角距很小，其主星呈黄色或黄白色，伴星呈橙色，其对应的最佳放大率为150倍。

必看天体 415　IC 4592　亚当·布洛克 /NOAO/AURA/NSF

必看天体 415	天蝎座 ν 星
所在星座	天蝎座
赤经	16h12m
赤纬	−19°28′
星等	4.3/6.4
角距	41″
类型	双星
别称	键闭（Jabbah）

使用100mm左右口径或更大口径的望远镜并配以不低于150倍的放大率，可以看出天蝎座ν星（它的英文别称"Jabbah"意思是"额头"）其实是"双重双星"，也就是两对双星的组合体。它的A、B星是一对，角距为1.3″；C、D星又是一对，角距为2.4″。其中最亮的一颗呈黄色，其他3颗均呈白色。另外，A星的光还照亮了一块蓝色的反射星云IC 4592，也就是说，这块星云的光其实是由那里的物质反射到我们眼睛里的，其来源仍是前述的恒星。使用100mm左右口径的望远镜便有可能观察到这块星云，但请注意它的视面很大，所以需要尽量配放大率低的目镜，并且不要加任何滤镜。

必看天体 416	IC 4593
所在星座	武仙座
赤经	16h12m
赤纬	12°04′
星等	10.7
视径	42″
类型	行星状星云
别称	白眼豆（The White-Eyed Pea）

从4.6等的武仙座ω星（中文古名为"斗一"）处出发，朝西南偏西方向移动3.9°即可找到这个行星状星云。虽然它的名字普通，但是观赏时不能使用太普通的望远镜，不然看不到什么细节。如果望远镜的口径较小，则只能看到它11.1等的中心恒星。

使用400mm左右口径的望远镜可以让它小巧的蓝色光晕从中心恒星周围浮现出来。配以350倍以上的放大率后，可以看出这个光晕略呈椭圆形，其长轴在西北—东南方向上。不论所用的设备口径如何，为了取得更好的观察效果，都应该注意把一颗7.7等的恒星SAO 101998移动到视场之外，以避免其干扰观测，因为它就在该行星状星云的东南偏南方向11′处。

必看天体 417	NGC 6067
所在星座	矩尺座
赤经	16h13m
赤纬	-54°13′
星等	5.6
视径	12′
类型	疏散星团

NGC 6067这个亮眼的星团位于5.0等的矩尺座κ星北边0.4°处。无论所用的望远镜口径大还是小，你都能充分享受由这个星团带来的兴奋。通过其星等数据，你或许已经想到可以仅凭肉眼直接看到它了。从理论上讲，这确实可能，不过这个星团正好位于一片密集的星场之中，所以要想把它从周围的星光中区分出来还是要花一些时间的。

请用低倍目镜来观察该星团，除非想要刻意在它的成员星中寻找一些双星或一些有趣的排列方式。即使望远镜口径只有100mm左右，也可以看到超过50颗成员星；如果是300mm左右口径的设备，那么能看见的成员星可能会多到让你懒得去数（我自己数出了不下250颗）。

在观赏这个星团的同时，还可以在附近找一下另外两个疏散星团。在NGC 6067的西北偏西方向0.8°处是8.5等的NGC 6031；而NGC 6067的东南1.2°处是6.9等的"科林德299"（也叫"哈佛

10"即Harvard 10），其视径只有NGC 6067的1/3。

必看天体 418	NGC 6072
所在星座	天蝎座
赤经	16h13m
赤纬	-36°14'
星等	11.7
视径	40"
类型	行星状星云

从4.2等的豺狼座θ星（中文古名为"积卒一"）处出发，往东北偏东方向移动1.4°即可找到这个行星状星云。在150mm左右口径的望远镜中，它呈现为一个没什么特征的圆盘。换用300mm左右口径并配以大约250倍放大率的望远镜，再加装星云滤镜观察，可以看到一条比较暗的裂缝把整个天体分成了南、北两半。另外，也可以注意一下该天体边缘处的亮度不均匀。

必看天体 419	北冕座 σ 星
所在星座	北冕座
赤经	16h15m
赤纬	33°52'
星等	5.6/6.6
角距	6.2"
类型	双星

这处位于北冕座东部边陲的双星其实是4颗恒星组成的系统，其中A、B两星是主要的一对，分别呈浅黄色和蓝白色。其C星的亮度则只有13等，在A、B两星的东边21"处，D星也在A、B两星的东边，与A、B两星之间的距离为87"。

必看天体 420	NGC 6087
所在星座	矩尺座
赤经	16h19m
赤纬	-57°54'
星等	5.4
视径	12.5'
类型	疏散星团
别称	矩尺座 S 星团（The S Normae Cluster）、科德威尔 89（Caldwell 89）

寻找这个目标，可以从3.8等的天坛座η星（中文古名为"龟四"）处出发，朝西北偏西方向移动4.2°。此外也可以从一颗暗得多的参考星，即5.6等的矩尺座i^2星处出发，朝东移动1.3°来定位它。假如这个星团不在这里而在天球上的其他某些区域，它一定是个很容易仅用肉眼就可以看到的天体，然而它实际位置附近的星场太过繁华，在它西边仅0.4°处还有一颗5.6等的恒星SAO 243509，所以它就很难成为一个裸眼目标了。

使用100mm左右口径并配以150倍放大率的望远镜观察它，可以看出30多颗成员星，其中最亮的那颗成员星的亮度是8等。请注意这个星团的整体轮廓近乎三角形，其中西南方边缘有一条南—北方向的漂亮星链。依设备口径不同，该星链可能呈现出4～6颗成员星。

在靠近该星团中心的位置，有其最亮的成员星，即矩尺座S星，它是一颗造父型变星。直到近些年，人们才证明它确实是这个星团的成员之一。它发出带有橙色调的光，其亮度以9.75天为周期，在6.12～6.77等变化。即使只是在双筒镜或寻星镜中，也很容易通过颜色特点认出这颗星。

必看天体 421   M 80   吉恩·凯兹 / 亚当·布洛克 /NOAO/AURA/NSF

必看天体 421	M 80（NGC 6093）
所在星座	天蝎座
赤经	16h17m
赤纬	-22°59′
星等	7.3
视径	8.9′
类型	球状星团

这是一个相当适合用小口径望远镜欣赏的天体，要定位它可以先找到1等亮星天蝎座α星，然后朝西北方移动4.5°即可。也可以假设在天蝎座α星与2.6等的天蝎座β星之间连一条线，这个星团则正好在这条线的中点上。梅西尔于1781年1月发现这个天体，此后不久将其列入了自己的深空天体目录中并将排为第80号。

鉴于其7.3等的总亮度，即便是用76mm左右口径的小望远镜也可以轻松看到它。它的成员星聚集得比较紧密，所以望远镜口径不大时，很难从其核心附近的区域分辨出单颗的成员星。在观察该星团时，还可以在其中心点的东北方仅有4′处看到一颗8.5等的恒星SAO 184288，但这颗星并不属于这个星团，相比那些成员星，它离我们近得多。

这些星团的概念曾经被归入当时的"星云"概念中。史密斯在《天体大巡礼》中针对这版十分有趣但如今已经过时的"星云"概念写下了这样的话: "在星云被认为必然与周围的星空有某种关系的年代里, M 80是个相当重要的天体。威廉·赫舍尔就曾认为, 云雾状的天体附近的夜空星星通常很少, 所以他在自己巡天的过程中, 每当遇到星星很少的天区, 且一小段时间内仍然没有什么星星进入视场时, 他就会习惯性地对助手说'快要有星云了, 请准备记录'。"

必看天体 422	NGC 6101
所在星座	天燕座
赤经	16h26m
赤纬	-72°12′
星等	9.2
视径	5′
类型	球状星团
别称	科德威尔 107(Caldwell 107)

从1.9等的南三角座α星(中文古名为"三角形三")处出发, 朝西南偏南方向移动3.7°即可找到这个星团。在口径较小的望远镜中, 它显得小且暗, 从中心到边缘的亮度逐渐下降。换用350mm左右口径并配以300倍放大率的望远镜则可以从它已显明亮的光晕中分辨出一二十颗成员星, 但这些恒星的亮度也都不高。不过, 在这种设备的帮助下, 观测者已经可以看出该星团中心区的亮度并不均匀。

必看天体 423	NGC 6118
所在星座	巨蛇座(头部)
赤经	16h22m
赤纬	-2°17′
星等	11.7
视径	4.6′×1.9′
类型	旋涡星系

要欣赏这个天体, 你至少需要中等口径的望远镜。它在250mm左右口径的望远镜中也只是一块光芒微弱且均匀的雾气状天体。在极佳的观测环境中使用大口径的望远镜可以看出它有一个极小的明亮中心, 而且在东侧边缘隐隐浮现出旋臂结构的某些痕迹。在它的视径内还可以找到3颗14等的前景恒星。这个星系位于2.7等的蛇夫座δ星(中文古名为"梁/天市右垣九")的东北方2.6°处。

必看天体 424　M 4　乔治·塞兹／亚当·布洛克／NOAO/AURA/NSF

必看天体 424	M 4（NGC 6121）
所在星座	天蝎座
赤经	16h24m
赤纬	-26°32′
星等	5.8
视径	26.3′
类型	球状星团

　　M 4是本书中一个特别容易被找到的深空天体，因为有一颗1等亮星几乎点明了它的位置。只要把望远镜的视场对准天蝎座α星，然后将其稍微往西移动一点儿就可以看到它了。

　　这个天体是在1746年由瑞士天文学家让-菲利普·谢索发现的。他描述道："它靠近心宿二……是圆形的，比我观测的上一个目标更小，我觉得以前没人发现过它。"而最早从该天体中分辨出单颗恒星的人是梅西尔，他于1764年5月8日把该天体写进了自己的目录中。

　　天文学家把这个疏松的球状星团定为第九级，这个分级体系一共有十二级，其中第一级表示成员星与星团中心区域极为密近，第十二级则表示几乎看不出成员星具有向星团中心汇聚的倾向[1]。

　　使用150mm左右口径的望远镜来观察M 4，可以看到在其边缘上松散地分布着10多颗成员星，其中一条南—北走向的星链穿过了星团的中心。改用300mm左右口径或更大口径并配以200倍放大率的望远镜，则可以分辨出多达二三百颗成员星，亮度在11～15等，此时它们之间组成的许多图形已经使得刚才说的南—北走向的星链不再显眼。使用业余天文望远镜，最多可以分辨出除

1.　译者注：这是沙普利－索伊尔分级法，原书是按严格的写法将分级数值以罗马数字表示的。

该星团最中心区域的10%之外的所有成员星。

必看天体 425	NGC 6124
所在星座	天蝎座
赤经	16h26m
赤纬	−40°40′
星等	5.8
视径	29′
类型	疏散星团
别称	科德威尔 75（Caldwell 75）

在天蝎座天区内的"蝎子尾部"，NGC 6124这个星团与3.0等的天蝎座μ星（中文古名为"尾宿一"，包括μ^1和μ^2）、3.6等的天蝎座ζ星（中文古名为"尾宿三"，包括ζ^1和ζ^2）组成了一个等腰三角形，它自己是这个三角形西端的角。

该星团的标称亮度是5.8等，所以观察能力较强的观测者有可能在良好的夜空环境里仅用肉眼就能看到它。而且仅使用双筒镜或寻星镜就有可能分辨出它最外围的几颗成员星。

使用100mm左右口径的望远镜来观察它，并选择合适的目镜，把放大率配到75倍上下，就可以从中辨认出大约50颗彼此亮度相差不多的成员星，其中有20多颗汇聚在星团的中心区，并含有几对漂亮的双星。

随后还可以把放大率改配回35倍或更低，以这种模式再看看这个星团，可以看到其轮廓大致在东南方向上有一个明显的尖角，像楔子一样伸入周围的夜空。

这个星团正好处于银河系的盘面之内，不过由于那里有一些暗星云给银河的星场中增添了"裂缝"，而该星团恰巧位于一条这样的"裂缝"里，所以我们可以在一个相对稀松的背景星场中观察到它。

必看天体 426　蛇夫座 ρ 星天区　杰伊·巴劳尔 / 亚当·布洛克 /NOAO/AURA/NSF

必看天体 426	蛇夫座 ρ 星天区
所在星座	蛇夫座
赤经	16h27m
赤纬	−25°30′
视径	4°
类型	发射星云、反射星云

　　蛇夫座ρ星的亮度为4.6等，天文学家用它命名了它所在的这块天区。在开始探索这片区域之前，可以先将望远镜对准天蝎座α星，不过此时一定要遏制住自己想去附近欣赏M 4和NGC 6144的冲动，因为我们来到蛇夫座ρ星天区的主要任务是欣赏星云。

　　首先，请使用双筒镜，或者配成尽量低的放大率、尽量宽的视场的单筒镜，从天蝎座α星处出发，向北并向东扫视那里的夜空。这个阶段主要是寻找一片由暗星云造成的看不到星星的区域，该暗星云就是"巴纳德44"（简写为B 44），它颜色漆黑、边界分明，从天蝎座22号星开始，朝东不可思议地延伸长了6.5°，到蛇夫座24号星才结束，仿佛夜空中的一道深谷。

　　蛇夫座ρ星是双星，其两子星的亮度分别为5.1等和5.7等，都呈黄色，角距为3″。环绕着它的是反射星云IC 4604，可以试着辨认其棱纹状结构。遗憾的是，加装星云滤镜在此不会有任何帮助，因为反射星云发出的蓝色光会被这种滤镜阻挡。有的观星爱好者告诉我，使用浅蓝色或正蓝色滤镜倒是可以增强这块星云的可见性。

　　随后可以把视场移回到天蝎座22号星，观察包裹着它的星云IC 4605。这是一块发射星云，所以这里正是星云滤镜的用武之地。美国天文学家爱德华·巴纳德曾给绝大多数暗星云编了号，而他对于这块发射星云有过这样的描述："天蝎座22号星极像人的眼睛，两条星云就像它的上下眼睑。"

必看天体 427	NGC 6134
所在星座	矩尺座
赤经	16h28m
赤纬	−49°09′
星等	7.2
视径	8′
类型	疏散星团

　　这个星团位于4.1等的矩尺座γ²星东北方1.6°处。使用200mm左右口径并配以150倍放大率的望远镜来观察可以辨认出50多颗成员星，亮度在11～14等。整个星团的所有成员星并没有呈现向中心汇聚的态势，但整体轮廓似乎在东—西方向上拉长了。星团中的最亮星是9.3等的SAO 226781，位于星团的东南边缘。

必看天体 428	NGC 6139
所在星座	天蝎座
赤经	16h28m
赤纬	−38°51′
星等	9.1
视径	8.2′
类型	球状星团

　　从3.0等的天蝎座μ星处出发，朝西南偏西方向移动4.8°即可找到这个星团。通过100mm左右口径的望远镜观察很容易看到这个即使在密集的背景星场中也很醒目的星团。不过，看到它与察觉它的细节完全是两回事。哪怕要想分辨出它的几颗成员星，也至少需要350mm口径并配以300倍以上放大率的望远镜。在设备配置合理的情况下，可以看到其外围光晕的光并不均匀，其核心区相当致密。

必看天体 429	NGC 6144
所在星座	天蝎座
赤经	16h27m
赤纬	-26°02′
星等	9.0
视径	9.3′
类型	球状星团

这个天体特别好找，它就在1.1等的天蝎座α星的西北方0.6°处。在绝大多数低倍目镜中，可以同时看到它和天蝎座α星。

但是，这也给观察该星团造成了麻烦，因为天蝎座α星的光芒造成了强烈的干扰。所以，应把天蝎座α星移动到视场之外，并使用高一些的放大率。此外还要注意，别被这个星团西南偏西方向仅1°处的M 4牵扯了注意力。

使用200mm左右口径并配以200倍放大率的设备就可以开始分辨该星团最外围区域的成员星了。不过，由于该星团离我们有3万光年，这些单颗的成员星仍然不容易被看出来。最好的办法是改用400mm左右口径的设备，当然，这个招数适用于大多数深空天体。

该天体与适合用小口径设备观测的NGC 6124（本书"必看天体425"）一起位于由暗星云造成的一块"空旷"区域的边缘。不妨再欣赏一下周围的天区，特别是北侧天区，这里的"寂寞"倒也真是别具风情。

必看天体 430	迷你衣架
所在星座	小熊座
赤经	16h29m
赤纬	80°18′
类型	星群

这处位于北天极附近的风景最适合用小口径望远镜欣赏。"迷你衣架"这个称呼是由《天文学》特约编辑、业余天文学家菲尔·哈灵顿所起，因为他觉得这处由恒星看上去很像鼎鼎大名的"科林德399"，即位于狐狸座的"衣架星团"（本书"必看天体592"）。

要找到这个"迷你衣架"，可以从4.2等的小熊座ε星（中文古名为"勾陈三"，在小熊座"小勺子"的"勺柄"上）处出发，朝西南偏南方向移动1.9°。该图形由10颗以内的恒星组成，其中最亮的是9.2等的SAO 2721，最暗的是10.8等的GSC 4574:802。这只"衣架"的"挂钩尖"与"横杆"相距9′，"横杆"本身的长度大约要再长1倍，达到17′。

必看天体 431	天蝎座 α 星
所在星座	天蝎座
赤经	16h29m
赤纬	-26°26′
星等	1.1/5.4
角距	2.6″
类型	双星
别称	心宿二（Antares）

通常来说，亮度为5.4等的恒星是不难被看到的，但如果它与一颗1.1等的亮星之间的角距只有2.6″，那就难说了。基于这处天体的这种情况，所以需要用200mm左右口径和较高放大率的望远镜才可能清晰地分辨出它。主星在此呈明亮的橙色，伴星则呈橄榄绿色，二者对比之下，画面美观，我个人相当喜爱！

顺便一说，天蝎座α星的英文别称"Antares"是两个词素的组合，即前缀"反对"（anti-）和传说中的火星神"阿瑞斯"（Ares）的组合，因此有"火星的对手"之意。从它主星的颜色来看，这是一个较为合适的名字。

六月

必看天体 432	NGC 6152
所在星座	矩尺座
赤经	16h33m
赤纬	−52°37′
星等	8.1
视径	29′
类型	疏散星团

　　这里要介绍的第一个天体，位于4.1等的矩尺座γ²星的东南方3.2°处。这个编号为NGC 6152的星团适合各种口径的望远镜，但鉴于它位于繁密的银河星场之中，成员星又散布在较大的视径内，所以无论设备口径如何，都应配以较低的放大率来欣赏。通过200mm左右口径的设备观测它，可以识别出100多颗成员星，其中一些较亮的成员星还在星团中心附近聚集成了两个很小的团块。

必看天体 433	NGC 6153
所在星座	天蝎座
赤经	16h32m
赤纬	−40°15′
星等	10.9
视径	25″
类型	行星状星云

它是天蝎座天区内众多的行星状星云之一，位于3.0等的天蝎座μ星的西南偏西方向4.5°处。也可以从星团NGC 6124（本书"必看天体425"）处出发，朝东北偏东方向移动1.2°来定位它。使用200mm左右口径或更大口径的望远镜，再配以200倍以上的放大率就可以看出它像是"膨胀"了的"星"，跟周围的天体有所区别。加装氧Ⅲ滤镜对此也会有所帮助。可以尝试去辨认它整个视面上的亮度不均匀性，特别是中心区域的亮度稍微减弱的特征。

必看天体 434	NGC 6167
所在星座	矩尺座
赤经	16h34m
赤纬	-49°46′
星等	6.7
视径	7′
类型	疏散星团

从4.1等的矩尺座γ²星处出发，朝东移动2.4°即可以找到这个星团。以东—西方向为基准，可以看到有20多颗成员星构成了一个近似于字母H的图形。该星团内的最亮星是7.4等的SAO 226901，位于星团的最西端。

必看天体 435	NGC 6169
所在星座	矩尺座
赤经	16h34m
赤纬	-44°03′
星等	6.6
视径	12′
类型	疏散星团
别称	矩尺座μ星团（The Mu Normae Cluster）

如果愿意挑战困难，那么就尝试观赏这个天体——大部分生活在北半球的观星人不得不在靠近南方地平线的地方去观赏。这个难得一见的疏散星团位于3.6等的天蝎座ζ星的西南偏西方向4°处。而它也正好叠在4.9等的矩尺座μ星上，所以得到了别称"矩尺座μ星团"。

我观察这个星团有两种方式。第一种方式是使用200mm左右口径或更大口径的望远镜，有时会配以50倍上下这种较低的放大率，试着忽略矩尺座μ星的干扰。这颇有难度，因为矩尺座μ星与这个星团的中心重叠。第二种方式是干脆使用更高的放大率，例如250倍，然后把矩尺座μ星移到视场之外，先看该星团的一半，接着再在相反的方向上进行类似的操作，以便观察该星团的另一半。如此一来，可以分两批看到该星团的成员星，它们处在10等或更暗的水平上。

必看天体 436	M 107（NGC 6171）
所在星座	蛇夫座
赤经	16h33m
赤纬	-13°03′
星等	7.8
视径	10′
类型	球状星团

　　这个球状星团相当明亮，即便仅用双筒镜或寻星镜都很容易找到它。只要先找到2.6等的蛇夫座ζ星，再朝西南偏南方向移动2.7°即可。使用100mm左右口径并配以100倍放大率的设备可以区分其明亮的核心与暗淡的外围区。

　　观测者或许会首先注意到，在该星团中心的西北偏西方向仅4′处就有一颗独立的恒星。不过，那只是一颗前景恒星，相对M 107，它离我们要近2.1万光年。

　　当夜空的大气条件良好时，可以利用200倍或更高的放大率观察它，有望在其边缘分辨出几颗成员星。

　　时间允许的情况下，可以多注意一下这个星团，你会发现它其实并不算圆。在放大率较高的情况下，它略微呈椭圆形，长轴在东—西方向上。若使用更大口径的设备并配以更高的放大率，则还可以发现虽然它的轮廓不是正圆形，但核心区呈正圆形。

必看天体 437	NGC 6181
所在星座	武仙座
赤经	16h32m

赤纬	19°50′
星等	11.9
视径	2.3′ × 0.9′
类型	旋涡星系

从2.8等的武仙座β星（中文古名为"河中/天市右垣一"）处出发，朝东南偏南方向移动1.7°就可以找到这个星系。它与我们之间的距离是室女座星系团与我们之间的距离的2倍，所以如果只有中小口径的望远镜，就不必期望看到它的太多细节了。

使用250mm左右口径的望远镜可以看到它的椭圆形轮廓，其长轴在南—北方向上。其核心呈面状，亮度均匀。若用400mm左右口径的设备，则可能瞥见它南北两端纤细的旋臂，北侧旋臂向西弯曲，南侧旋臂向东弯曲。

必看天体 438	NGC 6188
所在星座	天坛座
赤经	16h41m
赤纬	−48°47′
视径	20′ × 12′
类型	发射星云 / 反射星云

这处星云位于4.8等的矩尺座ε星的东南偏东方向2.7°处。在夜空环境良好的时候，使用100mm左右口径并配以150倍放大率的望远镜可以看到它呈现为一片暗弱的云雾，并穿过了疏散星团NGC 6193（本书"必看天体439"）。

使用250mm左右口径或更大口径的设备可以看到该星云的更多细节，例如一个暗区把该星云分成了东、西两块。还可以特别关注一下该星云的边缘，那里有明和暗的不规则变化。

必看天体 439	NGC 6193
所在星座	天坛座
赤经	16h41m
赤纬	−48°46′
星等	5.2
视径	14′
类型	疏散星团
别称	科德威尔 82（Caldwell 82）

与上一个天体类似，从4.8等的矩尺座ε星处出发，朝东南偏东方向移动2.7°就可以找到星团NGC 6193，它同时也处于"天坛座OB1星协"[1]的中间。在夜空条件极佳时，不依赖任何设备就有可能看到该星团。

上述星协的总宽约1°，NGC 6193的宽度是其1/4，整体轮廓呈楔形，有10多颗较暗的成员星和两个较亮的成员：一是5.7等的SAO 227049，二是一处双星DUN 206，后者的两颗子星都呈蓝白色，角距为10″。另外，该星团的西侧边缘明显被一块暗星云"切开"，需加以注意。

1. 译者注：一群恒星之间彼此有明显的引力互动但又达不到成为星团的程度，可被称为星协。

必看天体 440	NGC 6192
所在星座	天蝎座
赤经	16h40m
赤纬	-43°22'
星等	8.5
视径	7'
类型	疏散星团

该星团位于3.6等的天蝎座ζ²星的西南偏西方向2.8°处。使用150mm左右口径的设备可以从它周围密集的银河星场中辨认出它的10多颗成员星——它并没有因背景星空的繁华而变得难以被识别。使用250mm左右口径的设备可以辨认出25颗成员星，其中最亮的成员星的亮度为11等。比这批星星更暗的成员星仅能勉强体现其光线，从而在可辨的成员星周围表现为一片无法分辨的云雾状光芒。

必看天体 441 M 13 亚当·布洛克 / 莱蒙山天空中心 / 亚利桑那大学

必看天体 441	M 13（NGC 6205）
所在星座	武仙座
赤经	16h42m
赤纬	36°28'
星等	5.7
视径	16.6'
类型	球状星团
别称	武仙座星团（The Hercules Cluster）

观星爱好者们通常把M 13称为极品球状星团。在全天区最亮的10个球状星团中，只有两个位于天球的北半球，就是M 13（名列第8）和M 5（名列第7）。对居住在北半球的人来说，M 13的

亮度虽然不如M 5，但其最大高度角却超过M 5近35°，因此M 13就成了北半球观测者所熟悉的目标中最亮的球状星团。

英国天文学家哈雷在1714年就发现了这个天体，法国的梅西尔则于1764年6月1日将它的相关信息写进了自己的目录中。梅西尔为这个天体写下的描述中，第一句放在今天看起来简直是个笑话："我肯定这是一块不含任何恒星的星云……"

在上好的夜空环境中，很容易看到M 13，它仿佛是一颗长了"绒毛"的星星，处于从3.0等的武仙座ζ星（中文古名为"天纪二"）到3.5等的武仙座η星（中文古名为"天纪增一"）之间连线的2/3处。使用76mm左右口径的望远镜就可以分辨出它外围的成员星。

若用200mm左右口径或更大口径的设备，可以分辨出的成员星数会轻松破百，其中有些星星形成了冲破星团边缘的"星流"。还可以把放大率增加到200倍或更高，尝试在该星团的中心寻找一处由三条暗带构成的小小的字母"Y"——观测者们叫它"螺旋桨"。

这个星团的视面足以在大多数的"口径-放大率"配置状况下填满视场，其中心区也明亮到了足以对观察整个星团的细节造成干扰的地步。即使在它的边缘处，那些可以被辨认出的单颗恒星也处于由数千颗无法被辨认的暗星形成的背景光芒之中。

必看天体 442	NGC 6207
所在星座	武仙座
赤经	16h43m
赤纬	36°50′
星等	11.6
视径	3′ × 1.1′
类型	旋涡星系

虽然这个天体的亮度只有11.6等，但寻找起来相当容易。首先，假设在3.0等的武仙座ζ星与3.5等的武仙座η星间作一条连线，这两颗星构成了"拱顶石"图形（本书"必看天体455"）的西侧。然后，在该连线2/3的位置上找到M 13，再从M 13往东北方移动不到0.5°，就可以找到NGC 6207了。若使用的是低倍目镜，则它很有可能跟M 13出现于同一视场之中。

不过，这一风景具有一定的迷惑性，因为NGC 6207与我们之间的距离约是M 13与我们之间的距离的1600倍之多。假如把M 13挪到NGC 6207的距离上去，那么M 13的亮度会降低到22等，仅比基础的夜空背景勉强亮一点儿，所有的业余天文望远镜都无法再看到它。

使用200mm左右口径的设备，可以看到NGC 6207的视面为椭圆形，亮度均匀，长轴长度是短轴长度的2倍有余，且长轴处于东北偏北—西南偏南方向上。

若改用279mm左右口径并配以250倍放大率的望远镜，可以注意到该星系东北偏北方向的末端更显生硬一些，而西南偏南方向的末端则更圆润。如果使用350mm左右口径并配以400倍甚至更高放大率的望远镜，可以看到该星系明亮的中心区周围还有一圈非常纤薄的光晕。

必看天体 443	NGC 6208
所在星座	天坛座
赤经	16h50m
赤纬	−53°49′
星等	7.2
视径	12′
类型	疏散星团

从4.1等的天坛座ε¹星（中文古名为"龟一"）处出发，朝西南偏西方向移动1.7°即可定位到这个星团，它适合用较低的放大率观赏。若以150mm左右口径并配以100倍放大率的望远镜，则会发现该星团中心有一个由10等星构成的、近乎等边的三角形。附近其他较为明亮的成员星大致沿着东—西方向延展分布，让这个星团的外观整体上更接近矩形。当然，视场里还有很多暗淡的背景成员星。

必看天体 444	NGC 6210
所在星座	武仙座
赤经	16h45m
赤纬	23°49′
星等	8.8
视径	14″
类型	行星状星云
别称	乌龟星云（The Turtle Nebula）

这处行星状星云位于2.8等的武仙座β星的东北方向4°处。即使望远镜的口径较小，也不难看到它发出的蓝色光芒以及一个龟甲状的视面。该天体的表面亮度足够，所以不妨使用更高的放大率来观察，但这样也会导致定位其12.5等的中心恒星略有困难。如果用顶级口径的业余天文望远镜，配以高放大率观察，还可以发现该天体在东—西方向上略有拉长，大致呈现椭圆形。

必看天体 445	NGC 6217
所在星座	小熊座
赤经	16h33m
赤纬	78°12′
星等	11.2
视径	3.3′
类型	棒旋星系

这个天体特别适合用大口径望远镜来欣赏。这个有旋臂的星系外围还有环状结构，但距离我们有8000万光年，所以如果设备口径较小，就难以观测到它更多的细节。

它跟两颗参考星的角距几乎相等：它在4.3等的小熊座ζ星（中文古名为"勾陈四"）的东北偏东方向2.5°处，在5.0等的小熊座η星（中文古名为"勾陈增九"）的东北偏北方向2.6°处。在200mm左右口径的望远镜中，它呈现为一个暗淡的椭圆形，其长轴长度是短轴长度的2倍，但这并非它的真实形状，只不过是在这个级别的口径中显示为类似椭圆形的形状罢了。

使用500mm左右甚至更大口径的设备才可以进一步揭示其真容。将该级别的设备配以300倍以上的放大率可以看出其星棒结构及其两条旋臂的根部。其北侧旋臂（明显更亮一些）向东弯曲，南侧旋臂向西弯曲。这两条旋臂实际上延伸得更长，能接成一个围绕着星系中心区的环。遗憾的是，呈现出这个完整的环已经不在业余天文望远镜的能力范围之内。

必看天体 446   M 12   迈克尔·加里皮 / 亚当·布洛克 /NOAO/AURA/NSF

必看天体 446	M 12（NGC 6218）
所在星座	蛇夫座
赤经	16h47m
赤纬	-1°57′
星等	6.1
视径	14.5′
类型	球状星团

M 12这个美丽的天体位于3.2等的蛇夫座ε星（中文古名为"楚/天市右垣十"）的东北偏东方向7.7°处。假如它不处于蛇夫座中而是在室女座中，那么在夜空条件合适时，观察能力较强的观星人则可以仅凭肉眼就注意到它。可是蛇夫座的背景星场过于热闹，所以M 12就不是一个只靠眼睛就能识别的天体了。

在100mm左右口径的望远镜中，该星团呈现出一个明亮且致密的核心以及暗弱的外围光晕。在它的视径内，叠加着4颗10等的前景恒星。使用250mm左右口径的设备，可以识别出的成员星数即升至3位数。若配以更高的放大率，则可以看到这些成员星分布相当均匀，几乎没有向星团中心汇聚的趋势，而星团边缘的轮廓不太规则。

必看天体 447	天龙座 16/17 号星
所在星座	天龙座
赤经	16h36m
赤纬	52°55′
星等	5.4/6.4/5.5
角距	3.4″/90″
类型	双星

　　天龙座的16号和17号星是一对角距颇大的双星。但是，如果调高放大率，可以看出其中的16号星本身也是一对双星，而且两子星间的角距很小，其中主星的光带有蓝色调，伴星则呈白色。从2.8等的天龙座β星（中文古名为"天棓三"）处出发，向西移动8.2°即可找到这处目标。

必看天体 448	NGC 6221
所在星座	天坛座
赤经	16h53m
赤纬	−59°13′
星等	10.1
视径	4.9′×3.2′
类型	旋涡星系[1]

　　NGC 6221位于3.8等的天坛座η星的东南偏东方向仅25′处，所以观察它时请确保这颗亮星不在视场之内，以免其光芒干扰观测。NGC 6221属于棒旋星系，与我们相距7000万光年，与NGC 6225有物理互动，后者就在前者的西北方仅10′处。

　　使用150mm左右口径的望远镜可见其视面呈椭圆形，长轴在南—北方向上。换用300mm左右口径的设备可以明确看到其中心的棒状结构，长轴东—西方向上，在该结构的两端还可以隐隐看出旋臂的迹象。不过，绝大多数业余天文望远镜无法呈现出其旋臂的真面目。

---

1. 译者注：应为棒旋星系。

必看天体 449　假彗星　亚当・布洛克 / 莱蒙山天空中心 / 亚利桑那大学

必看天体 449	假彗星
所在星座	天蝎座
赤经	16h54m
赤纬	-42°
视径	4°
类型	星群

　　这个目标不用望远镜就可以观测，它位于天蝎座最南端的一片天区中，名叫"假彗星"（"法尔斯彗星"），是英国天文学家约翰・赫舍尔于19世纪30年代在南非期间所起。我虽然尚未通过阅读他写下的文字来确认当时的情况，但可以肯定这次命名是发生在他去过法尔斯湾之

后，因为法尔斯湾是他登陆南非的第一站。

约翰·赫舍尔把包括"假彗星"在内的更大的一片天区称为"天蝎之桌"，这让我想起了南非的著名景点"桌山"。约翰·赫舍尔在南非的天文台观星期间，每晚都能看到这座平顶的奇山。

"假彗星"的头部是壮观的NGC 6231，那是全天区第六亮的疏散星团，有时也被称为"北珠宝盒"，后文有不少关于它的内容（本书"必看天体451"）。

整个"假彗星"覆盖了长达4°的天区，起始点分别为双星天蝎座ζ星和另一处双星天蝎座μ星。其中的星团除了NGC 6231外，还有总亮度达到3.4等的大型星团科林德316、总亮度8.6等的特朗普勒24以及总亮度6.4等的NGC 6242。

仅凭肉眼就有可能看见"假彗星"，这在夜空环境良好时尤其容易实现。用双筒镜欣赏它也是个较好的选择，不过，如果能用单筒镜对准这片天区观察一番，相信读者会感谢我的。

必看天体 450	NGC 6229
所在星座	武仙座
赤经	16h47m
赤纬	47°32′
星等	9.4
视径	4.5′
类型	球状星团

要定位这个天体，可以从3.9等的武仙座τ星（中文古名为"七公二"）处出发，往东北偏东方向移动4.8°。在低倍或中等倍数的放大率配置下，可以看到该星团与另外两颗星构成一个漂亮的三角形，即它西侧仅6′处的8.0等星SAO 46278以及它西南侧7′处的8.4等星SAO 46280。

NGC 6229离我们有9万光年，所以其成员星的光相当暗弱，最亮的成员星的亮度也只有15.5等。使用200mm左右口径并配以200倍放大率的望远镜观看，它呈现为一个让人无法分辨出任何成员星的光团，其轮廓不够规则。换用350mm左右口径的设备后可以从中分辨出五六颗成员星，并看出该星团的视面略带一点儿斑驳感。

必看天体 451	NGC 6231
所在星座	天蝎座
赤经	16h54m
赤纬	-41°48′
星等	2.6
视径	14′
类型	疏散星团
别称	北珠宝盒（The Northern Jewel Box）、科德威尔 76（Caldwell 76）

在天蝎座天区的最南端有一个由恒星组成的"彗星"图案在闪闪发光。这颗假彗星的头部就是前文介绍过的NGC 6231，它是个壮观的疏散星团。

澳大利亚的化学家厄恩斯特·哈尔通这样描述NGC 6231："这个星团的外观正如黑色的天鹅绒上散落了一大把光彩耀眼的钻石。"他作为化学家，写出了著名的《南半球望远镜天体》，该书于1968年首次出版。

意大利的乔瓦尼·霍迪尔纳早在17世纪就发现了这个天体，并将其写进了一份共有40个目标的云雾状天体列表中，于1654年印行。不过，考虑到该天体的明亮程度，可以推断在霍迪尔纳发现它之前就肯定有人看到过它。

在天蝎座ζ星到天蝎座μ星之间的天区内有一批高温的年轻恒星，它们组成了"天蝎座OB1星协"，其中亮度高于9等的成员星有20颗。它们的实际发光能力令人震惊，例如NGC 6231中最亮星的自身发光强度相当于太阳的6万倍。

使用100mm左右口径的望远镜观察NGC 6231，可以看到100多颗成员星，其中特别醒目的是星团中心处有扎成一堆的五六颗很亮的成员星。由于光芒过剩，这个星团虽然处于丰富多彩的银河星场之中，也能在视觉上凸显出来，其东侧和西南侧的边缘尤其明显。

必看天体 452	NGC 6235
所在星座	蛇夫座
赤经	16h53m
赤纬	-22°11′
星等	8.9
视径	5′
类型	球状星团

该星团位于4.5等的蛇夫座ω星（中文古名为"东咸四"）的东边5°处，它是个视径较小的球状星团，所以必须使用高倍目镜才能显现出一点儿细节。在250mm左右口径并配以250倍放大率的望远镜中，它的形状不规则，边缘有几条较暗的三角形缺口，其中最明显的一个三角形缺口位于东侧。在该星团中心的西北偏北方向仅2′处有一颗10.8等的前景恒星GSC 6230:1844。若使用400mm左右口径的望远镜，则有可能从该星团中分辨出大约10颗暗弱的成员星。

必看天体 453	NGC 6250
所在星座	天坛座
赤经	16h58m
赤纬	-45°57′
星等	5.9
视径	7′
类型	疏散星团

这个不大不小的星团位于3.3等的天蝎座η星（中文古名为"尾宿四"）的西南方3.6°处。通过100mm左右口径的望远镜可以从中看到大约10颗亮度高于12等的成员星；换用200mm左右口径的设备后，无明显的效果提升；利用300mm左右口径的设备，则可以多分辨出数十颗更暗的成员星，此时该星团会呈现出更强烈的层次感。

星团中最亮的5颗成员星大致组成了一个字母M的形状，其中最亮的两颗成员星都在东端，分别是7.6等的SAO 227508和7.9等的SAO 227500。

必看天体 454　　M 10　　两位同名的迈克尔·麦圭根 / 亚当·布洛克 /NOAO/AURA/NSF

必看天体 454	M 10（NGC 6254）
所在星座	蛇夫座
赤经	16h57m
赤纬	-4°06′
星等	6.6
视径	15.1′
类型	球状星团

　　这个球状星团非常适合用小口径望远镜来观察。蛇夫座所在的天区内有很多球状星团，而梅西尔在这个区域内发现的7个深空天体也全都是球状星团。

　　该天体位于2.6等的蛇夫座ζ星的东北方8.1°处，其累积亮度达到6.6等，视径也有15′，达到了满月圆面直径的一半，这决定了在夜空环境良好时人们可以仅凭肉眼看到它，如果使用双筒镜或寻星镜会更容易看到它。

　　它离我们有1.4万光年，其在三维空间中的具体位置接近银河系的盘面，所以有一些尘埃云挡在了我们看它的视线上，导致其成员星在我们眼中的亮度变暗了将近1个星等。

　　使用100mm左右口径的望远镜，通过低倍观察，可以看到它明亮的中心区和暗弱的外围光晕。将放大率升至200倍后就可以在其非中心区域分辨出许多勉强可见的成员星。若使用更大口径的设备，就有可能惊讶于它光晕区里的成员星之丰富，以及从中心区到边缘其亮度的下降趋势并不明显。在该星团中心点的西南偏西方向10′处有一颗9.9等的恒星HIP 82905。

必看天体 455	拱顶石
所在星座	武仙座

赤经	17h
赤纬	34°
视径	7.5°×5.5°
类型	星群

不用依赖任何设备，仅凭肉眼就可以欣赏位于武仙座天区的这个叫作"拱顶石"的恒星图案。要找到它，可以先假设在-0.04等的牧夫座α星与0.03等的天琴座α星之间作一条连线。这两颗大亮星的亮度仅差0.07个星等，这个微小的差异即使是观星多年的老手也很难分辨出来。

不管这些，在这个虚拟连线的2/3处，就可以找到由4颗中等亮度的星组成的"拱顶石"图案，它很像石砌拱门的顶端那一块用于防止其他石块掉落的楔形石料。

这4颗星中最亮的是2.8等的武仙座ζ星，位于这个四边形的西南角。从它开始往北移动7°多，就可以定位到3.5等的武仙座η星；此时朝东南偏东方向拐弯，6.5°处是3.2等的武仙座π星（中文古名为"女床一"）；再朝西南偏南方向拐弯，6.5°处是3.9等的武仙座ε星（中文古名为"天纪三"）。

"拱顶石"围出的这块天区并不空旷。在夜空环境很好时，绝大部分人能仅凭肉眼在该区域看出五六颗暗星；如果使用口径很大的业余天文望远镜，则可以从中发现数以百计的暗弱星系。

必看天体 456	NGC 6259
所在星座	天蝎座
赤经	17h01m
赤纬	-44°40′
星等	8.0
视径	8′
类型	疏散星团

这个星团位于3.3等的天蝎座η星的西南方向2.5°处。使用100mm左右口径的望远镜可以看到它的亮度分布均匀。使用250mm左右口径并配以200倍放大率的望远镜，可以看到近百颗暗于12等的成员星，内有部分成员星聚集成几个团块，另有两颗最亮的成员星分别处于星团核心的东侧以及整个星团的西端。

观赏完这个天体之后，还可以看一下位于它西南偏西方向0.6°处的另一个疏散星团NGC 6249，其总亮度为8.4等，视径为6′，外形较为奇特。

必看天体 457	M 62（NGC 6266）
所在星座	蛇夫座
赤经	17h01m
赤纬	-30°07′
星等	6.7
视径	14.1′
类型	球状星团

这个目标位于蛇夫座天区的最南端，也可以从2.8等的天蝎座τ星（中文古名为"心宿三"）处出发朝东南偏东方向移动5.8°来定位它。虽然它被天文学家归类为"球状星团"，但你只要看到它

就会注意到它并不是圆球形：在本该拥有的圆形轮廓中，有一道"星流"冲破了西北方的边缘延伸出来，此外还有几个弱于它的类似结构。使用200mm左右口径并配以200倍放大率的设备观察，可以看到它的整体外观是不规则的，东南侧还呈现出了扁平状。当然它的核心还是明亮且致密的。

史密斯在1844年的《天体大巡礼》中引用了著名天文学家对这个天体的记述，并顺便嘲笑了另外某位把星团当成彗星的观测者（话说梅西尔正是为了防止别人犯下这种错误才开始编写那份著名的目录）："威廉·赫舍尔最早将这个天体分辨为星，并称它是M 3的缩小版，还补充道'在那个通过牛顿式反射望远镜来进行这类观察的年代，这个天体在约6100mm望远镜中的观测排序是第734位'。但令我无奈的是，就在几年前还有某位先生把它说成彗星，这位先生早就应该更好地学习天文史。"[1]

必看天体 458	M 19（NGC 6273）
所在星座	蛇夫座
赤经	17h03m
赤纬	-26°16′
星等	6.7
视径	13.5′
类型	球状星团

M 19位于3.3等的蛇夫座θ星（中文古名为"天江三"）的西南偏西方向4.5°处。

从照片上或者高放大率的设备中看，任何一个球状星团都带有某种程度的扁平倾向，毕竟它们是自转天体。不过M 19却比银河系内的其他球状星团扁得多。天文学家们原本以为它确实是这种扁平形状，不过近年来的研究显示，这只是因为它东、西两端的光在被我们看到之前就被某些物质给吸收了，从而呈现出这样的视觉效果。

不论原因到底是什么，M 19的椭圆形外观在各种口径的望远镜里都很明显。使用200mm左右口径并配以250倍放大率的望远镜可以从中分辨出不到20颗成员星；通过350mm左右口径的设备则可以识别出大约50颗成员星，其亮度几乎一致。其中，最亮的星是11.2等的GSC 6819:282，位于星团中心的西北方1′处。

必看天体 459	NGC 6284
所在星座	蛇夫座
赤经	17h04m
赤纬	-24°46′
星等	8.9
视径	6.2′
类型	球状星团

该天体位于3.3等的蛇夫座θ星的西边4°处。也可以从5.7等的蛇夫座26号星处出发，朝东北偏东方向移动1°来定位它。虽然使用各种口径的望远镜都可以看到这个星团，但我建议使用至少350mm口径的设备，以便看清它的细节。在300倍的放大率下，它呈现出一个明亮的核心和不规则

---

1. 译者注：此处"6100mm"若指口径，则远远超出历史实情，故疑应为"610mm"，但这里是多重嵌套的引用，所以不知是谁出的错——赫舍尔、史密斯、巴基奇都有可能，又或是指望远镜主镜的焦距。

的边缘。这些特征在该星团的东半部尤为明显，那里还夹着一条小的暗带。如果夜空条件允许，则还可以把放大率加到450倍，那样有可能从中分辨出几颗成员星。

必看天体 460	NGC 6287
所在星座	蛇夫座
赤经	17h05m
赤纬	-22°42′
星等	9.3
视径	4.8′
类型	球状星团

从上一个天体（NGC 6284）所在的位置出发，向北移动2°就可以找到这个天体。或者也可以从5.1等的蛇夫座o星处出发，朝西北偏西方向移动3.3°来定位它。看到它之后，你或许很难说服自己"这是一个球状星团"，但也正因如此，它更值得一看。

通过150mm左右口径并配以200倍放大率的望远镜观看，这个星团又小又暗，形状不规则，而且成员星基本没有朝自身中心汇聚的趋势。换用350mm口径并配以350倍放大率的望远镜可以在其一片极为微弱、散淡的背景星光中看出10颗左右的成员星。哪怕夜空中有一点儿杂光干扰，都可能无法实现这个效果。

必看天体 461	天龙座 μ 星
所在星座	天龙座
赤经	17h05m
赤纬	54° 28′
星等	5.7/5.7
角距	1.9″
类型	双星
别称	天棓增九（Arrakis）

观察该双星可以作为小口径望远镜的一种品质检测方式，质量合格的100mm左右口径的望远镜就可以分辨它。若把放大率配到150倍以上，则可以看到这两颗亮度相同的子星都呈黄白色。

它的别称"Arrakis"来自乌鲁伯格的天体观测列表，在表中它被称为"Al Rakis"。根据理查德·艾伦的研究，这个称呼的意思有可能是"舞者"，但更有可能是"疾走的骆驼"。我认为，考虑到它其实是双星，还是理解成舞者更合适。

必看天体 462	NGC 6293
所在星座	蛇夫座
赤经	17h10m
赤纬	-26°35′
星等	8.2
视径	7.9′
类型	球状星团

从4.3等的蛇夫座36号星（中文古名为"天江二"）处出发，向西移动1.2°就可以找到这个星团。使用250mm左右口径并配以200倍放大率的望远镜观察它，可以看到其明亮且紧致的核心，以及一个暗得多且形状不规则的外围光晕。把放大率提升到350倍后，可以看到其分散为几个团块，但仍然分辨不出单颗的成员星。当然，视场里飘着几颗前景恒星，其中最明亮的是8.4等的SAO 185111，位于该星团中心点的东北方向12′处。

必看天体 463	NGC 6300
所在星座	天坛座
赤经	17h17m
赤纬	-62°49′
星等	10.1
视径	5.2′×3.3′
类型	棒旋星系

从3.6等的天坛座δ星（中文古名为"龟三"）处出发，向西南移动2.7°就可以找到这个星系。它的轮廓呈椭圆形，长轴在西北偏西—东南偏东方向上，长轴长度是短轴长度的近2倍。使用300mm左右口径的设备，可以看到它的核心比外围光晕亮很多，其视径之内至少叠加了4颗13等左右的恒星，其中两颗分别叠加于核心区的南、北端。我曾使用500mm左右口径的大望远镜观察过它，在其核心附近看到了不发光的局部，我猜测那正是该星系存在暗弱的旋臂的证明。

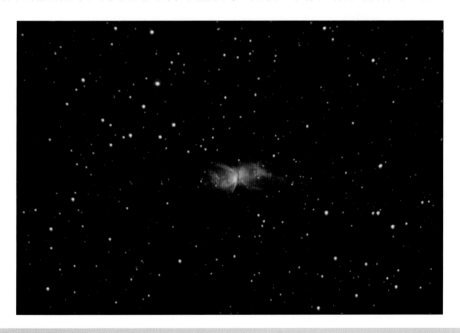

必看天体 464 NGC 6302 亚当·布洛克 /NOAO/AURA/NSF

必看天体 464	NGC 6302
所在星座	天蝎座
赤经	17h14m

赤纬	-37°06′
星等	9.6
视径	50″
类型	行星状星云
别称	甲虫星云（The Bug Nebula）、科德威尔69（Caldwell 69）

从1.6等的天蝎座λ星（中文古名为"尾宿八"）处出发，朝西移动3.9°即可以找到这个天体。它的外观特别像一只昆虫，从而得到"甲虫星云"这一别称。它也是天空中最为人熟知的高亮度行星状星云之一。

使用150mm左右口径并配以低放大率的设备观察，它看起来更像一个明亮的星系，长度是宽度的4倍，其长边在东—西方向上。若将放大率加到150倍（甚至更高），它就会显现出自身的双极结构，我们不妨在其西半部试着认出它的一个主要物质瓣及其逐渐变细的末端，并在其东半部尝试辨认从那里生长出来的一个很像"旋臂"的暗弱结构。至于这个行星状星云的中心恒星，不必尝试寻找它，因为多层交织的尘埃已经让它的亮度降低了约5个星等。

必看天体 465	NGC 6304
所在星座	蛇夫座
赤经	17h15m
赤纬	-29°28′
星等	8.3
视径	8′
类型	球状星团

从3.3等的蛇夫座θ星处出发，朝西南偏南方向移动4.8°即可找到这个星团。它的整体相当紧致，外围光晕较暗。通过350mm左右口径的望远镜可以看出它表面的斑驳特征，以及它边缘的不规则特征。另外，它南部的边缘平整。

必看天体 466	IC 4633
所在星座	天燕座
赤经	17h14m
赤纬	-77°32′
星等	11.8
视径	4′×3′
类型	旋涡星系

从4.2等的天燕座β星（中文古名为"异雀三"）处出发，朝东移动1.7°就可以找到这个星系，它正好处于一片宽阔的星云物质带的最西端。使用200mm左右口径的望远镜，首先可以在该星系中心区的东边一点儿看到一颗8.9等的恒星GSC 9447:1844。整个星系的轮廓长轴在西北—东南方向上，长轴长度与短轴长度之比约为3：2。

从该星系出发朝东北偏东方向移动不到7′，可以看到一个比它暗许多的旋涡星系IC 4635，后者的亮度仅为14等。

必看天体 467　NGC 6309　亚当·布洛克 /NOAO/AURA/NSF

必看天体 467	NGC 6309
所在星座	蛇夫座
赤经	17h14m
赤纬	−12°55′
星等	11.5
视径	18″
类型	行星状星云
别称	盒子星云（The Box Nebula）

　　这处行星状星云不算大、不算亮也不算著名，但至少"盒子"这一别称听起来十分有趣。从4.3等的巨蛇座ν星（中文古名为"市楼四"）处出发，朝西移动1.6°即可找到它。

　　它的视面积不大，这倒是很符合"盒子"一词的封闭感。如果使用的是小口径望远镜，则它的表面亮度会显示得更高，它也就显得更小了。

　　若使用200mm左右口径的设备并配以250倍的放大率，就有可能看出它"盒子"一样的外形。如果有氧Ⅲ滤镜这类的星云滤镜，此时一定要装上它，可以让视觉效果大为增强。也有的观测者喜欢使用低倍目镜，一起欣赏这个天体和位于它西北侧仅1′处的那颗9等恒星，并将它们合称为"感叹号星云"，你也不妨一试。

　　如果有机会使用400mm左右口径甚至更大口径的设备来观赏这个天体，那么可以用逼近500倍的放大率来欣赏一下它的那些虽微小但清晰的细节。例如，其西北侧的半边稍亮于东南侧。它还有暗弱的卷须状云雾结构从西北部的边缘向外伸出，这种云雾结构的长度约是整个星云长度的1/4。在这种设备配置下，也完全可以看到它的中心恒星，其亮度为14等，处于整个星云的正中央。

　　此外，观星爱好者常说的"盒子星云"其实有两个，另一个是NGC 6445（本书"必看天体504"）。

必看天体 468	蛇夫座 36 号星
所在星座	蛇夫座
赤经	17h15m
赤纬	-26°36′
星等	5.1/5.1
角距	4.4″
类型	双星

　　这处双星的两颗子星亮度相同，颜色也相同（都呈黄白色），这样的格局在双星的世界里是不多见的。它适合用各种口径的天文望远镜欣赏，不过放大率最好不要低于100倍，以免分辨不出两颗子星。

必看天体 469	NGC 6316
所在星座	蛇夫座
赤经	17h17m
赤纬	-28°08′
星等	8.1
视径	5.4′
类型	球状星团

　　这个星团位于NGC 6304（本书"必看天体465"）的东北偏北方向1.4°处。也可以从4.3等的蛇夫座36号星处出发，朝南移动1.6°来找到它的位置。

　　使用250mm左右口径的望远镜可以看到它呈现出一个明亮、宽阔的核心，外围光晕则小且暗。虽然无法分辨出它的任何成员星，但可以看到它核心的东南侧1′处有一颗11.0等的前景恒星。

必看天体 470	武仙座 α 星
所在星座	武仙座
赤经	17h15m
赤纬	14°23′
星等	3.5/5.4
角距	4.6″
类型	双星
别称	帝座（Ras Algethi）

　　我很喜欢欣赏这处双星，因为它有着惊艳的对比效果：主星稍亮，颜色为带着一丝橙色感觉的黄色，伴星则呈橄榄绿色。

　　其别称"Ras Algethi"的原意是"跪者的头部"，因为观测者把武仙座图案联想为一个跪着的人。史密斯认为该处双星中主星的颜色是橙色，伴星呈翡翠色或蓝绿色，并表示："这是一个可爱的天体，也是天球上最优雅的风景之一"。

必看天体 471	武仙座 δ 星
所在星座	武仙座
赤经	17h15m

赤纬	24°50′
星等	3.1/8.2
角距	8.9″
类型	双星
别称	天市左垣一（Sarin）

这处双星在上一个天体（武仙座α星）的北侧10.5°处，其两颗子星的亮度差别较大，主星呈浅蓝色，伴星呈缺乏特征的白色，但亮度只有主星的1%，需要认真辨别才能看到。有趣的是，根据史密斯的描述，这两颗星应该分别呈淡绿色和玫红色。

至于"Sarin"这一别称，我认为或许是迟至20世纪才被附加到这个天体上的，因为理查德·艾伦的《星星的名字及其含义》是恒星命名考据学领域中最重要的著作之一，但出版于1899年的该书完全没提及武仙座δ星。

必看天体 472	蛇夫座 o 星
所在星座	蛇夫座
赤经	17h18m
赤纬	-24°17′
星等	5.4/6.9
角距	10.3″
类型	双星

即便用76mm左右口径的小望远镜也可以轻松分辨该处双星，其主星呈黄色，伴星呈蓝色，主星的亮度是伴星的4倍。从3.3等的蛇夫座θ星处出发，朝西北移动1.2°即可找到这个天体。

必看天体 473	M 9（NGC 6333）
所在星座	蛇夫座
赤经	17h19m
赤纬	-18°31′
星等	7.6
视径	9.3′
类型	球状星团

该星团是第9个进入梅西尔那份著名的目录的星团。从2.4等的蛇夫座η星（中文古名为"宋/天市左垣十一"）处出发，朝东南移动3.5°就可以找到它。它也正好位于暗星云"巴纳德64"的东侧，这块暗星云离我们更近，所以可能削弱了这个星团在我们看来的亮度，使其降低了整整1个星等。

使用200mm左右口径并配以200倍放大率的设备，可以看到该星团明亮、宽阔且亮度不够均匀的中心区。其轮廓的形状也不太规则，即使是在低倍目镜中也能看得出来这一点。其核心区略呈椭圆形，长轴在南—北方向上。

必看天体 474	NGC 6334
所在星座	天蝎座
赤经	17h20m

赤纬	−35°51′
视径	35′ × 20′
类型	发射星云
别称	猫爪星云（The Cat's Paw Nebula）

一部分的深空天体的外观与它们的别称十分匹配，例如"北美洲星云""哑铃星云"等，而这里要介绍的"猫爪星云"也在其列。

约翰·赫舍尔于1837年6月7日发现了这个星云，当时他正在南非的好望角旅行。他在自己1847年编订的目录里将该天体编号为"h 3678"[1]。后来，澳大利亚天文学家科林·古姆于1955年把该天体分为6个编号（Gum 61、62、63、64a、64b、64c）收入了自己的目录中，这也是第一份南半球的H-II发射区域的巡天成果。

猫爪星云是一片很大的恒星形成区，其规模在整个银河系之内也名列前茅。它与5块独立的星云聚集在一个圆形的天区内。其中最亮的星云位于这个复合体的东南端，视径为6′，包括一颗9等的恒星。

由于整个天体的视径比满月的圆面还大，所以需要合理配置物镜、目镜，实现一个宽视场，以此直接观览其全貌。另一种欣赏方式则是加装星云滤镜，然后把放大率配高一些，逐个观察这里的每一小块星云。

定位该天体只要从天蝎座λ星开始，朝西北偏西方向移动3°即可。

必看天体 475	NGC 6337
所在星座	天蝎座
赤经	17h22m
赤纬	−38°29′
星等	12.3
视径	48″
类型	行星状星云
别称	切里奥星云（The Cheerio Nebula）

这个行星状星云的外观像早餐时候的麦片粥，因而得名"切里奥星云"[2]。它正好被构成天蝎"尾钩"的弧形星链围绕着。可以从2.7等的天蝎座υ星（中文古名为"尾宿九"）处出发，朝西南方移动2°来定位它。使用300mm左右口径并配以300倍放大率的望远镜可以看到它的东北侧和西南侧边缘处都呈现出细环特征，还叠加着一颗前景恒星。若加装氧Ⅲ之类的星云滤镜，可以优化观察效果。该天体的星等数值并不高，但由于视径小，所以表面亮度还算可以。

必看天体 476	M 92（NGC 6341）
所在星座	武仙座
赤经	17h17m
赤纬	43°08′
星等	6.5
视径	11.2′
类型	球状星团

---

1. 译者注：这个字母 h 不能大写，因为大写 H 作前缀是指他父亲威廉·赫舍尔编订的另一个目录。

2. 译者注：大概是因为麦片粥表面的固体物总有扎堆或吸附于碗边的倾向，而该现象在物理学中又叫"切里奥效应"。

这个星团位于"拱顶石"（本书"必看天体455"）中的武仙座π星的北方6.3°处。对于观星新手来说，在观赏M 13（本书"必看天体441"）的时候就可以顺便尝试一下寻找武仙座天区内的其他梅西尔天体。M 92的成员星亮度不比M 13低太多，而且也不难在小口径的望远镜中被分辨出来。使用150mm左右口径的望远镜，配以100倍放大率，有可能看出其略呈椭圆形的外观，长轴在南—北方向上，不妨尝试一下。

若使用200mm左右口径的设备，则可以看出其核心的紧致与庞大，以及由大量的暗星组成的外围光晕。若使用350mm左右口径并配以高放大率的望远镜，就可以数一数那些已经被分辨为单颗的成员星了，保证你数到累为止。

必看天体 477	NGC 6342
所在星座	蛇夫座
赤经	17h21m
赤纬	−19°35′
星等	9.5
视径	4.4′
类型	球状星团

该天体位于4.4等的蛇夫座ζ星北方1.5°处。使用200mm左右口径的望远镜观察，可以看到它的中心区亮度一般，而且特别小，其长轴在西北—东南方向上。若使用350mm左右口径并配以300倍放大率的望远镜，最多可以分辨出其五六颗成员星，它们的亮度也仅在视觉极限的水平上。

必看天体 478	UGC 10822
所在星座	天龙座
赤经	17h20m
赤纬	57°55′
星等	12
视径	37′×24′
类型	椭圆星系
别称	天龙矮星系（The Draco Dwarf）

这个目标是为大口径望远镜的使用者准备的，它的编号前缀"UGC"的意思是"乌普萨拉天文台通用目录"，是由专业天文学家们在1971年根据照相底片编订的，而这些底片均摄于1950—1957年的帕洛玛天文台。UGC共包括13 073个位于天球北半球的主要星系，其中最暗星系的亮度为14.5等。

UGC 10822还有个"天龙矮星系"的别称，其中的"矮"字缘于它被天文学家归类为矮椭球星系。它的发光能力偏低，是银河系的一个伴系。同时，它也是"本星系群"的成员星系之一，离我们大约有27.5万光年。

它的视径达到37′×24′，比满月的面积大27%，但亮度却只有12等，因此可以用它来检验大口径业余天文望远镜的能力。

面对这个视面巨大但表面亮度特别低的天体，即使在夜空条件极佳时，我们也需要至少300mm左右口径的设备，并且配以低放大率和宽视场目镜，以便在它的实际位置附近展开搜寻。

可以从3.7等的天龙座ξ星（中文古名为"天棓一"）处出发，朝西北偏西方向移动4.6°来定位它。识别它的过程可能十分艰难，需要注意的是视场里有没有哪块夜空比周围稍微亮一点儿，并且面积略大于满月。

当将视场对准这个星系时，可以看到大约10颗亮度高于11等的前景恒星均匀地铺洒在它与我们之间，其中最亮的星是8.8等的SAO 30348，它的光芒略微发黄。

虽然这个星系很暗，但它的科学价值可谓重大。1954年，美国天文学家阿尔伯特·威尔逊在亚利桑那州旗杆镇的洛韦尔天文台工作时发现了它。近年来，科学家研究了它内部所含的恒星，发现这些恒星之间的相互作用力居然有着巨大的差异，这或许是大量暗物质存在的证据之一。

必看天体 479　B 72　汤姆·麦基兰 / 亚当·布洛克 /NOAO/AURA/NSF

必看天体 479	B 72
所在星座	蛇夫座
赤经	17h24m
赤纬	-23°38′
视径	4′
类型	暗星云
别称	蛇形星云（The Snake Nebula）

　　银河系虽然坐拥上千亿颗恒星，却也含有不少巨大的无光区域。在进入20世纪之前，天文学家们认为这些缺乏星光的天区就是真正的空洞区。直到1913年，爱德华·巴纳德在《天体物理学报》上发表文章指出"这些暗区可能是因星光被遮挡形成的"。

　　巴纳德写道："银河的光带中被称为'黑洞'的区域激发了极多观测者的研究兴趣，现在基本可以肯定，其中某些（区域）不是真的没有物质，而是有某种遮挡物存在于银河之中，它们位于星星和我们之间，所以切断了从星星上发射出来的光线。"

　　巴纳德编目了349块暗星云，这里介绍的蛇形星云是其中的第74号，但它的编号却是B 72。这是因为巴纳德在更靠前的暗星云中编进了两个"额外"的号码：B 44a和B 67a。

　　暗星云的成分是低温的气体分子，还有以碳为主要元素的尘埃。这些物质会吸收附近恒星发出的光，而且不以可见光的形式重新释放这些能量：像蛇形星云这样的天体会把吸收来的能量转化为红外波段的辐射释放出来。

　　将视场直径调配到0.5°是观赏这处暗星云的最佳选择。滤镜在这时派不上用场，因为它们在此只能把周围恒星的光也过滤掉，从而更加没有办法衬托出暗星云的存在。要定位该处暗星云，可以3.3等的蛇夫座θ星为起点，朝东北偏北方向移动1.4°。

必看天体 480	NGC 6352
所在星座	天坛座
赤经	17h26m
赤纬	-48°25′
星等	8.1
视径	7.1′
类型	球状星团
别称	科德威尔 81（Caldwell 81）

　　这个天体位于3.0等的天坛座α星（中文古名为"杵二"，注意这是天球南半部的"杵"星官，北半部还有一个"杵"，其中也有"杵二"，见本书"必看天体699"的相关叙述）的西北方向1.8°处。在使用单筒镜轻易地找到它并欣赏它之前，可以先用双筒镜大致欣赏一下，因为它周围的星场异常明亮，值得一看。

　　使用100mm左右口径的望远镜可以看到该星团呈圆形，中心比其他区域略亮一点儿，轮廓略显模糊。使用250mm左右口径的设备观察它，可以看出大约25颗成员星。另外，在该星团核心的西南侧1′处还有一颗11.0等的恒星GSC 8345:1542。

必看天体 481	NGC 6356
所在星座	蛇夫座
赤经	17h24m
赤纬	−17°49′
星等	8.2
视径	7.2′
类型	球状星团

该天体位于2.4等的蛇夫座η星的东南偏东方向3.8°处。虽然即使只用寻星镜也不难见证它的存在，但它与我们之间的距离还是太远，所以从中分辨出成员星是一个巨大的挑战。使用200mm左右口径并配以200倍放大率的设备可以看到其中心区宽阔、周围形状不够规则。我还计划观察它的外围光晕，但即便使用350mm左右口径的设备也未能成功。

必看天体 482	武仙座 ρ 星
所在星座	武仙座
赤经	17h24m
赤纬	37°09′
星等	4.6/5.6
角距	4.1″
类型	双星

该天体位于3.2等的武仙座π星的东北偏东方向1.8°处。关于它的两颗子星的颜色可谓众说纷纭，有人说二者都呈黄色，有人说都呈白色，还有人说都带有少许的蓝色。因为人类的颜色感受状况本身就是多样的，所以不能判定这些答案的对错，请获取自己的体验吧。

必看天体 483	NGC 6357
所在星座	天蝎座
赤经	17h25m
赤纬	−34°12′
视径	25′
类型	发射星云
别称	龙虾星云（The Lobster Nebula）、战争与和平星云（The War and Peace Nebula）

这个天体位于1.6等的天蝎座λ星的西北偏北方向3.3°处，它是块靓丽的星云。约翰·赫舍尔曾在南非旅行4年之久，在其间的1837年，他发现了这个星云并将它的名字编入了自己的天体目录中。

当年"中途空间实验"卫星的科学家团队发现，这块星云在中红外波段的影像很像一只龙虾，所以给它起了"龙虾星云"的别称。科学家还表示，该星云西北边的明亮部分像一只鸽子，而它向东伸出的细丝状结构组成了一个看似人类头骨的图案。在"两微米巡天计划"的近红外波段图像里，我们可以看出所谓的"鸽子"，但"头骨"则不论在"两微米巡天计划"还是"中途空间实验"的图像里都不能被看出来。

这块星云里还包裹着一个9.6等的疏散星团"皮斯米斯24"[1]，该星团中一些明亮的蓝色恒星质量很大，位于迄今所知的最大质量恒星之列。例如，天文学家曾借助哈勃太空望远镜在其中发现了一对双星，其质量达到了太阳质量的100倍。

诚然，"龙虾星云"的视面积超过了满月的面积，但业余天文望远镜能看到的部分只有其中的大约1/10。这个最明亮的区域位于该星云中心的西侧，加装星云滤镜会更易观测。可以注意到，该星云的南侧有4颗7等星，另外其最北端的一颗7.1等的恒星SAO 208790也正好处于整个星云中心的正上方。

必看天体 484	IC 4651
所在星座	天坛座
赤经	17h25m
赤纬	-49°57′
星等	6.9
视径	12′
类型	疏散星团

该天体位于3.0等的天坛座α星西侧1.1°处，是个漂亮的星团，其整体轮廓比较像一个没有杆的箭头，其"尖端"指着西北偏西方向。使用76mm左右口径并配以大约75倍放大率的望远镜可以从中分辨出约50颗成员星，它们与周围的星场状态有着显著的区别。其中最亮的成员星位于整个星团的东北角，编号为HIP 85245，亮度8.9等，光芒带有红色。

必看天体 485	NGC 6362
所在星座	天坛座
赤经	17h32m
赤纬	-67°03′
星等	7.5
视径	10.7′
类型	球状星团

这个星团位于4.7等的天燕座ζ星（中文古名为"异雀一"）的东北方1.2°处，处于一片暗星群集的星场之中。使用100mm左右口径并配以150倍放大率的望远镜可以看到它的成员星有略向中心汇聚的倾向，外围的光晕带有颗粒质感，暗示着那里有许多分辨不出的成员星。若用300mm左右口径并配以250倍放大率的望远镜，则可以分辨出约25颗星。注意其中最亮的两颗都不是其成员星，而是前景恒星，亮度在10等左右。如果大气视宁度足够理想，则还可以换用更高的放大率，更充分地欣赏这个星团的风貌。

必看天体 486	NGC 6366
所在星座	蛇夫座
赤经	17h28m
赤纬	-5°05′

---

1. 译者注：关于这个前缀，详见本书"必看天体489"。

星等	8.9
视径	8.3′
类型	球状星团

该星团位于4.6等的蛇夫座μ星（中文古名为"市楼一"）西北方3.9°处。虽然它和一些有名的球状星团相比暗了好几个星等，但它的成员星分布并不太致密，所以从中分辨单颗的成员星反而容易得多。如果使用大口径并配以高放大率的望远镜观看它，则会觉得它像个疏散星团。当望远镜的口径是300mm左右时，可以看到有大约10颗暗弱的恒星"浮"在它云雾状的背景光之上，其中最亮的是10.5等的GSC 5075:701，位于星团中心的西侧5′处。另外，该星团中心西侧16′处有一颗4.5等的恒星SAO 141665，应注意要将其移到视场之外再欣赏这个星团的风光。

必看天体 487 NGC 6369 杰伊·贾巴尼/亚当·布洛克/NOAO/AURA/NSF

必看天体 487	NGC 6369
所在星座	蛇夫座
赤经	17h29m
赤纬	−23°46′
星等	11.4
视径	大于 30″
类型	行星状星云
别称	小幽灵星云（The Little Ghost）

这个行星状星云又是一个值得长期监测的目标，它位于4.8等的蛇夫座51号星（中文古名为"天籥六"）的西北偏西方向0.5′处。

这个别称为"小幽灵"的星云视径大约为0.5′，亮度为11.4等。使用200mm左右口径的望远镜并配以200倍放大率观察，可以看到它呈现为一个圆形的亮环，且北半边的亮度略高一些。它的中心恒星的亮度只有16等，虽然在各种专业天文照片中好像很明显，但业余爱好者要想亲眼观测则需要至少350mm口径的设备。如果能使用更大口径的设备，则可以看到该天体北半部明亮的边缘呈现为一道富有活力感的光带，旁边还有云气围绕着。

必看天体 488	天龙座 ν 星
所在星座	天龙座
赤经	17h32m
赤纬	55°11′
星等	4.9/4.9
角距	61.9″
类型	双星
别称	天棓二（Kuma）

分辨这处双星很容易，只需要寻星镜或者固定稳了的双筒镜即可。其两颗子星亮度相当，都呈白色。

它的别称"Kuma"与阿拉伯天文学有关。在阿拉伯文化中，天龙座的"头部"被解释为四头母骆驼环绕着一头小骆驼，保护小骆驼不被两只鬣狗攻击，而Kuma就是其中的一头母骆驼。

必看天体 489	NGC 6380
所在星座	天蝎座
赤经	17h35m
赤纬	-39°04′
星等	11.1
视径	3.9′
类型	球状星团

这个天体位于2.4等的天蝎座κ星（中文古名为"尾宿七"）西侧1.5°处，是一个具有较强挑战性的观赏目标。它离我们有3.5万光年，中间还隔着不少星际物质，所以能看到它就可以知足了。在300mm左右口径的望远镜中，它呈现为一个有视面的暗弱天体，轮廓模糊，其光亮有向中心汇聚的趋势。

这个天体是由土耳其的天文学家帕里斯·皮斯米斯（1911—1999年）[1]在墨西哥普埃布拉的托南兹因特拉天文台上发现的，所以还有一个编号Ton 1。帕里斯在这座天文台上发现了两个球状星团，这是其中较亮的一个，另一个编号为Ton 2，亮度为12.2等，位于Ton 1的东侧25′处。

---

1. 译者注：她是历史上第一位在土耳其伊斯坦布尔大学的科学类专业获得博士学位的女性。

必看天体 490	NGC 6383
所在星座	天蝎座
赤经	17h35m
赤纬	-32°35′
星等	5.5
视径	20′
类型	疏散星团

要定位这个天体，可以从1.6等的天蝎座λ星处出发，往北移动4.5°。或者从M 6（本书"必看天体496"）出发，往西南偏西方向移动1.2°。在那里，你会首先注意到5.7等的SAO 208977，这颗星发出的光承担了整个星团光亮的一大部分，而其他暗弱的星主要负责让星团拥有优雅的椭圆形外观。使用100mm左右口径并配以100倍放大率的望远镜观察，你会发现该星团的中心部分有一条弯曲的星链从西北方弯曲着延伸到了东南方，其南端还有一个小的星棒结构从中穿过，这让我联想到了天鹤座的形象。刚才提到的SAO 208977正好在两者的交叉点处。

在该星团附近还有另外两个鲜为人知的星团：其东侧不到0.5°处是7.7等的特朗普勒28，视径为8′；其西侧1°处的那个极为弥散的星团是8.8等的"安塔洛娃2"。

必看天体 491	NGC 6384
所在星座	蛇夫座
赤经	17h32m
赤纬	7°04′
星等	10.4
视径	6.2′×4.1′
类型	旋涡星系

这个天体十分特殊，因为它居然是蛇夫座天区内的一个相当明亮的星系[1]。从2.8等的蛇夫座β星（中文古名为"宗正一"）处出发，朝西北方移动3.7°即可找到它。通过200mm左右口径并配以150倍放大率的望远镜观察它可以发现它的轮廓近似于矩形。它有平展且明亮的中心区，换用高放大率还可以看到其外围有暗弱的光晕环抱。

观赏完这个星系，还可以在其西南偏南方向0.9°处尝试寻找另一个更小的旋涡星系NGC 6378，其亮度仅为14.0等，因此这算是一个小小的挑战。

必看天体 492	NGC 6388
所在星座	天蝎座
赤经	17h36m
赤纬	-44°44′
星等	6.8
视径	10.4′
类型	球状星团

从1.9等的天蝎座θ星（中文古名为"尾宿五"）处出发，朝南移动1.7°即可找到这个天体。它

---

1. 译者注：蛇夫座内的深空天体类型主要是星团。

可能会给人带来挫败感，因为如果望远镜的口径不到500mm就无法从中分辨出任何成员星，只能看到一个星光高度密集的核心区以及薄薄的一层外围光晕。它的视径中还叠加了两颗10等恒星，一颗在其中心点的北方1′处，另一颗在其中心点的西南偏西方向不到2′处。

必看天体 493	NGC 6397
所在星座	天坛座
赤经	17h41m
赤纬	-53°40′
星等	5.3
视径	25.7′
类型	球状星团
别称	科德威尔 86（Caldwell 86）

从2.9等的天坛座β星（中文古名为"杵三"）处出发，朝东北方移动2.9°即可找到这个好看的星团。也可以以5.3等的天坛座π星为起点，朝东北偏北方向移动0.9°来定位它。它就是NGC 6397，它与孔雀座的NGC 6752（本书"必看天体582"）并列为全天区亮度排名第四的球状星团。若不是因为在天球上的位置太靠南，它大概早就被梅西尔收入自己的目录中了。

在你的观测地点，只要它的最大高度角超过10°，那么就不难仅凭肉眼看到它，它会像一颗外观模糊的恒星。使用200mm左右口径并配以200倍放大率的望远镜可以看到它有明亮的中心区，并能分辨出约50颗成员星，并能发现它们有轻微向中心汇聚的态势。

若使用350mm左右口径的设备观测它，所见就甚为精彩了。它各种亮度的众多成员星组成了许多图案和小团体，并呈现出鲜明的层次感。此时，它的全部成员星都可能被分辨为单颗，以致有些使用高放大率的观测者觉得它变成了一个疏散星团。

该星团离我们有7200光年，从而应该是离我们最近或第二近的此类天体。之所以不能确定名次，是因为M 4（本书"必看天体424"）与我们的距离与它与我们的距离不相上下。

必看天体 494	NGC 6401
所在星座	蛇夫座
赤经	17h39m
赤纬	-23°55′
星等	9.5
视径	4.8′
类型	球状星团

这个星团跟上一个星团（NGC 6388）相比不会呈现出特别多的成员星，但二者的外观特征相差也不是很多，所以这个星团也值得一看。从3.3等的蛇夫座θ星处出发，朝东北偏东方向移动3.9°就可以找到它。或者，以4.8等的蛇夫座51号星为起点，朝东移动1.6°也行。在150mm左右口径的望远镜中，该星团呈现为小而圆的天体；若用300mm左右口径并配以250倍放大率的望远镜观察，则可以发现，它就显得不那么圆，也不那么致密了，但仍然显得很小。

必看天体 495	M 14（NGC 6402）
所在星座	蛇夫座
赤经	17h38m
赤纬	-3°15′
星等	7.6
视径	11.7′
类型	球状星团

这是梅西尔深空天体目录里的第14个天体，梅西尔于1764年6月1日发现了它。它的位置相当"孤独"，附近没有任何比较亮的恒星；如果要用亮星做参考来定位它，相对最好的方式就是从3.8等的蛇夫座γ星（中文古名为"宗正二"）处出发，朝西南偏南方向移动6.5°。

使用100mm左右口径并配以100倍放大率的望远镜可以看到它像是许多星星紧紧汇聚所形成的一个圆球，并不容易辨认出单颗的成员星来。这是因为它离我们有3万光年，所以它的成员星中最亮的那颗也仅有14等的亮度。

关于这个星团还有一件值得注意的事（特别是在配成高放大率的情况下），那就是它其实不是很圆，而是在东—西方向上略有拉长。其外围的光晕区亮度是平滑地下降和消失的。

必看天体 496	M 6（NGC 6405）
所在星座	天蝎座
赤经	17h40m
赤纬	-32°13′
星等	4.2
视径	33′
类型	疏散星团
别称	蝴蝶星团（The Butterfly Cluster）

M 6也叫蝴蝶星团，在夜空环境极佳时可以仅凭肉眼察觉到它的存在。从天蝎座的亮度排名第二的天体星，即1.6等的天蝎座λ星处出发，往东北偏北方向移动5°即可定位这个星团。

对身在北半球的观星人来说，由于天上这只"蝎子"的"尾巴"贴近南方的地平线，所以M 6这个星团通常会显得很模糊，更像一块星云。不过，只要换到它的高度、角足够大的地点，就可以毫无疑问地看清它内部的点点星光了。

虽然通过肉眼或双筒镜都有可能看到它，但要获得良好的观测效果还是离不开单筒镜。可以先配出尽量低的放大率，然后慢慢调高，尝试看出"蝴蝶"的两只"翅膀"，它们呈一南一北分布状态。

使用100mm左右口径的望远镜可以从中分辨出约50颗成员星；若使用279mm左右口径的设备，则显现的成员星可能超过200颗，让这个天体看上去更像是一窝躁动的蜜蜂和它们的蜂巢，而非蝴蝶。在该星团的东侧边缘有它最亮的成员星，即6.0等的SAO 209132，它发出橙色的光。

必看天体 497	菱形
所在星座	天龙座
赤经	17h43m
赤纬	53°53′
类型	星群

这个被称为"菱形"的图案很容易直接被看到，业余天文学家们也常叫它"天龙的头"。天龙座是全天区面积第八大的星座，位于大熊座和小熊座之间，环绕北天极达半圈之长。

要定位这处图案，可以假设在耀眼的织女星与小熊座β星之间连一条线（后者是小熊座内的第二亮星，也是"小勺子"的"勺头"四星中最亮的一颗），则这里说的"菱形"差不多就在该线的中点上，但离织女星稍微近一点儿。

构成"菱形"的4颗星分别是天棓三、天棓四、天棓一和天棓二，用拜尔命名法说就是天龙座的β星、γ星、ζ星和ν星。其中，最亮的是天龙座γ星，但天龙座ν星作为双星是其中最值得单独被观赏的（本书"必看天体488"）。

必看天体 498	NGC 6416
所在星座	天蝎座
赤经	17h44m
赤纬	-32°22′
星等	5.7
视径	15′
类型	疏散星团

这个星团位于一片"繁华"得惊人的星场之中。从1.6等的天蝎座λ星处出发，往东北偏东方向5.2°就可以找到它。或者，从M 6（本书"必看天体496"）处出发往东不到1°也可以看到它。

使用100mm左右口径并配以75倍放大率的望远镜或许不太容易把这个星团跟背景的星场区分开来，可以试着寻找一片比周围密集一点儿的星星，它们分布得不太均匀，整体呈一个等腰三角形，其顶点是指向东南方的。如果能使用大口径的设备，我建议把放大率保持在较低的水平，除非是要尝试分辨出该星团内部的几对双星。

必看天体 499	天龙座 ψ 星
所在星座	天龙座
赤经	17h42m
赤纬	72°09′
星等	4.9/6.1
角距	30.3″
类型	双星
别称	女史增一（Dziban）

这处双星的角距很宽，在望远镜里不难被分辨。其主星呈白色，伴星也基本呈白色，但略带一点黄色。该双星与天龙座χ星（中文古名为"御女四"）和天龙座φ星（中文古名为"柱史"）组成一个等腰三角形，并且是其中的顶点，离另外两星各约3°。

还记得关于星空中四头母骆驼保护一头小骆驼，使它免受两只鬣狗攻击的故事（本书"必看天体488"）吗？或许这处双星（天龙座ψ^1和ψ^2）就代表那两只鬣狗。当然，也有一种说法是，两只鬣狗对应于天龙座的ζ星和η星。

必看天体 500	IC 4665
所在星座	蛇夫座
赤经	17h46m
赤纬	5°43′
星等	4.2
视径	70′
类型	疏散星团
别称	黑色燕尾蝶星团（The Black Swallowtail Butterfly Cluster）、小蜂巢星团（The Little Beehive）

读者即使从未观察过（甚至从未听说过）IC 4665 这个天体也不要紧，毕竟它虽然具有比较高的累积星等数值，但视径太大，所以其光芒被分散开来之后远不如数值指示的那样亮。它占据的天区总面积达到了满月面积的 5 倍之多。

IC 4665 位于蛇夫座天区的北部。从 2.8 等的蛇夫座 β 星处出发，往东北偏北方向移动 1.3° 就可以找到它。观赏它时应该在望远镜上使用低倍的配置，获得至少 1° 的视场直径，这样有望看到它的数十颗 7~9 等的成员星，以及另外大约 20 颗暗至 10 等上下的成员星。当然，这些成员星都沉浸在由许多更暗的成员星造成的、隐约可察的背景光中。

在我最成功的一次观赏该星团的体验中，使用的是 200mm 左右口径、焦比为 4.5 的牛顿式反射镜，还加装了双目观看装置。只要选用合适的目镜，配出 45 倍左右的放大率，就可以享受这个星团的层次感和立体感了。

《天文学》杂志的特约编辑奥米拉给这个天体起了"黑色燕尾蝶"的别称。这种蝴蝶的身体和翅膀都是黑色的，但边缘处布满了亮白色的斑点，奥米拉觉得这很像该星团中的星星。

必看天体 501	IC 4662
所在星座	孔雀座
赤经	17h47m
赤纬	-64°38′
星等	11.3
视径	3.7′×2.5′
类型	不规则星系

用 250mm 左右口径的望远镜瞄准 3.6 等的孔雀座 η 星（中文古名为"孔雀一"）就可以在它的东北边仅 10′ 处找到这个不规则星系。当然，由于此恒星的光在视场中显得太强烈，为了更好地欣赏该星系，在观察后者的细节之前，应将前者移到视场之外。

这个星系规模较小，算是矮星系，它呈现为一大堆恒星状亮点[1]的组合，并含有两块主要的发射星云。在望远镜中，其东北部更亮，形成了一块亮斑，而其他部分则缺乏细节，呈云雾状。

---

1. 译者注：注意不是单颗恒星。

必看天体 502	NGC 6440
所在星座	人马座
赤经	17h49m
赤纬	-20°22′
星等	9.3
视径	4.4′
类型	球状星团

从3.8等的人马座 μ 星（中文古名为"斗宿三"）处出发，朝西移动5.9°就可以找到这个星团。必须承认，它的个头小，而且真的不算亮，而它之所以出名，主要是因为它位于NGC 6445（本书"必看天体504"）的西南偏南方向不到0.4°处。选择合适的目镜，在保证视场直径至少0.5°的前提下配出尽量高的放大率，可同时观赏二者。该星团会呈现出一个宽大的致密核心区，外围光晕很薄且我们无法从中分辨出成员星。

必看天体 503	NGC 6441
所在星座	天蝎座
赤经	17h50m
赤纬	-37°03′
星等	7.2
视径	7.8′
类型	球状星团
别称	银色金砖星团（The Silver Nugget Cluster）

从1.6等的天蝎座 λ 星处出发，向东移动3.3°即可定位到NGC 6441。在该星团中心的西侧仅4′处，还有一颗3等恒星——天蝎座G星，它发出橙色的光，与星团形成了完美的视觉"拼搭"，但如果计划仔细观察这个星团，还是要先将这颗恒星移到视场之外。使用200mm左右口径并配以150倍放大率的望远镜可见该星团的核心区明亮且紧致，外围光晕虽然很薄但不难被察觉，且轮廓有略不规则的特点。星团中心点的西南侧1′多一点儿处还有一颗10等恒星GSC 7389:2031。

球状星团内部也可能含有行星状星云，但目前所知具有这个特征的球状星团仅有4个，NGC 6441就是其中之一。不过，要想亲自认出这一奇观，需要至少640mm口径并配以超高放大率的大望远镜，并且离不开极佳的夜空条件以及详细的寻星导图。

《天文学》杂志特约编辑奥米拉给这个星团起了"银色金砖"这个别称，因为他觉得该星团的光和天蝎座G星的光在中等放大率的视场里看起来就像放在沙滩上的金块和白银交相辉映。

必看天体 504	NGC 6445
所在星座	人马座
赤经	17h49m
赤纬	-20°01′
星等	11.2
视径	34″
类型	行星状星云
别称	盒子星云（The Box Nebula）

这个天体位于3.8等的人马座μ星的西边5.8°处，同时也位于NGC 4460（本书"必看天体502"）的东北偏北方向不到0.4°处。它还是天空中第二个被叫作"盒子星云"的天体，第一个是NGC 6309（本书"必看天体467"）。

天文学家将它归类为双极结构的行星状星云，而正如它的别称所述，它呈现给我们的轮廓正好是个矩形。使用300mm左右口径并配以250倍放大率的望远镜可以看出它有两个比较明亮的瓣状结构，分别位于西北和东南方向上，夹在两者之间的中心区则是暗的。在更大口径的设备中，它的矩形外壳显得很薄，中间则是巨大而暗淡的空洞区。

必看天体 505   M 7   艾伦·库克 / 亚当·布洛克 /NOAO/AURA/NSF

必看天体 505	M 7（NGC 6475）
所在星座	天蝎座
赤经	17h54m
赤纬	-34°49′
星等	3.3
视径	80′
类型	疏散星团
别称	托勒密星团（Ptolemy's Cluster）

天蝎座为我们提供了很多可以仅凭肉眼直接观察的深空天体，疏散星团M 7便是其中特别突出的一个。从代表这只"蝎子"的"毒刺"的两颗星，也就是天蝎座λ星和υ星处出发，朝东北偏东方向移动4.7°即可找到这个星团。在任何良好的夜空环境中都可以不用望远镜直接看到它。

古希腊哲学家托勒密在公元130年前后就注意到了这个天体，称它为"蝎子尾刺后面的星云"。梅西尔于1764年将该天体的名字加入了自己的目录中，并写道："它比前一个天体（M 6）更加可以被肯定是个星团，如果不用望远镜的话，它看起来像块星云"。该星团也是整个梅西尔深空天体目录里最靠南的一个。

该星团所占天区面积很大，其中足以放下4个满月的轮廓，所以要想在目镜中直接看到它的全貌，放大率必须配得足够低。实际上，每当这样做时，都会看到银河里繁华灿烂的背景星场把视觉画面装点得更加出众。

当然，面对这个星团，也可以配出高放大率，以便观察其成员星中的双星和各种组合图案，以及许多星链和它们之间的"沟壑"。许多观测者沉迷其中。使用10×50的双筒镜大约可以从该星团中分辨出50颗成员星。若将口径翻倍，也就是使用100mm左右口径的望远镜，可分辨的成员星的数量也会翻倍。

必看天体 506	M 23（NGC 6494）
所在星座	人马座
赤经	17h57m
赤纬	-19°01′
星等	5.5
视径	27′
类型	疏散星团

M 23是梅西尔目录中被观测得最少的天体之一，其实它很适合用小口径望远镜观测，而且风姿卓然，所以如果忽略了M 23，实在可惜。要定位这个天体，只需要把天文望远镜乃至双筒镜先对准3.8等的人马座μ星，然后朝西北偏西方向移动4.4°即可。

M 23这个疏散星团的累积亮度达到5.5等，视径也有27′，几乎快要赶上满月的视径了。哪怕只是在寻星镜中，这个天体也相当清楚；甚至有人在极佳的夜空环境中仅用自己的眼睛就隐约看到了它的光芒。

若使用100mm左右口径并配以100倍放大率的望远镜，则大约可以看到该星团的50颗成员星，它们排布成了好几条曲线（我自己数出了5条），整体看上去颇有繁盛之感。这个星团周围的背景星场也相当密集，不过并不影响我们分辨它的边界。这片天区内最亮的恒星是6.5等的SAO 160909，它位于M 23的中线点的西北方20′处，但它并不是M 23的成员星。如果使用更大口径的设备来观察这个星团，最多可以看到100颗左右成员星。

必看天体 507	NGC 6496
所在星座	天蝎座
赤经	17h59m
赤纬	-44°16′
星等	8.6
视径	5.6′
类型	球状星团

从1.9等的天蝎座θ星处出发，朝东南偏东方向移动4.1°就可以找到这个卡到南冕座边界的星团。把望远镜对准该星团之初，首先肯定会注意到它西南偏西方向0.4°处的一颗4.8等恒星SAO 228562。诚然，这颗亮星的存在让视场内的风景漂亮多了，但为了认真观察这里的星团，还是要先把单颗

的亮星移出视场。

这个星团编号为NGC 6496，是天空中最为稀松的球状星团之一，在望远镜中几乎看不出它的物质有向中心汇聚的倾向，所以试着从中认出5～10颗亮度为11等或12等的成员星即可。

必看天体 508　NGC 6503　亚当·布洛克 /NOAO/AURA/NSF

必看天体 508	NGC 6503
所在星座	天龙座
赤经	17h49m
赤纬	70°09′
星等	10.3
视径	7.3′×2.4′
类型	旋涡星系
别称	迷失太空星系（The Lost in Space Galaxy）

只用100mm左右口径的望远镜也不难看到这个明亮的旋涡星系，它有一个比较紧致的中心区，相对于整个星系视面的几何中心来说，这个实际的中心区是偏北的。

在400mm左右口径的望远镜中，该星系表面会开始显露斑驳的特征。天文学家根据对其中亮度最高的蓝色恒星的测量结果，得知其与我们之间的距离为1700万光年。以4.9等的天龙座ω星为起点，朝东北方移动1.8°即可找到该星系。

"迷失太空"这个别称也是《天文学》杂志特约编辑奥米拉所起，我初次听到这个名字时，还以为奥米拉是在向1965—1968年播出的同名科幻电视剧致敬，毕竟我也是这部电视剧的忠实观众。但其实奥米拉不是这个意思，他只是想表达这个星系是孤零零的，而且经常被观星爱好者们忽视。

必看天体 509 M 20 亚当·布洛克 / 莱蒙山天空中心 / 亚利桑那大学

必看天体 509	M 20（NGC 6514）
所在星座	人马座
赤经	18h02m
赤纬	-23°02′
视径	20′×20′
类型	发射星云
别称	三裂星云（The Trifid Nebula）

　　这处星云十分壮观，它是在1764年6月5日由梅西尔发现的。有3条不发光的物质带挡在它的前面，所以在我们看来它的发光区域被分成了3块，故又得名"三裂星云"。在其中心的西侧，我们可以尝试辨认一个漂亮的三合星系统。这块星云之所以能发光，离不开这3颗恒星和另外2颗恒星一起在远紫外波段发出的辐射。在星云的北侧边缘处，还有一块反射星云，它在天文照片中呈蓝色，其中心处有一颗9等的恒星作为其反射光的来源。

　　总之，"三裂星云"会让人不由自主地欣赏它很久。它就位于3.8等的人马座μ星的西南方3.3°处。

必看天体 510	巴纳德星
所在星座	蛇夫座
赤经	17h58m
赤纬	4°42′
星等	9.5
类型	恒星

　　这颗恒星是我们的夜空中"自行"速度最快的天体，也就是相对于其他天体来说，改变自身

在天球上的位置速度最快的天体。从2.8等的蛇夫座β星处开始，朝东移动3.6°即可找到它。天文学家描述这个目标用的单位是角秒/年，巴纳德星的自行速度达到了每年10.4″。

　　一旦用望远镜找到了这颗星，就立刻会注意到它特别红的颜色，这个特点比它的亮度要显著多了。它离我们只有6光年，在它的东南偏东方向1′处还有一颗11等星。

必看天体 511　NGC 6520　弗雷德·卡尔弗特 / 亚当·布洛克 /NOAO/AURA/NSF

必看天体 511	NGC 6520
所在星座	人马座
赤经	18h03m
赤纬	−27°54′
星等	7.6
视径	6′
类型	疏散星团
别称	流浪星团 / 被抛弃星团（The Castaway Cluster）

　　从3.0等的人马座γ²星（中文古名为"箕宿一"）处出发，朝西北偏北方向移动2.6°即可找到这个星团。只用小口径的望远镜就足以很清楚地把它和它周围明亮的背景星场区分开来，它周围的恒星距离都比它远得多。使用200mm左右口径的设备可以从中认出约30颗亮度在10 ~ 11等间的恒星，它们集中在整个星团视径1/3范围（中间范围）里。若配以150倍放大率，继续观察该星团的西侧和南侧，会发现那里的恒星相当稀少，因为那里正是暗星云"巴纳德86"（本书"必看天体527"）的所在。

　　《天文学》杂志特约编辑奥米拉给这个星团起了"流浪"的别称，这是用了《鲁滨孙漂流记》的典故，因为他觉得该星团位于周围的繁星之中，它就像大海的茫茫浪涛之中一座不为人知的孤岛。

必看天体 512 NGC 6522（左） 亚当·布洛克 / 莱蒙山天空中心 / 亚利桑那大学

必看天体 512	NGC 6522
所在星座	人马座
赤经	18h04m
赤纬	−30°02′
星等	8.4
视径	5.6′
类型	球状星团

要定位这个星团，可以先找到3.0等的人马座γ²星，然后朝西北方向移动0.6°。那里有一片被遮蔽较少的天区，可以让我们的视线深入到接近银河系中心的地方。这片天区也叫"巴德之窗"，是以德裔美籍天文学家沃尔特·巴德的名字来命名的。

使用300mm左右口径的望远镜可以分辨出该星团外围的几十颗成员星，但它的核心区极为致密，无法分辨出成员星。在该星团东侧边缘之外不到2′处还有一颗11.4等的前景恒星。

观测完这个星团，还可以顺便去它东边16′处观测一下另一个球状星团NGC 6528（本书"必看天体514"），其累积亮度为9.6等。

必看天体 513　　M 8　亚当·布洛克 /NOAO/AURA/NSF

必看天体 513	M 8（NGC 6523）
所在星座	人马座
赤经	18h04m
赤纬	−24°23′
视径	45′×30′
类型	发射星云
别称	礁湖星云（The Lagoon Nebula）

　　从2.8等的人马座λ星（中文古名为"斗宿二"）处出发，向西移动5.5°处就可以找到壮美的"礁湖星云"。英国的天文学家约翰·弗拉姆斯蒂德在1680年前后就发现了这个天体；后来，梅西尔将这一天体的名字列入自己的深空天体目录中并将其排为第8号。

　　在夜空环境极好时，仅凭肉眼也可以察觉到M 8的存在。它的面积达到了满月圆面的3倍，其中大部分可以在业余天文望远镜中观察到。一条暗带（也就是"礁"的形象）把它从中间"切"开。在这道"裂痕"的东侧，可以看到疏散星团NGC 6530的30多颗成员星被包裹在这块星云之内。

　　而在西侧，该星云内最亮的恒星是5.9等的人马座9号星，它自身的发光对整块星云的亮度也有贡献。在整个星云的几何中心偏西一点儿的位置上是其亮度最大的区域，不妨在那里找一下"沙漏星云"，它是一个恒星形成区，含有很多年轻的恒星。

必看天体 514　NGC 6528（右）　亚当・布洛克／莱蒙山天空中心／亚利桑那大学

必看天体 514	NGC 6528
所在星座	人马座
赤经	18h05m
赤纬	-30°03′
星等	9.6
视径	5′
类型	球状星团

　　要定位这个星团，可以先定位NGC 6522（本书"必看天体512"），然后向东移动16′。它的个头略小，所以成员星的分辨也比NGC 6522困难得多。使用250mm左右口径并配以200倍放大率的望远镜观察，可以发现该星团是一幅小巧的模样，表面亮度均匀。如果夜空环境足够理想，可以把放大率升到350倍左右，看出它的外围光晕十分纤薄且形状不规则。

必看天体 515	M 21（NGC 6531）
所在星座	人马座
赤经	18h05m
赤纬	-22°30′
星等	5.9
视径	13′
类型	疏散星团

　　这个星团也是梅西尔深空天体目录中相对"冷门"的一个。从3.8等的人马座μ星处出发，朝西南移动2.6°即可找到它。我十分肯定，如果望远镜瞄准这块天区，大家一定会先去欣赏M 20（本书"必看天体509"）。不过，在此之后，请不要忘了朝东北方向移动42′，去观测一下M 21。

该星团在150mm左右口径的望远镜中可以呈现出20多颗亮度高于12等的成员星，而闪烁在星团正中的是7.2等的SAO 186215。

必看天体 516	NGC 6535
所在星座	巨蛇座（尾部）
赤经	18h04m
赤纬	-0°18′
星等	9.3
视径	3.4′
类型	球状星团

从3.2等的巨蛇座η星（中文古名为"东海/天市左垣八"）处出发，朝西北偏西方向移动5.1°即可找到这个星团。由于这个星团太小，所以要想观察它的细节应该使用口径尽可能大的望远镜。用250mm左右口径并配以200倍放大率的望远镜观察，可见它的外观有斑驳感和颗粒状质感；若将放大率升到300倍，可以看出它的外围形状不规则；若使用500mm左右口径的设备，则可以将这些不规则之处分辨为单颗的成员星。

必看天体 517	NGC 6537
所在星座	人马座
赤经	18h05m
赤纬	-19°51′
星等	13.0
视径	1.5′
类型	行星状星云
别称	红蜘蛛星云（The Red Spider Nebula）

要定位这处星云，可以从3.8等的人马座μ星处出发，朝西北偏西方向移动2.3°。观察时，建议使用不小于300mm口径的设备。同时，如果所配的放大率低于250倍，那么该天体看起来仍然会是一个仿佛恒星的小亮点，只有放大率更高时望远镜才足以将其呈现为一个蓝色的小圆盘。如果加装氧Ⅲ滤镜，则这块星云的形态会更清楚，但同时我们也无法看出它的蓝色了。

它之所以叫作"红蜘蛛星云"，是因为它的外观就像一只蜘蛛——但那必须通过特大口径的望远镜加以长时间的曝光拍摄才能看得出来。

必看天体 518	NGC 6539
所在星座	巨蛇座（尾部）
赤经	18h05m
赤纬	-7°35′
星等	9.8
视径	6.9′
类型	球状星团

从5.2等的蛇夫座τ星（中文古名为"市楼三"）处出发，朝东北方移动0.7°即可找到这个星

团。由于该星团的视径太小，所以即便使用大口径的望远镜，也很难从中分辨出单颗的成员星。其实，它最亮的成员星的亮度仅有16等，所以如果用300mm左右口径并配以300倍放大率的望远镜观察它的话，也只能看出它的表面有颗粒一般的质感。

必看天体 519	NGC 6541
所在星座	南冕座
赤经	18h08m
赤纬	−43°42′
星等	6.1
视径	13.1′
类型	球状星团
别称	科德威尔 78（Caldwell 78）

这个好看的星团位于3.5等的望远镜座α星（中文古名为"鳖一"）的西北偏西方向4°处。使用150mm左右口径的设备看它，只能看到一个圆形的光斑，分辨不出其成员星。若使用300mm左右口径并配以200倍放大率的望远镜，则可以辨认出100多颗成员星，但星团中心区还是难以分辨出单颗星的。该星团的轮廓并不规则，因为有一些很细的暗带穿插在它的外围光晕区之中。另外，在该星团的西北方仅21′处有一颗4.9等的恒星SAO 228708。

必看天体 520　NGC 6543　亚当·布洛克 / 莱蒙山天空中心 / 亚利桑那大学

必看天体 520	NGC 6543
所在星座	天龙座
赤经	17h59m
赤纬	66°38′
星等	8.1
视径	大于 18″
类型	行星状星云
别称	猫眼星云（The Cat's Eye Nebula）、科德威尔 6（Caldwell 6）

这是个奇美的行星状星云，从3.2等的天龙座ζ星（中文古名为"上弼/紫微左垣四"）处出发，朝东北偏东方向移动5°多一点儿就可以找到它。它的颜色丰富，在较小（例如100mm左右）口径的望远镜中可能呈现为蓝色、蓝绿色、带绿色调的蓝色或者绿色，这具体取决于个人眼球中负责感受颜色的细胞的判断。

若用200mm左右口径并配以200倍放大率的设备，可以看到该行星状星云的中心恒星明亮，其周围还有模糊的旋臂状结构，而最外层的弥散物质宽达5′，物质含量也远多于核心区。在以前的观测中，曾有人误认为这个物质壳层中较亮的一部分是一个星系，还赋予它一个单独的编号IC 4677。

必看天体 521	NGC 6544
所在星座	人马座
赤经	18h07m
赤纬	-25°00′
星等	7.5
视径	9.2′
类型	球状星团
别称	海星星团（The Starfish Cluster）

这个星团就位于M 8（本书"必看天体513"）的东南方1°处，各种口径的望远镜都可以观察到它，但业余天文望远镜中，就算是口径大的，也几乎无法从中分辨出成员星。该星团的核心很小，在其东北偏东方向仅28′处有一颗10.7等的恒星。

在使用高放大率时，该星团里最亮的一批成员星组成了一个类似海星的形状，所以《天文学》杂志特约编辑奥米拉给这个天体起了"海星星团"的别称。

必看天体 522	天龙座 40/41 号星
所在星座	天龙座
赤经	18h00m
赤纬	80°00′
星等	5.7/6.1
角距	19.3″
类型	黄白色双星

定位这处双星的最简便的方法是从4.4等的小熊座ε星处出发，朝东南偏东方向移动3.5°。大多数观测者认为，其主星呈黄色，伴星呈白色。当然，也有人认为两星皆呈黄色，或者皆呈白色。

必看天体 523	NGC 6553
所在星座	人马座
赤经	18h09m
赤纬	−25°54′
星等	8.3
视径	9.2′
类型	球状星团

从2.8等的人马座λ星处出发，朝西移动4.2°即可找到这个星团。使用200mm左右口径并配以150倍放大率的望远镜观察，可见其外观呈三角形；我觉得它更像一个无杆的箭头，箭尖指向东南方，而东北侧的拐角处是最亮的。在距离该星团中心点不到1′处有两颗11.6等的恒星，其一在中心点东北侧，另一颗在中心点的西南偏西方向上，不妨都试着辨认一下。

必看天体 524	NGC 6558
所在星座	人马座
赤经	18h10m
赤纬	−31°46′
星等	8.6
视径	4.2′
类型	球状星团

从3.0等的人马座γ星处出发，朝东南方移动1.6°即可找到这个星团。我使用300mm左右口径配以150倍放大率的设备看到该星团的周围有4颗12等星，排列成很像乌鸦座的那种四边形图案，而该星团本身则小且暗，无法从中分辨出单颗的成员星。点缀这个视场的还有星团旁边的几条弯曲的星链，其中向南方向上的那条最明显。

必看天体 525　NGC 6559　约翰·康诺尔、克里斯蒂·康诺尔 / 亚当·布洛克 /NOAO/AURA/NSF

必看天体 525	NGC 6559
所在星座	人马座
赤经	18h10m
赤纬	-24°07′
视径	8′
类型	发射星云

NGC 6559是人马座天区内一个经常被忽视的深空天体。从"礁湖星云"M 8（本书"必看天体513"）处出发，朝东移动1.4°就可以找到它。它是个壮观的恒星形成区，如果不是处于人马座这种锦绣云集的星座里，肯定会得到更多的关注。可惜，它的风头总是被它附近的M 8和M 20抢去。

对于天文摄影者来说，很少有哪个天区能像NGC 6559这样具有如此丰富的色彩和繁多的细节。丝缕状的暗星云如纱帘般遮在弥散的发光氢云前面，而亮红色的云气中还藏着一些正在发光的恒星。这些恒星肯定在不断向外推挤四周的气体，但剩下的云气仍然相当厚重，继续散射着这些恒星的光。该星云的颜色是带一点点蓝色和紫色的红色，要想仔细欣赏这些发光的云气，可以加装星云滤镜。不过，如果想观察蓝色的反射星云，就要把星云滤镜卸掉。

必看天体 526	武仙座 95 号星
所在星座	武仙座
赤经	18h02m
赤纬	21°36′
星等	5.0/5.1
角距	6.4″
类型	双星

这处双星又是"天空之海"里的一个"无人岛"，因为它周围也几乎没有亮星。定位它的一种方法是从2.8等的武仙座α星（中文古名为"帝座"）处出发，朝东北方移动13°。其主星的亮度只比伴星略高一点儿，发出黄色的光，伴星则呈白色。

必看天体 527	巴纳德 86
所在星座	人马座
赤经	18h03m
赤纬	-27°53′
视径	5′×5′
类型	暗星云
别称	墨斑（The Ink Spot）

这个别称叫"墨斑"的暗星云在巴纳德的目录里被编为第86号，也简写为B 86，如果没有充足的信心去定位它，可以先找到它附近的星团NGC 6520（本书"必看天体511"），因为该星团和这块暗星云相邻，且二者外观对比极为明显。使用200mm左右口径的望远镜，大约可以看到NGC 6520的30颗成员星，它们与那种由许多更遥远的星组成的、明亮的背景光形成了反差，但我们在B 86处是看不到这种背景光的。这块暗星云挡住了大量遥远、暗弱的星光，形成了一个轮廓不规则的暗黑区域。还好，在其西侧边缘有一处双星WDS HDS2541给这道风景增添了漂亮的点

缀，它呈橙色，亮度为6.7等。

必看天体 528	蛇夫座 70 号星
所在星座	蛇夫座
赤经	18h06m
赤纬	2°30′
星等	4.2/6.0
角距	4.1″
类型	双星

从3.8等的蛇夫座γ星处出发，朝东移动4.4°就可以找到该双星。两颗子星的颜色形成了鲜明的对比：主星呈深黄色，伴星呈红色。

必看天体 529 NGC 6563 亚当·布洛克 /NOAO/AURA/NSF

必看天体 529	NGC 6563
所在星座	人马座
赤经	18h12m
赤纬	-33°52′
星等	11.0
视径	48″
类型	行星状星云

要定位这个天体，可先找到1.8等的人马座ε星（中文古名为"箕宿三"），再向西移动2.5°。使用200mm左右口径并配以200倍放大率的望远镜可以看到这个行星状星云灰色的盘面。若使用350mm左右口径的设备，则可以看出其边缘比中心略亮。加装星云滤镜（例如氧Ⅲ滤镜）会提升观赏品质。另外，该天体的轮廓其实是很接近圆形的一个椭圆，其长轴在东北—西南方向上。

必看天体 530	NGC 6569
所在星座	人马座
赤经	18h14m
赤纬	−31°50′
星等	8.4
视径	6.4′
类型	球状星团

　　该天体位于3.0等的人马座γ星的东南方2.2°处，那里有一片丰富多彩、令人神往的背景星场。使用250mm左右口径并配以200倍放大率的望远镜观察，可见该星团基本呈圆形，但有微弱的拉伸变形，在东北—西南方向上隐约呈现出一条长轴。它的核心极小，外围光晕也不大，核心的亮度略高于外围。其视面中似乎有微弱的斑驳感，这让我觉得我有可能分辨出单颗的恒星，但无论怎样努力我也没能成功分辨它。

　　在这个星团的南侧有一个由恒星组成的、粗略地呈字母W状的星团。继续向南移动9′则可以看到6.8等的恒星SAO 209873。

必看天体 531　NGC 6572　布鲁斯·波德纳 / 亚当·布洛克 /NOAO/AURA/NSF

必看天体 531	NGC 6572
所在星座	蛇夫座
赤经	18h12m
赤纬	6°51′
星等	8.1
视径	18″
类型	行星状星云
别称	翡翠星云（The Emerald Nebula）

该天体位于4.6等的蛇夫座71号星的东南偏南方向2.2°处，即便使用小口径的望远镜也不难看到。它的视径只有18″，但表面亮度颇高，而且带有彩色。

使用200mm左右口径的望远镜，可以看到它的椭圆形轮廓，以及一个虽然小但是颇亮的中心区。而要想看出它光芒中的彩色，建议把放大率调低；当然，我也曾在300mm左右口径的望远镜上利用100倍和400倍放大率清楚地看到过这些彩色。2009年6月，我使用一台达762mm口径的牛顿式反射望远镜观赏过这个天体，当时这些彩色在450倍放大率下也依然强烈且稳定。

必看天体 532	NGC 6584
所在星座	望远镜座
赤经	18h19m
赤纬	−52°13′
星等	7.9
视径	6.6′
类型	球状星团

要定位这个天体，可以从4.1等的望远镜座ζ星处出发，朝西南偏南方向移动3.5°。必须指出，如果你能找到望远镜座，这就已经值得喝彩（这个很少有人提起的小星座处在南冕座的正南方）。而这里要看的球状星团则被4颗12等星粗略地围了起来，其中离它最远的一颗星与它之间的距离也不到3′。在比这稍远的角距上，还有两颗7.5等星分别位于该星团的北侧和西北侧，形成了一个大约45°的角。

这个星团特别适合用大口径的望远镜观赏。例如，使用350mm左右口径并配以125倍放大率的设备观察，可以发现其中心区宽阔而明亮，在东—西方向上略有拉长。将放大率升到300倍后，在其外围的光晕中勉强可以认出许多很暗的成员星。另外，星团的视径内还有至少3条暗弱的星链朝着西北方弯曲延伸出去，它们的成员或许是前景恒星。

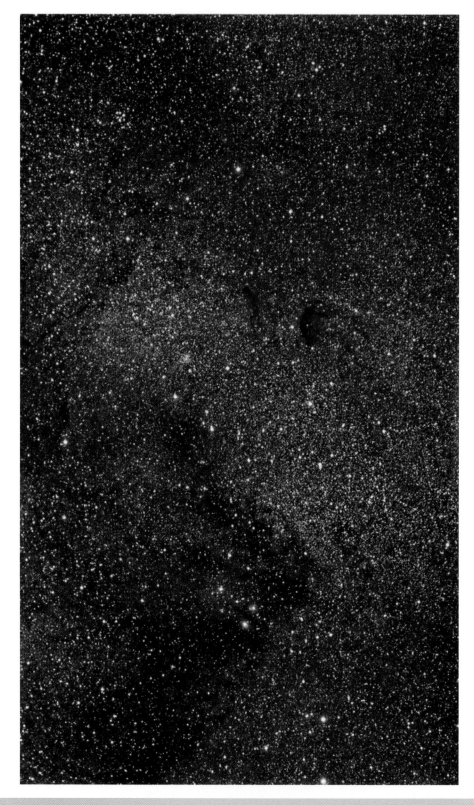

必看天体 533	M 24（NGC 6603）
所在星座	人马座
赤经	18h17m
赤纬	−18°50′
星等	4.6
视径	95′×35′
类型	星群[1]
别称	人马座小恒星云（The Small Sagittarius Star Cloud）、腐蚀之物（Delle Caustiche）

这片天区内的各类风景数不胜数，实在不明白为什么梅西尔偏偏将这块明显属于"恒星云"的天体的名称写入了自己的目录中。它就是M 24，长近2°，宽约0.6°。建议先用放大率15倍的双筒镜观察这个天体，它就在3.8等的人马座μ星北侧3°处。

在这块恒星云的西北端，有一个真正有编号的深空天体NGC 6603，它是个壮观的疏散星团，有几十颗成员星。在它南侧仅4′处，还有一颗7.4等的前景恒星SAO 161294。

而在NGC 6603的西北偏西方向不到1°处还有一处虽然小但很明显的暗星云——巴纳德92，它的形状像一枚指纹。在它制造的暗区之内，只有一颗11.4等的恒星GSC 6268:517。

意大利的一位神父安杰洛·塞齐（前文提到过，他也是天文学家）称呼这块恒星云为"腐蚀之物"，因为"它的形状诡异，向外伸展出许多放射线、弧线、腐蚀纹状的线，还有缠杂交错的螺线"。

必看天体 534	NGC 6604
所在星座	巨蛇座（尾部）
赤经	18h18m
赤纬	−12°14′
星等	6.5
视径	4′
类型	疏散星团

从4.7等的盾牌座γ星处出发，朝西北移动3.6°就可以找到这个星团。看到它时首先会注意到7.4等的恒星SAO 161292，该星位于这个星团的中心偏东一点儿的地方。

通过250mm左右口径的望远镜观察，可以从这个星团中分辨出20多颗成员星。它还被一块发射星云包裹着，该星云呈现为很暗的薄雾状；加装星云滤镜可以减弱星光，从而更利于我们观察星云。

必看天体 535	NGC 6605
所在星座	巨蛇座（尾部）
赤经	18h17m
赤纬	−15°01′
星等	6.0
视径	7′
类型	疏散星团

---

1. 译者注：疑为星云。

定位这个天体可以从4.7等的盾牌座γ星处出发，往西移动3.2°。关于该天体到底是不是一个星团，天文学界尚有一些争议。我认为正是这种争议让这处目标更有观测价值。在100mm左右口径的望远镜中，这个星团仅呈现为天空背景中一小块微亮的物质；如果使用300mm左右口径的设备，则大约可以分辨出75颗恒星。至于这片星星到底符不符合一个星团的标准，就请大家自行判定吧。

必看天体 536　M 16　亚当·布洛克 / 莱蒙山天空中心 / 亚利桑那大学

必看天体 536	M 16（NGC 6611）
所在星座	巨蛇座（尾部）
赤经	18h19m
赤纬	-13°47′
星等	6.0
视径	21′
类型	疏散星团
别称	鹰状星云（The Eagle Nebula）、恒星女王星云（The Star-Queen Nebula）

这个天体位于人马座和巨蛇座的交界处，它本身也是一处"复合天体"：其疏散星团部分有自己的编号NGC 6611，而星云部分的编号则是IC 4703。

在150mm左右口径的望远镜中，该星团呈现出10多颗亮度高于10等的成员星和数十颗更暗的成员星，由此产生了相当明显的立体层次感。至于星云部分，不但包裹着星团，还向更靠南的地方延伸，而暗星云则在东南方向协助这个星团勾勒出了一只雄鹰的姿态。

从4.7等的盾牌座γ星处出发，朝西北偏西方向移动2.6°即可定位到这个天体。

小罗伯特·伯纳姆在他的《伯纳姆星空手册》中解释了该天体为何值得拥有"恒星女王"这个比较少用的别称："这处深空景观的风采是如此出众，所以我愿意称它为'恒星女王'。虽然不少观测指导文献叫它'鹰状星云',但面对如此令人震撼的宇宙奇景,使用'鹰'这个意象还是显得有些平淡了,更何况'鹰'的形象已经被使用在天鹰座上,与1等的牛郎星和织女星的故事联系在一起了。"

必看天体 537	M 18(NGC 6613)
所在星座	人马座
赤经	18h20m
赤纬	-17°08'
星等	6.9
视径	10'
类型	疏散星团

　　要定位这个天体,可以从3.8等的人马座μ星处出发,往东北偏北方向移动4.2°。使用100mm左右口径的望远镜观察它,能看出10多颗成员星,而若换用更大口径的设备倒也观测不出更多的成员星。另外,放大率若配得太高,也会让它在视场中显得太稀散,从而很难将其从背景的星场中区分出来。

必看天体 538 M 17 亚当・布洛克 /NOAO/AURA/NSF

必看天体 538	M 17(NGC 6618)
所在星座	人马座
赤经	18h21m
赤纬	-16°11'
视径	20'×15'
类型	发射星云
别称	欧米伽星云(The Omega Nebula)、天鹅星云(The Swan Nebula)、对钩星云(The Checkmark Nebula)、马蹄星云(The Horseshoe Nebula)

从4.7等的盾牌座γ星处出发，往西南方向移动2.6°就可以找到这块星云。它是由瑞士的天文学家让-菲利普·谢索于1746年发现的。在150mm左右口径的望远镜中，它呈现为一个长约7′的亮棒，在西侧和南侧有稍暗且较小的延伸区域。把放大率升到150倍后，这些延伸区域会呈现出弯钩的形状，同时还可以看出一些不发光的物质挡住了从星云中心区发出的光。若使用300mm左右口径或更大口径的望远镜，可以发现星云区的可见面积变得更大，其中亮度最高的区域还显现出了一些细微的条纹状结构。

必看天体 539	NGC 6624
所在星座	人马座
赤经	18h24m
赤纬	-30°22′
星等	7.6
视径	8.8′
类型	球状星团

这个星团位于2.7等的人马座δ星（中文古名为"箕宿二"）的东南方0.8°处。使用100mm左右口径的望远镜就可以轻易看出它的圆形轮廓，其亮度分布均匀。若使用250mm左右口径并配以250倍放大率的望远镜可以看出它的边缘不规则，其中心区很小但亮度比外围光晕高。

必看天体 540	M 28（NGC 6626）
所在星座	人马座
赤经	18h25m
赤纬	-24°52′
星等	6.8
视径	11.2′
类型	球状星团

该天体位于2.8等的人马座λ星的西北方1°处。使用200mm左右口径并配以150倍放大率的望远镜，可以从其宽阔的光晕中分辨出几十颗成员星。若使用350mm左右口径的设备，则可以辨认的成员星数会超过150。将放大率配到250倍或更高，观察这个星团的核心部分，则可以看出立体效果。星团中有一条相对明亮的星链向北延伸出去，另外还有一条暗一些的星链朝西北偏北方向延伸。

必看天体 541	NGC 6633
所在星座	蛇夫座
赤经	18h28m
赤纬	6°34′
星等	4.6
视径	27′
类型	疏散星团
别称	铁钩船长星团（The Captain Hook Cluster）、蜂腰星团（The Wasp-Waist Cluster）

这个星团虽然位于蛇夫座天区的北部，但定位它的最好办法是从4.6等的蛇夫座θ星处出发，朝西北偏西方向移动7.6°。该星团处在一片"繁华"得惊人的星场之中，所以要想不依赖任何外部设备而仅凭肉眼看到它，需要一定的耐心和视觉分辨能力，不过这也并非办不到。

这个星团离我们只有大约1000光年，所以视径大到接近满月的圆面，其中不少成员星的亮度也颇高。使用100mm左右口径的望远镜可以从中看出10多颗亮度高于10等的成员星，此外还有大约50颗更暗的成员星在为它们提供背景。如果你的望远镜口径很大，那么请把放大率保持在100倍左右，以免诸多成员星的影像分散得太厉害导致视线"穿透"到这个星团的后面。

该星团附近的最亮星是SAO 123516，位于它的东南偏南方向0.4°处。另外可以注意一下星团内部有一个由8.5~10.5等的成员星聚集而成的紧密团块，它位于整个星团的东部边缘。

《天文学》杂志特约编辑奥米拉给该星团起了两种别称，已经都收录在此。起"铁钩船长"[1]这个别称是因为他觉得该星团内的主要恒星组成了一个钩子的形状。而如果把"铁钩"细长的竖柄看作黄蜂的腰，那么位于星团东北端的一行与之垂直的成员星就是黄蜂的翅膀了，于是又有了"蜂腰"这一别称。

必看天体 542	M 69（NGC 6637）
所在星座	人马座
赤经	18h31m
赤纬	-32°21′
星等	7.6
视径	7.1′
类型	球状星团

这个被梅西尔记载在自己目录的中段的星团位于1.8等的人马座ε星的东北方2.5°处，离人马座的"茶壶"图形的西南角很近。

这是一个球状星团，它离我们有3万光年，离银河系的中心却只有6000光年。天文学家认为它属于那种富含金属的球状星团，也就是说，它的成员星内部聚集了相对较多的重元素（这里是指所有比氢重的元素）。虽然这些恒星的重元素含量与太阳的重元素相差很多，但这种现象说明它们的年龄比太阳大很多。

使用200mm左右口径的望远镜可以看到该星团的核心区虽宽阔但也紧致，外围光晕很薄，从中分辨出单颗的成员星略有难度。该星团周围的星光也相当繁密，所以可以把放大率配得更高一些，这个星团的致密程度足以支撑这样的配置。

若使用350mm左右口径的设备，则可以从中分辨出10多颗成员星，但分辨其成员星的过程仍然不容易。在靠近星团中心处，可以看到3个由更暗的成员星组成的团块，它们分别位于中心点的东边、西北边和西南边，组成了一个小的三角形，把中心点围了起来。在中心点西北侧略多于4′处，还有一颗8.0等的恒星SAO 210259。

---

1. 译者注：迪士尼动画里的一个反派角色，有一只手是个铁钩。

必看天体 543	NGC 6638
所在星座	人马座
赤经	18h31m
赤纬	-25°30′
星等	9.2
视径	7.3′
类型	球状星团

该天体位于2.8等的人马座λ星东侧0.7°处。使用200mm左右口径并配以150倍放大率的望远镜，可以看到它的轮廓为圆形，核心区小而紧致，外围光晕纤薄。星团中心点的西南偏南方向略多于3′处有一颗9.9等的恒星SAO 186904。

必看天体 544	NGC 6642
所在星座	人马座
赤经	18h32m
赤纬	-23°29′
星等	8.9
视径	5.8′
类型	球状星团

要定位这个星团，可以从2.8等的人马座λ星处出发，朝东北偏北方向移动2.1°。使用250mm左右口径并配以250倍放大率的望远镜，可以注意到其中心区在西北—东南方向上略宽一点儿。换用更大口径的望远镜，可以看到该星团的核心略似一只哑铃，但我们仍无法从中分辨出单颗的恒星来。在其中心点的西北偏北方向2′处还有一对角距达到30″的双星，两子星的亮度分别为10.7等和12.4等。此外，星团中心点的西北方向12′处还有一对角距为30″的双星，其中主星为7.7等的SAO 186912，光芒呈橙色，伴星的亮度则是10.9等。

必看天体 545	M 25（IC 4725）
所在星座	人马座
赤经	18h32m
赤纬	-19°15′
星等	4.6
视径	32′
类型	疏散星团

从3.8等的人马座μ星处出发，朝东北偏东方向移动4.4°即可找到这个天体。在夜空环境极佳的时候，仅用肉眼也可以察觉到它的光，不过却不容易把它辨认出来，因为它正好处于银河的繁密星场之中。

使用150mm左右口径并配以125倍放大率的望远镜观察它大约可以辨认出50颗成员星。在其中心的附近有两条东—西向的星链，二者之间则是一条几乎没有星的"沟"。该星团的大部分成员星亮度高于11等，所以很适合用小口径的设备观赏。在其西北边缘，还有一颗发出黄色光的6.8等恒星SAO 161557。

必看天体 546	NGC 6645
所在星座	人马座
赤经	18h33m
赤纬	−16°54′
星等	8.5
视径	10′
类型	疏散星团

在观赏过上一个目标（M 25）之后，把望远镜的视场朝北移动2.4°就可以找到这个星团，它和M 25类似，都是相当漂亮的疏散星团。使用200mm左右口径的望远镜观察，大约可以从中看出50颗成员星。而且，在它的中心附近还有一个相当诱人的特征：15颗成员星组成了一个圆环，而星团的几何中心点则是空的。另外，还有五六颗成员星组成了一条星链，从该星团的东侧"突围"了出去，朝东北偏东方向延伸了近10′。

必看天体 547	NGC 6649
所在星座	盾牌座
赤经	18h34m
赤纬	−10°24′
星等	8.9
视径	6.6′
类型	疏散星团

NGC 6649位于3.9等的盾牌座α星（中文古名为"天弁一"）的南侧2.2°处。盾牌座内有一大片天区被宇宙尘埃覆盖，所以NGC 6649成了该星座内唯一可见的星团。该星团的成员星紧密聚集，共约50颗，亮度为10等或更暗。在100mm左右口径的望远镜中，它看起来只像一块星云；但如果设备口径达到150mm，我们就可以分辨出二三十颗成员星了。

七月

必看天体 548	NGC 6652
所在星座	人马座
赤经	18h36m
赤纬	-32°59′
星等	8.5
视径	6′
类型	球状星团

关于七月的夜空，本书介绍的第一个天体是NGC 6652，它位于1.8等的人马座ε星的东北偏东方向2.8°处。使用150mm左右口径并配以125倍放大率的望远镜，可以看到它紧致的核心和不规则的外围光晕。换用350mm左右口径并配以300倍放大率的望远镜后，虽然仍然分辨不出单颗的成员星，但可以看到的核心区比之前更宽了，而且呈现楔形，尖部指着东南偏东方向。在该星团的中心点的西北边7′处还有一颗6.9等的恒星SAO 210344。

必看天体 549　M 22　道格·马修斯 / 亚当·布洛克 /NOAO/AURA/NSF

必看天体 549	M 22（NGC 6656）
所在星座	人马座
赤经	18h36m
赤纬	-23°54′
星等	5.1
视径	24′
类型	球状星团

　　M 22是人马座天区内最壮观的天体之一，我们仅凭肉眼也很容易看到它。它也是全天区亮度排名第三的球状星团，在排名上超越了NGC 5139（本书"必看天体333"）和NGC 104（本书"必看天体755"）。

　　史密斯在《天体大巡礼》中这样描述M 22："这是一个漂亮的星团，位于人马座μ星和σ星连线的中点，也就是人马座的'弓箭手'形象的'头部'和'弓'之间，离天球的冬至点也不远，在银河的繁星背景之中相当突出。它由很多极小的光点以极为致密的形态组合而成，离一组类似十字形的小恒星有3′远。哈雷指出，这个天体是1665年由德国的亚伯拉罕·伊勒发现的，但也有人认为哈雷弄错了，最早的发现者应该是亚伯拉罕·希尔，他是英国皇家学会的首届理事之一，对天文学涉猎多年。其实，在1665年之前，赫维留就已经注意到了这个天体，所以伊勒和希尔应该都不是该天体最早的发现者。"

　　在观赏M 22的时候，它的最大高度（也就是经过正南的时候与地平线南点的角距）是起决定作用的因素。住在欧洲北部、美国北部和加拿大的许多观星爱好者对M 22的壮丽缺少充分的认识，就是因为他们家乡的纬度太高，导致M 22过于贴近地平线。如果你有机会看到高度角足够大的M 22，就会明白我对它的赞美并非夸张。

　　在地理位置合适时，使用100mm左右口径的望远镜，可以从M 22中辨认出几十颗成员星。

同时也可以注意一下这片天区明亮的背景星场，它们让这一情景更添几分意蕴。不妨尝试辨认一下M 22的边界。

换用250mm左右口径的设备后，观测者的视野会受到数百颗成员星洪水般的冲击。为了便于自行计数，可以尽可能将整个星团划分为8个相等的楔形区域，然后清点其中1个，再把数字乘以8。

这个星团位于2.8等的人马座λ星的东北方2.4°处。

我还想再借用史密斯的一段文字，让大家多了解一下1844年天文学家的认识水平。他写道："该天体是一个绝佳的样本，为星云理论的成立夯实了基础。这个圆球形的恒星系统在其中心区域的密集程度高于假设其所有成员星最初均匀分布之后可以推得的向心密集程度；由此可知，它们是被某种力量压向中心的。那种认为这些恒星今后会随机分布的想法是极不可能被接受的假说。威廉·赫舍尔爵士指出："这些恒星将在相互的引力作用下彼此接近；而目前所发现的情况，即恒星越接近中心就越密集的情况，有力地说明了在这类天体的中心还存在着一个额外的力量。"

必看天体 550	NGC 6664
所在星座	盾牌座
赤经	18h37m
赤纬	-8°13′
星等	7.8
视径	12′
类型	疏散星团

该星团位于3.9等的盾牌座α星东侧仅0.3°处。由于二者在望远镜放大率低时可以处于同一视场内，观察该星团时有必要把盾牌座α星移到视场之外，以避免光线干扰。即使只有60mm左右口径的小望远镜，也可以看到该星团最亮的成员星，若用更大口径的望远镜，则可分辨的成员星数可以升至50。有些观星爱好者报告说，其中有些成员星组成了字母M或U的形状，读者也可以关注一下。

必看天体 551	IC 4756
所在星座	巨蛇座（尾部）
赤经	18h39m
赤纬	5°27′
星等	4.6
视径	52′
类型	疏散星团
别称	格拉夫星团（Graff's Cluster）

在巨蛇座（尾部）天区里，有一个十分令人兴奋的疏散星团。该星团最常用的编号是它在IC目录里的编号。IC目录中的绝大部分天体无法仅凭肉眼看到，但该星团是个例外。从4.6等的巨蛇座θ星（中文古名为"徐/天市左垣七"）处出发，朝西北偏西方向移动4.5°即可定位这个星团。

此星团的视径很大，成员星也相当分散，因此在条件理想的夜空中，会直接显现为银河旁边的一个模糊的小斑点。在100mm左右口径的望远镜中，它显得大且美丽，含有50颗左右亮度在9~10等之间的成员星，在其东南边缘处还有一颗亮度达6.4等的恒星SAO 123778。

此星团的别称是为了纪念德国的天文学家卡西米尔·格拉夫而起的，他于1922年独立地发现了这个星团。此前索伦·贝利已经通过哈佛学院设在秘鲁阿雷基帕的观测站提供的照相底板发现了这个天体，但格拉夫并不知道此事。

必看天体 552	M 70（NGC 6681）
所在星座	人马座
赤经	18h43m
赤纬	-32°18′
星等	8.0
视径	7.8′
类型	球状星团

　　M 70也是梅西尔深空天体目录里非常靠南的一个天体。若在2.6等的人马座ζ星（中文古名为"斗宿六"）与1.8等的人马座ε星之间作一条连线，则它正好位于此线的中点。它的亮度与M 69（本书"必看天体542"）几乎一样，但成员星向中心汇聚的程度要高得多。使用200mm左右口径并配以200倍放大率的望远镜可以看到它的明亮核心之外有一层薄薄的光晕，在光晕之中可以还分辨出几颗成员星。在它的东半部，还有几颗较亮的成员星组成了一条短线，向北延伸而去。

　　这个星团还跟著名的黑尔-波普彗星（C/1995 O1）有关联：该彗星的两位发现者艾伦·黑尔和托马斯·博普都不算是活跃的寻彗者，他们能发现这颗彗星，仅仅是因为他们在1995年7月23日把望远镜指向了M 70，打算观测这个星团，结果却在视场里瞧见了一个"奇怪"的东西。

必看天体 553　天琴座 ε 星　亚当·布洛克 /NOAO/AURA/NSF

必看天体 553	天琴座ε星
所在星座	天琴座
赤经	18h44m
赤纬	39°39′
星等	5.0/6.1；5.5/5.5
角距	2.6″；2.3″
类型	双星
别称	双重双星（The Double Double）

即使你只有小口径的望远镜，也可以充分享受这个目标带来的惊奇。按照拜尔命名法，它叫天琴座ε星（中文古名为"织女二"），但大部分观测者直接叫它"双重双星"，显然，这个希腊字母ε表示的其实是两对双星的组合体。

从织女星处出发，朝东北偏东方向移动1.7°就可以找到这个目标。不知情的观测者仅通过双筒镜就可以将一个光点分成两个，于是就会想"啊，它是双星"，但这只对了一半。

使用单筒望远镜观察，就会发现该"双星"的每颗子星自身又都能分成两颗星。为了确保分辨成功，请使用75倍以上的放大率。按这个放大率，我曾经多次使用60mm左右口径的望远镜分辨出这4颗星，所以读者朋友要抱有充足的信心。

必看天体 554	NGC 6684
所在星座	孔雀座
赤经	18h49m
赤纬	-65°11′
星等	10.4
视径	4.5′×3.3′
类型	棒旋星系

只要把5.7等的孔雀座θ星放到望远镜视场的中心，就可以在其西北偏北方向仅6′处找到棒旋星系NGC 6684。使用200mm左右口径并配以200倍放大率的设备时可以看到其明亮的核心，还有宽约2′的圆形外围光晕。若使用更大口径的设备，则可以使该星系显得更亮，但也无法分辨更多细节。

如果想多一些挑战的话，则可以从这个星系所在位置出发，向东北移动0.5°，尝试辨认一个14.3等的不规则星系NGC 6684A，其视径为2.6′×1.3′。

必看天体 555	M 26（NGC 6694）
所在星座	盾牌座
赤经	18h45m
赤纬	-9°24′
星等	8.0
视径	14′
类型	疏散星团

这个星团位于一片名叫"盾牌恒星云"（见下一个天体）的繁密星场之中，使用100mm左右

口径的望远镜就能从中分辨出20多颗成员星。若使用300mm左右口径的设备，则很有机会再辨认出70多颗成员星。

若在3.9等的盾牌座α星与4.7等的盾牌座δ星（中文古名为"天弁二"）之间作一条连线并继续延长0.5倍的距离，就可以找到这个天体。

必看天体 556	盾牌恒星云（The Scutum Star Cloud）
所在星座	盾牌座
赤经（约）	18h37m
赤纬（约）	−10°
视径（约）	4.2°×2.4°

观看这个目标不需要任何光学设备的辅助，只要能找到盾牌座这个又小又暗的星座即可。首先，可以找到由3颗亮星组成的"夏季大三角"（也就是天鹰座α星、天琴座α星和天鹅座α星，或者牛郎星、织女星和天津四），识别出天鹰座，而"盾牌"就在"鹰"的尾巴尖外。

盾牌座所在的这个天区属于夏季银河星光密集的段落，在夜空环境极佳时，那里的星星明显比旁边多得多。我们称这种景观为"恒星云"，因为有更多的恒星在此组成更多样的图形。

只要找到了盾牌座，就应该用双筒镜再欣赏一下，那里真的有太多的星星！

必看天体 557	天琴座 ζ 星
所在星座	天琴座
赤经	18h45m
赤纬	37°36′
星等	4.3/5.9
角距	44″
类型	双星

这处双星很漂亮，主星呈亮蓝色，伴星呈淡黄色或黄白色。两颗星都具有较高的亮度和较大的角距，所以适合用各种口径的望远镜欣赏。

必看天体 558	天琴座 β 星
所在星座	天琴座
赤经	18h50m
赤纬	33°22′
星等	3.3~4.3
周期	12.936 d
类型	变星
别称	渐台二（Sheliak）

这颗变星是整整一类变星的代表，它的亮度变化的原因是两颗子星相互绕转并掩食。当体量较大的主星把较小的伴星遮住时，整个双星体系的总亮度达到极小（即"主极小"）；而半个周期之后，伴星跑到主星前面，遮住主星的一部分，会造成一次幅度较小的亮度降低（即"副极小"）。天琴座β星亮度的主极小是4.3等，副极小是3.8等。而若将这两颗星视为一个整体，则它们又与一颗8.6等星构成了双星，二者的角距为43″。

该星的英文别称"Sheliak"很好解释：理查德·艾伦在《星星的名字及其含义》一书里指出，它来自阿拉伯文的"Al Shilyak"，意思就是"天琴"的"琴"。

必看天体 559 M 11 亚当·布洛克 /NOAO/AURA/NSF

必看天体 559	M 11（NGC 6705）
所在星座	盾牌座
赤经	18h51m
赤纬	-6°16′
星等	5.8
视径	13′
类型	疏散星团
别称	野鸭星团（The Wild Duck Cluster）

在北半球欣赏银河璀璨星场的最佳时机无疑是夏季，届时不要忘了观赏一下这条"河"里的"野鸭"，也就是这里要介绍的M 11——野鸭星团。

这个星团是由德国的天文学家戈特弗里德·基尔希于1681年发现的；梅西尔在1764年5月30日将这一星团的名字列入自己的目录中并编为第11号。

"野鸭"这一别称来自史密斯在1844年出版的《天体大巡礼》："这个壮观的星团位于'约翰三世的盾牌'的右上角，形状有点儿像正在飞行的野鸭。它由一堆很小的星组成，其中最显眼是位于中间的一颗8等星，还有两颗比它稍暗的星——但显然这几颗星都只是正好处于我们和这个星团之间。"

在极佳的观测环境中，眼力出众的观测者可以不依靠任何设备直接看到M 11。我们可以沿着一条虚拟的曲线来寻找这个星团，该曲线由几颗顺次变暗的恒星构成：先找到3.4等的天鹰座λ星（中文古名为"天弁七"），再找到4.0等的天鹰座12号星（中文古名为"天弁六"），接着找到

4.8等的盾牌座η星（中文古名为"天弁五"），然后就可以定位到M 11了。

　　200mm左右口径并配以75倍的放大率的望远镜是观赏这个星团的一种理想配置。诚然，如果物镜的口径更大，放大率更高，则有助于你从中分辨更多的成员星。前述的配置已经足够看出不少于100颗成员星。M 11是个疏散星团，但是其核心相当紧致，所以它更像一个成员星较少的球状星团。以这个核心区为出发点，许多星链、星带和暗缝朝着各个方向发散出去。

必看天体 560	NGC 6709
所在星座	天鹰座
赤经	18h52m
赤纬	10°21′
星等	6.7
视径	13′
类型	疏散星团

　　从3.0等的天鹰座ζ星（中文古名为"吴越/天市左垣六"）处出发，朝西南方移动4.9°即可找到这个星团。它离我们有4000光年，位于一片繁华的星场之中。仅凭肉眼是看不见它的，但只凭一部小双筒镜就可以把它与周围的繁星区分开来。使用150mm左右口径的望远镜观察它，大约可以分辨出50颗成员星，其中绝大多数成员星的亮度是9等、10等和11等。若换用300mm左右口径的设备，则会让可分辨的成员星数翻番，并且揭示出位置更靠后的一些暗星，从而让整个星团的图像颇有立体感。

必看天体 561	NGC 6712
所在星座	盾牌座
赤经	18h53m
赤纬	-8°42′
星等	8.2
视径	7.2′
类型	球状星团

　　该天体是盾牌座天区内唯一的球状星团。它的亮度较高，若夜空环境足够理想，只用双筒镜就可以看到它。不过，要想更好地分辨它的成员星，还是需要用250mm左右口径的设备。以4.9等的盾牌座ε星（中文古名为"天弁三"）为出发点，朝东移动2.4°就可以找到这个星团。

必看天体 562	巴纳德 114 至巴纳德 118
所在星座	盾牌座
赤经	18h53m
赤纬	-6°58′
视径	6′
类型	暗星云

　　从4.8等的盾牌座η星处出发，朝西南偏南方向移动1.8°即可定位到这个天体。或者从野鸭星团（本书"必看天体559"）出发，朝东南方移动0.5°来定位它。该暗星云由这个位置开始，朝南延

伸了大约1°，也就是两个满月的视径。建议根据望远镜的焦距选择合适的目镜并配以75倍左右的放大率来观赏这个暗区。

必看天体 563	IC 1296
所在星座	天琴座
赤经	18h53m
赤纬	33°03′
星等	14.8
视径	0.9′×0.5′
类型	棒旋星系

要欣赏这个星系，要先对它微弱的亮度和微小的视径做好心理准备。读到这里仍然跃跃欲试的人，一定很喜欢挑战各种难以观测的深空天体目标。当然，即使拥有极佳的夜空环境，要观测到该天体也需要至少400mm口径的望远镜。

首先请找到M 57（本书"必看天体567"），然后朝西北方向轻轻移动视场约4′，再把放大率升到250倍，此时，你就有可能看到这个星系呈现为一个又小又圆的光点，但不太可能观测到它的旋臂和星棒结构的蛛丝马迹。

必看天体 564	M 54（NGC 6715）
所在星座	人马座
赤经	18h55m
赤纬	-30°29′
星等	7.6
视径	9.1′
类型	球状星团

从2.6等的人马座ζ星处出发，朝西南偏西方向移动1.7°即可定位到这个星团。虽然它的累积亮度不低，但若想用业余天文望远镜来分辨出它的一些成员星，就需要用到口径足够大的物镜，因为它的单颗成员星中最亮的成员星的亮度也只有15.5等。它与我们之间的距离达到了8.7万光年，它是梅西尔深空天体目录中的球状星团里离我们最远的一个星团。

在300mm左右口径的望远镜中，它的中心区显得明亮且开阔。如果把放大率调到350倍以上，还有可能看出中心区周围有一层像刀片一样薄的光晕。

必看天体 565	NGC 6716
所在星座	人马座
赤经	18h55m
赤纬	-19°54′
星等	7.5
视径	10′
类型	疏散星团

从5.0等的人马座ξ¹星处出发，朝西北方移动1°就可以定位到这个星团。我将其归入"一流星团"之列——这类星团的定义要素是"表现平衡"，也就是在100mm左右和300mm左右口径的望

远镜中看起来同样精彩。诚然，若使用口径较大的设备，就可以看到其中更多暗弱的成员星，但是其主要部分在100mm左右口径的小望远镜中就可以充分展现。

因此，只要设备的口径不小于100mm，就可以发现这个星团的成员星明显分为两个部分，中间有明显的分隔带。在星团的北半部，五六颗9～10等的成员星组成了一条弧线；而在星团的西南部，成员星的图案让我不禁想起"衣架"（本书"必看天体592"）。该星团的颜色也不单调：其中心点的西北偏西方向12′处有一颗橙色的7.0等星SAO 161947。

必看天体 566	NGC 6717
所在星座	人马座
赤经	18h55m
赤纬	−22°42′
星等	8.4
视径	5.4′
类型	球状星团

从3.5等的人马座ξ²星（中文古名为"建一"）处出发，朝西南偏南方向移动1.7°即可定位到这个星团。不过，一旦找到它，就会发现一个问题：亮度为5.0等的人马座ν²星就在它北边不到2′处。如果望远镜的口径较小，则该星团的影像会在亮星的影响下变得模糊，因此需要把放大率调到200倍以上，从而让二者在目镜中尽量拉开距离。

我使用像这样足够高的放大率，或者使用口径更大（例如300mm左右）的望远镜观察这个星团时，首先可以看到叠加在前景中的几颗恒星，其中最亮的恒星的亮度为11.7等。这颗星浮在云雾状的背景光之上，十分突出，但我们在此需要认真观察的是背景的亮光。这让我想起了李小龙的电影《龙争虎斗》（1973年上映），他在影片中教导徒弟说，用手指指向月亮时，不要因为只顾看手指而看不到天上的各种奇景。

该星团的NGC编号是6717，而它在帕洛玛目录里是第9号星团。后者共收录了15个相对较暗的天体，该星团在其中是最亮的，比第二名亮了不只1个星等。如果喜欢挑战，还可以试试观测"帕洛玛12"（本书"必看天体688"）。

必看天体 567	M 57（NGC 6720）
所在星座	天琴座
赤经	18h54m
赤纬	33°02′
星等	9.7
视径	71″
类型	行星状星云
别称	指环星云（The Ring Nebula）

M 57也叫"指环星云"，是一个非常适合用小口径望远镜观察的目标。

这里所说的"小口径"是指物镜直径不大于100mm，使用这个级别的望远镜可以将M 57呈现为一个灰白色的小圆盘。如果所配的放大率高于100倍，则还可以看出其外围的光比中心区更加浓厚——"指环"这个别称也由此而来。

该天体位于天琴座的天区中，所以最适合在北半球的夏季和秋季观赏。天琴座的主角是织女星，它特别亮。除此之外，它旁边的4颗稍暗的恒星组成了一个平行四边形。可以先通过星图认识这4颗星中的两颗，即天琴座β星和γ星（中文古名为"渐台二"和"渐台三"），然后再在真实的夜空中找到它们，可以看到二者间的连线构成了上述平行四边形里离织女星最远的一条边，而M 57差不多就在这条边的中点上。

但要想看到M 57的中心恒星，那就算得上是对观测者、望远镜、观测地点的夜空条件等各项内容的全方位、高难度挑战了。即使在大气视宁度极好的夜晚，也需要准备400mm以上口径的望远镜，并配以300～400倍的放大率——毕竟这颗中心恒星的亮度只有15等，而且其背景还有行星状星云的光，而非完全黑暗。如果前面的条件都准备就绪，但还是没有看到这颗星，可以试着轻轻叩击镜筒。当然，在这么高的放大率下，用一根手指轻敲就可以。由于人眼对运动的目标更敏感，这个技巧有可能帮你注意到位于M 57正中的这颗白矮星。最早发现这颗星的人是德国的天文学家弗雷德里希·冯哈恩，时间是1800年。

必看天体 568	巨蛇座 θ 星
所在星座	巨蛇座（尾部）
赤经	18h56m
赤纬	4°12′
星等	4.5/5.4
角距	22.3″
类型	双星
别称	天市左垣七（Alya）

该双星位于3.4等的天鹰座δ星（中文古名为"右旗三"）西侧7.4°处，其主星的亮度为4.5等，呈蓝色，伴星则呈淡黄色。

理查德·艾伦在《星星的名字及其含义》中说："该天体的别称'Alya'与巨蛇座α星的别称'Unukalhai'是同源的，后者也有'Alioth''Alyah''Alyat'等别称。"艾伦表示，在很久以前，一些东方文化曾经把那片天空的恒星图案看作一只"东方之羊"，而上面这些名字的含义都是又粗又肥的羊尾巴。但是艾伦又接着写道："这些名字最有可能的共同来源是'Al Hayyah'，意思是'蛇'。"

必看天体 569	NGC 6723
所在星座	人马座
赤经	19h00m
赤纬	-36°38′
星等	7.9
视径	11′
类型	球状星团
别称	水晶吊灯星团（The Chandelier Cluster）

从4.8等的南冕座ε星（中文古名为"鳖八"）处出发，朝东北偏北方向移动0.5°就可以找到这个置身于厚重的反射星云之中的星团。顺便提一下，本书"必看天体571"和"必看天体572"分

别位于该星团的东南偏东方向0.5°处和0.6°处。

若使用200mm左右口径并配以200倍放大率的望远镜，则可以看到该星团大而紧致的核心区，其表面亮度分布不均匀，有斑驳感，在西南边缘有两条暗线。

若换用350mm左右口径并配以300倍放大率的设备，则可以看出该星团的轮廓形状不规则，并可以辨认出更多的单颗成员星。如果能看出星团中层叠着的许多弧形星链，那就可以深入理解"水晶吊灯"这个别称了。若使用400mm左右口径的设备，则还可以从中多看出百余个暗弱的光点。星团中最亮星的亮度为10.4等，离中心点有3′远。

必看天体 570	IC 1295
所在星座	盾牌座
赤经	18h55m
赤纬	-8°50′
星等	约 12.0
视径	86″
类型	行星状星云

虽然这个行星状星云的标称亮度约为12等，但实际会更亮一些，因为它的单位面积亮度比较高，其总亮度集中在了仅约1.5′的视径之内。它们的视面即使是在150mm左右口径的小型望远镜中也可以显现出来，若使用更大的望远镜，它的轮廓的不规则性就会更加明显。

从3.9等的盾牌座α星处出发，向东移动4.8°即可找到该天体。而若从NGC 6712（本书"必看天体561"）出发，则朝东南偏东方向仅移动0.4°就可以定位到该天体。

必看天体 571	NGC 6726
所在星座	南冕座
赤经	19h02m
赤纬	-36°53′
视径	9′ × 7′
类型	反射星云

NGC 6726位于南冕座这个小星座之内，从4.2等的南冕座γ星（中文古名为"鳖七"）处出发，向西移动1°就可以定位这块反射星云。

它自己不会发光，只能反射南冕座TY星的光。南冕座TY星是一颗变星，亮度会在8.8～12.6等波动。应该注意的是，恒星发出的光波包含了各种不同的波长，因此我们在观赏反射星云时不宜使用各种滤镜。

事实上，NGC 6726所在的这片天区混杂着亮星云和暗星云。NGC 6726是其中最亮的天体，但也不要忽视了下文要讲的天体NGC 6729。

还要说明一下，在NGC 6729的西北偏西方向仅0.5°处有一个比它亮得多的目标，那就是NGC 6723（本书"必看天体569"），它已经处在了人马座天区的边界上，亮度为7.9等，视径为11′。

必看天体 572	NGC 6729
所在星座	南冕座
赤经	19h02m
赤纬	-36°57′
视径	1′ × 1′[1]
类型	发射星云
别称	科德威尔 68（Caldwell 68）

该星云就在上一个天体（NGC 6726）的东南方向仅5′处。它虽然比NGC 6726暗一些，但也比较有趣，因为它包裹着一颗变星——南冕座R星。南冕座R星最亮时亮度为9.7等，最暗时亮度是12等左右。

许多观测者说从外观上来看，这块星云明显像颗彗星。如果对此有疑问，不妨亲眼看看。用300mm左右口径并配以200倍放大率的设备观察，可以看到它的视面从南冕座R星处延伸出来，长是宽的5倍[2]。

必看天体 573	NGC 6738
所在星座	天鹰座
赤经	19h01m
赤纬	11°36′
星等	8.3
视径	15′
类型	疏散星团

从3.0等的天鹰座ζ星处出发，朝西南偏南方向移动2.5°即可定位到这个星团。使用100mm左右口径的望远镜，或许可以从该星团内看出20多颗成员星，但换用更大口径的设备，你会发现成员星数量剧增，其中很多成员星非常暗。最亮的两颗成员星都位于星团的中心地带，彼此呈东—西方向关系，分别是9.0等的SAO 104365和9.2等的SAO 104371。

接下来讲一件出乎意料的事：这个天体其实并不算是一个真正意义上的疏散星团。2003年，一个由5名专家组成的研究团队得到结论："可以肯定NGC 6738并非一个由恒星在物理空间中组成的整体。通过图片分析，可知它没有显现出确切的主体成员星队伍，各颗星的自行速度和视向速度分布也都是随机的，通过光谱照相进行的视差分析可知，这些星与我们的距离在10 ~ 1600秒差距，而且该天体的视光度函数跟周围的背景星场一模一样。所以说，这个'星团'其实只是夜空中背景光线吸收分布不平均，再加上少数几颗亮星正好重叠在某个背景稍亮的区域造成的效果。"这一结论引自"史密森/美国国家航空航天局天体物理数据系统"。

如果读者看到这个结论之后，决定跳过这个目标，那可不是我所希望的。我恰恰希望读者因

---

1. 译者注：长径、短径数值若相同，本书的惯例是只写一个，但这里原书如此，而且有待商榷。后详。
2. 译者注：这与上述视径标注不符，而且不同资料对此数值的看法并不相同。例如著名天象软件 Skymap 的 NGC 数据库中就标称该星云视径达 25′ × 20′，而 Hartmut Frommert 在网上提供的 The Interactive NGC Catalog Online 所标数值则与本书书相同。但同时，针对上一个天体 NGC 6726，其视径数据反而与 Skymap 提供的相同，而与 Hartmut Frommert 的在线数据库明显不同。其实很多深空天体数据库在建设时采用了不同的数据标准，星云的目视观测和照相观测结果也可能相差颇多，因此原书中的这些数值都仅供参考。

为知道这件事而特意去观察这个目标，去见识一下这个"欺骗"了天文学家许多年的"星团"，看看它会给自己留下什么样的视觉印象。绝大多数观星爱好者即便知道了刚才说的真相，依然难以相信它不是一个真正的疏散星团，毕竟它的外观太像一个充满魅力的疏散星团了。

必看天体 574	NGC 6741
所在星座	天鹰座
赤经	19h03m
赤纬	-0°27′
星等	11.4
视径	6″
类型	行星状星云
别称	幻影条纹（The Phantom Streak）

口径不足276mm的望远镜是无法观赏这个天体的。它位于3.4等的天鹰座λ星的西北偏北方向4.5°处。在放大率配得低时，如果把星云滤镜加装在目镜上，这个天体就会像一颗暗星一样跃入视野。其实，即便没有滤镜把周围的恒星的光屏蔽掉，它的外观也不会跟这时相差很多。

不过，观察这个"幻影条纹"还是需要足够高的放大率。如果使用300mm左右口径并配以300倍放大率的望远镜，它的外观就开始跟同一视场里那几颗彼此相似的恒星不一样了。而且，在口径足够大时，还可以关注它的另一个方面，那就是颜色。我可以隐隐看出它有罗宾鸟蛋上的那种蓝色；当然，若将放大率降到200倍，把它放进视场则会变得容易些。2009年，我曾在美国新墨西哥州阿尼玛斯的"兰彻·伊达尔戈小镇"使用762mm的特大口径设备观察过它，其色彩十分明显。

"幻影条纹"这一别称的含义也很容易理解：它在小口径的设备中显得很暗，必须使用瞥视的技巧去碰运气才可能看到。遗憾的是，我一直没能查清这个别称是谁所起。

必看天体 575	NGC 6742
所在星座	天龙座
赤经	18h59m
赤纬	48°28′
星等	13.4
视径	30″
类型	行星状星云
别称	阿贝尔 50（Abell 50）

这是一处经常被忽视的行星状星云，它位于天龙座天区的南侧边界，离天鹅座和天琴座很近。虽然13.4等的亮度似乎说明它很暗，但它的表面亮度其实并不低。使用250mm左右口径的望远镜就可以轻松看到它的外观是一个边界清晰的圆盘，若配有足够高的放大率，则还可能分辨出它的环形结构。

它附近没有太亮的星。可以从5.0等的天琴座16号星处出发，朝西北偏北方向移动1.5°来定位它。

必看天体 576	IC 4808
所在星座	南冕座
赤经	19h01m
赤纬	−45°19′
星等	12.9
视径	1.9′ × 0.8′
类型	旋涡星系

这个星系位于南冕座天区的南侧边缘,邻近望远镜座。定位它的最快捷的方式莫过于从4.0等的人马座β1星(中文古名为"天渊二")处出发,朝西南偏西方向移动3.9°。它属于本书介绍的天体里最暗的那一类,所以要尽量用大口径的设备来尝试观察它。不过,如果夜空环境极好、大气特别稳定,那么尝试使用150mm左右口径的设备来看到它,这也是一件值得尝试的事。

在350mm左右口径并配以200倍放大率的望远镜中,它的轮廓是椭圆形,长轴在东北—西南方向上,长轴长度约是短轴长度的2倍。其中心区的亮度均匀且略微高于外围。若把放大率配到350倍,则可以看到虽然其外围区域亮度较匀称,但其实有破口,特别体现在西南端。这其实就是它存在旋臂结构的一种证据,只不过使用业余天文望远镜无法真正观察到它的旋臂而已。

必看天体 577	NGC 6744
所在星座	孔雀座
赤经	19h10m
赤纬	−63°51′
星等	8.6
视径	15.5′ × 10′
类型	旋涡星系
别称	科德威尔 101(Caldwell 101)

对大部分读者来说,要好好欣赏这个天体,就需要深入南半球旅行一次。孔雀座在天球上的位置相当靠南,已经紧邻着围绕南天极的恒星组成的南极座了。即便是在美国南部的迈阿密,这个天体最高时也仅在地平线上0.5°,无法观赏。

这个天体的发现者是出生在苏格兰的澳大利亚天文学家詹姆斯·邓禄普,发现年份的范围是1823—1827年。他将其收录在《新南威尔士帕拉玛塔观测南半球星云和星团目录》(发表于1828年的《皇家学会哲学会刊》第118卷)之中并编为第262号。这份目录共收录了629个天体。

虽然这个天体的标称亮度超过了9等,但其表面亮度较低,这种情况跟M 101(本书"必看天体351")比较像。如果想看到这个旋涡星系的旋臂,则至少需要250mm口径的望远镜。通过这个级别的设备,可以辨认出该星系的椭圆形轮廓,其长宽比约为3:2,其外围的延展结构(也就是旋臂)显得较为厚重,因为那里是由大质量的恒星组成的巨大团块。如果遇到星空大会之类的活动,有机会用到500mm左右口径的大望远镜时,那么该星系的影像就更加让人震撼了。

要定位这个星系,可以从4.2等的孔雀座λ星(中文古名为"孔雀四")处出发,朝东南移动2.6°。

必看天体 578	NGC 6745
所在星座	天琴座
赤经	19h02m
赤纬	40°45′
星等	12.3
视径	1.4′×0.7′
类型	不规则星系

这个天体的表面亮度足够高，但是观测不出太多细节，所以即便使用中等口径的望远镜也难以观察，只能看到它亮度均匀的盘面，看不到外围的光晕，也看不到旋臂结构。它的北端叠加了一颗14等的前景恒星，可以试着分辨一下。定位这个星系的方法是从4.4等的天琴座η星（中文古名为"辇道二"）处出发，朝西北移动2.8°。

当然，如果你拥有大口径的设备，并配以足够高的放大率，那么这个目标还是很值得花时间欣赏一番的。其长轴在南—北方向上，对比来看，其西侧边缘很平，从轮廓看，其东部倒是像个正常的星系。这种奇怪的样子是它和一个较小的星系碰撞的结果，在碰撞之前它本来是个旋涡星系。使用大望远镜对它进行长时间曝光拍摄后，从照片上可以看出它含有一些恒星形成区，这些区域也是那次碰撞的产物。

必看天体 579	贝尔内斯 157
所在星座	南冕座
赤经	19h03m
赤纬	−37°08′
视径	55′×18′
类型	暗星云

若在4.8等的南冕座ε星和4.2等的南冕座γ星之间连线，则这里要介绍的"贝尔内斯157"就位于该线段的中点处。它是一块特别暗的星云，正处在NGC 6726（本书"必看天体571"）和NGC 6729（本书"必看天体572"）所在的那片天区的东南角上。从它出发往西北移动不到1°处就可以找到NGC 6723（本书"必看天体569"）。该暗星云面积不小，刚才说的南冕座γ星其实是在它的北部边缘上。

这片暗星云对星光的吸收作用足以使其亮度下降8等。所以要想看出夹杂其中的那些只有13等的恒星，就必须使用大口径的设备。我对这块"吞噬"星光的暗星云相当着迷，因为它也是一片恒星形成区，并在大约1000万年之内继续与新诞生的恒星共同存在。

放大率为15倍的大口径双筒镜或者放大率在30～50倍的单筒镜，都很适合被用来观赏这块暗星云。需要注意的是，它的视面并不算小，已经快达到满月视面的2倍了。

你可能从未听说过以"贝尔内斯"为前缀的深空天体编号，这其实是斯德哥尔摩天文台的克拉斯·贝尔内斯于1977年新编制的一部目录，针对的是存在于致密暗星云中的亮星云。贝尔内斯通过检查帕洛玛巡天计划的照相底板，一共在80多块暗星云中找到了160处符合条件的亮星云。这个巡天计划拍来的照片让他间接观察了赤纬在−46°以北的所有星云。对于更靠南的天区，他转而求助当时刚刚由欧洲南方天文台完成的"蓝色"巡天计划。这份目录收录的绝大多数天体属于反射星云，且是恒星形成区。贝尔内斯提议天文学家们未来多对这些目标进行射电波段和红外波段的观测。

必看天体 580	NGC 6749
所在星座	天鹰座
赤经	19h05m
赤纬	1°54′
星等	12.4
视径	6.3′
类型	球状星团

如果你是一位观星新手，随意地翻阅这本书，打算"随缘"选一个天体来当自己第一次进行深空观测的目标，结果恰巧看到这个天体，那么我要道个歉了：请新手朋友们另找一个天体当目标，过几年等你成为熟手再来挑战观测它也不迟。

从3.4等的天鹰座δ星处出发，朝西南偏西方向移动5.2°即可定位这个只适合大口径设备的目标。如果这样做了，却还是没有立刻辨认出这个星团的话，也不必灰心，因为它是已知最稀散、最不像个球状星团的球状星团之一。它离我们有2.4万光年，银河系盘面内的物质严重降低了它在我们眼中的亮度，降幅至少有4等，其最亮的成员星在我们看来也只有16等。

使用300mm左右口径的望远镜，可以看到它呈现为一团柔感十足的雾气。而即便换用500mm左右口径的设备观测，它也依旧显得暗弱不堪，但有可能辨认出其亮度稍高的中心区和极为暗淡的外围光晕。观测者们认为，这个星团是德雷耳编写的NGC目录中最难观赏的两个天体之一，另一个是NGC 6380（本书"必看天体489"）。

必看天体 581	NGC 6751
所在星座	天鹰座
赤经	19h06m
赤纬	-6°00′
星等	11.9
视径	20″
类型	行星状星云

从3.4等的天鹰座λ星处出发，向南移动1.1°即可找到这个天体。在350mm左右口径的望远镜中，可以看到这个行星状星云的东边不到1′处有一颗12.9等的恒星GSC 5140:3169，而其西侧约0.5′处则有一颗13.2等星。配以250倍的放大率观察，则可见这个天体的表面亮度在整体上略微显得不均匀。

它的中心恒星亮度为14.5等，如果一时观测不到，那么把放大率改配到350倍以上应该就可以观测到了。如果把放大率降到150倍之下，可以尝试一下把这个天体从它周围密集的银河星场里辨认出来。不妨试试用实践来回答这个问题：至少需要多少倍的放大率才能让该天体看起来不再像一颗普通的恒星？

必看天体 582	NGC 6752
所在星座	孔雀座
赤经	19h11m
赤纬	−59°59′
星等	5.5
视径	20.4′
类型	球状星团
别称	孔雀球状星团（The Pavo Globular）、海星（The Starfish）、风车（The Windmill）、科德威尔 93（Caldwell 93）

NGC 6752这个星团与天坛座的NGC 6397（本书"必看天体493"）并列为全天区第四亮的球状星团。它作为亮度处于顶级的球状星团之一，在夜空环境极佳的时候可以被人们仅凭肉眼看到。从4.2等的孔雀座λ星处出发，朝东北移动3.2°即可定位到它。它显得又大又亮的原因大概读者也能猜到：离我们近。是的，它与我们的距离只有1.3万光年。

所以，不论望远镜的口径如何，它都显示得颇为壮观。使用150mm左右口径的望远镜，可以在它的外围区分辨出几百颗成员星，它的核心区则会显得既宽阔又致密。它的视径之内最亮的是一颗7.4等星SAO 254482，位于星团中心点的西南偏南方向仅4′处，但它不是成员星，而是一颗前景恒星。另外，还有为数不多的几条星链从该星团中心呈放射状延伸出来，从而给它带来了"孔雀"和"海星"的别称。

这里单独介绍一下"海星"，这个名字在本书中还有另外两个星团在使用，分别是球状星团NGC 6544（本书"必看天体521"）和疏散星团M 38（本书"必看天体948"），都是业余天文爱好者叫惯了的。

必看天体 583	NGC 6755
所在星座	天鹰座
赤经	19h08m
赤纬	4°14′
星等	7.5
视径	14′
类型	疏散星团

从4.5等的巨蛇座θ星处出发，朝东移动2.9°即可找到这个天体。使用150mm左右口径并配以125倍放大率的望远镜就不难把这个星团从银河星场的背景中区分出来，不过它的外观松垮。可以注意到，该星团被一条东—西方向的暗带从中间分开，其11等或12等的诸多成员星由此被明显分成了两个小组，其中南边小组的亮度略高于北边小组的亮度。星团内最亮的两颗星的亮度均为10.4等，位于中心点的南侧。若使用300mm左右口径或更大口径的望远镜，则可以看到该星团内有不少成员星发出黄色或橙色的光，为这道风景线提供了出众的颜色对比。

必看天体 584	NGC 6756
所在星座	天鹰座
赤经	19h09m
赤纬	4°41′
星等	10.6
视径	4′
类型	疏散星团

从刚刚介绍过的"必看天体583"处出发，朝东北偏北方向移动0.5°即可定位到这个疏散星团。使用150mm左右口径并配以125倍放大率的望远镜大约可以看出其中的10颗成员星，其背景层带着一种似有似无的光。若使用350mm左右口径的设备观察这种背景光，则可以从中分辨出一些成员星，但数量不多，大约只有20颗。

必看天体 585	NGC 6760
所在星座	天鹰座
赤经	19h11m
赤纬	1°02′
星等	9.1
视径	6.6′
类型	球状星团

从5.1等的天鹰座23号星处出发，朝西移动1.8°就可以找到这个星团。通过250mm左右口径并配以200倍放大率的望远镜观察它，可以看到其视面大体上紧致、亮度分布均匀，但是此时我们分辨不出任何成员星。若用350mm左右口径的设备，则情况稍好一些，可以分辨出几颗成员星，还可以看出该星团外围光晕中的斑驳特征。

必看天体 586	NGC 6765
所在星座	天琴座
赤经	19h11m
赤纬	30°33′
星等	12.9
视径	38″
类型	行星状星云

这个小且暗弱的行星状星云位于5.9等的天琴座19号星的南边0.8°处。使用很大口径的望远镜并配以250倍放大率观察可以看出它有一个长轴，处于东北—西南方向上。如果加装氧Ⅲ滤镜，虽然可让图像的品质大为提升，但仍然无法看出更精细的结构。在该天体的东北侧很近处有一颗14等的恒星，可以摘掉滤镜尝试辨认一下。另外，在该天体的南边3′和4′处各有一颗12等星。这个行星状星云的中心恒星亮度只有16等，且因为整个天体的表面亮度较高，所以中心恒星在视觉上被掩盖掉了。

必看天体 587	NGC 6772
所在星座	天鹰座
赤经	19h15m
赤纬	−2°42′
星等	12.7
视径	62″
类型	行星状星云

从3.4等的天鹰座λ星处出发，往东北方移动3°就可以定位这个巨大的行星状星云。若望远镜的口径为150mm左右，想看到它就不太容易；但若用300mm左右口径并配以250倍放大率的望远镜，

就能看到它呈圆形且边缘显得模糊不清。

　　如果使用更大口径的物镜和更高的放大率，则会看出它在南—北方向上略有拉长，且圆面之内显现出几颗独立的暗星，不过这几颗星都是前景恒星，并非真的位于该行星状星云内部。欣赏该天体时，加装星云滤镜是十分必要的。

必看天体 588　M 56　安东尼·阿伊奥马米蒂斯

必看天体 588	M 56（NGC 6779）
所在星座	天琴座
赤经	19h17m
赤纬	30°11′
星等	8.3
视径	7.1′
类型	球状星团

　　若在3.1等的天鹅座β星（中文古名为"辇道增七"）与3.2等的天琴座γ星之间作一条连线，则球状星团M 56就在该线段长度的45%处，这个定位方法可谓简单。在极佳的夜空环境中，即使只用双筒镜也能看到它。

　　该星团成员星的密度在接近核心区处有一个陡增。此外，由于它的成员星亮度分布也不均匀，所以要想更好地欣赏它的细节，最好使用200mm以上口径的望远镜并配以不低于150倍的放大率。在仔细欣赏过它的核心区之后，不妨再把放大率降下来，体验一下它和周围的星场相映成趣的景观。

必看天体 589	IC 1297
所在星座	南冕座
赤经	19h17m
赤纬	-39°37′
星等	10.7
视径	7″
类型	行星状星云

从4.1等的南冕座β星（中文古名为"鳖五"）处出发，朝东移动1.4°就可以找到这个行星状星云。使用200mm左右口径并配以200倍放大率的望远镜看，它仍然显得极小。改配300倍放大率可以看出它呈方形，但边角发圆。使用星云滤镜会对欣赏它大有帮助，但也要知道一旦加了滤镜就看不出它光芒中的蓝色、蓝绿色（绿蓝色）了，毕竟这些色彩只能由人眼的色觉细胞来感受。若能使用500mm左右口径并配以400倍以上放大率的大望远镜，则可以试着辨认一下该星云的轮廓在南—北方向上轻微拉长的现象。

必看天体 590	NGC 6781
所在星座	天鹰座
赤经	19h18m
赤纬	6°33′
星等	11.4
视径	109″
类型	行星状星云

天鹰座的天区面积在全天区88星座中排名第22位，但居然不含任何梅西尔天体，也不含任何发射星云，连亮度较高的星团也几乎没有。所以这个行星状星云可算是天鹰座深空天体的代表，值得我们一看。从3.4等的天鹰座δ星处出发，朝西北偏北方向移动3.8°即可找到它。

该天体几乎是个纯粹的"气泡"，它是由一颗跟太阳差不多的恒星在衰亡时释放出来的。目前这个"气泡"的直径约为2光年，未来还会继续变大。同时，附近的一些亮星发射出来的高能光子正在让这个"气泡"逐步消散。类似的过程也正在"鹰状星云"M 16（本书"必看天体536"）内部上演。

使用150mm左右口径并配以100倍放大率的望远镜观察，可见本行星状星云在一片恒星密布的天区里依然十分醒目。其盘面质感柔和，形状显得不太规则，略呈椭圆，中心区比外围稍暗一点儿。如果大气视宁度极佳，可以试着在其视面上辨认出一些小小的黑斑。

若可以使用400mm左右口径的设备，就可以从该天体宽厚的视面中看出更多的精细结构，例如其南部边缘亮度最高，北部边缘则有破碎感，向外逐渐变暗最终消失在背景中。加装氧Ⅲ滤镜或星云滤镜可充分优化视觉效果。使用这种级别或更大口径的设备，有可能看到它的中心恒星，该星已成为白矮星，光芒略带蓝色，亮度仅为16.2等。

必看天体 591	NGC 6791
所在星座	天琴座
赤经	19h21m

赤纬	37°51′
星等	9.5
视径	15′
类型	疏散星团

这个漂亮的星团位于4.4等的天琴座θ星（中文古名为"辇道三"）的东南偏东方向不到1°处。虽然它的标称亮度为9.5等，但由于其视径大到接近满月的一半，所以在小口径望远镜里看起来会非常暗，以至于被不知情的人错当成球状星团。

只有使用400mm左右口径或更大口径的设备，才能让这个疏散星团充分显露其面貌。它会呈现为一片像碎钻一样均匀分布的光点，我们在其外围可以分辨出几十颗很暗的成员星。

必看天体 592	科林德 399
所在星座	狐狸座
赤经	19h25m
赤纬	20°11′
星等	3.6
视径	1°
类型	星群
别称	衣架（The Coathanger）、布洛契星团（Brocchi's Cluster）、苏菲星团（Al Sufi's Cluster）

使用双筒镜或者寻星镜就可以找到这个天体。从3.0等的天鹅座β星处出发，向4.4等的狐狸座α星（中文古名为"齐增五"）连一条线（长度约3°），然后继续延长约4.5°即可。

科林德是瑞典的天文学家，他编订了一部包含471个目标的疏散星团目录。这里要看的"衣架"是其中的第399号。只要看一眼它的形状，就会立刻明白它为何有这个别称。

它的另外两个称呼都指向特定的天文学家。波斯的天文学家阿卜杜勒－拉赫曼·苏菲（903—986年）发现了这个天体，并将其记载在他于公元964年出版的《恒星之书》里；美国的业余天文学家布洛契是美国变星观测协会的制图员，他于20世纪20年代绘制了这个天体所在天区的星图，供天文学家们使用仪器测量其中恒星的亮度。

这个"衣架"的视径很大，所以最好利用20倍或更低的放大率来观赏。它含有10颗亮度高于7等的星，所以在夜空环境极佳时我们可以用肉眼轻松看到它。其中最亮的3颗星分别是5.1等的狐狸座4号星、5.6等的狐狸座5号星和6.3等的狐狸座7号星。

必看天体 593	NGC 6800
所在星座	狐狸座
赤经	19h27m
赤纬	25°08′
星等	9.0
视径	5′
类型	疏散星团

这个小型的星团位于4.4等的狐狸座α星西北方仅35′处，最好使用不低于200mm口径的望远镜来观察，有可能看到大约50颗成员星杂乱无章地分布在其视径之内。该星的东侧和西侧各有一颗恒星作陪衬，分别是7.1等的SAO 87256和8.0等的SAO 87200。

必看天体 594	NGC 6802
所在星座	狐狸座
赤经	19h31m
赤纬	20°16′
星等	8.8
视径	3.2′
类型	疏散星团

这个星团位于"衣架"（本书"必看天体592"）的东端。若望远镜口径太小，或者所配放大率太低，就只能看到它发出云雾状的亮光，无法分辨出成员星。即使使用大口径的设备，也不保证能辨认出很多成员星，例如通过300mm左右口径并配以200倍放大率的望远镜观察，也仅能辨认出20多颗成员星。

必看天体 595	天鹅座β星
所在星座	天鹅座
赤经	19h31m
赤纬	27°58′
星等	3.1/5.1
角距	34″
类型	双星
别称	辇道增七（Albireo）

当我们在初秋的夜空中徜徉，观察那些暗弱的深空天体时，不妨抽出时间用小口径的望远镜观察一下天鹅座β星。大多数居住在北半球的观星爱好者认为它是天空中最漂亮的双星。

虽然该双星的英文俗称以"Al"两个字母开头，但根据理查德·艾伦的考证，这个名字并非来自阿拉伯文。他指出，这个非常著名的别称"最早与该星建立联系，是源于一次误解，被误会的是1515年版《天文学大成》中关于天鹰座的描述里的'ab ireo'字样"[1]。真正的阿拉伯人把这颗星叫作"Al Minhar al Dajajah"，意思是"母鸡的嘴"。

该双星的两颗子星被天文学家分别称为天鹅座β¹星和天鹅座β²星。前者稍亮，亮度为3.4等，后者暗一些，但也有5.1等。当然，这处双星的名气并不是因为亮度而获得的，它们真正的惊艳之处在于颜色的对比。

我在描述它们的颜色之前想要重申一点：恒星的颜色并非在所有人的眼睛中都是一样的。绝大多数欣赏过天鹅座β星的人会说，β¹星呈金色，而β²星像颗蓝宝石，但也有人报告说二者的颜色组合是蓝和白，也有人说是黄和绿，也有人说出其他奇奇怪怪的颜色搭配。所有这些分歧都进一步增添了这个天体的魅力，所以请不要错过它。

---

1. 译者注：这里的"ab iero"是拉丁文，本身就是把《天文学大成》翻译成拉丁文时出现的一个错误，后来又被附会成"Albireo"这个虚假的阿拉伯文名字，等于至少错了两次。

必看天体 596	NGC 6804
所在星座	天鹰座
赤经	19h32m
赤纬	9°13′
星等	12.0
视径	31″
类型	行星状星云

从4.5等的天鹰座μ星（中文古名为"右旗一"）处出发，朝西北偏北方向移动近2°即可找到这个天体。虽然从它的星等数值上看，会觉得它很暗，但其实只要使用150mm左右口径的望远镜就可以轻易看出它的盘面。配以200倍放大率后可以观察到它的弥散感。如果加装星云滤镜，效果还可以提升，特别是当望远镜的口径不低于300mm时，还可以看出它那并不完整的环形结构以及亮度为14等的中心恒星。该天体最亮的部位在其中心恒星的南北两侧。此外，在其西侧和东北侧边缘还各能看到一颗恒星。

必看天体 597	M 55（NGC 6809）
所在星座	人马座
赤经	19h40m
赤纬	-30°58′
星等	6.3
视径	19′
类型	球状星团

这又是一个梅西尔天体。它作为一个壮观的球状星团，理论上说，观测者是有可能仅凭肉眼就看到它的。观星爱好者们说它"可以高度分辨"，也就是说，它的核心区并不是被星光完全填满的，而是像将要燃尽的东西那样密布着很多亮点。

使用300mm左右口径并配以300倍放大率的望远镜观察可以将其分辨为数百颗11等或12等的成员星；若是使用视场直径较小的目镜，它看起来更像一个疏散星团，而非球状星团。

要定位这个天体，可以从2.6等的人马座ζ星处出发，朝东移动8°。

必看天体 598	巴纳德 143
所在星座	天鹰座
赤经	19h41m
赤纬	11°01′
视径	40′
类型	暗星云
别称	巴纳德的 E（Barnard's E）

该天体是我一直喜欢用双筒镜欣赏的目标之一。它被记录在爱德华·巴纳德那份著名的目录里，与该目录里的另一个暗星云形成组合，周围是天鹰座内密集的银河星场。要定位它，可以先找到2.7等的天鹰座γ星（中文古名为"河鼓三"）。如果已经用双筒镜瞄准了这颗发出黄光的星，那么不用移动视场就可以观测到这块被称为"巴纳德的E"的暗星云了，因为它就在该星的西北偏

西方向1.4°处。

它的编号为"巴纳德143",也可以简写作B 143,看它的同时很容易看到B 142。先说B 143,它的主体部分呈狭窄的条状,长度约15′,在东—西方向上。该轮廓上附加有两个相对不太清晰的暗条,总体上构成了一个字母U的形状。在其南侧一点儿,就是B 142了,这块暗星云长度稍逊,而且宽度也只有前者的1/3,因此更难被辨识。在这个组合的背后是数千个难以明确分辨的小光点。

必看天体 599	NGC 6810
所在星座	孔雀座
赤经	19h44m
赤纬	−58°40′
星等	11.4
视径	3.8′ × 1.2′
类型	旋涡星系

要定位这个天体,可以首先找到1.9等的孔雀座α星(中文古名为"孔雀十一"),然后朝西南偏西方向移动近6°。这个旋涡星系以侧面对着我们,所以观测不出它的太多细节。在300mm左右口径的望远镜中,可以看到它呈现为一条长宽比为2∶1的光带,其中心区亮度更高且分布均匀。若配以250倍放大率,则还有可能辨认出它的核心周围有一层薄薄的光晕。

必看天体 600	NGC 6811
所在星座	天鹅座
赤经	19h37m
赤纬	46°23′
星等	6.8
视径	15′
类型	疏散星团

我曾尝试仅用肉眼看到这个星团,但它周围的星场实在太繁密了。当然,若使用双筒镜,则更容易辨认它。而观察它的最佳放大率还是要在100倍以上。使用100mm左右口径的望远镜可以分辨出约50颗成员星;若设备口径为200mm左右,则可以分辨出约100颗成员星,它们分布得并不均匀。

要定位这个星团,可以从2.9等的天鹅座δ星(中文古名为"天津二")处出发,朝西北移动1.8°。

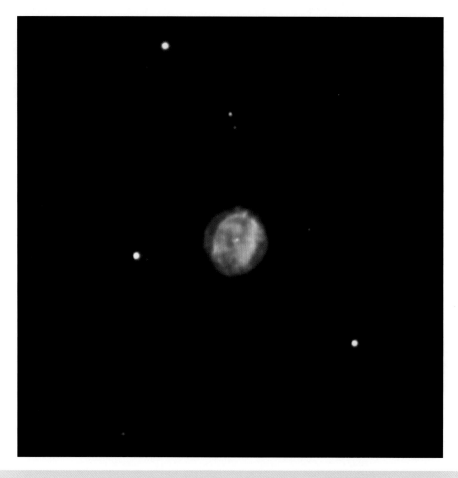

必看天体 601　　NGC 6818　　米奇·戴、迈克尔·戴 / 亚当·布洛克 /NOAO/AURA/NSF

必看天体 601	NGC 6818
所在星座	人马座
赤经	19h44m
赤纬	−14°09′
星等	9.3
视径	48″
类型	行星状星云
别称	小宝石（The Little Gem）、绿火星星云（The Green Mars Nebula）

　　该天体位于人马座天区的北端，接近天鹰座，附近没有亮星，仿佛汪洋中的一座孤岛。若想借助参考星来定位它，则可以从 3 等的摩羯座 β 星（中文古名为"牛宿一"）处出发，朝西移动 9°。它所在的天区尽管少有亮眼的恒星，但也因此成了深空天体的一块聚集地。例如，它的东南偏南方向仅 0.7° 处就是被称为"巴纳德星系"的 NGC 6822（本书"必看天体 604"）。这两个天体在表面亮度方面正好代表了两个极端——这里要细说的"小宝石"代表的是表面亮度高的极端。

　　虽然该天体的亮度是 9.3 等，但它的视径在南—北方向上大约只有 0.8′（在东—西方向上还要更窄一点儿），两个因素结合起来，就赋予了它很高的表面亮度，因此我们可以放心地使用很大的放大倍率来观察它。

在100倍左右的放大率下，绝大部分人可以观察到它蓝中带绿的颜色；使用更高的放大率，则可以尝试观察它外圈和内圈的亮度差，其外圈稍微亮一些。

在口径较小的望远镜中，这个行星状星云只能显示22″的视径（比标称的视径小了一半不止）。有趣的是，火星在接近地球时差不多也是这个视径，只不过颜色是红的，所以观星爱好者们喜欢把这个行星状星云叫作"绿火星星云"。

必看天体 602	NGC 6819
所在星座	天鹅座
赤经	19h41m
赤纬	40°11′
星等	7.3
视径	5′
类型	疏散星团
别称	狐狸头星团（The Fox Head Cluster）、章鱼星团（The Octopus Cluster）

这个天体位于3.0等的天鹅座δ星南侧5°处，它作为一个小且亮的星团，很适合在高放大率下观看。通过100mm左右口径并配以150倍放大率的设备可以从中看到至少20颗成员星，且星团的北半部比南半部更亮，由此可见其成员星分布得不均匀。若使用200mm左右口径的设备，则可以看到约50颗成员星；而望远镜口径达到400mm左右时，可辨的成员星数就破百了。

大部分看过这个星团的人认为，该星团中较亮的成员星排成了字母V的形状（通常是在低倍配置下观察的）。鉴于狐狸的头部是三角形的，大家喜欢称该星团为"狐狸头"。而《天文学》杂志的特约编辑斯蒂芬·奥米拉则更进一步，他不仅在这里看到了英文字母V，还隐约看出了一个希腊字母χ的形状。他在低放大率的情况下观察这个两线交叉的图形时，还看到了其分叉在弯折后向外延伸，这让整个星团看上去有了涡旋特征，或者说像一只章鱼。

必看天体 603	NGC 6820
所在星座	狐狸座
赤经	19h43m
赤纬	23°17′
视径	40′×30′
类型	发射星云

从4.4等的狐狸座α星处出发，朝东南偏东方向移动3.5°即可找到这处星云。它与附近的一个星团NGC 6823（本书"必看天体605"）成协，加装星云滤镜可以削弱该星团的星光干扰。使用150mm左右口径的望远镜很难看出它的云雾状外观，假如能辨认出蛛丝马迹就已经足够炫耀一番了。最好使用口径不小于300mm的设备欣赏它。

必看天体 604　 NGC 6822　 朱莉·加西亚、杰西卡·加西亚/亚当·布洛克 /NOAO/AURA/NSF

必看天体 604	NGC 6822
所在星座	人马座
赤经	19h45m
赤纬	−14°48′
星等	9.3
视径	16′ × 14′
类型	不规则星系
别称	巴纳德星系（Barnard's Galaxy）、科德威尔 57（Caldwell 57）

　　"巴纳德星系"即NGC 6822，欣赏它的时候应使用口径不小于200mm的望远镜，并挑选合适的目镜，以便尽可能获得一个宽阔的视场。该天体位于人马座天区，从5等的人马座55号星处出发，朝东北偏北方向移动1.5°就可以找到它。它的发现者是美国天文学家爱德华·巴纳德，发现时间为1881年，当时巴纳德使用的是一架150mm左右口径的折射望远镜。

　　巴纳德星系的亮度标称为9.3等，这对星系来说算是很高的亮度了。但是，它的视面长度和宽度分别达到了16′和14′，所以它的整体表面亮度还是相当低的。

　　可以试着观察它呈现为一个长宽比约为2：1的暗淡而模糊的光斑，注意它沿着长轴方向存在一个亮度稍高的长条形区域。

　　若使用更大口径的设备，则可以在该星云的北端辨认出几个恒星形成区。使用星云滤镜可以把这类区域单独凸显出来。若不加装滤镜，可以用300mm左右或更大口径的设备试着看到它内部的超巨星——虽然这些星体的亮度只有14等，但它们足以使该星系的表面具备颗粒状质感，由此显示自己的存在。

必看天体 605	NGC 6823
所在星座	狐狸座
赤经	19h43m
赤纬	23°18′
星等	7.1
视径	12′
类型	疏散星团

这个星团与发射星云NGC 6820（本书"必看天体603"）成协。使用100mm左右口径的望远镜即可看到该星团，但无法察觉发射星云的存在。其实，若不加装星云滤镜，就算使用更大口径的设备观察，这个星团的光也足以把发射星云的光掩盖掉。在该星团的中心，还有一小团紧密到无法用望远镜分辨的星。要定位该星团，可以从4.4等的狐狸座α星处出发，朝东南偏东方向移动3.5°。

必看天体 606	NGC 6826
所在星座	天鹅座
赤经	19h45m
赤纬	50°31′
星等	8.8
视径	25″
类型	行星状星云
别称	眨眼星云（The Blinking Nebula）、科德威尔 15（Caldwell 15）

这个天体相当有趣，很适合在业余观星人士参加的星空大会上被大家讨论。在200mm左右口径或更小口径的望远镜中，若以直视和瞥视法轮换观察它，会觉得它仿佛在眨眼。

最早注意到这一现象的是詹姆斯·穆兰尼和沃拉斯·麦考，地点是美国匹兹堡的阿勒格尼天文台。二人对该现象的描述被刊登在《天空与望远镜》杂志1963年8月号的第91页上。他们当时使用的设备是该天文台的325mm左右口径的折射镜，放大率约为200倍。

我曾在理想的夜空环境下，使用150mm左右口径并配以大约100倍放大率的设备看到了这一"眨眼"现象。在直盯它时，可以看到其11等的中心恒星，但几乎看不出此星周围的云气。把目光移向它旁边一点的位置，也就是用瞥视法观察它时，其云气结构就跃然出现了，但此时云气的光芒又会掩盖掉中心恒星的影像。所以说，如果在两种观察方式之间来回切换，也就可以让这个行星状星云"眨眼"了。

要定位该天体，可以从6.0等的天鹅座16号星处出发，朝东移动0.5°。

必看天体 607	IC 4889
所在星座	望远镜座
赤经	19h45m
赤纬	-54°20′
星等	11.3
视径	2.6′×1.8′
类型	旋涡星系 [1]

这个椭圆星系位于5.3等的望远镜座ν星的西北偏北方向2°处。使用200mm左右口径的望远镜观察时，它只能呈现为一个缺少细节的椭圆形光斑。若用400mm左右口径的设备，则可以区分出它明亮的核心区与暗淡的外围光晕，并可以尝试寻找它南边8′处亮度仅14.3等的星系IC 4888。

必看天体 608	NGC 6830
所在星座	狐狸座
赤经	19h51m
赤纬	23°04′
星等	7.9
视径	12′
类型	疏散星团

这个星团位于4.9等的狐狸座12号星的北边0.5°处。使用150mm左右口径的望远镜可以从中分辨出20多颗成员星，其中较亮的一些组成了一个明显的"字母X"。若换用300mm左右口径的设备，则可以多分辨出10多颗成员星。

必看天体 609	NGC 6834
所在星座	天鹅座
赤经	19h52m
赤纬	29°25′
星等	7.8
视径	6′
类型	疏散星团

从4.7等的天鹅座φ星（中文古名为"辇道增六"）处出发，朝东南偏东移动2.9°即可找到这个小小的星团。第一眼看去，它不是很对称，因为它南半部的亮度高于北半部的亮度。在该星团中心还可以找到一颗9.7等星HIP 97785。

必看天体 610	哈佛 20
所在星座	天箭座
赤经	19h53m
赤纬	18°20′
星等	7.7
视径	9′
类型	疏散星团

---

1. 译者注：应为椭圆星系。

要识别该星团的成员星，离不开谨慎细致的观察。在目镜的视场中可以看到它的许多成员星，其中有10颗亮度突出，而其余众多的暗星为它们构成了一幅令人目眩的背景。其中最亮的一颗成员星是8.9等的SAO 105381，位于星团的东北部。要定位这个星团，最简便的方式就是从M 71（下一个要介绍的天体）处出发，朝西南偏南移动0.5°。

该星团的编号前缀"哈佛"出于美国天文学家沙普利在1930年编制的一份星团目录。

必看天体 611 M 71 安东尼·阿伊奥马米蒂斯

必看天体 611	M 71（NGC 6838）
所在星座	天箭座
赤经	19h54m
赤纬	18°47′
星等	8.0
视径	7.2′
类型	球状星团

M 71是个松散的球状星团，位于3.8等的天箭座δ星（中文古名为"左旗三"）和3.5等的天箭座γ星（中文古名为"左旗五"）的连线中点上，与两星均相距约1.5°。使用100mm左右口径并配以低放大率的望远镜观察，可以看到它明亮的核心，以及周围由几乎不可分辨的成员星组成的绒毛状光斑。若将放大率升至200倍，则可以分辨出该星团中最亮的一些成员星。而若望远镜口径达到300mm左右，可辨认的成员星就会超过50颗。

必看天体 612		天鹰座 57 号星
所在星座		天鹰座
赤经		19h55m
赤纬		-8°14'
星等		5.8/6.5
角距		36″
类型		双星

从摩羯座α^1星（中文古名为"牛宿增六"）处出发，朝西北移动7°多一点儿就可以找到天鹰座57号星。其主星亮度是伴星亮度的2倍，两星均呈白色。

必看天体 613   M 27   安东尼·阿伊奥马米蒂斯

必看天体 613		M 27（NGC 6853）
所在星座		狐狸座
赤经		20h00m
赤纬		22°43'
星等		7.3
视径		348″
类型		行星状星云
别称		哑铃星云（The Dumbbell Nebula）、苹果核星云（The Apple Core Nebula）、妖怪星云（The Diablo Nebula）、双头子弹（The Double-Headed Shot）

这个天体特别适合使用小口径望远镜观测。在七月，这个别称叫"哑铃星云"的行星状星云

正好高悬夜空。

　　狐狸座的最亮星的亮度只有4.4等，如果你能把这个星座的恒星图形看成一只狐狸，那么说明你具有足够丰富的想象力。"哑铃星云"就处在这个星座的天区之内，它有着行星状星云常见的双瓣式结构，因此得名。虽然只用双筒镜也不难观察到它，但要想看清细节还需要使用单筒天文望远镜。

　　使用小口径的单筒镜，可以看出这个天体的两个瓣状结构以及叠加在它附近的几颗恒星。该天体的表面亮度足够高，所以很适合用高放大率观赏。若有大口径的设备，就应加装氧Ⅲ滤镜，并以高放大率来观测它。

必看天体 614	NGC 6857
所在星座	天鹅座
赤经	20h02m
赤纬	33°31′
星等	11.4
视径	38″
类型	发射星云

　　这块发射星云又小又圆，看上去很像一个行星状星云。直到1969年天文学家才弄清楚它不是行星状星云，而是发射星云。它的视径比较小，所以表面亮度较高。如果使用350mm左右口径或更大口径的望远镜，则可以看出其中心区亮度均匀，边缘区则显得暗淡，其亮度由内向外迅速衰减。

必看天体 615 M 75　肯·显克微支 / 亚当·布洛克 /NOAO/AURA/NSF

必看天体 615	M 75（NGC 6864）
所在星座	人马座
赤经	20h06m
赤纬	−21°55′
星等	8.5
视径	6′
类型	球状星团

　　M 75这个球状星团离我们有6万光年，所以即便使用300mm左右口径的望远镜也很难从中分辨出哪怕最亮的成员星来。在放大率低时，它的明亮核心看上去是一个亮点。它虽然处于人马座天区之内，但位置并不在银河的盘面上，所以周围几乎没有什么恒星叠加在视场中。从4.7等的人马座ω星（中文古名为"狗国一"）处出发，朝东北偏北方向移动5°即可在接近摩羯座天区的地方找到它。

必看天体 616	NGC 6866
所在星座	天鹅座
赤经	20h04m
赤纬	44°09′
星等	7.6
视径	7′
类型	疏散星团
别称	军舰鸟星团（The Frigate Bird Cluster）

　　要定位这个星团，可以从2.9等的天鹅座δ星处出发，朝东南偏东方向移动3.4°。即便使用口径只有100mm左右的望远镜来观察，这个星团也显得星光繁密。在250mm左右口径并配以150倍放大率的望远镜中，可以看到该星团内部有一条"星河"处在东—西方向上，并且这条"星河"经过了星团中心。我使用大大小小的望远镜欣赏过它，但都看不出它为何像一只军舰鸟，甚至动用联想也不行。相信读者们的想象力会比我强。

　　那么，"军舰鸟"这个别称是怎么赋予给这个星团的呢？难道是一个想象力过于丰富、擅长对着目镜来联想图形的人所起？的确如此。《天文学》杂志的特约编辑奥米拉就特别坚定地认为这个星团的轮廓像只军舰鸟。

必看天体 617	NGC 6868
所在星座	望远镜座
赤经	20h10m
赤纬	−48°23′
星等	10.6
视径	4′×3.3′
类型	旋涡星系

　　观察NGC 6868这个目标可以说是"买一赠二"，因为它是"望远镜座星系群"里最亮的成员星系。该星系群规模较小，只含有10个星系。在300mm左右口径的望远镜中，可以看到NGC 6868

的椭圆形轮廓，其长轴在东—西方向上。其中心明亮，并向外逐步变暗转入光晕区。从它出发仅往东北偏北方向移动6′就可以看到第一个"赠品"，即12.4等的旋涡星系NGC 6870；而若往西移动25′则可以看到第二个"赠品"，即椭圆星系NGC 6861，亮度为11.1等。

要定位这3个星系的组合风景，可以从3.1等的印第安座α星（中文古名为"波斯二"）处出发，朝西南偏西方向移动4.8°。

必看天体 618	NGC 6871
所在星座	天鹅座
赤经	20h06m
赤纬	35°47′
星等	5.2
视径	30′
类型	疏散星团

该天体位于3.9等的天鹅座η星（中文古名为"辇道增五"）的东北偏东方向2°处。作为一个星团，它含有约15颗成员星，但周围的背景星场极为繁密，因此最适合用小口径望远镜观察。注意，星团北端的那颗5.4等星并非它的成员，但我们可以尝试在该星团的视径之内找出几对漂亮的双星。

必看天体 619	NGC 6885
所在星座	狐狸座
赤经	20h12m
赤纬	26°28′
星等	8.1
视径	20′
类型	疏散星团
别称	狐狸座 20 号星团（The 20 Valpeculae Cluster）、科德威尔 37（Caldwell 37）

这个星团正好环绕在5.9等的狐狸座20号星周围，但读者看了我们为它标出的亮度数值就应该能判断出来：狐狸座20号星本身并不是它的成员。通过150mm左右口径并配以100倍放大率的望远镜可以从中辨别出30多颗成员星（当然不包括狐狸座20号星）；若改用300mm左右口径的设备，则可辨认的成员星能达到75颗。该星团比较松散，整体轮廓大略呈三角形，最适合在低放大率的条件下来观赏。从3.5等的天箭座γ星（它代表这根"箭"的尖端）处出发，朝东北偏北方向移动7.6°就可以找到这个星团。

必看天体 620	NGC 6876
所在星座	孔雀座
赤经	20h18m
赤纬	−70°52′
星等	10.8
视径	3.7′×3.4′
类型	椭圆星系

　　从4.0等的孔雀座ε星（中文古名为"孔雀九"）出发，朝东北方向移动2.5°就可以定位到这个质量很大但缺乏特征的椭圆星系，它位于一个成员众多的星系团的中心。使用250mm左右口径的设备就有可能看到它周围几个更暗的伴系。

　　从该星系所在位置出发，其东北偏东方向，仅1.5′处就是12.2等的椭圆星系NGC 6877；若往正东移动，6′处有一个12.3等的旋涡星系NGC 6880；而若往西北方向移动9′则可以找到一个亮度为11.7等的、带有纤细旋臂的棒旋星系NGC 6872。而要想看清该星系本身的细节，就需要使用500mm左右口径的设备。

必看天体 621	梅洛特 227
所在星座	南极座
赤经	20h12m
赤纬	−79°18′
星等	5.3
视径	50′
类型	疏散星团

　　对于前往南半球旅行或者居住在南半球的观星人来说，这个离南天极颇近的天体值得一看。它的发现者是出生在比利时的英国天文学家菲利伯特·梅洛特，他将其归类为疏散星团。不过如今我们已经知道这个"景点"仅是一堆恒星碰巧组合出来的效果。

　　观赏它需要尽可能低的放大率，便于看到其中亮度高于10等的大约15颗成员星。可以从3.7等的南极座ν星处出发，朝西南移动4.8°来定位它。

必看天体 622	NGC 6882
所在星座	狐狸座
赤经	20h12m
赤纬	26°33′
星等	8.1
视径	20′
类型	疏散星团

　　这个星团有两个编号，除了NGC 6882之外，还有一个编号，即NGC 6885（本书"必看天体619"的编号）。也可能NGC 6882和本书"必看天体619"是同一个天体。

　　使用100mm左右口径的望远镜对准它，首先可以看到5.9等的狐狸座20号星，其周围有20多颗属于疏散星团的成员星。若使用200mm左右口径并配以200倍放大率的设备，则可以呈现出更多的背景恒星，它们亮度更低，很好地衬托了这个星团的图景，但并不属于该星团。

　　要定位这个星团，可以从4.4等的狐狸座α星处出发，朝东北偏东方向移动接近10°。

必看天体 623	NGC 6886
所在星座	天箭座
赤经	20h13m
赤纬	19°59′
星等	11.4
视径	4″
类型	行星状星云

　　这个行星状星云位于5.1等的天箭座η星的东侧1.8°处。它的视径很小，所以要想让它看起来有那么一点点区别于一颗普通恒星，就要使用不低于300倍的放大率。我们有可能看出它有一个圆形盘面且其中心更亮，但无法看到更多的细节。

必看天体 624　NGC 6888　亚当·布洛克 /NOAO/AURA/NSF

必看天体 624	NGC 6888
所在星座	天鹅座
赤经	20h13m
赤纬	38°21′
视径	18′ × 13′
类型	发射星云
别称	新月星云（The Crescent Nebula）、科德威尔 27（Caldwell 27）

　　这个天体本身是气体构成的泡状结构，它的形态是被一种星际介质塑造出来的，而这些介质来自一种能量高得出奇的恒星，即沃尔夫-拉叶型星（这两个名字来自最先划分出这个概念的两位天文学家）。在这个案例中，我们可以在该天体的中心轻松地看到这颗沃尔夫-拉叶型星，其亮度达到了7等。

即使只用小口径望远镜也可以观察到这块星云，但要想看清它的结构则至少需要200mm口径的望远镜。其轻微弯曲的西北边缘亮度是相对最高的，但西南边缘也有一小条较为明亮的细线。使用更大口径的望远镜，还可以看出从其最西端到其中心有一个较为厚重的云气带。

加装氧Ⅲ滤镜有助于更好地呈现这块星云各区域的明暗对比，并且通过降低无数背景恒星的光芒来提升该星云整体的可见性。

要想定位这个星云，可以从4.8等的天鹅座34号星处出发，朝西北偏西方向移动1.2°。

必看天体 625	天鹅座 31 号星
所在星座	天鹅座
赤经	20h14m
赤纬	46°44′
星等	3.8/6.7/4.8
角距	107″/337″
类型	双星

从亮度高达1等的天鹅座α星（中文古名为"天津四"）处出发，朝西北偏西方向移动5°即可找到这处双星。有时它也被视为一处三合星，但其中的第三个成员（天鹅座30号星）跟另外两颗之间并没有紧密的力学联系。该双星中的主星呈黄色，伴星和天鹅座30号星则都呈蓝色。因为各子星之间角距较大，所以要配以足够低的放大率来观察。

必看天体 626	NGC 6891
所在星座	海豚座
赤经	20h15m
赤纬	12°42′
星等	10.5
视径	14″
类型	行星状星云

从4.0等的海豚座ε星（中文古名为"败瓜一"）处出发，朝西北偏西方向移动4.6°即可找到这个目标。即使只用100mm左右口径的设备，也可以看出其明亮的、边缘清晰的圆形盘面，且明显看到它的光是蓝色的。若使用350mm左右口径的设备并配以500倍的放大率，则还可以看出其内层结构是透镜状的。

必看天体 627 NGC 6894 亚当·布洛克 /NOAO/AURA/NSF

必看天体 627	NGC 6894
所在星座	天鹅座
赤经	20h16m
赤纬	30°34′
星等	12.3
视径	42″
类型	行星状星云

　　这个行星状星云很暗，但很值得我们多花时间去搜寻它。如果坚持不使用自动寻星系统，可以在4.4等的天鹅座39号星和5.2等的天鹅座21号星之间作一条连线，则该目标就位于这个线段的中点略偏西一点儿的位置。

　　它在中等口径的望远镜中呈现为一个暗弱的圆盘，若能换用更大口径的设备，就可以逐步显示出它的细节。例如，使用300mm左右口径的望远镜时，可以试着看出它有一个直径约占总体直径的一半、亮度比外围稍暗的中心区，并由此让我们更好地观赏它的环状结构。若使用500mm左右口径的设备，则还可以在它中心点的西北侧辨认出一颗暗星。

必看天体 628	摩羯座 α 星
所在星座	摩羯座
赤经	20h18m
赤纬	−12°33′
星等	3.6/4.2
角距	378″
类型	双星
别称	牛宿二（Algedi）

这处双星很容易被找到，而且其两子星的角距相当大，仅凭肉眼也可以轻松分辨。不过，要想看清其颜色，还是要借助双筒镜：其主星的光芒呈黄色，伴星则呈橙色。

该星的英文俗称"Algedi"来自阿拉伯文，而且其实它的两颗子星各有自己的名字，分别是"Prima Giedi"和"Secunda Giedi"。这里的"Giedi"对应于阿拉伯文中摩羯座的名字"Al Jady"，意思是山羊或者一种名叫羱羊的野生山羊。

必看天体 629	摩羯座 β 星
所在星座	摩羯座
赤经	20h21m
赤纬	−14°47′
星等	3.4/6.2
角距	206″
类型	双星
别称	牛宿一（Dabih）

从上一处双星所在的位置出发，朝东南偏南方向移动2.3°即可找到这一处双星——摩羯座β星，它也属于角距很大的双星，其两颗子星的光芒都呈黄色，但主星的亮度达到了伴星的13倍。

根据理查德·艾伦的研究，此天体的英文俗称"Dabih"来自阿拉伯文的"Al Sa'd al Dhabih"，意思是诸多屠夫中的一位幸运者。这个含义牵涉到古代阿拉伯人的一种庆典祭祀：每年到了摩羯座在太阳临升起之前现身于东方天空之时，就举行这种活动。

必看天体 630	NGC 6905
所在星座	海豚座
赤经	20h22m
赤纬	20°07′
星等	11.1
视径	39″
类型	行星状星云
别称	蓝闪（The Blue Flash）

从3.8等的海豚座α星（中文古名为"瓠瓜一"）处出发，朝西北边移动5.8°即可找到这个行星状星云。若使用200mm左右口径并配以200倍放大率的望远镜，就可以看出它微偏椭圆形的轮廓，其表面亮度均匀。其北端几乎紧贴着一颗10.3等的恒星，而其东侧1′处还有一颗11.4等的恒星。

若使用400mm左右口径并配以高于300倍的放大率的望远镜，就可以清楚地看到该行星状星云的中心恒星，并且尝试辨认从这个天体南北两端延伸出来的两个小区域，其中南侧的小区域更容易被看见。

"蓝闪"这一别称缘于天文爱好者们的观测经验，因为如果使用口径不足200mm的望远镜来观察这个天体，会感觉它像个暗淡的蓝色斑点，并且在视野中时隐时现。

必看天体 631	NGC 6907
所在星座	摩羯座
赤经	20h25m
赤纬	-24°49'
星等	11.1
视径	3.2'×2.3'
类型	棒旋星系

我喜欢管这个天体叫"大怪兽星云"，而且不介意别人嘲笑这个名字。我认为，这个星系看上去很像1959年吓坏了全体英国人的一部同名电影里的那头史前怪兽，它的中心区就是这个怪兽的躯干，一条粗大的旋臂就像怪兽的长脖子和脑袋："怪兽"正弯颈向后，仿佛在恫吓惊慌的人群。

从4.1等的摩羯座ψ星（中文古名为"天田四"）处出发，朝西移动4.8°就可以找到这个星系，它有着明亮的棒状结构，其长轴在东—西方向上，而刚才提到的那条可见的旋臂起始于星系的东端，并朝北弯曲。

必看天体 632	NGC 6910
所在星座	天鹅座
赤经	20h23m
赤纬	40°47'
星等	7.4
视径	10'
类型	疏散星团

这个目标是个明亮的疏散星团，位于2.2等的天鹅座γ星（中文古名为"天津一"）的东北偏北方向仅0.5°处。使用100mm左右口径的望远镜观察它，可以看出20多颗成员星；若用更大口径的设备，则可分辨的成员星数量会升至50颗左右。该星团中最亮的星是7.0等的SAO 49563，位于星团的东部边缘。如果拥有300mm以上口径的设备，则可以加装星云滤镜来减弱这些星光，从而观察到与这个星团并存的一大块错综复杂的云气。

必看天体 633	M 29（NGC 6913）
所在星座	天鹅座
赤经	20h24m
赤纬	38°32'
星等	6.6
视径	6'
类型	疏散星团
别称	冷却塔（The Cooling Tower）

M 29虽然名列于梅西尔深空天体目录之中，但也是该目录里最难以被辨识的天体之一，因为它是个只有20多颗成员星且结构稀松的疏散星团，又正好位于星光密集的银河星场之中。

要定位这个天体，可以从2.2等的天鹅座γ星处出发，朝南移动1.8°。由于该星团的亮度相对于背景星场并不突出，所以最好使用小口径的望远镜来辨认。为了确认这一点，我曾经在一块纸板中间打了一个直径约75mm的洞，然后将此纸板架设在了望远镜的物镜前面，尝试在有它和没有它的状态之间不断切换，同时关注M 29（以及周围的许多星星）在目镜中显现的效果。结果证明，确实是在有纸板（等同于口径变小）的时候更容易认出M 29。

至于"冷却塔"这个别称则是英国的业余天文学家杰夫·邦多诺所起。他看到这个星团中的一些成员星组成了两条弧形的星链，觉得这两条曲线很像核电厂使用的冷却塔的两侧向内凹进时呈现的形状。

必看天体 634	IC 5013
所在星座	显微镜座
赤经	20h29m
赤纬	−36°02′
星等	11.7
视径	1.8′×0.6′
类型	棒旋星系

这处风景由IC 5013和IC 5011共同组成。其中，前者更大也更亮，是个肥厚的透镜形状的棒旋星系；后者的亮度仅有14等，是个相当暗淡缥缈的椭圆星系，其轮廓近似圆形，但即使是长轴也只有0.7′，依附在前者的西南边缘。

从4.9等的显微镜座α星处出发，往西南偏西方向移动4.9°就可以找到这个目标。

必看天体 635	摩羯座 o 星
所在星座	摩羯座
赤经	20h30m
赤纬	−18°35′
星等	5.9/6.7
角距	22″
类型	双星

从3.1等的摩羯座β星处出发，朝东南偏南方向移动4.4°就可以找到摩羯座o这处双星。它与摩羯座的π星和ρ星组成了一个小三角形，它是这个三角形的最南端和最东端。绝大部分观测者认为该双星的两颗子星都呈蓝白色。

八月

必看天体 636	NGC 6920
所在星座	南极座
赤经	20h44m
赤纬	-80°00′
星等	12.4
视径	1.8′ × 1.5′
类型	旋涡星系

　　要定位这个离南天极只有10°的星系，可以从3.7等的南极座ν星出发，朝西南方向移动3.8°。它虽然是个旋涡星系，但在业余天文望远镜中不会显现出任何其旋臂结构的迹象，而是呈现为一个中心明亮的圆形模糊光点。

必看天体 637	NGC 6925
所在星座	显微镜座
赤经	20h34m
赤纬	-1°59′
星等	11.3
视径	4.7′ × 1.3′
类型	旋涡星系

　　这个旋涡星系的轮廓像个透镜，长轴在南—北方向上，其长度大约是短轴的3倍。它的中心区平展且明亮，若用300mm左右口径并配以300倍放大率的望远镜观察，则可以看到它内部有某些区

域稍暗，该现象反映了它拥有紧抱着中心区的旋臂。

要定位它，可以从4.9等的显微镜座α星出发，朝西北偏西方向移动3.7°。

必看天体 638　NGC 6934　戴尔·尼克什 / 亚当·布洛克 /NOAO/AURA/NSF

必看天体 638	NGC 6934
所在星座	海豚座
赤经	20h34m
赤纬	7°24′
星等	8.7
视径	5.9′
类型	球状星团
别称	科德威尔 47（Caldwell 47）

这个星团位于4.0等的海豚座ε星的南侧3.9°处。它与我们的距离达到了5.5万光年，因此若使用口径较小的望远镜则很难从中分辨出单颗的成员星。当设备口径达到250mm时，才有可能从其外围辨认出独立的成员星，但难以辨认出比较靠近核心的区域的成员星。该星团的亮度倒是足够，所以可以放心将放大率配到300倍以上观察。在该星团中心点的西侧2′处有一颗9.2等的恒星GSC 522:2249。

必看天体 639	NGC 6939
所在星座	仙王座
赤经	20h31m
赤纬	60°38′
星等	7.8
视径	7′
类型	疏散星团

这个疏散星团十分漂亮且成员星众多，即使只用100mm左右口径的望远镜也可以从中分辨出大约50颗成员星。可以使用较低的放大率，这样更容易将其从同样美丽的银河星场之中区分出来。若使用250mm口径的设备，则可以看到大约100颗成员星，它们相当均匀地分布在这个星团的视径之内，组成了多种多样的细小图形，能让人目不暇接。

要定位这个星团，可以从3.4等的仙王座η星（中文古名为"天钩四"）出发，朝西南移动2°。

必看天体 640 NGC 6940 安东尼·阿伊奥马米蒂斯

必看天体 640	NGC 6940
所在星座	狐狸座
赤经	20h35m
赤纬	28°18′
星等	6.3
视径	31′
类型	疏散星团
别称	魔斯拉（Mothra）

这个星团位于4.0等的天鹅座41号星的东南偏南方向2.3°处。使用200mm左右口径的望远镜可以从中分辨出大约100颗亮度不低于14等的成员星。我始终觉得它很像御夫座的M 37，身在北半球的读者不妨在秋夜赏星时比较一下这两个星团。

《天文学》杂志特约编辑奥米拉认为该星团的外观像一只蛾子——但它并不是任何一种现实中存在的蛾子，而是在1961年上映的一部日本电影中假想出来的"怪兽蛾"，名叫"魔斯拉"。读者如果像我一样熟悉这部电影的话，就可以看懂奥米拉对此的解释：靠近该星团中心处的一对双星代表着影片中那个具有心灵感应能力的女祭司"科斯摩斯"，她可以在必要时把"魔斯拉"召唤出来。但是，我并不清楚奥米拉到底是指哪一对双星，因为即使用100mm左右口径的设备，也可以从该星团中看到很多11~12等的成员星，所以还是请读者自己去观赏并从中选择吧。

必看天体 641　NGC 6946　安东尼·阿伊奥马米蒂斯

必看天体 641	NGC 6946
所在星座	天鹅座
赤经	20h35m
赤纬	60°09′
星等	9.0
视径	11.5′×9.8′
类型	旋涡星系
别称	科德威尔 12（Caldwell 12）

如果说一个星系既很亮又很暗，那么奥妙一定是在它的表面亮度上。这里要介绍的NGC 6946就是一个这样的例子，它的整体亮度确实很高，以至于其亮度已经标到了9等，但它的视径又大到了约11′，这说明它的光芒相当分散，从而也很暗淡。

另一个削弱其亮度的因素是它的位置，它比较靠近位于仙王座天区内的银河盘面。所以，除非使用很大口径的望远镜，否则这个星系给人的印象总是稀薄的。

这个星系是威廉·赫舍尔于1798年9月9日发现的。不知道为什么，它内部的超新星活动十分频繁，在我写作此书时，已经有8颗属于该星系的超新星在最近的一百年里爆发了，时间分别是1917年、1939年、1948年、1968年、1969年、1980年、2002年和2004年。其中，2004年爆发的超新星的亮度最高,该超新星在当年的9月30日达到了12.3等。

虽然口径较小的望远镜也可以观察到这个星系,但要想看出更多的细节,设备口径就至少要达到300mm。该星系的核心区明亮,视径约占整个星系的1/10。通过300mm左右口径的望远镜观察,可以看到它的2条旋臂;若口径超过400mm,则有可能看到4条。

要定位这个天体,可以从3.4等的仙王座η星出发,朝西南方向移动2.1°。

必看天体 642　NGC 6951　卡姆·巴赫尔、康尼·巴赫尔 / 亚当·布洛克 /NOAO/AURA/NSF

必看天体 642	NGC 6951
所在星座	仙王座
赤经	20h37m
赤纬	66°06′
星等	10.7
视径	3.7′ × 3.3′
类型	旋涡星系

从2.5等的仙王座α星(中文古名为"天钩五")出发,朝西北方向移动5.7°就可以定位到这个星系。若想看清它的细节,则需要口径至少为250mm的望远镜。若配以250倍以上的放大率,则可以辨认出它的一条东南方的很细的旋臂。另外,在该星系的西侧边缘还叠加有一颗12.2等的前景恒星GSC 4258:1945。

必看天体 643　古尔比尤戴戈伊安星云　亚当·布洛克 / 莱蒙山天空中心 / 亚利桑那大学

必看天体 643	古尔比尤戴戈伊安星云
所在星座	仙王座
赤经	20h46m
赤纬	67°58′
视径	30″
类型	反射星云

　　别在意，这块星云的名字就是这么古怪，它的发音会让观星爱好者们印象深刻。这个名字来源于它的发现者，也就是天文学家阿尔门·古尔比尤戴戈伊安。该星云被发现的时间是1977年，它的编号被定为GM 1-29。

　　这是一块楔形的、亮度会变化的反射星云，它位于3.4等的仙王座η星的北方6°处，其光源是一颗变星，即仙王座PV星。古尔比尤戴戈伊安星云散射着仙王座PV星在多个波段上的光，但其中散射最明显的是蓝色光，所以它在相片中会呈现蓝色。

　　这块星云不仅亮度会变，就连形状也会变，而且没有固定的变化周期。要欣赏它，应该使用口径至少为300mm并配以150倍的放大率的望远镜。我们可以定期重复观察它（比如每月看一次），并认真记录它的变化情况。

必看天体 644	海豚座 γ 星
所在星座	海豚座
赤经	20h47m
赤纬	16°07′
星等	4.3/5.2
角距	10′
类型	双星

这处美丽的双星位于天鹰座γ星的西北方15°处，我十分乐于欣赏其两颗子星颜色（黄色和白色）的微妙对比。使用各种口径并配以100倍放大率的望远镜均可以看出这两颗子星。

必看天体 645	宝瓶座矮星系
所在星座	宝瓶座
赤经	20h47m
赤纬	−2°51′
星等	13.9
视径	2.3′ × 1.2′
类型	矮椭圆星系

这个目标并不容易被看到，它被选入本书的唯一理由是：它是我们的"本星系群"的一个成员。使用300mm左右口径的设备可以勉强察觉到它的存在；我曾在极佳的夜空环境下使用762mm口径并配以284倍放大率的设备看到了它椭圆形的、亮度均匀的烟雾状样貌。

必看天体 646	NGC 6958
所在星座	显微镜座
赤经	20h49m
赤纬	−38°00′
星等	11.3
视径	2.5′ × 2.1′
类型	椭圆星系

该天体位于4.9等的显微镜座α星南侧4.2°处。其呈现很宽的椭圆形轮廓，长轴在东—西方向上，但观测不出很多细节。其中心区致密，视径约占整个天体的3/4；外围光晕暗淡，须使用300mm左右口径的设备才可能辨认出来。

必看天体 647	IC 5067
所在星座	天鹅座
赤经	20h51m
赤纬	44°21′
视径	25′ × 10′
类型	发射星云
别称	鹈鹕星云（The Pelican Nebula）

　　"鹈鹕星云"有个非常庞大的邻居"北美洲星云"（本书"必看天体652"）。前者位于后者的西南偏西方向1.5°处。"鹈鹕星云"的亮度并没有达到让人轻易看到的程度，但也绝不算暗弱。使用不小于150mm口径的望远镜并配以100倍放大率就有可能确切地看出它的形状。

　　相比于不用加装任何滤镜就能展示一些细节的"北美洲星云"，"鹈鹕星云"的细节若不借助于滤镜是看不出来的——使用像氧Ⅲ滤镜这样的星云滤镜会带来一些帮助。当然，如果仅凭肉眼，就无法看到它了。若使用200mm以上口径的设备，则可以试着在该星云的发光面内寻找一处不发光的缺口，这一特征就象征着"鹈鹕"的"喙"。

必看天体 648　NGC 6960（上）和 NGC 6992/6995　亚当·布洛克 / 莱蒙山天空中心 / 亚利桑那大学

必看天体 648	NGC 6960、NGC 6992/6995
所在星座	天鹅座
赤经	20h51m
赤纬	31°03′
视径	3°
类型	超新星遗迹
别称	新娘面纱星云（Bridal Veil Nebula）、天鹅座大圈（The Cygnus Loop）、丝状星云（The Filamentary Nebula）、网状星云（The Network Nebula）、女巫的扫帚（The Witch's Broom）、NGC 6960/6974/6979/6992/6995、科德威尔33（Caldwell 33）、科德威尔34（Caldwell 34）

这个天体中那些呈丝状结构的气体在距今1.5万年前还属于一颗大质量的恒星，当时该星已经濒临向外抛散自身物质了。在它爆发成为一颗超新星之时，从地球上看起来，它的亮度应该已经超过了满月。很遗憾，人类没有任何被保存下来关于此事的记录。

这个别称为"新娘面纱星云"的天体可以分为两个主要部分。其中，NGC 6960看起来已经漫过了4.2等的天鹅座52号星，但该星只是一颗前景星，与这处超新星遗迹没有直接的物理联系。NGC 6960的北端呈一条长约1°的发光细条，最后收窄成一个尖；其南部比较宽阔，并经过刚才提到的天鹅座52号星，但其南部与北部之间有一条暗带相隔。

而另一个主要部分，即NGC 6992/6995的亮度更高一些，位于天鹅座52号星的东北方2.7°处。使用中等放大率（例如100倍上下）的望远镜可以看出这个部分还可以细分为多个小块。

该星云的大部分物质分布在前述第一部分的北端和第二部分的北端之间。可以试着找一下NGC 6979，那是该星云中最北边的一块三角形亮斑。1904年，美国天文学家弗莱明（1857—1911年）在哈佛天文台工作期间发现了这块亮斑并将其命名为"皮克灵三角形"，以示对该天文台的台长爱德华·皮克灵（1846—1919年）的敬意。而这整片星云又叫"皮克灵之楔""弗莱明之丝"。

对这块星云，为了尽量取得理想的观赏效果，应使用不低于250mm口径的望远镜且配以尽可能低的放大率。别忘了加装星云滤镜，同时关掉望远镜的电动跟踪装置以便自由地移动视场，慢慢浏览这块天区的风光。此处看点颇多，所以稍不留神就会花费较长时间。

必看天体 649	阿贝尔 3716
所在星座	印第安座
赤经	20h52m
赤纬	-52°42′
视径	52′
类型	星系团

阿贝尔3716是一个距离我们很遥远的星系团，有不少于60个成员星系。从5.1等的印第安座ι星出发向南1°就可以找到它。其中，最亮的一个成员星系也只有13.6等，视径仅为1′。使用400mm左右口径的设备可以从该星系团中看到亮度大于15等的10余个成员星系。我曾经用762mm口径的反射望远镜看到过它的20多个成员星系。

必看天体 650	M 72（NGC 6981）
所在星座	宝瓶座
赤经	20h54m
赤纬	−2°32′
星等	9.3
视径	5.9′
类型	球状星团

使用"星桥法"[1]并不太容易找到M 72这个星团。可以先找到3.8等的宝瓶座ε星（中文古名为"女宿一"），然后向东南方移动3.3°。

它是一个经典的梅西尔天体，因为若使用小口径望远镜（特别是梅西尔那个时代的望远镜）观察，它模糊朦胧的样子确实很像彗星。

使用当代技术制造的200mm左右口径的望远镜可以更清楚地揭示它的面貌。它的大多数成员星汇聚在核心区，大约占整个星团直径的3/4。一些离群较远的成员星分辨起来也不太容易，最好使用200倍以上放大率的望远镜。

该星团附近最亮的星是9.6等的GSC 5765:1129，位于星团东边5′处。

必看天体 651	M 73（NGC 6994）
所在星座	宝瓶座
赤经	20h59m
赤纬	−2°38′
星等	8.9
视径	2.8′
类型	4 颗恒星组成的小团

这处景观当年居然被梅西尔列入了自己的目录中，由此可见那时的望远镜质量相当一般。这个仅有4颗成员星的小"星团"位于4.5等的宝瓶座ν星（中文古名为"天垒城十"）的西南偏西方向近3°处，同时此位置也是上一个天体M 72的东侧1.2°处。M 72是梅西尔深空天体目录里最暗的球状星团之一，但无论如何它是球状星团；M 73则只是由3颗星组成了一个近似的等边三角形，外加处在这个三角形的西北偏北方向很近处的第4颗星。我最近一次观赏它的感受是：看到它就够了，看下一个目标吧。

---

1. 译者注：即以特定恒星为"路标"的定位方式。

必看天体 652　NGC 7000　亚当·布洛克 /NOAO/AURA/NSF

必看天体 652	NGC 7000
所在星座	天鹅座
赤经	20h59m
赤纬	44°20′
视径	120′×100′
类型	发射星云
别称	北美洲星云（The North America Nebula）、科德威尔20（Caldwell 20）

在深空天体的世界里，天体的真实外观通常并不太像"别称"中所涉及的事物。不过，"北美洲星云"是个例外。只要看它一眼，就会认出其中的"加州海岸""墨西哥湾""墨西哥领土"，甚至暗弱的"佛罗里达州"。从这块星云被发现算起，人们足足用了100多年才察觉到它的形状和北美洲如此相似。

要定位这块星云，可以从天鹅座α星出发，朝东移动3°。由于该星云本身的视径已达2°，所以在使用望远镜时一定要挑选合适的目镜，配置出一个尽量宽的视场。

这个星云是威廉·赫舍尔在1786年10月24日发现的；但首次给它照相的人是德国天文学家马克西米利安·沃尔夫，拍摄时间为1890年12月，"北美洲星云"这个别称也是沃尔夫根据它的轮廓特征而起。

在夜空特别深暗时，眼力好的人即使不借助任何设备也能在天鹅座α星东边大约3°的位置察觉到该天体的存在。不过，它并没有亮到一眼就能被看见的程度，可以先试试找到这块"北美洲星云"上最亮的部分"墨西哥湾"，然后再耐心地采用余光瞥视的技巧来尝试看到其余的部分。这个过程很有趣，值得坚持尝试。若实在觉得困难，则可以把星云滤镜放在自己眼前再试。

使用配以低倍目镜的望远镜观察它时，最好保证视场直径不低于2°，并且不要忘记加装星云滤镜。

必看天体 653	小马座
赤经（约）	21h02m
赤纬（约）	16°11′
面积	71.64 平方度
类型	星座

很多人知道，飞马座在星座神话中代表一匹长有翅膀的马，但天空中的"第二匹马"就没有那么有名了。其实，它就在飞马座天区的西南侧，其对应形象是马驹——这就是小马座。

无论从哪个角度说，这个星座都不显眼。全天区前200名的亮星中没有任何一颗位于这个星座，而且它也不包含任何带有别称的恒星，没有任何流星群的辐射点，没有梅西尔天体，就连面积也只是在全天的88个星座中排在第87位。但即便如此，它居然还是古希腊时期48个星座中的一个。生活在公元73—151年的托勒密在其名著《天文学大成》中就提到过这个星座。如果能在夜空中识别它，也算是在观星伙伴中略胜一筹的一件快事。

要找到这个"马驹"（或者说，看到它主要的几颗暗星），可以先找到2.4等的飞马座ε星（中文古名为"危宿三"），本书后文介绍明亮的球状星团M 15时也要用这颗星作为参考星。以飞马座ε星为出发点，朝西移动7°就可以找到小马座。不要期待可以看到壮观的场面，因为这个星座的α星也只有3.9等，它与自己北侧和东侧近处的几颗暗星组成了所谓的"马驹"形象。

必看天体 654	小马座 ε 星
所在星座	小马座
赤经	20h59m
赤纬	4°18′
星等	6.0/7.1
角距	10.7″
类型	双星

小马座ε星在弗拉姆斯蒂德编号体系中叫小马座1号星，从3.9等的小马座α星出发，朝西南偏西方向移动4.3°即可定位到它。它作为双星还是很容易分辨的，其主星呈黄白色，伴星则呈米白色。

必看天体 655	NGC 7006
所在星座	海豚座
赤经	21h02m
赤纬	16°11′
星等	10.5
视径	2.8′
类型	球状星团
别称	科德威尔 42（Caldwell 42）

这个亮度10.5等的星团位于海豚座，如果可以使用很大口径的望远镜，那么就不要错过欣赏它的机会。从海豚座γ星（中文古名为"瓠瓜二"，也就是海豚座那个著名小菱形中最东端，同时也是最顶端的那颗星）出发，向东移动3.5°就可以定位到它。

该星团离我们约达14万光年，所以其成员星在我们的位置看来聚集得十分紧密，若用200mm左右口径的设备则无法分辨它们。当所配的放大率低于250倍时，该星团呈现为一个视径约2′的模糊光斑，酷似彗星。当大气足够宁静时，可以尝试将放大率配到300倍以上，有望看到该星团显现出的颗粒状质感。

必看天体 656 　NGC 7008 　唐·斯塔基、阿伦·斯塔基 / 亚当·布洛克 /NOAO/AURA/NSF

必看天体 656	NGC 7008
所在星座	天鹅座
赤经	21h01m
赤纬	54°33′
星等	10.7
视径	83″
类型	行星状星云
别称	胚胎星云（The Fetus Nebula）、大衣扣星云（The Coat Button Nebula）

　　这个行星状星云位于天鹅座北部一片比较空寂的天区里，从5.4等的天鹅座51号星出发，朝东北偏北方向移动5°就可以定位到它。在100mm左右口径的望远镜中，它呈现为一个亮度均匀的小圆盘；若用250mm左右口径的设备并配以更高的放大率观察，则可以看到它的云气物质呈稀散的环状。

　　如果使用口径不低于400mm的大望远镜，就可以体验"看一赠一"：尝试提升放大率，在该天体的中心恒星的西北侧22″处寻找另一个暗淡的斑点，那明显是另一个行星状星云，天文学家给它的编号为K 4-44。

　　"胚胎星云"这个别称一般被认为是由美国的业余天文学家埃里克·哈尼卡特所起，他曾经用559mm左右口径的反射望远镜观察该天体，然后看到了一个类似胚胎的形状。关于该别称的公开记载，最早出现于2001年夏季出版的《业余天文学》杂志第30期。

　　而《天文学》期刊的特约编辑奥米拉把这个天体称为"大衣扣星云"，他的命名依据是该天体在照片中的样貌：像冬季厚外套上的那种大纽扣。他补充说："该星云环形结构的中心处显现的不规则特征很像扣子上的两个扣眼。"

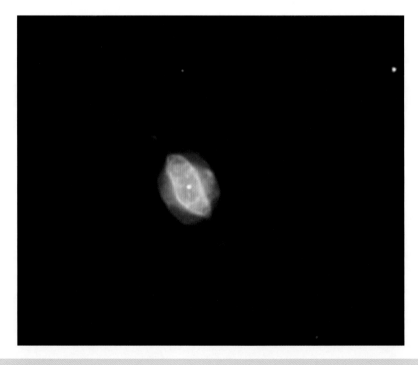

必看天体 657　NGC 7009　布拉德·厄霍恩 / 亚当·布洛克 /NOAO/AURA/NSF

必看天体 657	NGC 7009
所在星座	宝瓶座
赤经	21h04m
赤纬	-11°22′
星等	8.3
视径	25″
类型	行星状星云
别称	土星星云（The Saturn Nebula）、科德威尔55（Caldwell 55）

NGC 7009也叫"土星星云"，是观星爱好者不容错过的一个"景点"。它的盘面两端各有一处细瘦的延伸结构，很像土星的光环，因此得到了这个别称。其实，这两处结构是该天体朝两个方向喷出物质的反映，可以叫作"襻"，所以专业天文学家又叫它"双极行星状星云NGC 7009"。

最早叫它"土星星云"的人应该是第三代罗斯伯爵威廉·帕森斯，他也觉得这个天体酷似一颗带有光环的行星。

从4.5等的宝瓶座ν星出发，朝西移动1°多一点儿就可以定位到"土星星云"。可以通过200mm左右口径并配以不低于200倍放大率的望远镜来欣赏它。它的视面主体部分呈椭圆形，长轴长度约为25″，而两个"襻"加起来又让这个方向上的长度增加了15″。若设备口径在300mm以上，则还可能在两个"襻"的末端各看出一个暗弱的泡状特征。

最后阐述一下这个天体的颜色问题。因为每个人的色觉感知特性不同，所以有人觉得它的颜色以蓝色为主，也有人觉得它基本是绿色的。读者可能已经猜到：这个问题并没有标准答案。

必看天体 658	NGC 7020
所在星座	孔雀座
赤经	21h11m
赤纬	-4°03′
星等	11.8
视径	3.8′ × 1.7′
类型	旋涡星系

这个星系位于4.2等的孔雀座γ星（中文古名为"孔雀十"）的西北方2.1°处，其轮廓为透镜形状，长轴长度是短轴长度的2倍，表面亮度完全均匀。

必看天体 659　NGC 7023　亚当·布洛克 /NOAO/AURA/NSF

必看天体 659	NGC 7023
所在星座	仙王座
赤经	21h01m
赤纬	68°10′
视径	10′×8′
类型	发射星云
别称	鸢尾花星云（The Iris Nebula）、科德威尔 4（Caldwell 4）

　　这个别称为"鸢尾花星云"的天体是宇宙中一面特别的"镜子"，它是由不计其数的小颗粒组成的一朵"云"，每个颗粒的直径都不到1%mm。

　　威廉·赫舍尔在1794年就发现了它，并这样描述它："一颗7等星被云雾状的光所笼罩，超出了望远镜的视场，这个雾状物体的周长至少为1°，还有许多9等星或10等星完全散乱地出现在这里与之相伴。"

　　从3.2等的仙王座β星（中文古名为"上卫增一"）出发，朝西南移动3.4°即可找到这处星云。在250mm左右口径的望远镜中，它呈现为一个直径约1′的圆形模糊光斑，表面亮度均匀，叠有那颗7等星HD 200775。它的南部还有一小块脱离主体的星云，感兴趣的读者可以试着辨认一下。

　　若使用400mm左右口径或更大口径的设备，则可以看到该星云暗弱的外围光晕。这张宇宙中的"图画"总直径有18′，此时有望看到的部分直径约为该星云直径的一半。

必看天体 660　PK 80-6.1　埃里克·阿非里加 / 亚当·布洛克 /NOAO/AURA/NSF

必看天体 660	PK 80-6.1
所在星座	天鹅座
赤经	21h02m
赤纬	36°42′
星等	13.5
视径	16″
类型	行星状星云
别称	蛋形星云（The Egg Nebula）

　　公平地说，这个星云在科学上的趣味性要远远超出它在视觉上的趣味性。它是个处于初始阶段的两极结构行星状星云，有着超强的极化喷流。

　　那么，"蛋形星云"这个名字又是如何得到呢？1974年5月，美国加州大学圣迭戈分校的迈克·默瑞尔在亚利桑那州图森附近的莱蒙山用口径达1524mm的红外波段望远镜观察了这块星云。在为美国国家地理协会的帕洛玛巡天计划检查相片时，他发现这块星际物质云的位置正好与一个小的蛋形星云重叠，所以就为其起了这个名字。

　　如果夜空环境足够深暗且大气视宁度很好，那么只用250mm左右口径的望远镜就足以看到这个天体。从6.0等的恒星SAO 70794出发，向东移动0.7°就可以找到它。将放大率升至200倍后可以看到它呈现为一个稍有拉长感的光点。若使用口径不小于400mm的设备，再加装一片偏振滤镜并旋转它，就可以看到这块星云会突然变暗很多。

必看天体 661	NGC 7026
所在星座	天鹅座
赤经	21h06m
赤纬	47°51′
星等	10.9
视径	21″
类型	行星状星云
别称	芝士汉堡星云（The Cheeseburger Nebula）、小哑铃星云（The Tiny Dumbbell Nebula）

　　这个行星状星云很小，但表面亮度足够高，所以即使只用100mm左右口径的望远镜也可以观察得到，只不过这种情况下很难看出它跟周围的恒星有什么区别。此时如果在目镜前方加装氧Ⅲ滤镜，则可以减弱周围众多恒星的光芒，把该天体凸显出来。

　　若使用口径不低于300mm的设备，则可以看出该天体有两个云雾状的瓣，用放大率低于200倍的望远镜观测，它们仿佛触手可及，其中东侧的"瓣"比西侧的"瓣"稍亮一些。

　　美国的业余天文学家杰伊·麦克尼尔在1999年将这个天体命名为"芝士汉堡星云"。此人后来还在M 78的内部发现了著名的"麦克尼尔星云"。

必看天体 662	NGC 7027
所在星座	天鹅座
赤经	21h07m
赤纬	42°14′
星等	8.8
视径	25′
类型	行星状星云
别称	魔毯星云（The Magic Carpet Nebula）

　　该天体位于3.9等的天鹅座ν星（中文古名为"天津五"）的东北偏东方向2.1°处。若用口径在100～200mm的望远镜并配以低于75倍的放大率，则只能看到它呈现为一个恒星状的光点；但只要使用更高的放大率，就可能看出它的椭圆形轮廓了。

　　若使用更大口径的设备并配以150倍以上的放大率来看它，它就不像椭圆形而是更像矩形了。如有氧Ⅲ滤镜，则可以大幅度提升观测效果；如无滤镜，也可以用350mm左右口径的设备看到它那种暗淡的绿色光芒。

　　美国业余天文学家肯特·华莱士在2000年给该天体起了"魔毯星云"这个别称。他看到一篇文章说这个星云就像在一块毯子上放了一块热煤，于是就这样命名了该天体。后来他表示，其实他觉得"绿矩形"这个名字更合适，因为他用自己的500mm左右口径并配以高倍目镜的反射望远镜观察这个星云时，看到的就是一个绿色矩形。

必看天体 663	天鹅座 61 号星
所在星座	天鹅座
赤经	21h07m
赤纬	38°45″
星等	5.2/6.0
角距	28″
类型	双星

　　这个天体的知名度较高，但它出名的原因并不是我们可以用望远镜看出来的：在所有仅凭肉眼就能看到的恒星中，它的自行幅度是最大的。同时，它也是历史上第一颗被人们直接测定距离的遥远恒星：1838年，德国的天文学家弗雷德里希·贝塞尔使用了恒星视差法完成了这项工作。

　　该双星位于北天银河的一个恒星密集的区域内，从3.8等的天鹅座τ星（中文古名为"天津六"）出发，朝西北偏西方向移动1.7°即可定位到它。使用各种口径的天文望远镜可以分辨出它的两颗子星，二者都呈橙色，但其中亮度更高的那颗子星稍微多一点儿黄光的成分。

必看天体 664	NGC 7041
所在星座	印第安座
赤经	21h17m
赤纬	-8°22′
星等	11.2
视径	3.3′ × 1.4′
类型	旋涡星系

　　这个星系的轮廓呈透镜状，长度是宽度的2倍有余，其表面亮度均匀，即便使用高倍的放大率配置也无法看出其点状的明亮核心。从3.1等的印第安座α星出发，朝东南方向移动6.6°即可定位到它。它和本书介绍的下一个目标可以在较宽的目镜视场里构成漂亮的一对。

必看天体 665	NGC 7049
所在星座	印第安座
赤经	21h19m
赤纬	-8°34′
星等	10.3
视径	4.3′ × 3.2′
类型	旋涡星系

　　这个星系离上一个天体很近，在后者的东南偏东方向0.5°处，二者形成了一处"双重星系"的风景。它的轮廓是圆形的，边缘模糊，有明亮的中心区。它和上一个天体之间连线的中点上还有一个亮度仅有14.7等的天体NGC 7041A，若有口径不低于350mm的望远镜，则可以顺便试着找找它。

必看天体 666	NGC 7062
所在星座	天鹅座
赤经	21h23m
赤纬	46°23′
星等	8.3
视径	5′
类型	疏散星团

从4.0等的天鹅座ρ星（中文古名为"车府四"）出发，朝西北偏西方向移动2°就可以找到这个天体。在100mm左右口径的望远镜中，可以辨认出它的20多颗成员星，它们散乱地分布在一个大致呈月牙形的区域内；换用更大口径的设备也无法看出更多的成员星。

必看天体 667	NGC 7063
所在星座	天鹅座
赤经	21h24m
赤纬	36°29′
星等	7.0
视径	9′
类型	疏散星团

从3.7等的天鹅座τ星出发，朝东南方向移动2.5°就可以找到这个天体。其成员星分布稀疏，且使用任何口径的望远镜，都可以看出其北半部的密集程度高于南半部。当望远镜口径为150mm左右时，可以看到20多颗成员星，其中最亮的是8.9等的HIP 105673，位于星团的南侧边缘。

必看天体 668	仙王座 β 星
所在星座	仙王座
赤经	21h29m
赤纬	70°34′
星等	3.2/7.9
角距	13.3″
类型	双星
别称	上卫增一（Alfirk）

这个目标很容易被找到，因为它就是由5颗亮星构成的仙王座"房子"形状中最靠东的那个点。作为一处双星，分辨它也几乎没有难度，但由于亮度相差较多（主星的亮度是伴星的63倍），主星的光呈蓝白色，另一颗子星的光呈蓝色。

该星的英文别称"Alfirk"来自阿拉伯地区。理查德·艾伦在《星星的名字及其含义》中说，这个名字曾经属于仙王座α星，其原文是"Al Kawakib al Firk"，意思是"一大群星"。如今的仙王座α星的英文别称已经变成了"Alderamin"。

必看天体 669   M 15   亚当·布洛克 /NOAO/AURA/NSF

必看天体 669	M 15（NGC 7078）
所在星座	飞马座
赤经	21h30m
赤纬	12°10′
星等	6.3
视径	12.3′
类型	球状星团

    对身处北半球的观测者来说，M 15算得上是秋季夜空中最有代表性的球状星团之一。其亮度为6.3等，也就是说在极佳的夜空环境中，视力出众的人有可能仅凭肉眼就能察觉到它的存在。不过，此时要注意不要把它跟它东边仅17′处的一颗6.1等星相混淆，可以通过望远镜中的观察情况来判断裸眼时的发现。

    接下来讲讲用望远镜欣赏这个天体时的情况。物镜口径为100mm左右时，可以看到该星团的核心相当明亮，其周围则可以分辨出数十颗成员星。此时可以注意分辨从其中心区盘桓而出的一条星链，它的存在让某些使用小口径设备的观测者报告说，这个星团的轮廓是椭圆的。

    要定位这个星团也很容易，从飞马座θ星（中文古名为"危宿二"）出发，向飞马座ε星作一条连线并继续延长4°即可。

    若使用口径不低于250mm的望远镜，可以尝试挑战一个与M 15相伴而生的深空天体"皮斯1"，它是一处行星状星云，而且是历史上第一个被发现置身于球状星团之内的行星状星云。这个天体的发现者是美国的天文学家弗朗西斯·皮斯，1928年，此人在检查照相底片时察觉了M 15中有这么一颗不太寻常的"亮星"。他所用的照相资料是通过威尔逊山上口径达2540mm的大望远镜拍摄的。

要想欣赏到这个行星状星云，应配置200倍左右放大率的望远镜并加装星云滤镜，以便从周围密集的星场中凸显星云气物质的亮度。注意该行星状星云很小，所以还需要良好的大气视宁度条件配合。它位于M 15核心的东北侧大约1′处。

必看天体 670　NGC 7082　安东尼·阿伊奥马米蒂斯

必看天体 670	NGC 7082
所在星座	天鹅座
赤经	21h29m
赤纬	47°05′
星等	7.2
视径	24′
类型	疏散星团

有的观测者在第一次看到NGC 7082时会感叹"这个星团的成员星真多"，但其实它的成员星很少。说起那些位于繁密的银河星场中的"简陋"星团，这个星团可以算典型的例子。

通过100mm左右口径的望远镜可以看到这个星团的大约20颗成员星，其亮度在8～10等的水平。而即便使用更大口径的设备，也无法从中认出更多的成员星。

要定位这个星团，可以从4.0等的天鹅座ρ星出发，朝西北偏北方向移动1.7°。

必看天体 671	NGC 7086
所在星座	天鹅座
赤经	21h31m
赤纬	51°35′

星等	8.4
视径	12′
类型	疏散星团

　　这个天体位于4.7等的天鹅座π^1星（中文古名为"螣蛇四"）的西北偏西方向1.9°处。在夜空环境很好时，使用200mm左右口径的望远镜就可以从中辨认出超过50颗成员星，它们的亮度彼此接近，其中最亮的是靠近中心点处的HIP 106175，亮度为10.3等。

必看天体 672　M 2　帕特·李、克里斯·李 / 亚当·布洛克 /NOAO/AURA/NSF

必看天体 672	M 2（NGC 7089）
所在星座	宝瓶座
赤经	21h34m
赤纬	-0°49′
星等	6.6
视径	12.9′
类型	球状星团

　　只用小口径的望远镜就可以欣赏这个位于宝瓶座北部天区的美丽星团。它虽然没有公认的别称，但作为一个球状星团，也堪称深空天体里的一处美景。它的总亮度是6.6等，在全天区所有球状星团中排在第18位。

　　从宝瓶座β星（中文古名为"虚宿一"）出发，朝北移动约4.5°就可以找到这个星团。在夜空环境足够深暗时，眼力好的人可以仅用肉眼就能看到它。在望远镜中，它会呈现出略接近椭圆形的轮廓。同时，它也是夜空中最为紧致、成员星最多的球状星团之一。

必看天体 673	NGC 7090
所在星座	印第安座
赤经	21h37m
赤纬	-4°33′
星等	10.7
视径	8.1′×1.4′
类型	旋涡星系

　　这个星系又是一个"针"状的深空天体，其长轴处在西北—东南方向上，其长度是短轴长度的5倍有余。在望远镜中，它呈现不出太多的细节，除非望远镜的口径大于300mm。其中心区的亮度均匀，也有一定的宽度，若给望远镜配以足够高的放大率，还可以看出其北侧边缘有不平滑的特征，而南侧则明亮且平直，与北侧形成鲜明的对比。

　　从4.7等的印第安座ε星出发，朝西北偏西方向移动4.4°即可定位到该星系。

必看天体 674　M 39　安东尼·阿伊奥马米蒂斯

必看天体 674	M 39（NGC 7092）
所在星座	天鹅座
赤经	21h32m
赤纬	48°26′
星等	4.6
视径	31′
类型	疏散星团

这个星团虽然被梅西尔收入到他那个著名的目录中并获得编号39,但并不能给人特别深刻的印象。我们从4等的天鹅座ρ星出发,朝北移动2.8°就可以找到它。史密斯在《天体大巡礼》中这样描述它:"这是个松散的星团,或者就是银河中一片稀散的星场,位于'天鹅'的尾巴和'蝎虎'之间,周围的星场相当密集。"

该星团的视径跟满月差不多大,可以看作M 39的一个放大版。这么大的视径再加上周围灿烂的银河星场让该星团显得更加疏松了。尽管如此,只要认真观察,还是可以从中辨认出20多颗亮度高于12等的成员星。观察时要记得挑选正确的目镜,尽可能把放大率降低。

必看天体 675	NGC 7095
所在星座	南极座
赤经	21h52m
赤纬	−1°32′
星等	12.2
视径	2.8′×2.7′
类型	棒旋星系

这个天体处在天球上非常靠南的位置,从4.1等的南极座β星出发,向西移动2°就可以找到它。通过200mm左右口径的望远镜观察,它虽然会显得暗淡,但足以分辨出星棒结构,其长轴在东北—西南方向上。使用400mm左右口径的设备可以看出其视面上的暗带,它分隔出来的部分就是该星系厚重的旋臂,旋臂的走向紧紧围绕着中心区。如果多看一会儿,就可能碰到一小段时间内大气视宁度良好的情况,届时可以发现该星系的北方边缘有一颗13.9等的恒星。

必看天体 676	斯特鲁维 2816
所在星座	仙王座
赤经	21h39m
赤纬	57°29′
星等	5.6/7.7/7.8
角距	11.7′/20′
类型	双星

观赏这个天体可以顺便得到一个"附赠"的目标。斯特鲁维 2816本身是由3颗恒星组成的系统,看到它的同时也就等于看到了疏散星团"特朗普勒37"(有时也叫"雾状三叶草星云"),因为前者正好处于后者的中心。

从2.5等的仙王座α星出发,朝东南偏南方向移动5.7°即可定位到该天体。当然,也可以从4.2等的"赫舍尔石榴星"(本书"必看天体683")出发,朝西南偏南方向移动1.4°来定位它。特朗普勒37这个星团包含大约50颗成员星,视径接近1°。斯特鲁维2816的3颗恒星中彼此最近的2颗,较亮的呈黄色,较暗的呈蓝色;除此之外的那一颗也呈蓝色,跟前两颗的距离接近前两者之间距离的2倍。

必看天体 677   IC 1396   安东尼·阿伊奥马米蒂斯

必看天体 677	IC 1396
所在星座	仙王座
赤经	21h39m
赤纬	57°30′
视径	170′ × 140′
类型	发射星云

在扫视仙王座的天区时，会遇到IC 1396这块面积居于整个天球前列的发射星云。而且，它所在的这块天区还包括一个明亮的星团和一些暗星云，所以在欣赏这处目标时大可以多花一些时间。

在IC 1396的照片中，最引人注目的部分就是所谓的"象鼻星云"，这里有着错杂蜿蜒、亮暗相间的云气，它们包裹着一个新恒星的形成区。由于该区域整体看起来像颗彗星，在专业上也叫"彗形球状体"，其成分主要是气体，还有由尘埃组成的许多凸出部和一些被拉长的尾状结构。

IC 1396附近最亮的星是仙王座μ星，也就是"赫舍尔石榴星"（本书"必看天体683"），这颗炽热的红色星球以大约730天的周期，在3.4～5.1等变化其亮度。作为低温的红巨星，它会从内部释放出大量含碳的混合物，这些碳元素会在其表面做暂时的停留，于是让星光减弱并发红。当然，它们最终会因为吸收了足够多的能量而离开该星。由于这些物质包围着此星，所以在19世纪早期一些天文学家将这个天体称为"石榴恒星星云"。这个称呼如今已经被废止了。

如果打算在没有星云滤镜的情况下欣赏该天体，就需要极佳的夜空环境及口径至少为150mm的望远镜。不过，即便通过小口径的望远镜看到了这个天体，也无法从中看出什么细节。如果把视场直径配置到2°以上，则可以看到一个圆形的云雾状轮廓，还有许多暗线叠加其上，其中最主要的一条发端于该天体的西北端，直接延伸到中心位置。

在这个天体的腹地，还可以看到上一条目里刚刚提过的星团"特朗普勒37"。该星团理论上仅凭肉眼就可被看见，拥有超过50颗10~12等的成员星。若将望远镜放大率配到150倍以上，就可以观赏该星团中心的一处三合星"斯特鲁维2816"，其主星约6等，两颗伴星均约8等。

必看天体 678	NGC 7098
所在星座	南极座
赤经	21h44m
赤纬	-5°07′
星等	11.4
视径	4′×2.3′
类型	旋涡星系

这个星系处于一片没有什么特点的天区中，要定位它，可从3.7等的南极座ν星出发，朝北移动2.3°。通过200mm左右口径的望远镜可以看出其长轴在东北—西南方向上，有着明亮、平展的中心区。若放大率配置到了200倍以上，也不难看出其外围的光晕。

必看天体 679	M 30（NGC 7099）
所在星座	摩羯座
赤经	21h40m
赤纬	-3°11′
星等	7.3
视径	11′
类型	球状星团

这个星团也在梅西尔深空天体目录之列，从3.7等的摩羯座ζ星（中文古名为"燕"）出发，朝东南偏东方向移动3.2°就可以定位到它。当然，也可以用5.2等的摩羯座41号星当起点，向西移动仅23′即可找到该星团。

我曾多次尝试不依赖任何设备，仅凭肉眼看到这个编号为M 30的星团，但从未成功。这或许跟它在天空中的高度角总是太低有关。

在100mm左右口径的望远镜中，可以看到它宽阔且明亮的核心区，其外围的成员星很多但无法进行单颗分辨，也看不清楚核心区。不过，若能使用300mm左右口径的设备并配置超过300倍的放大率，该星团的核心就会展现出许多细节。另外还可以注意其中心点的西南偏西方向不到6′处的一颗8.6等恒星SAO 190531。

必看天体 680	NGC 7103
所在星座	摩羯座
赤经	21h40m
赤纬	-2°28′
星等	12.6
视径	1.4′ × 1.2′
类型	椭圆星系

　　NGC 7103跟附近的几个星系组成了一个星系群。从3.7等的摩羯座ζ星出发，往东移动3°就可以定位到它们。NGC 7103当然是其中最亮的星系，但也需要口径不低于350mm并配以250倍放大率的设备来观赏，可以看到其略呈椭圆形的轮廓及亮度高一些的中心区。它的东北方4′处是13.8等的NGC 7104，而西北偏北方向4′处则是14.8等的IC 5122。

必看天体 681	NGC 7128
所在星座	天鹅座
赤经	21h44m
赤纬	53°43′
星等	9.7
视径	4′
类型	疏散星团

　　这个疏散星团属于本书介绍的同类天体中最小的一类。当使用放大率较低的望远镜观测时，它看上去像是一个由星点组成的、肥厚的月牙形；使用150mm左右口径并配以120倍放大率的望远镜则可以在视野内看到大约15颗无规则分布的成员星。

　　要定位这个星团，可以从4.7等的天鹅座π¹星出发，朝北移动2.5°。

必看天体 682　NGC 7129　安东尼·阿伊奥马米蒂斯

必看天体 682	NGC 7129
所在星座	仙王座
赤经	21h43m
赤纬	66°06′
星等	11.5
视径	7′
类型	疏散星团
别称	小星团星云（The Small Cluster Nebula）

该天体是一个星团，但也包含一个带有发射星云和反射星云的恒星形成区，所以它的别称叫"小星团星云"。该星团的编号是NGC 7129，而与它相伴的3块星云编号分别为IC 5132、IC 5133和IC 5134。

使用150mm左右口径的望远镜观察，可见该星团实在稀疏，只有10多颗成员星。要想看到上述的星云，至少需要250mm口径的设备。不过，鉴于这些星云多半属于反射星云，所以不需要加装滤镜。

要定位这个星团，可以从4.4等的仙王座ξ星（中文古名为"天钩六"）出发，朝西北移动2.6°。

必看天体 683　仙王座 μ 星　安东尼·阿伊奥马米蒂斯

必看天体 683	仙王座 μ 星
所在星座	仙王座
赤经	21h44m
赤纬	58°47′
星等	3.4（最亮时）
周期	730 d（可变）
类型	变星
别称	赫舍尔石榴星（Herschel's Garnet Star）

从仙王座α星，也就是该星座的最亮星出发，朝东南移动接近5°即可定位到这颗名叫"赫舍尔石榴星"的变星。不过，仅凭肉眼看到该星时，并不会感觉到那种石榴红的颜色，因为这时它的亮度还不足以刺激到人眼中相应的色觉细胞。观察其色彩的最佳办法是使用望远镜，并且将其焦点刻意调整到稍微有一点儿失准的状态，然后大家就可以说出这个小小圆盘在自己眼中的颜色了，例如红铜色、玫红色、红宝石色或者石榴红色……并不存在标准答案，毕竟各人眼中的颜色感受器性质难免有所差异。

必看天体 684	南鱼座
赤经（约）	22h14m
赤纬（约）	-1°
面积	245.37 平方度
类型	星座

"南鱼"的意思是南边的鱼，如果懂拉丁文，那么从其名称"Piscis Austrinus"就可以直接读出这个意思。很明显，这是说它的形象被联想为鱼，且比另一个关于"鱼"的星座（即黄道星座之一的双鱼座）更靠南一些。

要不是因为南鱼座α星（中文古名为"北落师门"）这颗全天区第18亮星的存在，南鱼座就是个平淡得难以引起注意的星座了。南鱼座α星的亮度是1.16等，当然，它能如此显眼，跟它周围没有什么亮星这一情况是分不开的。离它最近的一颗主要亮星是1.7等的天鹤座α星（中文古名为"鹤一"），位于它的西南偏南方向约20°处。

除了自己的α星之外，南鱼座就没有任何亮度可以排进全天区前200位的恒星了，而且剩下这些星在英文里也没有通用的别称。同时，该星座天区内也不含有任何已知的流星群，而且没有任何梅西尔天体。但是，作为观星爱好者，应该认识这个星座。

利用著名的"飞马座四边形"可以轻松找到南鱼座：首先找准该四边形里靠西的两颗星，也就是飞马座的α星和β星（中文古名为"室宿一"和"室宿二"），然后用这二者作为"指针"，往南延伸就可以找到南鱼座α星了。当然这段距离并不近，南鱼座α星离前面二者中较近的飞马座α星也有45°之多，即整个天球周长的1/8。在认出南鱼座α星之后，可以借助星图识别出该星座的其他主要恒星，它们全都比南鱼座α星偏西。

必看天体 685	NGC 7135
所在星座	南鱼座
赤经	21h50m
赤纬	-4°53′
星等	11.3
视径	3′×2.1′
类型	旋涡星系

要定位这个星系，可以从3.0等的天鹤座γ星（中文古名为"败臼一"）出发，朝西北偏北方向移动2.6°。该星系的视径较小，在业余级别的天文望远镜中无法看出任何有关其旋臂结构的迹象。不过，若设备口径不低于350mm，则有可能辨认出其微小的中心区及它周围纤薄的光晕。在

该星系的西北侧有一个由恒星组成的三角形，其中最亮的（也是离该星系最远的）是9.5等的SAO 213316。

必看天体 686	NGC 7139
所在星座	仙王座
赤经	21h46m
赤纬	63°49′
星等	13.3
视径	78″
类型	行星状星云

观察这个天体需要至少300mm口径的望远镜，当然也有少数几位技艺超群的观星人士曾经使用口径小到200mm的设备看到过它。在250倍的放大率配置下，可见其盘面为圆形，边缘不清晰，呈弥散特征。我认为，观赏该天体时，加装氧Ⅲ滤镜是必要的。

要定位这个天体，可以先找到4.3等的仙王座ξ星，然后朝西南偏西方向移动2°。

必看天体 687	NGC 7142
所在星座	仙王座
赤经	21h46m
赤纬	65°48′
星等	9.3
视径	4.3′
类型	疏散星团

这个漂亮的星团位于4.3等的仙王座ξ星的西北偏西方向2.3°处，它的成员星分布相当均匀，且亮度差距不大，大部分是12等星，但也有几颗10等星点缀其间。在成员星的可见数量方面，使用150mm左右口径的望远镜可以看出30多颗成员星，而250mm左右口径的设备大约可以看到50颗成员星。

必看天体 688	帕洛玛 12
所在星座	摩羯座
赤经	21h47m
赤纬	−1°15′
星等	11.7
视径	2.9′
类型	球状星团

这个天体有些与众不同，至少从它的编号前缀来看，它就来自一个NGC之外的目录。"帕洛玛"这个前缀表示帕洛玛天文台的巡天计划，该目录一共记载了15个暗弱的天体，它们都是从这个计划取得的照相底片中被发现的。要定位"帕洛玛12"，可以从4.5等的摩羯座ε星（中文古名为"垒壁阵二"）出发，朝东南方向移动2.8°。它是一个球状星团，离我们有6万光年。

要看到这个星团，应使用口径不低于200mm的望远镜；但即便是500mm左右口径的设备，也只能看到它的视面发出均匀的亮光而已。毕竟，这个星团中最亮的成员星在我们看起来也只有15等左右的亮度。

顺便一提，其他某些目录也收录了这个天体，并将其称为"摩羯座矮星系"。1957年，瑞士天文学家弗里茨·茨威基认为它是离银河系较近的矮星系之一，从而也是"本星系群"的成员。后来，其他天文学家确认了它不是星系，而是一个球状星团。

必看天体 689　IC 5146　亚当·布洛克 /NOAO/AURA/NSF

必看天体 689	IC 5146
所在星座	天鹅座
赤经	21h53m
赤纬	47°16′
星等	7.2
视径	12′
类型	发射星云
别称	茧状星云（The Cocoon Nebula）、科德威尔 19（Caldwell 19）

有些深空天体是茕茕孑立的，还有些则与其他天体形成了引人注目的组合。除此之外，偶尔还有"资质平平"的深空天体借助了周围星场的衬托，从而在观星圈里变得不同凡响，例如这里要介绍的"茧状星云"。

这块星云与"巴纳德168"的东部边缘重叠，后者是北天最美丽的暗星云之一。在夜空极为深暗的情况下，视力上佳的人有机会仅凭肉眼直接看出这个如墨般黑的暗条，不过这类情况比较罕见，更简单的方法是使用双筒镜，或者视场直径配至大于1°的单筒镜。

而"茧状星云"的发现者是英国天文学家托马斯·埃斯平，发现时间是1899年8月13日。率先给该天体照相的则是德国的天文学家马克西米利安·沃尔夫，时间是1900年。沃尔夫对此描述道："该星云处在一块空荡荡的天区正中，这里几乎连暗星也没有，像壕沟一样包裹着中间那些发光的云气。这里最值得让人惊讶和瞩目的特征是，这个带着一团发光云气的圆形暗区位于一条长长的黑色'沟槽'的一端,该'沟槽'的长度超过2°。"

使用100mm左右口径的望远镜就可以看到这块发光的星云,它会呈现为一个圆形的模糊光点。它的亮度为7等,但由于有视面,所以表面亮度会更低。在其发光范围之内,还有两颗9.7等的恒星,这又给欣赏该星云增加了一层困难。所以,要想保证观赏效果,最好使用口径不小于200mm的望远镜,并在目镜端加装星云滤镜。这种滤镜可以屏蔽掉来自恒星的光芒,同时很大程度上保留从发射星云而来的光。

必看天体 690	IC 5148
所在星座	天鹤座
赤经	22h00m
赤纬	-9°23′
星等	11.0
视径	120″
类型	行星状星云
别称	"备胎"星云(Spare Tire Nebula)

要定位这个天体,可以从4.5等的天鹤座λ星(中文古名为"败臼二")出发,朝西移动1.3°。这处行星状星云有着厚重的环状外观,所以颇为华丽。其暗淡的中心区虽然看起来很小,但其实也占了全部视径的1/4。其中心恒星暗至15.5等,不过如果望远镜口径能达到350mm,也是不难辨认的。不论所用的望远镜口径如何,都要记得把放大率配得高些。在该天体中心点的西南偏南方向仅2′处还有一颗10.4等的恒星GSC 7986:150。

根据美国业余天文学家肯特·华莱士的说法,"'备胎'星云"这个别称在7/8月号的《南方天文》杂志上[1]被正式使用,但很可惜,那里并没有提到这个别称是谁所起。

必看天体 691	NGC 7160
所在星座	仙王座
赤经	21h54m
赤纬	62°36′
星等	6.1
视径	5′
类型	疏散星团

从4.3等的仙王座ν星(中文古名为"造父五")出发,朝东北偏北方向移动1.8°就可以找到这个星团。若夜空环境极佳,仅凭肉眼也有可能看到它。使用100mm左右口径的望远镜,可以从中分辨出20颗左右的成员星,其中最亮的是7.0等的SAO 19718,位于该星团中心偏东北方一点儿。

---

1. 译者注:原书在此未写年份。

必看天体 692	NGC 7172
所在星座	南鱼座
赤经	22h02m
赤纬	-1°52′
星等	11.8
视径	2.8′×1.4′
类型	塞弗特星系

NGC 7172是一个致密的星系群"希克森90"的成员星系之一。该星系的亮度虽然只有11.8等，但已经是这个星系群里最亮的成员了。若望远镜口径不小于300mm，且有极佳的夜空环境，还有可能看到该星系群中的成员NGC 7173（13.2等）、NGC 7174（13.1等）和NGC 7176（12.4等），三者都分布在NGC 7172南侧7′处的一个直径为2′的区域之内。

NGC 7172呈现出的长轴长度与短轴长度呈2∶1的关系，亮度尚可。若有500mm左右口径或更大口径的设备，则还可以看到该星团的北半部分有一个暗区，位于其半径的一半处。

必看天体 693	NGC 7184
所在星座	宝瓶座
赤经	22h03m
赤纬	-0°49′
星等	11.2
视径	6.5′×1.4′
类型	旋涡星系

这个星系位于宝瓶座西南部一个很冷清的天区里，接近该星座与摩羯座的边界线。可以从6等的宝瓶座41号星出发，朝西移动2.7°来定位它。

它是一个旋涡星系，其长轴的方位角是62°，可以粗略地说是在东北—西南方向上。其长轴的东北端正好指向近处的一颗12等星。在绝大多数的望远镜里，它呈现的轮廓的长短轴长度之比是4∶1。

如果能用300mm左右口径或更大口径的望远镜观赏这个星系，还可以看到它附近有另外3个暗星系排成了一条微弯的弧线，即NGC 7180（12.6等）、NGC 7185（12.2等）和NGC 7188（13.2等），三者分别在NGC 7184的北边17′、21′和32′处。

必看天体 694	蝎虎座
赤经（约）	22h25m
赤纬（约）	46°
面积	200.69 平方度
类型	星座

蝎虎座是个又小又暗的星座，但也是我建议大家认识的天空风景之一。这个星座的天区内没有亮度进入全天区前200位的恒星，没有带有通用别称的恒星，没有已知流星群的辐射点，也没有梅西尔天体，作为一个"输家"来说算是相当彻底了。

并且，在早于公元1690年的任何一张星图里蝎虎座都不存在。多亏波兰的约翰·赫维留在1690年把蝎虎座和另外6个星座一起画进了著名的《赫维留星图》，它才有了知名度（这份星图的原标题因为太拗口，从而也获得了一些知名度）。

从仙王座向南，在天鹅座α星的东边大约20°可以看到蝎虎座。初学者对此要有足够的信心，毕竟蝎虎座α星（中文古名为"螣蛇一"）的亮度好歹也有3.8等。

必看天体 695	IC 5152
所在星座	印第安座
赤经	22h03m
赤纬	−1°17′
星等	10.6
视径	4.9′ × 3′
类型	不规则星系

IC 5152既是个矮星系，也是个不规则星系，它位于印第安座天区的东端，接近该星座与天鹤座的分界线。从4.4等的印第安座δ星出发，朝北移动3.8°即可定位到这个星系。在观赏该星系时，首先会注意到在它的西北边缘处重叠着一颗8.2等的前景恒星。该星呈现给我们的亮度是整个IC 5152的9倍，所以算是一个干扰因素。

但这并不构成我们跳过IC 5152的理由。使用200mm左右口径的望远镜可以看到其长轴处于东—西方向上，长度约是宽度的2倍。若配以高于300倍的放大率，则会看出它的轮廓在两端逐渐收窄，最后各收拢为一个尖。该星系的中心区平展且明亮，但很难辨认出来外围光晕，这或许是因为受到了刚才所说的8.2等星的干扰。

必看天体 696	仙王座ζ星
所在星座	仙王座
赤经	22h04m
赤纬	64°38′
星等	4.4/6.5
角距	7.7′
类型	双星
别称	天钩六（Kurhah）

要找到仙王座ζ星，只要从该星座的α星向其ι星（中文古名为"天钩八"）作一条连线，然后找到这条线段的中点便可。据大部分观测者说，它的两颗子星都呈白色；也有一部分人说较暗的那颗子星呈现一种暗黄色，这种视觉效果可能是由两颗子星的亮度差别造成的，其主星的亮度是伴星的7倍。

根据理查德·艾伦的记述，波斯天文学家卡兹维尼称这颗星为"Al Kurhah"，这个阿拉伯文词汇被德国的天文学家伊德勒翻译为"马脸上的白斑或火焰"。

必看天体 697　NGC 7209　安东尼·阿伊奥马米蒂斯

必看天体 697	NGC 7209
所在星座	蝎虎座
赤经	22h05m
赤纬	46°30′
星等	7.7
视径	25′
类型	疏散星团

　　这个星团处于一片繁密的星场之中，从3.8等的蝎虎座α星出发，朝西南方移动5.8°即可。使用100mm左右口径的望远镜并配以100倍放大率就可以看到50余颗属于该星团的成员星靓丽地铺洒在视场之中，其中五六颗最亮的成员星的亮度大约在9等，它们在这个星团中明显离我们更近一些，更多更暗的成员星构成了它们的背景层。此外，还有不可计数的、更加暗弱的小光点为这个星团的整体提供了更深一层的背景。

　　该星团中大约有一半的成员星（包括其中最亮的4颗）发出黄白色的光，其余的光则呈蓝色，这让它在整体上呈现出一种富有视觉冲击力的颜色对比。

必看天体 698	NGC 7213
所在星座	天鹤座
赤经	22h09m
赤纬	−7°10′
星等	10.0
视径	4.8′ × 4.2′
类型	旋涡星系

专业天文学家将这个星系归类为旋涡星系，但它在业余天文望远镜中能呈现出的结构像个椭圆星系。我曾经用多种口径（最大为762mm）的设备观察过它，虽然从未看见它的旋臂，但可以看出它的轮廓为圆形，其中心区亮度均匀，直径占整体的1/3，环绕其中心区的模糊部分亮度也不算低。请记得把放大率配置到250倍以上。

定位这个天体很容易，它就在1.7等的天鹤座α星的东南方仅16′处。

必看天体 699	NGC 7217
所在星座	飞马座
赤经	22h08m
赤纬	31°22′
星等	10.1
视径	3.5′×3.1′
类型	旋涡星系

从4.3等的飞马座π²星（中文古名为"杵二"，注意这是天球北半部的"杵"星官，南半部还有一个"杵"，其中也有"杵二"，见本书"必看天体480"的相关叙述）出发，朝西南偏南方向移动1.9°就可以找到这个天体。通过200mm左右口径的望远镜可以看到其中心区明亮，直径占了整体的一半。配以高放大率之后，也很容易看到其外围的光晕。

必看天体 700	NGC 7235
所在星座	仙王座
赤经	22h12m
赤纬	57°16′
星等	7.7
视径	4′
类型	疏散星团

从4.2等的仙王座ε星（中文古名为"螣蛇九"）出发，朝西北偏西方向移动0.4°就可以定位这个天体。如果使用100mm左右口径并配以150倍放大率的望远镜，只能从中看到10多颗成员星散乱地分布在视场里；若用200mm左右口径的设备，则可以看到20颗左右的成员星。该星团的成员星虽然数量不多，但亮度分布很广，从9等到15等都有，跨度达7个星等。

必看天体 701　NGC 7243　安东尼·阿伊奥马米蒂斯

必看天体 701	NGC 7243
所在星座	蝎虎座
赤经	22h15m
赤纬	49°53′
星等	6.4
视径	21′
类型	疏散星团
别称	科德威尔 16（Caldwell 16）

　　这个天体是仅凭肉眼就有可能看到的一个星团，位于3.8等的蝎虎座α星西侧2.6°处。通过100mm左右口径的望远镜可以看到30多颗成员星杂乱地分布在视场中；若用200mm左右口径的设备，则可以辨认的成员星大约会增加到50颗。它还有一个不同于其他疏散星团的特点，那就是如果我们不断换用更大口径的望远镜，就能从它这里认出更多的成员星——最后我们会遇到一道难题：如何判断那些新看到的暗星到底是它的成员星，还是仅为背景星。我曾经使用400mm左右口径的设备在上好的夜空条件下观察该星团，结果粗略地数出了不下200颗成员星。在该星团的正中心，有它最亮的成员星，即8.0等的GSC 3614:2189。

必看天体 702	IC 5201
所在星座	天鹤座
赤经	22h21m
赤纬	-6°04′
星等	11.0

视径	6.6′×4.4′
类型	棒旋星系

这个稀薄的星系位于5.6等的天鹤座π²星的西南偏西方向0.4°处。使用200mm左右口径并配以200倍放大率的望远镜会看到它的长轴在南—北方向上，其长度大约为短轴长度的2倍。该星系中的棒状结构明亮且平展，周围有云雾状的特征，应该是其旋臂结构。但是，只要望远镜的口径不足500mm，就无法从中看出任何像旋臂的特征。

必看天体 703	宝瓶座ζ星
所在星座	宝瓶座
赤经	22h29m
赤纬	-0°01′
星等	4.3/4.5
角距	2″
类型	双星

从3.8等的宝瓶座γ星（中文古名为"坟墓二"）出发，朝东北方移动2.3°就可以找到这处双星。要把望远镜的放大率配到150倍或更高一些来分辨其两颗子星。其主星亮度仅比伴星高出20%，二者都呈白色。

必看天体 704	NGC 7245
所在星座	蝎虎座
赤经	22h15m
赤纬	54°20′
星等	9.2
视径	5′
类型	疏散星团

从4.4等的蝎虎座β星（中文古名为"螣蛇十"）出发，朝西北偏北方向移动2.4°即可定位到这个小星团。通过150mm左右口径的望远镜观察它，可以辨认出20颗分布紧密的成员星，其中最亮的有10.7等。

必看天体 705	NGC 7261
所在星座	仙王座
赤经	22h20m
赤纬	58°05′
星等	8.4
视径	6′
类型	疏散星团

这个小星团位于3.4等的仙王座ζ星（中文古名为"造父二"）的东侧1.2°处。在150mm左右口径的望远镜中，它可以呈现出大约15颗成员星，其中最亮的是9.6等的SAO 34332，位于整个星团的东南端。

必看天体 706	仙王座 δ 星
所在星座	仙王座
赤经	22h29m
赤纬	58°25′
星等	3.9/6.3
角距	41′
类型	双星

　　该天体是一处角距很宽的双星，用小口径的望远镜即可分辨。要定位它，可以从3.4等的仙王座ζ星出发，朝东移动2.4°。其主星呈黄色，伴星呈蓝色。

　　其中的主星，也就是"仙王座ζ星的A星"（中文古名为"造父一"），是天文学上整整一类变星的原型，即"造父变星"。这类变星会以精准的周期不断膨胀和收缩。例如"造父一"的这一变化周期为5.366341天，在该周期内，其亮度会在3.48 ~ 4.37等变化。

　　鉴于"造父变星"的脉动会遵循如此准确的时间规律（天文学家将其定义为脉动周期和发光能力之间的对应关系，也就是"周光关系"），当它出现在遥远的星团甚至星系中时，可以当作"标准烛光"，用来研究这些星团或星系的距离。美国的天文学家哈勃就借助这类变星确定了M 31的距离，从而判断出它不是银河系的一部分，而是完全独立的另一个星系。

必看天体 707　NGC 7293　亚当·布洛克 /NOAO/AURA/NSF

必看天体 707	NGC 7293
所在星座	宝瓶座
赤经	22h30m
赤纬	-0°48′
星等	7.3

视径	13′
类型	行星状星云
别称	螺旋星云（The Helix Nebula）、向日葵星云（The Sunflower Nebula）、科德威尔63（Caldwell 63）

　　"螺旋星云"属于最难观察到的一类天体，而且还属于亮度数值很高，但实际看起来较暗的那一批：虽然其总亮度接近7等，看起来相当突出，但其表面亮度低到了令人失望的程度。为尽量提升观看它的效果，应采用放大率为7～15倍的双筒镜，其物镜口径最好也要大于50mm。

　　若有极佳的夜空环境，则可以试着仅凭肉眼来找到这个星云。如果事先用双筒望远镜观测过它，就会觉得直接用肉眼看到的它反而更亮一点儿。幸运的是，它的位置附近并没有亮度同其相当的恒星。

　　用300mm左右口径或更大口径的设备，并加装星云滤镜，可以在其圆形视面的内部辨认出亮度差别：其南、北两边缘相对略有凝集感，所以亮度也略高。

　　德国的天文学家卡尔·哈丁在1827年的《柏林年鉴》中公布了他发现该天体时的相关记录，这是离我们最近也最亮的行星状星云之一。

　　要定位这个天体，可以从5.2等的宝瓶座υ星（中文古名为"羽林军十一"）出发，向西移动1.2°即可。

九月

必看天体 708	蝎虎座 8 号星
所在星座	蝎虎座
赤经	22h36m
赤纬	39°38′
星等	5.7/6.5
角距	22.4″
类型	双星

该双星位于一个相当空旷的天区，我们可以以3.6等的仙女座o星（中文古名为"车府增十六"）作为出发点，朝西南方移动5.4°来定位它。各种口径的望远镜都可以用来分辨它，其两颗子星都呈白色。

必看天体 709	NGC 7314
所在星座	南鱼座
赤经	22h36m
赤纬	−26°03′
星等	10.9
视径	4.2′×1.7′
类型	旋涡星系

这个旋涡星系的表面亮度足够高，所以即使只用150mm左右口径的望远镜也很容易找到它。它位于6.4等的南鱼座ζ星的东侧1°处。它的"位置角"为3°，这就是说，它的长轴几乎正好处在南—北方向上。

观赏它时，还可以在其西南大约4′处顺便寻找一个比它更小也更暗些的旋涡星系NGC 7313，后者的亮度为14.2等，视径也仅有前者的1/6。

必看天体 710   斯蒂芬的五重奏   亚当·布洛克/NOAO/AURA/NSF

必看天体 710	斯蒂芬的五重奏
所在星座	飞马座
赤经	22h36m
赤纬	33°58′
星等	14.8、14.6、14.0、14.4、13.6
视径	1.1′×1.1′、0.9′×0.9′、1.9′×1.2′、1.7′×1.3′、2.2′×1.1′
类型	星系群
附注	NGC7317、NGC 7318A、NGC 7318B、NGC 7319、NGC 7320

"口径原理"是业余天文界的"真言"之一，它的意思是设备口径越大，可以看到的细节就越多。要体现这个原理，或许没有几个天体比"斯蒂芬的五重奏"这个星系群更合适当例子了。

法国天文学家爱德华·斯蒂芬于1877年发现了这个星系群，后来其5个成员星系获得的NGC编号分别为7317、7318A、7318B、7319和7320。其中，前4个星系组成了一个致密的星系群，也是第一个被发现的星系群；NGC 7320则属于一个由30多个星系组成的星系群——"飞马之刺"，该星系群中最亮的星系是9.5等的NGC 7331（本书"必看天体712"）。

即便只用150mm左右口径并配以50倍放大率的望远镜也可以"看到"这个目标，但它此时只能显现为一块暗弱且不均匀的光。要想明确区分出这5个星系，应该使用至少300mm口径的望远镜。

NGC 7317在这5个星系中最靠西，它紧邻一颗13等的前景恒星。在它东边2′处是已在相互侵扰的NGC 7318A和NGC 7318B——要把这两个正在"交锋"的星系分辨开来，需要至少200倍的高放大率。

NGC 7320是"斯蒂芬的五重奏"中最大、最亮的星系，位于这处景观的东南部，亮度为12.5等，其光晕区前面叠加有一颗同样是13等的前景恒星。至于NGC 7319，这个位于星系群最北端的天体会以13.5等的亮度隐隐发光，是这5个星系中最暗的天体，对观测者的眼力是个较大的考验。

必看天体 711	NGC 7329
所在星座	杜鹃座
赤经	22h40m
赤纬	−66°29′
星等	11.8
视径	3.2′×1.9′
类型	棒旋星系

从4.5等的杜鹃座δ星（中文古名为"鸟喙二"）出发，朝东南移动2°就可以找到这个星系。虽然它离我们有1.5亿光年，但一部300mm左右口径的望远镜足以呈现出它的一些细节。配以250倍或更高的放大率即可轻松看到它的棒状结构，还可以注意一下它中心区的隆起，该特征比它的星棒结构略宽。最后还可以关注一下它外围那些形状不规则的模糊区，那其实是它的旋臂发出的光。

必看天体 712 NGC 7331 亚当·布洛克／莱蒙山天空中心／亚利桑那大学

必看天体 712	NGC 7331
所在星座	飞马座
赤经	22h37m
赤纬	34°25′
星等	9.5
视径	10.5′×3.7′
类型	旋涡星系
别称	鹿舐星系群（The Deer Lick Group）、科德威尔 30（Caldwell 30）

深空天体经常有些奇怪的名字，但这些名字通常也是与它们的某些外观特点吻合的，例如"蓝雪球"（本书"必看天体733"）就是蓝色、圆形的，欧米伽星云（本书"必看天体538"）看起来也确实像希腊字母"欧米伽"，而"戈麦兹汉堡"（IRAS 18059-3211）的外观也酷似汉堡。

但这里要介绍的"鹿舐星系群"到底是什么情况？原来，这个别称是美国的业余天文学家汤姆·罗伦金在20世纪80年代提出的，其语汇来自北卡罗来纳州群山中的一个地名"鹿舐沟"。显然，罗伦金曾在那里观察了这些星系并难以忘怀，所以用这种方式来表示纪念。

该星系群中最亮的成员星系是NGC 7331。在状况极佳的夜空下，只用双筒镜也可以察觉这个星系的存在，但要看清更多的细节就离不开单筒镜。望远镜的物镜口径在250mm左右并配以低放大率时，我们可以看出该星系东侧有3个星系组成一个等边三角形，但要注意这三者并非NGC 7331的伴系，它们的距离比NGC 7331远多了。

若将放大率配至200倍，NGC 7331会呈现出一个明亮的核心区，而其外围的云雾状光芒区则呈长轴长于短轴（其长度约为短轴长度的3倍）的形状。若使用更大口径的望远镜，可以看出此星系的西端是在一个尘埃带的遮掩下"猝然"终结的。如果遇到大气视宁度理想的状况，还可以在这个尘埃带的外侧尝试辨认此星系的一条旋臂。

必看天体 713	NGC 7332
所在星座	飞马座
赤经	22h37m
赤纬	23°48′
星等	11.1
视径	3.7′×1′
类型	旋涡星系

我可以肯定读者会喜欢"这一个"天体，或者，应该说是"这一对"。NGC 7339就在NGC 7332的东侧只有5′处，二者的外观都是透镜形的，组合起来更是艳丽动人。从4.0等的飞马座λ星（中文古名为"离宫一"）出发，朝西移动2.1°就可以找到这处风景。

这两个星系的轮廓长轴长度都在短轴长度的3倍以上，也都有均匀的表面亮度，只是NGC 7332的视面略宽一点儿，且亮度明显高于NGC 7339，后者只有12.2等。

必看天体 714	NGC 7361
所在星座	南鱼座
赤经	22h42m
赤纬	−30°03′
星等	12.2
视径	4′×0.9′
类型	旋涡星系

这个星系位于1.2等的南鱼座α星西侧3.3°处。通过250mm左右口径的望远镜可以看到它呈现出一道狭长的银白色光芒，长轴在南—北方向上，其长度约是短轴长度的5倍。若用300mm左右口径并配以300倍放大率的设备，则可以看到其北端有"截断"状的特征。

必看天体 715   NGC 7380   克里斯·桑伯格、彼得·雅各布斯 / 亚当·布洛克 /NOAO/AURA/NSF

必看天体 715	NGC 7380
所在星座	仙王座
赤经	22h47m
赤纬	58°06′
星等	7.2
视径	20′
类型	疏散星团
别称	魔法师星云（The Wizard Nebula）

从4.1等的仙王座δ星出发，朝东移动2.4°即可定位到这个星团。使用200mm左右口径的望远镜可以从中分辨出20多颗10等的和更暗一些的成员星。

看过它的成员星之后，不要忘记装星云滤镜，看看这里的发射星云"沙普利斯2-142"。它呈现出一种不规则的轮廓，从南到北的跨度为0.5°，光芒朦胧且不均匀，北半部亮于南半部。

21世纪初，业余天文学家们喜欢称这个天体为"魔法师星云"，这与天文摄影师们为它拍摄的长时间曝光照片开始在网上流传是分不开的。

必看天体 716	NGC 7418
所在星座	天鹤座
赤经	22h57m
赤纬	-37°02′
星等	11.0
视径	4.2′ × 2.1′
类型	棒旋星系

从5.6等的天鹤座υ星出发，朝西北方向移动2.8°即可定位到这个星系。以400mm左右口径并配

以350倍放大率的望远镜观察它可以看出它以盘面对着我们，表面亮度分布不均匀，其中一些相对较暗的线条是它的旋臂结构的反映。另外，不要忘记看看它南侧仅20′处的一个11.7等的旋涡星系NGC 7421。

必看天体 717	沙普利斯 2-155
所在星座	仙王座
赤经	22h57m
赤纬	62°37′
视径	50′×30′
类型	发射星云
别称	洞穴星云（The Cave Nebula）、科德威尔 9（Caldwell 9）

要定位这个天体，可以从3.5等的仙王座ι星出发，往东南偏南方向移动3.7°。实际上，这处目标更适合天文摄影者，而目视观测的难度会大一些。当然，若有400mm左右口径或更大口径的望远镜，在加装星云滤镜后还是可以看到它的。可以试着辨认它视面上的一处很深很暗的缺口，它的别称"洞穴"即由此得来。

这个既黑又宽的区域在照片上更是显而易见，它是一块暗星云，如同一个深邃洞穴的入口那样幽然存在，这么看来"洞穴星云"这个别称是十分形象的。

必看天体 718	IC 1459
所在星座	天鹤座
赤经	22h57m
赤纬	-36°28′
星等	10.0
视径	4.9′×3.6′
类型	椭圆星系

从5.6等的天鹤座υ星出发，朝西北方移动3°多一点儿就可以找到这个天体。使用300mm左右口径并配以150倍放大率的望远镜观察可以看到它倾斜在东北—西南方向上，表面亮度均匀。将放大率翻番，升配至300倍，可以看到其平展的中心区周围有细瘦、暗淡的光晕区，并注意到它的轮廓并不特别圆。

必看天体 719	NGC 7457
所在星座	飞马座
赤经	23h01m
赤纬	30°09′
星等	11.2
视径	4.1′×2.5′
类型	旋涡星系

这个天体位于2.4等的飞马座β星的西北偏北方向2.1°处。使用200mm左右口径的望远镜观察它，可见其轮廓接近矩形，长轴在西北—东南方向上，其长度是短轴长度的2倍。

必看天体 720	NGC 7462
所在星座	天鹤座
赤经	23h03m
赤纬	−40°50′
星等	11.3
视径	5.1′×0.8′
类型	旋涡星系

要定位这个星系可以从5.6等的天鹤座υ星出发，朝西南偏南方向移动2.1°。它的长轴长度是短轴长度的6倍，也是一个针状的天体。在其西南端可以看到一颗10.4等的恒星。

必看天体 721	NGC 7479
所在星座	飞马座
赤经	23h05m
赤纬	12°19′
星等	10.8
视径	4′×3.1′
类型	棒旋星系
别称	科德威尔44（Caldwell 44）

这个星系若用大口径的望远镜来看，堪称一件展品。从2.5等的飞马座α星出发，朝南移动2.9°就可以找到它。当设备口径达到250mm时，就可以看到它独特的旋臂结构。配以低放大率时，我们能够辨认出它的明亮核心及其周围的中心区隆起结构，还有长轴在南—北方向上的星棒结构。当然它最亮眼的特点还是它唯一的旋臂，此旋臂从星棒结构南端出发，紧紧环抱中心区，朝西延伸；星棒的北端则好像被切断了似的，看不出任何有旋臂存在的迹象。

必看天体 722	IC 1470
所在星座	仙王座
赤经	23h05m
赤纬	60°15′
视径	1.2′×0.8′
类型	发射星云

这块星云位于4.1等的仙王座δ星的东北偏东方向5°处。用300mm左右口径并配以200倍放大率的设备观察可见其表面明亮，在东南方还有一块暗淡的延伸区。

必看天体 723	NGC 7492
所在星座	宝瓶座
赤经	23h08m
赤纬	−15°37′
星等	11.4
视径	6.2′
类型	球状星团

这又是一个表面亮度很低的天体，它的星等数值本来就不高，视径又超过满月直径的1/4，所以只会显得远暗于11.4等。哪怕是使用300mm左右口径的设备观察它的人，也很难相信自己正在观察的这个天体是一个球状星团。

为了尽量优化观察它的效果，应抓住极佳的天候，并且把放大率配到200倍以上。即便如此，也只能分辨出大约10颗成员星。要定位这个天体，可以从3.3等的宝瓶座δ星出发，朝东移动3.3°。

必看天体 724	NGC 7510
所在星座	仙王座
赤经	23h11m
赤纬	60°34′
星等	7.9
视径	4′
类型	疏散星团

这个美丽的星团位于4.9等的仙后座τ星（中文古名为"螣蛇十三"）往西北偏西方向5°处。使用配以150倍放大率的100mm左右口径的望远镜可以从中辨认出30多颗成员星。而若将放大率降至75倍或更低，则还可以看出它含有一个棒状的成员星密集区沿东北—西南方向铺开，且经过了它的中心点。

必看天体 725　NGC 7538　弗雷德·卡弗特 / 亚当·布洛克 /NOAO/AURA/NSF

必看天体 725	NGC 7538
所在星座	宝瓶座
赤经	23h14m
赤纬	61°31′
视径	9′×6′
类型	发射星云

这块星云位于4.9等的仙后座τ星的西北边5°处，属于"仙后座复合体"的一部分，"仙后座复合体"是一个面积广大的"天体阵营"。通过200mm左右口径的望远镜可以看到这块星云的轮廓，但它显得很暗。若用300mm左右口径的设备，则会看到它的视面稍宽了一些，整体近乎矩形，长宽比约为3∶2，长轴在东北—西南方向上。

必看天体 726	NGC 7582
所在星座	天鹤座
赤经	23h18m
赤纬	-42°22′
星等	10.1
视径	6.9′×2.6′
类型	棒旋星系

从4.3等的天鹤座θ星（中文古名为"鹤八"）出发，朝东北偏东方向移动2.4°就可以定位到NGC 7582和另外几个星系。NGC 7582的长轴在西北—东南方向上，其长度是短轴长度的2倍多，在口径小于762mm的任何望远镜中它都会呈现出一个亮度均匀的表面。只有使用口径超过762mm的大设备才可以看出它边缘的模糊特征，该特征反映出它拥有紧密缠绕中心区的旋臂。

以NGC 7582为出发点，往西南偏西方向0.5°处有一个旋涡星系NGC 7552，往东北偏东方向12′处则有一对旋涡星系，分别是11.3等的NGC 7590和11.5等的NGC 7599。这4个星系的组合体就是著名的"天鹤座四重奏"。

必看天体 727	宝瓶座 94 号星
所在星座	宝瓶座
赤经	23h19m
赤纬	-13°28′
星等	5.3/7.3
角距	12.7″
类型	双星

这处双星位于3.3等的宝瓶座δ星（中文古名为"羽林军二十六"）的东北偏东方向6.4°处，其主星和比它暗两个星等的伴星组成了一对漂亮的双星，二者的光分别呈黄色和橙色。

必看天体 728　　NGC 7606　　亚当·布洛克 / 莱蒙山天空中心 / 亚利桑那大学

必看天体 728	NGC 7606
所在星座	宝瓶座
赤经	23h19m
赤纬	-8°29′
星等	10.8
视径	4.4′×2′
类型	棒旋星系

　　这个星系轻巧地飘浮在4.9等的宝瓶座χ星（中文古名为"羽林军四十三"）东南方向不到1°处。它是一个倾斜的棒旋星系，但其旋臂抱得太紧，所以使用各种常见口径的业余天文望远镜都只能看到其中心区。其核心区较为致密，视径占到了整个星系的大约一半。这个明亮区的外侧就是那些看不到的旋臂，所以它的光芒在此区域迅速下降，沉入了背景的黑色之中。

必看天体 729	NGC 7626
所在星座	飞马座
赤经	23h21m
赤纬	8°13′
星等	11.1
视径	2.4′×1.9′
类型	椭圆星系

　　从4.3等的双鱼座θ星（中文古名为"霹雳三"）出发，朝西北方向移动2.6°就可以在刚刚进入飞马座天区的地方找到这个巨大的椭圆星系。在它的东侧仅7′处，还有一个"孪生"星系NGC 7619，二者同为"飞马座Ⅰ星系团"里最亮的成员星系。虽然离我们有2亿光年，但它们的亮度仍然相当

可观，只需要200mm左右口径的望远镜即可以看到这两个星系的明亮核心及外围没什么特征的光晕。二者的轮廓都呈轻度椭圆形。

必看天体 730 NGC 7635 布拉德·厄霍恩 / 亚当·布洛克 /NOAO/AURA/NSF

必看天体 730	NGC 7635
所在星座	仙后座
赤经	23h21m
赤纬	61°12′
视径	15′ × 8′
类型	发射星云
别称	气泡星云（The Bubble Nebula）、科德威尔 11（Caldwell 11）

利用明亮的疏散星团M 52（本书"必看天体732"）可以很快找到这处别称为"气泡"的星云。观赏该星云可以帮我们初步了解一颗恒星与它周围的物质是如何互动的。

这个醒目的球形气泡其实算是一个界面，它的一边是星云的内部物质，另一边则是一颗大质量高温恒星BD+602522发出的猛烈"粒子风"，或者说"星风"。该恒星的质量是太阳的40倍，其"星风"物质的运动速度可达7×10^6 km/h。"气泡星云"的壳层正是这股"星风"的锋面所在："星风"中的粒子在遇到周围星云物质的阻碍后，速度降低，所以富集在了一起，才体现为一个壳层。

该"气泡星云"的表面亮度并不均匀，因为在其扩张的过程中，不同的区域会遇到不同密度的星云物质，导致各区域的扩张速度有所差异。例如，它东北部遇到的星云物质就比西南部多，所以朝东北方向进发的星风粒子前进得更慢，由此，母恒星也并不处于"气泡星云"的正中。

威廉·赫舍尔于1787年发现了这个"气泡星云"，他对此记录道："一颗9等恒星周围有小小的一片极为暗弱的云气。"目前已经知道这颗恒星的亮度高于赫舍尔当年的估计值，但赫舍尔对此处的星云所做的描述仍然相当准确，因为它的亮度确实较低。

在极佳的夜空环境下，若使用200mm左右口径的望远镜，则只能在该恒星周围看出这块星云3′×1′的视面。这一缕微光飘浮在由无数的暗弱恒星组成的背景星场之上。换用400mm左右口径的设备，才可能看到"气泡星云"的全貌：其主要部分是一个相对亮些的弧形，但弧形北端还有一块更暗的云气，二者之间有一条暗带相隔。加装星云滤镜会对观察这块星云有所帮助。

必看天体 731	NGC 7640
所在星座	仙女座
赤经	23h22m
赤纬	40°51′
星等	11.3
视径	10′×2.2′
类型	棒旋星系

这个星系位于仙女座天区的边缘——靠近蝎虎座天区的地方。从3.6等的仙女座o星出发，朝东南偏东方向移动4°即可找到它。使用200mm左右口径的望远镜可以看到它有着常见的透镜形轮廓，其核心区呈拉长状，略带一些存在旋臂的迹象。若用300mm左右口径的设备，就能看出它在南、北两端还有暗弱的延展区。该星系核心区附近有一些巨大的恒星形成区，这让它的表面亮度显现出不均匀性。

必看天体 732　M 52　安东尼·阿伊奥马米蒂斯

必看天体 732	M 52（NGC 7654）
所在星座	仙后座
赤经	23h24m
赤纬	61°35′
星等	6.9
视径	12′
类型	疏散星团

　　梅西尔在他的目录里编进的第52个天体是个外观靓丽的疏散星团。在最佳的夜空环境下，可能会有视力超群的观测者仅凭肉眼就能察觉到它的存在。我们可以在2.2等的仙后座α星（中文古名为"王良四"）和2.3等的仙后座β星（中文古名为"王良一"）之间作一条连线（它的长为5°），然后将其继续延长6°来定位到这个星团。

　　通过200mm左右口径的望远镜观察它即可看到至少75颗成员星，它们的亮度分布在9～12等。整个星团的边缘很清晰，与背景星场的区别相当明显，尤其是星团的西侧边缘。而在星团的东侧边缘，有6颗成员星挤在一起，形成了一个醒目的"疙瘩"。

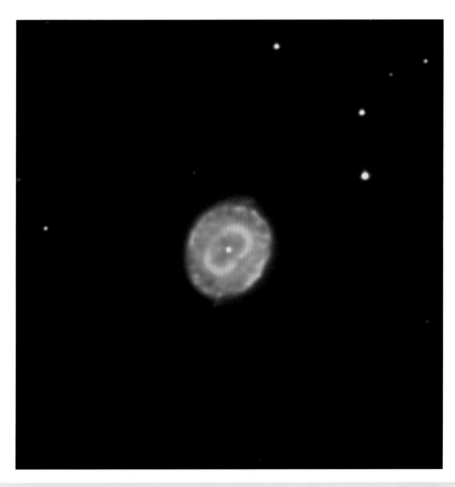

必看天体 733　NGC 7662　亚当・布洛克 /NOAO/AURA/NSF

必看天体 733	NGC 7662
所在星座	仙女座
赤经	23h26m
赤纬	42°33′
星等	8.3
视径	37″
类型	行星状星云
别称	蓝雪球（The Blue Snowball）、科德威尔 22（Caldwell 22）

如果你可以使用200mm左右口径或更大口径的设备，那么一定要去仙女座天区的北部找找这个被称为"蓝雪球"的行星状星云。看到它的第一眼，你就能明白天文学家为什么给它起这个别称。

这个行星状星云的亮度只有8.3等，但好在它的视径不大，只有37″，所以这些光还是比较紧凑的，足以激发我们眼中的色觉感受器。如果想在目视观测中体验深空天体的色彩，或与别人分享这种色彩，那么"蓝雪球"是个再好不过的素材了。

当然，不同的人也会对它的颜色有不同的判断，常见的描述有灰蓝、暗蓝、亮蓝、罗宾鸟蛋蓝、微蓝、发白的蓝，也有观测者说它呈现某种淡绿色。无论如何，我们不能说其中哪一种就是对的或错的，毕竟每个人的色觉感受系统有所差异，望远镜前的观赏者得到的结论大同小异甚至大相径庭都是正常的。

使用200mm左右口径的望远镜时，"蓝雪球"呈现为一个亮度均匀的小圆盘。它的中心恒星的亮度为13等，使用口径不小于400mm的设备才看得到，所以如果口径不够大，则可以试着辨认一些其他的细节，例如该天体丰富的内部结构。

该天体的中心区是空洞的，但环绕着它的是一个亮环，亮环之外还有一层不易辨认的、暗淡的气体壳。这个亮环中最亮的部分是它的东北区段和西南区段。若配置了300倍以上的放大率，则可以看到其气体壳的亮度在靠近边缘处是迅速下跌的。

必看天体 734	NGC 7678
所在星座	飞马座
赤经	23h29m
赤纬	22°25′
星等	11.3
视径	2.3′ × 1.7′
类型	旋涡星系

有人说，著名的"飞马座四边形"内部没有漂亮的深空风景，对此，不妨拿NGC 7678作为反例来观测一下。从4.4等的飞马座υ星（中文古名为"离宫六"）出发，朝东南方移动1.2°就可以找到这个星系。它是个正面对着我们的旋涡星系，但它的旋臂过于紧密地缠绕着中心区，以至于只有用口径不低于350mm的望远镜并配以足够高的放大率才能辨认出这些旋臂。另外，值得关注的是，该星系周围有几颗12等星形成了一个漂亮的等腰三角形，正好把它围在中间。

必看天体 735	NGC 7686
所在星座	仙女座
赤经	23h30m
赤纬	49°08′
星等	5.6
视径	15′
类型	疏散星团

这也是一个在夜空环境很好的时候可以仅用肉眼就能看见的天体。若使用100mm左右口径的望远镜，则可以从中辨认出大约20颗成员星，它们的亮度分布在7.5～11等。要定位这个天体，可以从3.8等的仙女座λ星（中文古名为"腾蛇十九"）出发，朝西北偏北方向移动3°。

必看天体 736	UGC 12613
所在星座	飞马座
赤经	23h29m
赤纬	14°45′
星等	12.6
视径	4.6′×2.8′
类型	不规则矮星系
别称	飞马矮星系（The Pegasus Dwarf）

这个被称为"飞马座矮星系"的天体就在"飞马座四边形"的下方一点儿的位置，虽然亮度不高，但实属值得一看的目标，因为它是"本星系群"中离我们最远的成员星系之一，与地球的距离为570万光年，比是"仙女座大星系"M 31与地球距离的2倍还多一些。

从飞马座α星出发，往东移动5.8°就可以找到它。在250mm左右口径的望远镜中，这个形状不规则的矮星系就像一团若隐若现的雾气，长度大约是宽度的2倍，除此之外，看不出更多的细节。

必看天体 737　塞德布拉德 211　亚当·布洛克 / 莱蒙山天空中心 / 亚利桑那大学

必看天体 737	塞德布拉德 211
所在星座	宝瓶座
赤经	23h44m
赤纬	−15°17′
视径	2′×1′
类型	发射星云

　　"塞德布拉德211"这个极为暗弱的云雾状天体将一颗变星（宝瓶座R星）包裹其中，即便是用600mm左右口径的望远镜，也不一定能看到它，我觉得有必要先声明这一点。

　　要想挑战看到它，氧Ⅲ滤镜是必需的，选配目镜时也应该确保放大率达到300倍以上。请尝试在宝瓶座R星的西南偏西方向和东北偏东方向寻找两个极小（长度仅10″）的带状延伸结构。此外，在宝瓶座星的亮度正处于其最小值前后的情况下，看到这块发射星云的难度或许略微低一点儿。

必看天体 738	宝瓶座 R 星
所在星座	宝瓶座
赤经	23h44m
赤纬	−15°17′
星等	6~12
周期	386.96 d
类型	变星

　　宝瓶座R星作为一颗变星，跟鲸鱼座o星（本书"必看天体822"）属于同一个亚类，它的亮度变化幅度有6个星等，变光周期略长于1年。当它的亮度达到峰值时，若夜空环境极佳，则有可能仅用肉眼直接看到它，因此它也是那些对变星感兴趣的天文爱好者不应错过的天体之一。另外，它亮度的最大值本身及最小值本身也都有超过1个星等的浮动范围。

必看天体 739	NGC 7741
所在星座	飞马座
赤经	23h44m
赤纬	26°05′
星等	11.3
视径	4′×2.7′
类型	棒旋星系

　　要想看出这个星系的细节，需要至少200mm口径的望远镜。使用这个级别的设备并配以100倍放大率可以看出它模糊的圆形轮廓及其表面的斑驳感。若配至的放大率超过250倍，则可以看出其内部贯穿有一个匀称的星棒结构，处于东—西方向上。而如果设备口径超过450mm，则还有望看到它的周围存在暗淡的旋臂。

　　在该星系外围光晕的北端有一对漂亮的恒星，它们是9.8等的GSC 2254:1685和11.9等的GSC 2254:1349，二者的角距大约为20″，其连线则正好指向星系的核心。

　　要找到这个星系，可以从2.0等的仙女座α星（中文古名为"壁宿二"）出发，朝西南偏西方向移动6.2°。

必看天体 740	NGC 7762
所在星座	仙王座
赤经	23h50m
赤纬	68°02′
星等	10.0
视径	15′
类型	疏散星团

　　要定位这个天体，可以从3.5等的仙王座ι星出发，往东北偏东方向移动6°多一点儿。观察它要集中注意力，因为如果配以中、高放大率，该星团则会呈现出一种"沉"入背景星场的态势。不妨从较低的放大率开始，然后逐步调高，由此在该星团的视径之内逐渐辨认出几十颗成员星，它们的亮度在11等或12等的水平。

必看天体 741	NGC 7788
所在星座	仙后座
赤经	23h57m
赤纬	61°24′
星等	9.4
视径	4′
类型	疏散星团

　　这个疏散星团跟另外两个疏散星团一起连成了一条线，它是这条线的西北端。在它的东南方17′处是这3个星团中最亮的NGC 7790（本书"必看天体743"），其亮度为8.5等。由NGC 7790出发继续朝东南移动20′就是9.7等的星团"伯克利58"。从2.3等的仙后座β星出发，朝西北方移动2.5°就可以找到这3个星团。

必看天体 742　NGC 7789　安东尼·阿伊奥马米蒂斯

必看天体 742	NGC 7789
所在星座	仙后座
赤经	23h57m
赤纬	56°44′
星等	6.7
视径	15′
类型	疏散星团
别称	螃蟹星团（The Crab Cluster）、赫舍尔的旋涡星团（Herschel's Spiral Cluster）、尖叫头骨（The Screaming Skull）

要定位这个名字有点儿恐怖的星团，只要在仙后座5.0等的σ星（中文古名为"螣蛇十一"）和6.0等的ρ星（中文古名为"螣蛇十二"）之间作一条连线，然后寻找到该线段的中点即可。它的成员星众多，即使只用100mm左右口径的望远镜也可以看到大约50颗且分布均匀的成员星；若用200mm左右口径的设备，可分辨的成员星数就能破百；更大口径的设备还能分辨出更多。

当视场中出现如此多颗亮度彼此相差不大的恒星时，人的大脑就倾向于启动一种机制，从中划定各种图形。部分观测者会看出一些星链，星链之间则是深暗的沟壑；我和另外一些人则觉得这些成员星组成了一个风车图案，或者说像一个从正面看的旋涡星系，它的4条"旋臂"都是由星团里的星星组成的，呈逆时针方向弯曲，清晰可见。1783年，英国天文学家卡罗琳·赫舍尔（威廉·赫舍尔的妹妹）发现了这个天体，它的外观特征使之得到了"赫舍尔的旋涡星团"这一别称。

该星团在获得NGC编号之前很久就被史密斯收入了1844年的《天体大巡礼》一书中，且是该书的收官天体。史密斯为它写道："这确实是个非常华丽的星团，无论是面积还是星数。它闪耀的星光组成了一个神似螃蟹的形状，在185倍的放大率下，其'蟹爪'已经触及视场的边界。一旦在视觉层面认可了这种形象，就可以说其'头部'在西北方，'尾部'在东南方，而'眼睛'则是一对彼此离得很近的星，估计其亮度在11～12等。该星团内部还有其他几处成对的星，特别是在靠近'尾部'的地方。这个'螃蟹'周围的星场也具有难以言说的壮丽，绵延范围是视场的数倍，它本身只是其中一个星点相对致密的斑块而已。"

《天文学》杂志的特约编辑奥米拉则认为这个星团像一个张着嘴的人类头骨。不过，比这更重要的是读者们的看法。

必看天体 743	NGC 7790
所在星座	仙后座
赤经	23h58m
赤纬	61°13′
星等	8.5
视径	17′
类型	疏散星团

从2.3等的仙后座β星出发，朝西北方移动2.5°即可定位到这个天体。这是一个疏散星团，而且即使只用双筒镜也可以观测到，但要想高效地分辨它的成员星，应使用至少100mm口径的望远

镜，那样可以轻松地在直径约15′的天区里看到几十颗属于它的恒星。虽然周围的背景恒星繁多，但这个星团很醒目。它附近还有另外两个疏散星团：一个是它西北方17′处的NGC 7788，亮度为9.4等；另一个是它东南方20′处的"伯克利58"，亮度为9.7等。

必看天体 744	NGC 7793
所在星座	玉夫座
赤经	23h58m
赤纬	−32°36′
星等	9.0
视径	9.3′×6.3′
类型	旋涡星系
别称	邦德星系（Bond's Galaxy）

假如这个星系不是处于玉夫座这个南半天球的星座之内，那么北半球的观星爱好者们应该对它更加熟悉。它不但明亮、相对巨大，而且以正面对着我们，表面亮度也相当高。

要定位这个星系，可以从4.6等的玉夫座δ星出发，朝东南偏南方向移动4.9°。它的光亮足以应付高放大率，因此可以把望远镜的放大率配到250倍以上。而且，只有超过这个倍数，才有可能看到它表面的一些略暗的线条，那是它拥有好几条宽阔旋臂的反映。

美国天文学家乔治·邦德在1850年发现了这个星系，当时他正在马萨诸塞州的剑桥市用一台100mm左右口径、焦比为8的折射望远镜搜寻彗星。

必看天体 745	仙后座 σ 星
所在星座	仙后座
赤经	23h59m
赤纬	55°45′
星等	5.0/7.1
角距	3″
类型	双星

仙后座σ星位于2.3等的仙后座β星南侧3.7°处。前者的两颗子星离得相当近，所以望远镜的放大率要配到150倍以上才能取得较好的分辨效果。对于它们的颜色，最主流的意见是二者均呈白色，但也有不少观测者认为它们呈蓝白色。

必看天体 746   NGC 7814   亚当·布洛克 /NOAO/AURA/NSF

必看天体 746	NGC 7814
所在星座	飞马座
赤经	0h03m
赤纬	16°09′
星等	10.6
视径	6′×2.5′
类型	旋涡星系
别称	科德威尔 43（Caldwell 43）

　　从2.8等的飞马座γ星（中文古名为"壁宿一"）出发，朝西北偏西方向移动2.6°即可找到这个漂亮的星系。在小口径的望远镜中，它的形状有点儿像橄榄球，不过两端更尖。其中心区的视径占整个天体的1/3。在许多天文摄影人士给它拍摄的照片中，都显示它有一条显著的尘埃带，但要想目视欣赏这个尘埃带，则需要特别大口径的望远镜：使用500mm左右口径并配以400倍以上放大率的望远镜可以看到两条细线贯穿该星系的长轴，它们的端点都不在该星系的核心区内。

必看天体 747	NGC 7822
所在星座	仙王座
赤经	0h03m
赤纬	68°37′
视径	65′×20′
类型	发射星云

　　用300mm左右口径的望远镜观察发射星云NGC 7822是个考验。从3.5等的仙王座ι星出发，朝东移动近7.5°即可找到它。虽然这块星云在摄影作品中呈现出巨大的视面，但这种景象对目视观测

来说是不可能的：即便按照我的建议加装了星云滤镜，它也只是像一片纤薄的云雾，视径数值大约是上述标注值的一半。欣赏过这块星云之后，不妨顺便去看看它东北侧仅5′处的另一块暗弱的星云"塞德布拉德214"。

必看天体 748	NGC 7840
所在星座	双鱼座
赤经	0h07m
赤纬	8°23′
星等	15.5
视径	0.4′
类型	椭圆星系
附注	NGC目录中的最后一个天体

要想目视观赏NGC 7840这个星系并非易事，但既然它是整个NGC目录里排在最后一个的天体，就值得努力挑战一下，以便"终结"这个宏大的目录。（NGC目录里的第一个天体也是如此，见下一段介绍）要定位NGC 7840，首先需要找到13.4等的旋涡星系NGC 3。请从4.0等的双鱼座ω星（中文古名为"霹雳五"）出发，朝东北方向移动2.4°来定位NGC 3，然后再从NGC 3出发朝着西北偏北方向移动5′，就可以找到NGC 7840——视径为0.4′、亮度为15.5等，这个NGC目录的收官星系很小、很暗。如果你的望远镜口径小于400mm，就不要试图找这个目标，从理论上讲，是不可能看见它的。

必看天体 749	NGC 1
所在星座	飞马座
赤经	0h07m
赤纬	27°43′
星等	13.6
视径	1.7′ × 1.2′
类型	旋涡星系

在极佳的夜空环境下，可以尝试使用口径不小于200mm的望远镜去寻找这个旋涡星系，它是NGC目录的开篇天体。我喜欢用望远镜对准它，然后请业余爱好者们来看，亲眼看过它的人相当少。它的位置属于飞马座的天区，但其实也很接近仙女座的边界。

从2等的仙女座α星出发，朝南移动1.4°就是这个星系的位置。如果望远镜的口径不到500mm，那么只要看到它就是胜利，不要期望辨认出任何的细节。无论如何，此时已经可以宣布"我看过在NGC目录里排在第一顺位的天体了！"

在拥有了这项成就之后，只要把目光向南移动不到2′就有望瞧见另一个旋涡星系，那就是NGC 2——其亮度为14.2等，视径为1′ × 0.6′，难度比NGC 1更大。

必看天体 750	NGC 40
所在星座	仙王座
赤经	0h13m

赤纬	72°32′
星等	12.4
视径	37″
类型	行星状星云
别称	蝴蝶结星云（The Bow-Tie Nebula）、科德威尔 2（Caldwell 2）

这个美丽的天体低调地躲在仙王座"国王"形象的"头部"附近，虽然12.4等的标称亮度看起来不太给力，但它实际的表面亮度并不低，适合各种口径的天文望远镜观赏。从代表"国王的头部"的3.2等星——仙王座γ星（中文古名为"少卫增八"）出发，朝东南偏南方向移动5.5°就可以找到它。

本书中介绍的不少天体是威廉·赫舍尔发现的，这处被称为"蝴蝶结"的行星状星云也是如此。威廉·赫舍尔在1787年11月25日发现了它。

星等的数值是观星爱好者了解一个天体到底有多亮的重要依据。不过，对那些并非点状的天体，也就是有视面的天体来说，其星等数值表示的是假定把它所有的光汇集成一个点（也就是假定成一颗恒星）之后会有多亮。以这里的"蝴蝶结星云"NGC 40为例，12.4等表示它所有的光在我们看来与一颗高度为12.4等的恒星相等。

所以，要想更准确地了解观看一个非点状天体的难度，应该把它的星等数值和它的表面亮度水平结合起来考虑。这里的表面亮度是以每平方角秒内的光所对应的星等数值来表示的。假定有一个星系的视径为6′，但总亮度与NGC 40一样，那么我们可以进行这样的比较：鉴于该星系的视面面积为NGC 40的100倍，所以它的表面亮度仅有NGC 40的1%。正是出于这种道理，NGC 40其实是个容易被看到的天体。

我一位已故的朋友，阿拉斯加州的业余天文学家杰夫·梅德凯夫（1968—2008年）曾研究出一种简单的算法，用来判断观察到一块星云或一个星系的难度：用其星等数值乘以其表面亮度数值会得到一个没有单位的纯粹数值，这个数值越大，则观赏难度越高。

使用100mm左右口径的设备可以看到该天体呈现为一个椭圆形的盘面，长轴长度和短轴长度之比约为4∶3。其中心恒星为11.6等，与周围的云气相比无疑是明亮的。若使用250mm左右口径的设备，则可以看出该天体的盘面东南部和西北部带有几个亮斑。观测时，如果大气视宁度足够好，就可以把放大率升到200倍，尝试欣赏该天体的壳层和中心恒星之间深暗的空腔。

我把这处行星状星云划分为最能令人惊奇的那类深空天体。我每次把它展示给其他观测者时总能引起大家的兴奋，从未冷场。

必看天体 751	NGC 45
所在星座	鲸鱼座
赤经	0h14m
赤纬	-23°10′
星等	10.7
视径	8.5′×5.9′
类型	旋涡星系

观察NGC 45的时候不会得到很直观的影像，因为两颗前景恒星会在视场里干扰我们的视线，其中9.9等的SAO 166133正好叠在这个星系的前方，而该星系的西南偏西方向不到5′处更是有一颗亮度达到6.5等的GSC 6413:626。

使用200mm左右口径的望远镜可以看到这个星系致密的核心。要想看到它的旋臂，则需要至少400mm口径的望远镜，而且即便如此，其旋臂也只是隐约可见。

从2.0等的鲸鱼座β星（中文古名为"土司空"）出发，朝西南移动8.5°即可定位这个星系。

必看天体 752	NGC 55
所在星座	玉夫座
赤经	0h15m
赤纬	-39°11′
星等	8.1
视径	30′×6.3′
类型	棒旋星系
别称	南雪茄星系（The Southern Cigar Galaxy）、科德威尔72（Caldwell 72）

从2.4等的凤凰座α星（中文古名为"火鸟六"）出发，往西北移动3.7°就可以找到NGC 55这个壮观的天体，即便是在最佳的观测环境降临时，它也值得我们流连一段时间。

该星系的核心明显偏向它自身的西部，若望远镜的放大率较低，则观察到的该星系就像一根两端逐渐变尖的雪茄，而在高倍条件下该星系会呈现为两个部分。使用余光瞥视法可以确切感觉到有一些不够明显的暗带把它的旋臂"切"了出来。

NGC 55属于适合用星云滤镜来提升观测效果的星系，这种星系在天空中为数不多。因为它足够大且足够亮，所以在氧Ⅲ滤镜削弱了组成它的恒星的光芒之后，它内部那些由离子化的氢构成的恒星形成区就会在视场中凸显出来。利用300mm左右口径的设备可以看到这类恒星形成区沿着该星系的旋臂分布。

如果你拥有特大口径的业余天文望远镜，则可以试着在这个星系的东端寻找一个亮度仅有15.3等的星系PGC 599897，其视径约为2′×1′。

必看天体 753　IC 10　亚当・布洛克 /NOAO/AURA/NSF

必看天体 753	IC 10
所在星座	仙后座
赤经	0h20m
赤纬	59°18′
星等	11.3
视径	7.3′×6.4′
类型	不规则星系

　　从2.3等的仙后座β星往东移动1.4°就可以找到属于"本星系群"成员星系的IC 10。它离我们只有200万光年，但不要因此认为它很明亮，它的大小倒是符合星系的规模。以前连专业的天文学家都不认为这个弥散的天体是个星系，这个观念直到1935年才被纠正过来。

　　使用300mm左右口径的望远镜观察它会看到它缺乏特定的形状；用更大口径的设备可以在它的盘面上辨认出不少恒星形成区。

十月

必看天体 754	NGC 103
所在星座	仙后座
赤经	0h25m
赤纬	61°19′
星等	9.8
视径	5′
类型	疏散星团

定位这个星团的最简单方法是先找到4.2等的仙后座κ星（中文古名为"王良二"），然后朝西南方向移动1.5°找到仙后座12号星后，再向南移动0.5°即可。

利用200mm左右口径的望远镜可以从该星团内分辨出30多颗成员星，它们的布局相当紧密。配以大约50倍的放大率可以欣赏该星团飘浮在一片美丽的背景星场中的样子。将望远镜的放大率升至约150倍后，可以辨认出由它的成员星组成的许多弧线和钩状线。部分观星爱好者会在这个星团的中心看出一个由成员星组成的希腊字母Ψ，但请注意：该星团并不是那个被称为"仙后座Ψ星团"的NGC 457（本书"必看天体789"）。

必看天体 755	NGC 104
所在星座	杜鹃座
赤经	0h24m
赤纬	-72°05′
星等	3.8
视径	50′

类型	球状星团
别称	杜鹃座 47（47 Tucanae）、科德威尔 106（Caldwell 106）

在天球上非常靠南的地方，"杜鹃座47"星团和"小麦哲伦云"组成了全天区最美的"天体配对"景观之一。而"杜鹃座47"作为一个球状星团也很大、很亮，而能在视径和亮度上都超过它的球状星团只有"半人马座ω"，也就是NGC 5139（本书"必看天体333"）。

法国天文学家拉卡伊在1751年发现了这处深空美景，并将其编入目录中。而在此之前，这个天体已经拥有编号，只不过是被作为一颗恒星来对待的：德国天文学家约翰·波德在为英国的弗拉姆斯蒂德所编的恒星目录进行针对天球南半部的扩展时，已经给它赋予了弗拉姆斯蒂德式的恒星编号，即星座名字加上按赤经排列的数字序号，结果这个星团就成了所谓的"杜鹃座47号星"。

如果仅凭肉眼观察，该星团像颗恒星，但略有"毛绒"感。使用76mm左右口径的望远镜就可以辨认出其中的单颗成员星，但要想欣赏星团内群星汇聚的美景，把整个星团除了最核心的区域之外全都分辨为成员星，还是要借助口径不低于200mm的设备。这个星团的核心区视径为2′，集合了数千颗无法分辨出来的成员星，所以显得特别明亮。在其中心点周围6′的范围内，可以看到很多条向外发散的星链。

大多数观测者认为这个NGC编号为104的球状星团是天空中最令人难忘的球状星团，理由之一是它的成员星所属的演化阶段。应该指出，如果通过特定的望远镜观察一个球状星团，能够看到它的成员星群体中属于"水平分支"的那些星，那么就可以很好地分辨该星团的成员星。而如果一个球状星团中的成员星的年龄都差不多，则它目前的成员星亮度分布函数会在一个特定的星等数值上有一个大峰值，也就是说，有很大一部分成员星的星等相当一致。拥有这个特定的星等数值的成员星就是"水平分支"里的星[1]。从恒星生命周期的角度来说，这些星目前处于红巨星阶段之后的一个阶段。鉴于NGC 104的"水平分支"对应于13等星，并不算暗，所以，成功地分辨这个星团并非难事。

必看天体 756	NGC 129
所在星座	仙后座
赤经	0h30m
赤纬	60°13′
星等	6.5
视径	12′
类型	疏散星团

这个天体也是那种若在极佳的观星环境下可以仅凭肉眼就能看到的。若在2.5等的仙后座γ星（中文古名为"策"）和2.3等的仙后座β星之间作一条连线，则其中点就是这个星团的位置。

通过200mm左右口径的望远镜可以看到它的成员星很多，此时能分辨的就有二三十颗，它们在视径内分布均匀。若改用300mm左右口径的设备，则可辨认的成员星数量会达到50颗。

---

1. 译者注："水平分支"在球状星团的赫罗图中体现为一条粗略的水平线。

必看天体 757	NGC 133
所在星座	仙后座
赤经	0h31m
赤纬	63°22′
星等	9.4
视径	3′
类型	疏散星团

　　NGC 133和另外两个疏散星团NGC 146和King 14组成了一个漂亮的三角形，这处"疏散星团三重奏"位于4.2等的仙后座κ星附近，该星就在仙后座著名的"字母W"形状的上方一点儿。NGC 133的4颗亮度相近的恒星组成了一个钩形，King 14则十分稀松，而NGC 146的视径为5′，亮度为9.1等。

必看天体 758	NGC 134
所在星座	玉夫座
赤经	0h30.4m
赤纬	-33°15′
星等	10.4
视径	8.5′ × 1.9′
类型	棒旋星系

　　从4.9等的玉夫座η星出发，朝东南偏东方向移动0.5°即可找到这个富有魅力的星系。使用200mm左右口径的望远镜观察可以看到它小而明亮的核心，其外围的光晕则是椭圆形的，边缘模糊。若使用更大口径的设备，则可以分辨出其边缘模糊处是紧紧围绕中心区的旋臂，但断断续续，并且中间夹杂有暗区。

　　还可以顺便去这个星系的西侧9′处寻找一个13.0等的旋涡星系NGC 131，后者比NGC 134要小，但长轴所在的方向与之一致。

必看天体 759　NGC 147 安东尼·阿伊奥马米蒂斯

必看天体 759	NGC 147
所在星座	仙后座
赤经	0h33m
赤纬	48°30′
星等	9.5
视径	15′×9.4′
类型	椭圆星系
别称	科德威尔17（Caldwell 17）

这个星系是"仙女座大星系"M 31（本书"必看天体767"）的一个伴系，因此也属于"本星系群"的成员。从4.5等的仙后座o星（中文古名为"阁道六"）出发，朝西移动1.9°就可以定位到它。

观赏它有一定难度，需要认真寻找。它属于矮椭圆星系，没有很多的细部结构，我们只能看到它呈现为一个比夜空背景稍亮一点儿的椭圆形光晕。有人说这个星系从边缘到中心有非常缓慢的增亮趋势，有人则认为不存在这一趋势。我期待更多的看法。

在该星系东边不到1°处就是9.2等的NGC 185。它的视面尺寸为11.7′×10′，比NGC 147稍小，所以表面亮度比NGC 147稍高，值得一看。通过300mm左右口径的望远镜可以看到它有一个明亮的核心，其视径占整体的2/3，外围也有个椭圆形的光晕。

必看天体 760	NGC 150
所在星座	玉夫座
赤经	0h34m
赤纬	−27°48′
星等	11.3
视径	3.4′×1.6′
类型	棒旋星系

要定位这个星系，可以从4.3等的玉夫座α星（中文古名为"近土司空南"）出发，朝西北偏西方向移动5.5°。它有一个致密且明亮的核心，通过250mm左右口径并配以150倍放大率的望远镜可以看到这个核心及它周围的环状结构。在其外围环和核心区之间存在一个暗区。

若使用400mm左右口径并配以不低于300倍放大率的望远镜，就能看出这个环状结构其实是两条巨大的、弯曲的旋臂。而若想从它的核心区两端看出它短促的星棒结构，那就必须借助业余天文望远镜中的顶级口径设备。

必看天体 761   NGC 157   艾利卡·辛普森、丹·辛普森 / 亚当·布洛克 /NOAO/AURA/NSF

必看天体 761	NGC 157
所在星座	鲸鱼座
赤经	0h35m
赤纬	-8°24'
星等	10.4
视径	4'×2.4'
类型	旋涡星系

　　我推测大家会很乐意欣赏这个星系。从3.5等的鲸鱼座ι星（中文古名为"天仓一"）出发，朝东移动3.5°就可以找到它。在小口径的望远镜中，它呈现的轮廓几乎是矩形的，表面亮度均匀，外围有很暗弱的光晕。但若使用350mm左右口径或更大口径的设备，就可以看出它的旋臂及旋臂内部的一些团块状的恒星形成区，其中最亮的一些恒星形成区位于它中心的南侧和西北侧。

必看天体 762　　NGC 188　　安东尼·阿伊奥马米蒂斯

必看天体 762	NGC 188
所在星座	仙王座
赤经	0h44m
赤纬	85° 20′
星等	8.1
视径	13′
类型	疏散星团
别称	科德威尔 1（Caldwell 1）

　　NGC 188是最接近北天极的深空天体目标之一，也是科德威尔深空天体列表的109个目标中的第1号。这份列表的编制者是帕特里克·摩尔爵士，鉴于"摩尔"的开头字母是M，跟梅西尔深空天体目录的前缀重复，所以摩尔爵士选择了自己名字的中段"科德威尔"来作为这份列表的编号前缀，简写为C。

　　NGC 188距离北极星大约只有4°。使用200mm左右口径并配以100倍放大率的望远镜可以从中辨认出大约50颗成员星，亮度为13等或更暗。若在上好的夜空环境中，使用300mm左右口径的设备则能识别出约100颗成员星。这些星星的亮度彼此相差不大，所以人眼（确切说是人脑）很容易将其归纳为多种图案。我通常会从中归纳出一些曲线、钩形或者是字母形状。每当凝视这个星团时，都会强烈感受到贯穿它的数条暗带，这又进一步增加了它的魅力。

必看天体 763	NGC 189
所在星座	仙后座
赤经	0h40m
赤纬	61°05′
星等	8.8
视径	5′
类型	疏散星团

这个疏散星团就在另一个漂亮的疏散星团NGC 225（本书"必看天体768"）的西南边一点儿。这两个星团都离仙后座γ星很近——也就是仙后座"字母W"图形中最中间的那颗星。有些观星爱好者认为NGC 189这个星团的形状像个被一条线贯穿了的"字母U"。

必看天体 764　NGC 205　亚当·布洛克/NOAO/AURA/NSF

必看天体 764	NGC 205
所在星座	仙女座
赤经	0h40m
赤纬	41°41′
星等	8.1
视径	19.5′×12.5′
类型	椭圆星系

NGC 205的亮度足够高，很容易定位。先找到M 31（本书"必看天体767"），然后朝西北方向移动0.6°就可以找到它。它的亮度跟M 32差不多，M 32是M 31的伴系，也很容易被看到。不

过，NGC 205的视径大约是M 32的3倍，而且即使是用很大口径的业余天文望远镜也观测不出太多细节。

必看天体 765	NGC 210
所在星座	鲸鱼座
赤经	0h41m
赤纬	−13°52′
星等	10.9
视径	5′ × 3.3′
类型	旋涡星系

这个天体乍看上去是个椭圆星系，但这不过是因为它的旋臂过于暗弱而已。其中心区平展且呈椭圆形，表面亮度均匀。在它核心的西北偏西方向略多于1′处有一颗12.4等的恒星。要定位这个星系，可以从2.0等的鲸鱼座β星出发，朝北移动4.2°。

必看天体 766　M 32　亚当·布洛克 /NOAO/AURA/NSF

必看天体 766	M 32（NGC 221）
所在星座	仙女座
赤经	0h43m
赤纬	40°52′
星等	8.1
视径	11′ × 7.3′
类型	椭圆星系

这个星系就在M 31（下一个天体）的中心往南0.4°处，它是个没有太多细节的椭圆形光斑，

所以不必在这里花费太多时间。

必看天体 767 M 31 亚当·布洛克 /NOAO/AURA/NSF

必看天体 767	M 31（NGC 224）
所在星座	仙女座
赤经	0h43m
赤纬	41°16′
星等	3.4
视径	185′×75′
类型	旋涡星系
别称	仙女座大星系（The Andromeda Galaxy）

　　仙女座天区内有着全天区视径最大的星系，该星系也以仙女座为名，并且声名远播。这个星系是一个离银河系很近的巨大的旋涡星系，处于"本星系群"离我们较远的一侧。

　　早在公元964年，就有观测者在记述它时指出它并非恒星状的光点：波斯的天文学家阿卜杜勒-拉赫曼·苏菲在《恒星之书》中称它为"一朵小云"。

　　第一个用望远镜研究这个天体的人是德国天文学家马利厄斯，他当时的记述是这样的："它像我们通过号角筒看到的一支烛光，也像由3条光线组成的一朵光云，其中心区更亮，但整体暗弱、发白，形状不规则。"

梅西尔于1764年8月3日将这个天体编入目录，编号为M 31，他写道："这块美丽的星云的形状像个纺锤，犹如仙女的腰带扣，也像两个发光的圆锥或角锥通过各自的底面接合在一起。"

1888年，英国的天文学家罗伯茨（1829—1904年）成为第一个给M 31照相的人，照片呈现出了这个星系的旋臂结构。美国天文学家斯利弗则率先测定了这个星系的"视向速度"（即在我们看它的视线方向上以何种速度接近或远离我们），结果发现该速度的幅度远远超过了已知的任何天体，这一结论最终帮助我们认识到：这个天体位于银河系之外很远的地方。1923年，埃德温·哈勃对M 31中的一些造父型变星做了测量，结果证实了这个星系确实是银河系外的另一个星系。[1]

观星爱好者欣赏M 31的常用方式有两种。第一种方式是把放大率配低，从整体上观看M 31的核心、尘埃带还有它的两个伴系，即M 32和NGC 205。习惯用这种方式的人可以尝试在夜空环境极佳时使用20×80（或参数相近）的双筒镜，尽可能地把它的长径看全，它的完整长径达到3°，是满月视径的6倍。

第二种方式是放弃低倍目镜配置，改用很高的放大率，通过大口径的望远镜来观察M 31的各个局部。采用这种方式的观测者应该使用物镜口径不低于250mm的设备，所配放大率则应该不低于300倍。此时可以观察M 31的旋臂及其所含的一些亮斑，那里都是恒星形成区。

必看天体 768	NGC 225
所在星座	仙后座
赤经	0h44m
赤纬	61°46′
星等	7.0
视径	15′
类型	疏散星团
别称	帆船星团（The Sailboat Cluster）

从仙后座"字母W"图形的中间星，也就是2.5等的仙后座γ星出发，朝西北移动不到2°即可定位到这个编号为NGC 225的星团。它的成员星又分为两个小团，二者的亮度稍有差异。

2000年5月的《天文学》杂志刊登了美国业余天文学家罗德·波米尔的一篇文章，在这篇文章中，这个星团被称为"帆船星团"。波米尔觉得，该星团中的4颗星组成的弧线很像被风吹得鼓胀起来的船帆，另外还有3颗星组成了一条笔直的"桅杆"，支撑着"船帆"。这里"桅杆"还连接在"船身"上，那是由8颗星组成的一个扁椭圆形。随着地球的自转，这艘宇宙中的"帆船"仿佛也在天幕上缓缓漂走。波米尔建议使用电动跟踪望远镜的观测者在观赏该星团时把跟踪功能关掉，这样可以在视场中获得"星之船慢慢飘过星之海"的审美体验。

---

1. 译者注：关于造父型变星测距法可参看本书"必看天体 706"。

必看天体 769　　NGC 246　　杰夫·克莱默 / 亚当·布洛克 /NOAO/AURA/NSF

必看天体 769	NGC 246
所在星座	鲸鱼座
赤经	0h47m
赤纬	−11°53′
星等	10.9
视径	225″
类型	行星状星云
别称	科德威尔 56（Caldwell 56）

　　定位NGC 246最简单的方法就是先找到两颗恒星，即4.8等的鲸鱼座φ^1星（中文古名为"天溷四"）和5.2等的鲸鱼座φ^2星，它们分别位于NGC 246的西北偏北方向1.5°处和东北偏北方向1.5°处，正好与NGC 246构成一个等边三角形。

　　在夜空环境很好时，使用150mm左右口径的望远镜就可以看到它宽大的盘面，其内还分布着几颗恒星，其中最醒目的就是它的中心恒星。若使用300mm左右口径的设备，就可以看出它相对空洞的中心区及东北侧一段亮而细的边缘。若加装像"氧Ⅲ"滤镜这样的窄带星云滤镜，将有助于观察该天体内部的不均匀结构。从该天体出发，朝东北偏北方向偏移0.4°处还有一个11.8等的旋涡星系NGC 255。

必看天体 770	NGC 247
所在星座	鲸鱼座
赤经	0h47m
赤纬	−20°46′
星等	9.2
视径	19′×5.5′
类型	旋涡星系
别称	科德威尔 62（Caldwell 62）

　　这个星系的视径比较大，所以其表面亮度显得不足，需要在极佳的夜空环境中才能被看得到。它位于鲸鱼座β星的东南偏南方向2.9°处。

　　它是"玉夫座星系群"的代表性成员星系之一，该星系群共有20多个成员，其中与我们最近的成员距离我们是"本星系群"中最远成员的2倍，而最远的成员要比最近的成员再远0.5倍。它本身离我们大约有1300万光年。

　　通过250mm左右口径的望远镜，该星系会呈现一个紧致的圆形核心，其外围由椭圆形的云雾状光芒紧紧包裹。整个星系的长轴在南—北方向上，其南端收缩至尖处有一颗8.1等的恒星GSC 5849:2326，其北端则比较圆润。

必看天体 771　NGC 253　道格·马修斯 / 亚当·布洛克 /NOAO/AURA/NSF

必看天体 771	NGC 253
所在星座	玉夫座
赤经	0h48m
赤纬	−25°17′
星等	7.6
视径	30′×6.9′
类型	旋涡星系
别称	银币星系（The Silver Coin Galaxy）、玉夫星系（The Sculptor Galaxy）、科德威尔 65（Caldwell 65）

　　"银币星系"有实力在每位深空天体观赏者的"最爱星系榜单"里都排进前10名，它之所以名气不大，是因为它的赤纬太靠南，在北半球仅能在南天低空看见。同样由于这个原因，梅西尔也没能将其加入自己的目录中。

　　英国天文学家卡罗琳·赫舍尔于1783年9月23日发现了这个天体，她的哥哥威廉·赫舍尔则于当年10月30日将该天体编入了自己的目录中。

　　"银币星系"这个别称源于它在小口径望远镜里的样子。其实，如果身处南半球又恰好夜空环境极佳，那么只用肉眼也可能察觉到它的存在。在北半球，要想尝试这一"壮举"，建议选择10月上旬前半夜的时间，届时它在南方天空中的高度角相对最高，当然，也离不开完全没有光害的绝佳夜空。

这个星系是"玉夫座星系群"的一员，该星系群是我们的银河系所在的"本星系群"之外最近的一个类似群体，其成员还包括NGC 55、NGC 247和NGC 300。

使用200mm左右口径或更大口径的望远镜可以看出这个星系表面的斑驳感。其核心区的边缘明显，不过亮度也只是略微高出外围区域一点儿而已。有一些不发光的尘埃带从星系中心向外延伸而出。如果使用300mm左右口径的设备，则还可以分辨出这个星系的两条旋臂，它们分别伸向东北方和西南方。

必看天体 772	仙后座 η 星
所在星座	仙后座
赤经	0h49m
赤纬	57°49′
星等	3.4/7.5
角距	12.9″
类型	双星
别称	王良三（Achird）

这处富于色彩的双星位于2.2等的仙后座α星的东北边1.7°处。只凭低倍目镜就足以分辨出其主星的黄色和伴星带有红色的光芒。若将放大率配至100倍以上，则两子星之间的亮度差会更为显著，主星的颜色更像白色，伴星的颜色更像黄色。

该星的英文别称"Achird"是20世纪才加上的。理查德·艾伦在1899年出版的《星星的名字及其含义》中曾经提到这处美丽的双星，但并没说它有什么别称。

必看天体 773	双鱼座 65 号星
所在星座	双鱼座
赤经	0h50m
赤纬	27°43′
星等	6.3/6.3
角距	4.6″
类型	双星

这处双星的角距较小，应使用100倍以上放大率的望远镜来分辨。其两颗子星亮度相同，颜色也都是黄色。要定位这处双星，可以从3.3等的仙女座δ星（中文古名为"奎宿五"）出发，往东南移动3.9°。

必看天体 774   NGC 281   安东尼·阿伊奥马米蒂斯

必看天体 774	NGC 281
所在星座	仙后座
赤经	0h53m
赤纬	56°37′
视径	35′ × 30′
类型	发射星云
别称	吃豆人星云（The Pacman Nebula）

　　这是一块美丽的发射星云，它位于2.2等的仙后座α星的东侧1.7°处。或者说，在3.5等的仙后座

η星（中文古名为"王良三"）的东南偏南方向仅1.3°处。天文摄影者们注意到，它在照片中的样子很像驰名世界的电子游戏《吃豆人》里的主角。

使用加装了星云滤镜的300mm左右口径的望远镜即可尝试辨认那个把该星云分为亮区和暗区的尘埃带。在其亮区，一颗7.4等的恒星HD 5005以自己的光芒穿透了星云物质，仿佛是"吃豆人"的眼睛。该恒星属于高温的年轻恒星，它与疏散星团IC 1590的成员星一起发出大量的紫外波段辐射，这些辐射是"吃豆人星云"里的物质离子化的主要原因。

必看天体 775　NGC 288　帕特・李、克里斯・李 / 亚当・布洛克 /NOAO/AURA/NSF

必看天体 775	NGC 288
所在星座	玉夫座
赤经	0h53m
赤纬	-26°35′
星等	8.1
视径	13.8′
类型	球状星团

NGC 288这个外观不错的球状星团位于4.3等的玉夫座α星的西北偏北方向3°处。在极佳的夜空环境下，用双筒镜就可以轻松地看到它，而且还会有它西北侧仅1.8°处的"玉夫星系"（本书"必看天体771"）跟它"同框"。

NGC 288有着宽阔的中心区，但成员星的聚集程度很低，这是它的一个特点。当然，有赖于这一点，我们可以用200mm以上口径的望远镜分辨出它的很多成员星，例如放大率在200倍以上时可以分辨出超过100颗成员星。跟其他一些成员星彼此亮度相差不大的星团一样，该星团的成员星也特别适合被用来品味图形组合之趣。

必看天体 776	小麦哲伦云
所在星座	杜鹃座
赤经	0h54m
赤纬	-72°50′
星等	2.7
视径	320′×185′
类型	不规则星系
俗称	小麦云（SMC）、小星云（Nubecula Minor）

它是天球上视面第二大的星系，但名字里却带有"小"字，这只能怪它有个更大的"搭档"——大麦哲伦云（LMC）（本书"必看天体944"）。

历史学者通常会说，是葡萄牙的航海家麦哲伦发现了天球南半球的这两大块云雾状天体，但实情并非如此，因为居住在南半球的先民们在很早以前就看见过它们无数次了。麦哲伦只不过是让欧洲人知道了这两个天体的存在，结果还因此"冠名"了它们。

仅用肉眼观看小麦哲伦云时，会看到它的长宽比约为3∶2，长轴在东北—西南方向上。它的视面中，最亮的区域除了中心区之外，还有它东北端的一个宽为1°的区域。

在用裸眼和双筒镜分别欣赏过这个奇特而美妙的天体之后，一定别忘了用单筒望远镜来欣赏它，而且设备口径越大越好。在它的视面之内，包含着不下20个亮度高于12.6等且有NGC编号的天体。

哈佛大学的天文学家亨丽爱塔·勒维特率先注意到小麦哲伦云内部有某些与造父型变星相关的东西。她也是造父型变星的"变光周期"与"实际发光能力"之间直接对应关系的发现者，这种关系就是著名的"周光关系"。如今的天文学家经常利用这类变星作为"标准烛光"来测算遥远的星系与我们之间的距离。

必看天体 777	NGC 300
所在星座	玉夫座
赤经	0h55m
赤纬	-37°41′
星等	8.1
视径	20′×13′
类型	旋涡星系
别称	南风车星系（The Southern Pinwheel Galaxy）、科德威尔 70（Caldwell 70）

NGC 300这个位于天球南半部的玉夫座天区内的星系或许是天空中最"标准"、最典型的旋涡星系了。它和"银币星系"（本书"必看天体771"）一起，给玉夫座这个连最亮恒星都只有4.3等的星座引来了不少关注的目光。

通过200mm左右口径的望远镜看NGC 300一眼，你就能明白为什么它会得到"南风车星系"的别称——它和北天的"风车星系"M 33（本书"必看天体799"）有一种不可思议的相似性。它的表面亮度不高，中心区比较致密，视径约占整体的1/3，其星系核很小，看上去几乎跟一颗恒星没有差别。

若使用300mm左右或更大口径的设备，则可以仔细观察它的两条主要旋臂，在其中辨识出一些暗带和亮斑，这些亮斑是恒星形成区的标识。此外，还有一些前景恒星重叠在这个星系的视面上，让这处宇宙风景显得更加完美。

必看天体 778	NGC 346
所在星座	杜鹃座
赤经	0h59m
赤纬	-72°11′
星等	10.3
视径	5.2′
类型	疏散星团

这个星团位于"小麦哲伦云"的视面之内，在后者中心偏东北一点儿的位置。该星团的整体轮廓呈楔形，成员星分布松垮，对周围的星云物质起着离子化的作用。只用小口径的双筒镜就可以看到它和它周围的星云。若使用200mm左右口径的望远镜观察，会觉得它附近的星云外貌很像一个棒旋星系：其"星棒结构"长度为4′，走向为东—西方向，"星系"的东端还伸出一条细且亮的"旋臂"盘绕在"星系"的南侧，但北侧的"旋臂"则弥散得多。

必看天体 779	玉夫座矮星系
所在星座	玉夫座
赤经	1h00m
赤纬	-33°42′
星等	8.8
视径	66′×48′
类型	矮椭球星系

要定位这个星系，可以从5.5等的玉夫座σ星出发，朝西南偏南方向移动2.3°。不过，即便对准了它的所在区域，也可能无法立刻看到它，毕竟这个视面超过满月4倍的星系有着低得出奇的表面亮度。有些眼力绝佳的观测者声称只用150mm左右口径的望远镜就看到了它，但我们最好使用300mm左右口径的设备，将放大率配至尽量低，同时还需要极佳的夜空环境。如果满足这些条件，请缓慢地扫视它所在的天区，若能感觉到背景天光似乎有一点儿增亮，那大概就是它了。

这个星系也是人类发现的第一个矮椭球星系。1937年，美国天文学家沙普利通过一块照相底版发现了它。请注意区别"矮椭球星系"和"矮椭圆星系"，二者的主要差异在于前者的表面亮度更低。

必看天体 780	NGC 362
所在星座	杜鹃座
赤经	1h03m
赤纬	-70°51′
星等	6.5
视径	12.9′
类型	球状星团
别称	科德威尔 104（Caldwell 104）

最好在南半球观赏这个明亮的球状星团。它位于小麦哲伦云视面的北部边缘，但只是正好重叠在那里，跟后者没有直接的物理联系。它与我们的距离只有小麦哲伦云与我们的距离的1/7。

眼力较好的观测者可能直接用肉眼就能看到它，彼时它看起来像一颗略呈非点状的暗星。而若用200mm左右口径的望远镜，则可以让它的许多细节涌现出来，不过它的核心区此时还是无法显现细节。要想进一步分辨其星系核内的恒星，还需要更大口径与更高放大率的望远镜。

必看天体 781	IC 1613
所在星座	鲸鱼座
赤经	1h05m
赤纬	2°07′
星等	9.2
视径	18.8′ × 17.3′
类型	不规则星系
别称	科德威尔 51（Caldwell 51）

这是我们巨大的"本星系群"的成员之一，它位于鲸鱼座天区的边缘，靠近双鱼座，以6.1等的双星——鲸鱼座26号星为出发点，朝东北偏北方向移动0.8°就可以找到它。

虽然有人报告说自己仅用200mm左右（甚至更小）口径的望远镜就看到了这个星系，但我建议要使用口径不小于300mm的设备来提高观赏它的成功率，毕竟它只是个表面亮度暗弱且均匀的模糊圆斑。另外，不要忘记它的视径达到了满月的一半，所以使用特大口径（例如500mm以上口径）的业余天文望远镜并配以高放大率，就能够揭示这个星系的又一副新面貌，例如它的核心区不再只是一个绵柔的光斑，而是会呈现出数十颗亮度为17等的恒星。

必看天体 782	双鱼座 ψ^1 星
所在星座	双鱼座
赤经	1h06m
赤纬	21°28′
星等	5.6/5.8
角距	30″
类型	双星

用各种口径的天文望远镜都可以分辨这处双星，其两子星都呈浅蓝色，或者说都呈蓝白色。它在拜尔命名法中被编为ψ^1（中文古名为"奎宿十六"），而ψ^2则在它的东南方0.9°处。虽然两者的亮度相仿，但相信读者可以正确区分它们。

必看天体 783	NGC 381
所在星座	仙后座
赤经	1h08m
赤纬	61°35′
星等	9.3
视径	7′
类型	疏散星团

从2.5等的仙后座γ星出发，往东北偏东方向移动1.7°就可以找到这个星团。在配以低放大率的100mm左右口径的望远镜中，它的成员星几乎与周围灿烂的背景星场混合成了一片；不过若把放大率配到150倍，就足以从中辨认出30多颗分布均匀的成员星。

必看天体 784　NGC 404　安东尼·阿伊奥马米蒂斯

必看天体 784	NGC 404
所在星座	仙女座
赤经	1h09m
赤纬	35°43′
星等	10.3
视径	6.1′×6.1′
类型	椭圆星系
别称	仙女座β星之魂（Mirach's Ghost）、遗珠星系（The Lost Pearl Galaxy）

因为名字涉及"魂"，所以在晴朗的万圣节之夜欣赏这个星系倒是十分合适[1]。鉴于这个10.3等的椭圆星系离仙女座β星（中文古名为"奎宿九"）这颗2等的亮星只有6.8′，所以业余的天文学家们通常叫它"仙女座β星之魂"。可想而知，在这么亮的恒星的近旁，观察一个暗至10等的深空天体还是颇有难度的。

而《天文学》杂志的特约编辑奥米拉赐给这个星系"遗珠"之称，是因为有些星图根本没把它画上去，其原因在于：为表示仙女座β星的亮度，须采用较大的圆点符号，而这种符号已经大到能把这个星系的位置盖住。奥米拉对此写道："它就像一颗脱了线的珍珠，静静地滚过了整艘船

1. 译者注：万圣节是西方的"鬼怪文化节"，通常最受民众欢迎的是其前夜，即10月31日晚上。

的甲板，直到撞响了船上的铜钟。"

该星系离我们大约有3000万光年，在星系分类体系中属于S0类，意思是它有一个像旋涡星系那样的盘面，但没有旋臂。观赏时，可以把望远镜的放大率配高，以便增强它和旁边仙女座β星之间的对比。可以看到，它呈现出一个圆形的明亮盘面，其中，中心区更为致密。由于它没有更多的细节可看，所以我们不必为仙女座β星的光芒干扰而感到苦恼。

必看天体785	NGC 428
所在星座	鲸鱼座
赤经	1h13m
赤纬	0°59′
星等	11.5
视径	4.6′×3.4′
类型	旋涡星系

从6.0等的鲸鱼座33号星出发，朝东南偏南方向移动1.6°就可以在与双鱼座天区的交界处找到这个星系。它有着一个还算紧致的椭圆形盘面，外围则是模糊的云雾状光芒。若使用350mm左右口径或更大口径的望远镜，则可以尝试识别它暗达16.2等的伴系UGC 772，后者在前者的东南方13′处。

必看天体786	双鱼座ζ星
所在星座	双鱼座
赤经	1h14m
赤纬	7°35′
星等	5.6/6.5
角距	23″
类型	双星

这处双星的两颗子星颜色不同，但必须仔细观察才看得出来。大部分看过它的人表示其主星呈淡黄色或者黄白色，而伴星呈纯白色。好在这两颗子星的角距足够大，在望远镜中分辨它们几乎没有难度。

必看天体787	杜鹃座κ星
所在星座	杜鹃座
赤经	1h16m
赤纬	-68°53′
星等	5.1/7.3
角距	5.4″
类型	双星

这处漂亮的双星对北半球大部分地区的观测者来说是"深埋"在地平线之下的。其主星呈黄白色，伴星呈黄色，但也有部分观测者认为这颗暗一些的伴星就是白色的。从"小麦哲伦云"出发，朝东北偏北方向移动4.4°就可以找到这处双星。

必看天体 788	NGC 436
所在星座	仙后座
赤经	1h16m
赤纬	58°49′
星等	8.8
视径	5′
类型	疏散星团

从2.7等的仙后座δ星（中文古名为"阁道三"）出发，朝西南移动1.9°就可以定位NGC 436这个星团。不过，如果能先找到"夜枭星团"也就是NGC 457（下一个"必看天体"），那么只要往西北方移动0.7°就可以更容易地定位到NGC 436了。

NGC 436的成员星分布相当疏松，且亮度明显分为两个档次，其中较亮的一些组成了字母V形，其尖端大致指向东方。

必看天体 789　NGC 457　安东尼·阿伊奥马米蒂斯

必看天体 789	NGC 457
所在星座	仙后座
赤经	1h19m
赤纬	58°20′
星等	6.4
视径	13′
类型	疏散星团
别称	夜枭星团（The Owl Cluster）、ET 星团（The ET Cluster）、仙后座 ψ 星团（The Psi Cassiopeiae Cluster）、科德威尔 13（Caldwell 13）

在仙后座那群星云密布的天区里，有两只"枭"在默默"飞翔"，一只是本书"必看天体186" M 97，另一只就是这里要介绍的NGC 457。"仙后座φ星"是这个星团的别称之一，但它在真实的宇宙空间里并不属于这个星团。

威廉·赫舍尔于1787年发现了该星团，而梅西尔却漏过了它，要知道梅西尔深空天体目录里另外两个位于仙后座的天体M 52和M 103的亮度分别为6.9等和7.4等，都不如这个星团亮。

1977年，《天文学》杂志的编辑戴维·J.艾彻（即本书序言作者）看到这个星团的整体外观和其中的两颗最亮的星组合起来很像猫头鹰，于是就给它起了"夜枭星团"的别称，这个称呼沿用至今。5年之后，环球影业公司的电影《ET外星人》上映，有的观星爱好者又觉得这个星团跟影片中的那个外星人的长相颇为相似，所以该星团又多了一个别称"ET星团"。

该星团内亮于12等的成员星有25颗，其中最亮的有8.6等。使用150mm左右口径并配以50倍放大率的望远镜观察它可以识别出70多颗的成员星。整个星团的背后则是由银河中不计其数、难以分辨的遥远恒星组成的一片均匀的背景光。

必看天体 790	NGC 488
所在星座	双鱼座
赤经	1h22m
赤纬	5°15′
星等	10.3
视径	5.5′ × 4′
类型	旋涡星系

从4.8等的双鱼座μ星（中文古名为"外屏四"）出发，往西南偏西方向移动2.3°就可以定位到这个还算明亮的星系。这是一个旋涡星系，核心区很大，外围光晕亮度充足，整体的长轴在南—北方向。还可以观测一下，它的南半部叠加着4颗亮度在10～11等的星，这4颗星呈等距分布。

必看天体 791   NGC 520   杰夫·牛顿／亚当·布洛克／NOAO/AURA/NSF

必看天体 791	NGC 520
所在星座	双鱼座
赤经	1h25m
赤纬	3°48′
星等	11.4
视径	4.6′×1.9′
类型	旋涡星系

　　这是一个颇为奇特的观测目标：虽然天文学家把它作为单个天体并赋予了编号NGC 520，但它其实是两个正在相互影响的星系。即便只用小口径的设备，也能看出来它的外观有些古怪。

　　若使用150mm左右口径的望远镜，配以低倍观察，则会觉得它像一个以侧面对着我们的旋涡星系。不过，把放大率升到150倍后，就立刻会看出它的西北边缘过于"锋利"。使用更大口径的设备则可以清楚看到有一条暗带把这两个星系分隔开来。

必看天体 792	NGC 524
所在星座	双鱼座
赤经	1h25m
赤纬	9°32′
星等	10.4
视径	2.8′
类型	旋涡星系

　　NGC 524位于一群星系之中。从5.2等的双鱼座ζ星（中文古名为"外屏三"）出发，朝东北方向移动3.4°就可以找到它。在以它为中心的1°范围内，还可以看到另外几个旋涡星系，它们分别是12.6等的NGC 489、12.7等的NGC 502和13.1等的NGC 532。这几个星系的亮度虽然不及这里的主角NGC 524，但是外观比它更像标准的旋涡星系，这主要是因为NGC 524几乎完全以正面对着我们，同时又几乎不显现什么细节。无论望远镜的口径如何，都只能看出NGC 524明亮的中心区和其外围一个亮度很低的光晕区。

必看天体 793	NGC 559
所在星座	仙后座
赤经	1h30m
赤纬	63°19′
星等	9.5
视径	7′
类型	疏散星团
别称	科德威尔 8（Caldwell 8）

　　要定位这个星团，可以从3.4等的仙后座ε星（中文古名为"阁道二"）出发，朝西移动2.8°。虽然它的亮度数值并不出众，但其实各种口径的望远镜都可以充分展现它的风采。在夜空环境深暗的观测地点，即使只用100mm左右口径的望远镜也可以从中分辨出30多颗成员星，其中大部分成员星的亮度在12等左右，它们组成了一个大致呈三角形的星团核心区。若使用300mm左右口径

的设备，则可辨认的成员星会超过60颗，其中很多星特别暗，用小口径设备观察它们会被误认为是"背景星"的级别。

必看天体 794 NGC 578 亚当·布洛克 /NOAO/AURA/NSF

必看天体 794	NGC 578
所在星座	鲸鱼座
赤经	1h30m
赤纬	-22°40'
星等	10.8
视径	4.8′×3′
类型	旋涡星系

这个天体位于5.1等的鲸鱼座48号星（中文古名为"鈇锧一"）的东南偏南方向1°多一点儿的地方。通过300mm左右口径并配以150倍放大率的望远镜观察可以看到这个星系相对宽阔的核心，以及隐约存在的旋臂征象。我曾经使用762mm口径并配以450倍放大率的设备清楚地看到了该星系的4条旋臂，并且每一条旋臂上都带有明亮的斑点，那些都是恒星形成区。

必看天体 795 M 103 安东尼·阿伊奥马米蒂斯

必看天体 795	M 103（NGC 581）
所在星座	仙后座
赤经	1h33m
赤纬	60°42′
星等	7.4
视径	6′
类型	疏散星团

　　M 103是个用小口径望远镜也能好好欣赏的天体，它属于疏散星团，而且非常容易找，从2.7等的仙后座δ星出发朝东北偏东方向移动1°即可。

　　这个星团谈不上多么壮观，但是也不容错过，因为它毕竟是一个梅西尔天体。它处于星光璀璨的银河背景星场之中，但它自身40颗左右的成员星依然相当突出，这些成员星的亮度在8～13等，密集在边长大约5′的一个三角形轮廓里。根据大多数观测者的报告，100倍左右的放大率是最适合用来欣赏这个星团的。

必看天体 796	NGC 584
所在星座	鲸鱼座
赤经	1h31m
赤纬	−6°52′
星等	10.5
视径	4.1′×2′
类型	椭圆星系
别称	小纺锤星系（The Little Spindle Galaxy）

这个星系呈肥大的透镜形状，细节不太多。使用200mm左右口径的望远镜可以看到它的核心区明亮而宽阔，占据了整体直径的3/4。核心区四周的光晕亮度也不低，但在接近边缘处迅速变暗，融进了黑色的背景中。

在它的东南偏东方向仅4′处有一个13.2等的旋涡星系NGC 586。把放大率升至200倍有助于让二者在目镜中分开得远一些，这样有利于观看暗得多的后者。

《天文学》杂志的特约编辑奥米拉鉴于这个星系的外观很像"纺锤星系"（本书"必看天体132"），给它起名为"小纺锤星系"。

必看天体 797	NGC 596
所在星座	鲸鱼座
赤经	1h33m
赤纬	-7° 02′
星等	10.9
视径	3.2′×2′
类型	椭圆星系

从3.6等的鲸鱼座θ星（中文古名为"天仓三"）出发，朝东北偏东方向移动2.5°就可以找到继NGC 584之后又一个相对明亮的椭圆星系，即NGC 596。在口径不大于200mm的望远镜中，它只呈现为一个圆形的光斑；只有使用更大口径的设备才能看到它略呈椭圆形的外围光晕。

必看天体 798	三角座
赤经（约）	1h34m
赤纬（约）	30°39′
面积（约）	131.85 平方度
类型	星座

对初学观星的人来说，找到这个名副其实的小星座的难度不大。说这个星座"小"可不只是修辞，毕竟它不到132平方度的面积在全天区88星座中只排第78位，仅占天球总面积的0.3%。

三角座中亮于5.5等的恒星只有12颗，但这并不值得我们灰心，因为该星座面积小，这些恒星凑在一起还是相当好找的。

要找到三角座，只需要先找到白羊座的"羊角"形状，然后继续向上看即可。它的图案就是一个细瘦且小的三角形，其右上方是仙女座、左上方是英仙座。

必看天体 799 M 33 亚当·布洛克 /NOAO/AURA/NSF

必看天体 799	M 33（NGC 598）
所在星座	三角座
赤经	1h34m
赤纬	30°39′
星等	5.7
视径	67′×41.5′
类型	旋涡星系
别称	风车星系（The Pinwheel Galaxy）、三角座星系（The Triangulum Galaxy）

　　三角座是一个不太引人注目的星座，但它的天区内却拥有全天区最著名的星系之一，那就是"风车星系"。在这个缺乏其他著名深空观测目标的星座里，单凭这个星系就足以让我们花费很多时间去欣赏。

　　在1654年，乔瓦尼·霍迪尔纳就发现了这个天体。梅西尔在不知此事的情况下，于1764年8月25日也发现了它："这处星云是一片几乎均匀的白光，但它直径中间的2/3区域稍微更亮一些。它的内部看不出恒星的存在。使用300mm左右口径的望远镜观察它会有些困难。"

　　诚然我们只用肉眼也有可能察觉到这个星系的存在，但它的表面亮度确实很低。在双筒镜或小口径的单筒镜中可以看到它的整体轮廓，但这难以让人满足。若想更好地观赏它，最好使用口径不小于250mm的望远镜。

　　此时，配以50倍的放大率可以在该星系略亮的中心区内看出一个S形的区域，而围绕着该星系主体的众多发亮团块则是宽阔的恒星形成区。在该星系北旋臂的末端，还有一块编号为NGC 604的发射星云，要用至少300mm口径的设备才能看到它，当然若用更大口径的设备，观测效果会更好。提升放大率后，还可以尝试寻找两个彼此接触的、很小的物质瓣。加装星云滤镜可以优化观察该星云的效果，却会让观看M 33其他部分的效果劣化。

必看天体 800	NGC 602
所在星座	水蛇座
赤经	1h30m
赤纬	−73°33′
视径	34′
类型	发射星云

　　这个天体就在"小麦哲伦云"的东侧边缘之外一点儿的地方，它是一块发射星云和一个星团的复合体。通过300mm左右口径并配以200倍放大率的望远镜，再加装星云滤镜，可以看到它的轮廓呈椭圆形、边缘模糊，且分为两个部分，东侧那部分亮度稍高一点儿。在该星云的西南方边缘还有一颗12.2等的恒星GSC 9142:30。

必看天体 801　NGC 613　弗雷德·卡弗特 / 亚当·布洛克 /NOAO/AURA/NSF

必看天体 801	NGC 613
所在星座	玉夫座
赤经	1h34m
赤纬	−29°25′
星等	10.1
视径	5.5′×4.1′
类型	旋涡星系

这个靓丽的星系位于5.7等的玉夫座τ星西北方0.6°处。在小口径的望远镜中，它只是一个亮度均匀的椭圆形光斑。换用300mm左右口径并配以200倍放大率的设备观察，可以看出它平展、明亮的中心区，其周围呈现出较短的旋臂结构。在该星系核心的东北偏北方向仅2′处叠加有一颗9.6等的恒星SAO 167149，可以关注一下。

必看天体 802	M 74（NGC 628）
所在星座	双鱼座
赤经	1h37m
赤纬	15°47′
星等	9.4
视径	11′×11′
类型	旋涡星系

从3.6等的双鱼座η星（中文古名为"右更二"）出发，往东北偏东方向移动仅1.3°就可以找到这个气象峥嵘的星系，它就是M 74，是一个以盘面对着我们的旋涡星系。它虽然离我们有2400万光年，但其中的星协和云气都不难辨认，是为数不多的几个可以用星云滤镜来优化观察效果的星系之一。如果想看到它透过星云滤镜之后的样子，应使用口径不小于300mm的设备，以确保有足够多的光线穿过滤镜。

如果使用200mm左右口径的望远镜，则可以看到它的明亮核心周围有结构斑驳的光晕，还有并不对称的旋臂。它的视面上还重叠着五六颗前景恒星，这加深了我们对它的印象。

必看天体 803	NGC 637
所在星座	仙后座
赤经	1h43m
赤纬	64°02′
星等	8.2
视径	3′
类型	疏散星团

要定位这个星团，可以从3.4等的仙后座ε星出发，朝西北偏西方向移动1.3°。使用配以100倍放大率的100mm左右口径的望远镜可以分辨出它25颗左右成员星。而即便增加设备口径，也不会看到更多的成员星了。

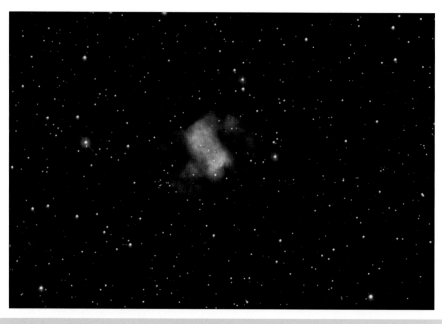

必看天体 804　M 76　亚当·布洛克 /NOAO/AURA/NSF

必看天体 804	M 76（NGC 650）
所在星座	英仙座
赤经	1h42m
赤纬	51°34′
星等	10.1
视径	65″
类型	行星状星云
别称	小哑铃星云（The Little Dumbbell Nebula）、杠铃星云（The Barbell Nebula）、木塞星云（The Cork Nebula）

梅西尔深空天体目录里的第76号目标是这个位于英仙座天区西侧远端、别称为"小哑铃星云"的行星状星云。从4等的英仙座φ星（中文古名为"天大将军二"）出发，朝北移动1°就可以在接近仙女座天区边界的地方找到它。

10.1等的标称亮度，让它在名义上与M 98和M 91并列为"最暗的梅西尔天体"。但不要被数字迷惑：由于它的视径不是特别大，所以它实际呈现出来并没有那么暗。它的轮廓呈拉长状，直径大约为1′，带有许多可看的细节，因此请尽情尝试用更高放大率的设备去观察。

使用200mm左右口径的望远镜即可分辨出它的两个物质瓣，其中西南侧的瓣更亮一点儿，这种瓣状结构给它带来了"杠铃星云""小哑铃星云"的别称。若用400mm左右口径的设备，则还能看到从它东北侧的瓣上延伸出来的一缕暗淡的结构，甚至可以隐约感觉到有一个大而弥散的光晕结构包裹着它的整个内区。

必看天体 805	NGC 654
所在星座	仙后座
赤经	1h44m

赤纬	61°53′
星等	6.5
视径	5′
类型	疏散星团

NGC 654是一个较大规模的疏散星团，含大约40颗7～12等的成员星。若在2.7等的仙后座δ星和3.4等的仙后座ε星之间作一条连线，则NGC 654就在该线段中点偏东一点儿的位置上。它的周围还有不少其他的疏散星团，所以辨别起来还需要认真一些。

必看天体 806	NGC 659
所在星座	仙后座
赤经	1h44m
赤纬	60°40′
星等	7.9
视径	6′
类型	疏散星团
别称	阴阳星团（The Yin-Yang Cluster）

这个星团位于2.7等的仙后座δ星的东北偏东方向2.3°处，也可以说是5.8等的仙后座44号星的东北方仅10.5′处。

在观赏过它之后，不要忘记把视场中心朝东移动不到0.5°，可以看到一个更暗的疏散星团IC 155。

《天文学》杂志特约编辑奥米拉把NGC 659称为"阴阳星团"。在它看来，该星团核心区及其西南侧一小组更暗的星，还有周围的一些星流的形状像是英文里的撇号，组合在一起就像中国的太极图。太极图分为阴、阳两个部分，象征着生活中两种彼此对立的基本力量。

必看天体 807 NGC 663 彼得·埃里克森、苏西·埃里克森 / 亚当·布洛克 /NOAO/AURA/NSF

必看天体 807	NGC 663
所在星座	仙后座
赤经	1h46m
赤纬	61°15′
星等	7.1
视径	16′
类型	疏散星团
别称	科德威尔 10（Caldwell 10）

无论望远镜的口径大小，都可以用来欣赏这个星团的美。理论上说，甚至有可能仅凭肉眼看到它，条件是绝佳的无光害夜空环境及顶级的视力（我是做到过这件事的人之一）。有的观测者认为这个星团的总亮度已经高于数据库里所称的7.1等，对这个问题，我希望更多的人去实际观察一下，以得出自己的看法。

使用配以75倍放大率的150mm左右口径的望远镜可以从该星团分辨出大约40颗成员星，它们分为两个外观差不多的部分，像两道"星瀑"（或者说，由暗星组成的多条星链），每条"星瀑"的末端都正好有两颗亮度明显更高的星。在这种光学配置下，两道"星瀑"间的空隙是纯粹黑暗的。

若使用250mm左右口径的设备，则可以看出上述空隙中也都是成员星，此时能看到的成员星总数不少于75颗。要定位这个星团，从5.8等的仙后座44号星出发，朝东北偏北方向移动仅45′即可。看过它之后，应顺便看一眼NGC 659，该天体离前者仅约11′。

必看天体 808　NGC 672　亚当·布洛克 /NOAO/AURA/NSF

必看天体 808	NGC 672
所在星座	三角座
赤经	1h48m

赤纬	27°26′
星等	10.9
视径	6.6′×2.6′
类型	棒旋星系

从3.4等的三角座α星（中文古名为"娄宿增六"）出发，朝西南偏南移动2.4°就可以找到这个看上去似乎呈矩形的天体。它其实是个棒旋星系，而且正在跟它西南方仅8′处的、11.4等的旋涡星系IC 1727发生相互作用。它的长轴大致位于东—西方向上，其东半部看起来略亮一些，亮度与它的中心区相仿。

必看天体 809	NGC 676
所在星座	双鱼座
赤经	1h49m
赤纬	5°54′
星等	9.6
视径	4.6′×1.7′
类型	旋涡星系

这是一个呈透镜状的旋涡星系，即便用大口径的望远镜观察也发现不了可分辨的细节。它之所以受到观星爱好者的关注，是因为它的正中心处不偏不倚地叠加着一颗9.4等的前景恒星SAO 110143。它的长轴大致在南—北方向上。从4.4等的双鱼座ν星（中文古名为"外屏五"）出发，朝东北偏东方向移动近2°就可以找到它。

必看天体 810	白羊座γ星
所在星座	白羊座
赤经	1h54m
赤纬	19°18′
星等	4.6/4.7
角距	7.8″
类型	双星
别称	娄宿二（Mesarthim）

我喜欢称这处双星为"头灯"，因为它的两颗子星亮度几乎相等，而且都发白光。每年秋天的星空聚会，它都是我最先给围观者展示的双星目标。在带领大家看完它之后，我才会把望远镜转向另一处双星，即天鹅座β星（本书"必看天体595"）。

对该星的英文别称为"Mesarthim"，理查德·艾伦在《星星的名字及其含义》一书中给出了两种可能的解释：其一，与他同时代的部分人说这个名字来自希伯来文的单词"Mesharetim"，意思是"大臣"；其二，他自己认为这个别称更可能发端于星图绘制者约翰尼斯·拜尔的一个错误，因为该星和白羊座β星所在的这块天区如果作为月亮在天球上行走的一站，应该有个专用名词，而这个词才是本来意义上的"Mesarthim"。

必看天体 811	NGC 720
所在星座	鲸鱼座
赤经	1h53m
赤纬	−13°44′
星等	10.2
视径	4.7′ × 2.4′
类型	椭圆星系

从3.5等的鲸鱼座τ星（中文古名为"天仓五"）出发，朝东北方移动3°就可以定位到这个星系。它呈现为一个比较亮的椭圆形光斑，有开阔的中心区。若设备口径大于250mm，则还可以看到它外围有一层很薄的光晕，其光芒在边缘处是迅速变暗并消失的。

必看天体 812	NGC 744
所在星座	英仙座
赤经	1h59m
赤纬	55°28′
星等	7.9
视径	5′
类型	疏散星团

NGC 744是个明亮的球状星团，但成员星比较少，在100mm左右口径的望远镜中，可以看到20多颗成员星。在该星团的东北偏北方向7′处是它附近最亮的恒星，即7.9等的SAO 22809。要定位该星团，可以从著名的"双重星团"（本书"必看天体821"）出发，朝西南偏西方向移动3°多一点儿。

必看天体 813	NGC 752
所在星座	仙女座
赤经	1h58m
赤纬	37°41′
星等	5.7
视径	50′
类型	疏散星团
别称	科德威尔 28（Caldwell 28）

这个星团虽然处于仙女座天区，但定位它的最简单方式是从三角座β星（中文古名为"天大将军九"）开始，朝西北方移动3.7°。该星团又大又亮，在夜空环境理想的时候仅凭肉眼就可以轻松看到。

它的视径很大，所以观赏时应使用50倍或更低的放大率。使用10 × 70的双筒镜可以从中分辨出约30余颗10等的成员星；若用200mm左右口径的望远镜，可辨认的成员星数有可能破百。有4颗亮度在7等至8等之间的星组成了一条曲线，自东往西穿过了该星团的中心。该星团的南端还有2颗6等星。

紧贴该星团的南端还有另一个成团的天体——阿贝尔262，但它的性质完全不同，它是一个星系团，含有三四十个成员星系，亮度全都不高于13等。

必看天体 814	白羊座 λ 星
所在星座	白羊座
赤经	1h58m
赤纬	23°36′
星等	4.9/7.7
角距	37″
类型	双星

这处双星是可以用小口径望远镜观赏的一个大目标，而且由于其两子星角距较大，所以不需太高的放大率。如果是跟众人一起观星，可以问问大家眼中的这两颗子星是什么颜色，结果会非常有趣——"黄和蓝""白和蓝""橙和绿"等各种回答都有可能出现。

必看天体 815　NGC 772　亚当·布洛克 /NOAO/AURA/NSF

必看天体 815	NGC 772
所在星座	白羊座
赤经	1h59m
赤纬	19°01′
星等	10.3
视径	7.3′ × 4.6′
类型	旋涡星系
别称	提琴头星系（The Fiddlehead Galaxy）

这个编号为NGC 772的星系位于4.5等的白羊座γ星（中文古名为"娄宿二"）东侧略多于1°处。在250mm左右口径的望远镜中，它会呈现出明亮的中心区，外围有模糊的光晕包裹着。在该星系核心的西南偏南方向3′多一点儿的地方，还有一个13等的深空天体NGC 770。这两个星系正在

引力作用下相互改变，这让NGC 772呈现出一种扭曲变形了的旋涡星系外观。

　　"提琴头星系"这个别称也是《天文学》杂志的特约编辑奥米拉所起，他认为该星系最亮的那条旋臂很像提琴顶端那种逐渐展开的曲线花纹。

必看天体 816	双鱼座 α 星
所在星座	双鱼座
赤经	2h02m
赤纬	2°46′
星等	4.2/5.1
角距	1.7″
类型	双星
别称	外屏七（Al Rischa）

　　绝大多数观测者认为该双星的主星和伴星分别呈淡黄色和淡蓝色。但也有人觉得二者的颜色分别是白色和绿色，但这无关紧要。不同的人判断颜色的结果常有差异。观察这个目标的重点在于它的两子星角距特别近，应使用配以高于150倍放大率的望远镜来分辨。

　　该双星的英文俗称"Al Rischa"在阿拉伯文里有着十分明确的含义——细绳。双鱼座的"两条鱼"各有一条缎带，而这两条缎带的接合点就是依靠"细绳"来捆扎的。

必看天体 817　仙女座 γ 星　亚当·布洛克/NOAO/AURA/NSF

必看天体 817	仙女座γ星
所在星座	仙女座
赤经	2h04m
赤纬	42°20′
星等	2.2/5.0
角距	9.8″
类型	双星
别称	天大将军一（Almach）

仙女座γ星这处双星到底是小口径望远镜的目标呢，还是大口径设备的挑战？我在编写这本书的时候，对这个问题是犹豫不决的，下面对此做出解释。

仙女座γ星也就是这个星座里第三亮的恒星，它的亮度为2等。但这个亮度其实是两颗恒星的共同贡献，即发黄光、2.3等的仙女座γ^1星，以及发蓝光、3.6等的仙女座γ^2星。这两颗星的角距只有大约10″，所以即使是小口径望远镜也很容易分辨它们。

那么，我又为何觉得这个天体同样可以作为大口径设备使用者的一个挑战呢？那是因为仙女座γ^2星本身也是双星，但其两颗子星的角距只有0.4″。这两颗子星的亮度几乎相同，分别为4.84等和4.87等。我曾在2001年用一台精确校准过且充分冷却了的280mm左右口径的施密特-卡塞格林式望远镜分辨出这两颗星。如果设备口径小于280mm，那就不会成功。

理查德·艾伦在《星星的名字及其含义》一书中解释了该星的英文俗称"Almach"，称它来源于阿拉伯文的"Al Anak al Ard"，表示阿拉伯地区的一种小型食肉动物。但是，这个含义又是怎么跟仙女座人物形象的"左脚"联系起来的呢？或许你会为此感到困惑，但也不必在意，因为理查德·艾伦自己也没搞明白这个问题。

必看天体 818	三角座ι星
所在星座	三角座
赤经	2h12m
赤纬	30°18′
星等	5.3/6.9
角距	3.9″
类型	双星

从3.4等的三角座α星出发，往东移动4.2°就可以找到这处双星。在望远镜的放大率配置为低倍时，它很难被分辨，所以应使用100倍以上的放大率。大多数观察过它的人表示，它的主星呈黄色，稍暗一些的伴星则呈一种亮蓝色。

必看天体 819	斯托克 2
所在星座	仙后座
赤经	2h15m
赤纬	59°16′
星等	4.4
视径	60′
类型	疏散星团

  这个离我们较近的星团位于著名的"双重星团"（本书"必看天体821"）的西北偏北方向略多于2°处。它的编号前缀"斯托克"代表于尔根·斯托克编订的一份疏散星团目录。它的视径整整有1°，所以即使用小口径的望远镜也很适合观察，注意此时放大率不要超过50倍。它的成员星大约有50颗，亮度分布在8~10等，整体结构松散。

必看天体 820	NGC 821
所在星座	白羊座
赤经	2h08m
赤纬	11°00′
星等	10.8
视径	2.4′×1.7′
类型	椭圆星系

  这个星系虽然位于白羊座天区，但定位它的常用方法是以4.4等的鲸鱼座ξ¹星（中文古名为"天囷五"）为起点，朝西北偏北方向移动2.4°。该星系拥有椭圆形的轮廓，长轴大致在南—北方向上，其中心区亮度分布均匀，占整个天体直径的2/3。它外围的光晕很薄，需要口径不低于300mm的设备才能看到。在它的西北边缘还有一颗9.2等的前景恒星SAO 92805。

必看天体 821   NGC 869 和 NGC 884   弗雷德·卡弗特 / 亚当·布洛克 /NOAO/AURA/NSF

必看天体 821	NGC 869 和 NGC 884
所在星座	英仙座
赤经	2h19m 和 2h22m
赤纬	57°09′ 和 57°07′
星等	5.3 和 6.1

视径	29′ 和 29′
类型	疏散星团
别称	双重星团（The Double Cluster）、科德威尔 14（Caldwell 14）

对放大率低的望远镜来说，"双重星团"属于当之无愧的王牌目标。其中，NGC 869的成员星更多一些，它单是在10′直径的中心区就拥有30多颗成员星。NGC 884的成员星向中心汇聚的程度没有那么高，但其中的亮星更多。通过配以50倍放大率的100mm左右口径的望远镜可以看到它在众多的白色成员星中，像珠宝盒一样夹杂着红、黄、蓝等颜色的成员星。

这两个星团的核心区也都有鲜明的特征：NGC 869的中心有一个字母Y形的空隙带，颜色纯黑；NGC 884的中心则有一颗暗红色的半规则变星——英仙座RS星。

顺便一提，使用放大率15倍或更高的双筒镜观赏这一对星团绝对是上等的视觉享受。

定位这两个星团的简便方法是：在2.7等的仙后座δ星和2.9等的英仙座γ星之间作一条连线，目标就在该线段的中点处。

必看天体 822	鲸鱼座 o 星
所在星座	鲸鱼座
赤经	2h19m
赤纬	-2°59′
星等	2.0~10.1
周期	331.96 d
类型	变星
别称	蒭藁增二（Mira）

此星的英文俗称"Mira"在拉丁文中的意思是"有魔力"。它的亮度变化方式如今已经被作为一类变星的典型——这类变星的变光周期很长且变光幅度很大。就拿它来说，它会在大约332天的周期里，大致在2～10等改变自己的亮度，而且每个周期的具体变化过程还相当不规则。例如1997年2月，它的亮度逼近2等，但到了次年，亮度极大时，只有4等，让很多观测者大失所望。要定位它，可以从3.8等的双鱼座α星（中文古名为"外屏七"）出发，朝东南方移动7°多一点儿。

十一月

必看天体 823	NGC 891
所在星座	仙女座
赤经	2h22.6m
赤纬	42°21′

星等	9.9
视径	13′×2.8′
类型	旋涡星系
别称	银条星系（The Silver Sliver Galaxy）、科德威尔 23（Caldwell 23）

通常来说，只要别人记得，当第二名也不错。位于仙女座天区的NGC 891就是这个星座内第二漂亮的星系。不过，这里的"第一名"实在过于强大，那就是M 31——整个天球中最有名的风景之一。

抛开这个不提，NGC 891在所有以侧面对着我们的星系中是最漂亮的。它的盘面与我们的视线夹角仅有1.4°，所以呈现给我们的轮廓长宽比超过了4∶1，再加上总亮度也超过了10等，因此轻易赢得了"银条星系"这一美称。

在250mm左右口径的望远镜中，它呈现出对称的外观，长轴超过10′，中心区有一个幅度很小但相当醒目的隆起。一条不发光的尘埃带几乎贯穿了它的整个长轴，将其视面分割成了两部分。视场里的数十颗前景恒星让这个星系看起来更具景深感。

若使用配以超过200倍的放大率的望远镜，则可以着重对比一下该星系位于上述尘埃带两侧的核心区，西侧的部分亮度稍高一些。与之呼应，整个星系视面的西南部的总亮度也比东北部的总亮度更高。

必看天体 824　NGC 896　西恩·斯泰克、雷尼·斯泰克 / 亚当·布洛克 /NOAO/AURA/NSF

必看天体 824	NGC 896
所在星座	仙后座
赤经	2h25m
赤纬	61°54′
视径	20′×20′
类型	发射星云

从3.4等的仙后座ε星出发，朝东南偏东方向移动3.9°处就是这块发射星云。通过加装了星云滤镜的200mm左右口径的望远镜可以看出它唯独在西侧的边缘有个特别密实的亮区。以它为起点，朝东北偏东方向仅8′处就有一块能给人更深印象的星云IC 1795。

必看天体 825　NGC 908　乔治·米什勒、劳拉·米什勒/亚当·布洛克/NOAO/AURA/NSF

必看天体 825	NGC 908
所在星座	鲸鱼座
赤经	2h23m
赤纬	−21°14′
星等	10.4
视径	5.9′×2.3′
类型	旋涡星系

要定位这个旋涡星系，可以从4.0等的鲸鱼座υ星（中文古名为"鈇锧四"）出发，朝东移动5.4°。在200mm左右口径的望远镜中，它呈现出一个模糊的椭圆形轮廓，其中核心区的亮度略高，长轴大致在东—西方向上。若放大倍数配得足够高，还可以隐约看出其旋臂结构存在的迹象。

如果使用400mm左右口径的设备，则可以看到一条特别显眼的旋臂，它先是向北伸出，然后突然转弯向西。另一条旋臂暗一些，观察起来有些困难，它向东延伸，在一颗15等的恒星处结束。该星系的核心区也有着不规则的形状。

必看天体 826	NGC 925
所在星座	三角座
赤经	2h27m
赤纬	33°35′
星等	10.1
视径	12′×7.4′
类型	旋涡星系

NGC 925是三角座这个小星座内一个富有魅力的星系，它几乎以盘面正对着我们，但让它显得特殊的是另一个特征：它有一个棒状结构从核心区伸展出来。

从4等的三角座γ星（中文古名为"天大将军十"）出发，朝东移动2°即可定位到NGC 925。它在小口径望远镜中的形象并不清晰，但在200mm左右口径或更大口径的设备中，它就会显现出从长长的棒状结构伸出的旋臂，这些旋臂还带有尖锐的反向折弯。若将放大率配至250倍以上，就可以辨认出这个星系星点状的核心。

必看天体 827	NGC 936
所在星座	鲸鱼座
赤经	2h28m
赤纬	−1°09′
星等	10.2
视径	4.7′×4.1′
类型	棒旋星系

在小口径的望远镜中，这个亮度尚可的星系呈现出一个略显椭圆的轮廓；若用300mm左右口径或更大口径的设备，则可以明显看到它中心的棒状结构，其长轴在东—西方向上。要定位这个星系，可以从5.4等的鲸鱼座75号星（中文古名为"天囷十"）出发，将视场朝西移动1.1°。

必看天体 828	小熊座 α 星
所在星座	小熊座
赤经	2h32m
赤纬	89°16′
星等	2.0/9.0
角距	18.3″
类型	双星
别称	勾陈一（Polaris）、北极星

威廉·赫舍尔于1870年发现北极星是双星。其主星呈黄色，伴星呈蓝色，前者的亮度达到了后者的650倍以上，但使用76mm左右口径并配以100倍放大率的小设备就有可能辨认出其伴星。

必看天体 829	NGC 956
所在星座	仙女座
赤经	2h32m
赤纬	44°36′
星等	8.9
视径	6′
类型	疏散星团

从2.2等的仙女座γ星（中文古名为"天大将军一"）出发，往东北偏东方向移动5.7°即可找到这个古怪的星团。它的南端和北端各有一颗9等星，此外还有几颗10等星和十几颗12等或更暗的星散布在周围。

必看天体 830 NGC 957 安东尼·阿伊奥马米蒂斯

必看天体 830	NGC 957
所在星座	英仙座
赤经	2h33m
赤纬	57°34′
星等	7.6
视径	10′
类型	疏散星团

从"双重星团"（本书"必看天体821"）出发，朝东北偏东方向移动1.5°即可定位到这个星团。使用200mm左右口径并配以100倍放大率的望远镜可以看到它的20多颗成员星。其中心偏西南一点儿的地方是8.0等的恒星HIP 11898，其西南边缘则有8.5等的恒星SAO 23415。

必看天体 831	IC 1805
所在星座	仙后座
赤经	2h33m
赤纬	61°27′
星等	6.5
视径	60′
类型	发射星云
别称	心脏星云（The Heart Nebula）

有些星云之所以发光，是因为其内部有一颗高温恒星辐射出了足够多的能量，让星云中的氢原子进入了激发态。当能量过多之后，氢原子无法承载，就会以红色光的形式将多余的能量重新释放出来。

与这种常见状况相比，"心脏星云"的发光是因为它包裹着一整个星团，而且该星团的恒星都是它孕育出来的。如此多的恒星辐射出的能量可以让这块星云显得更大或者更亮，实际上可能又大又亮。从3.4等的仙后座ε星出发，朝东南偏东方向移动4.9°即可定位到这块星云。

在它的中心星团内，有几颗恒星的质量达到了太阳的50倍以上，它们不仅在增加整块星云的亮度，还吹出"星风"，不断把氢推向周围的空间，形成了多层彼此叠加的气体壳，造成了我们看到的"心脏"外观。

鉴于该星云的视径足够大，所以我们有两种欣赏它的模式，即放大率配置为低倍或高倍。不过，二者都需要深暗的夜空环境，以及至少200mm口径的望远镜。

整体观赏该天体时，可以使用长焦目镜提供直径达到1°的视场并加装星云滤镜，辨认它那些最为明亮的部分，例如中心的星团、东侧由云气组成的团块，以及西南侧的气体堆积特征。

在"心脏星云"的东侧1.2°处有一个亮度为6.7等的星团NGC 1027，其视径为15′。另外，在"心脏星云"的西南方1°处还有一个致密而明亮的小星云NGC 896，视径为20′，不少人在看到"心脏星云"之前就看到这个小天体了。

必看天体 832	NGC 972
所在星座	白羊座
赤经	2h34m
赤纬	29°19′

星等	11.4
视径	3.4′ × 1.6′
类型	旋涡星系

在200mm左右口径的望远镜中，这个星系呈现出一个小而明亮的椭圆形光斑，外围包裹有陡然暗淡下去的光晕。从5.3等的三角座12号星出发，朝东南偏东方向移动1.4°就可以找到它。

必看天体 833	天炉座矮星系
所在星座	天炉座
赤经	2h40m
赤纬	-34°32′
星等	8.1
视径	12′ × 10.2′
类型	矮椭圆星系

这个天体是美国天文学家沙普利在1938年发现的，它是银河系的伴系中离我们最近的一个矮星系，距离为43.8万光年。虽然它的标称星等比较高，但鉴于它的视面达到了满月的17%，因此它实际呈现给我们的表面亮度并不算高。

我曾经用100mm左右口径的折射望远镜并配上宽视场目镜看到过这个天体。而若改用200mm左右口径的设备，并配置直径达到1°的视场目镜，则需要慢慢移动视场，扫过它所在的天区，寻找一块仅略微亮于夜空背景的暗淡雾气，这片"雾气"就是它。

在找到这个星系之后，可以升高放大率，尝试在其北方边缘寻找一个球状星团NGC 1049，该星团视径为1.2′，总亮度为12.6等。

必看天体 834	NGC 986
所在星座	天炉座
赤经	2h34m
赤纬	-39°03′
星等	10.8
视径	4′ × 3.2′
类型	旋涡星系

NGC 986位于天炉座天区的南部，接近波江座边界的地方。从4.1等的波江座ι星出发，往西北偏西方向移动1.6°即可找到它。通过小口径的望远镜，可以看到它的椭圆形轮廓，其长轴在东北—西南方向上。而若改用300mm左右口径或更大口径的设备，则可以看到两条比较宽却也短得出奇的旋臂，分别位于星系中心区的南北两端。

必看天体 835	NGC 1023
所在星座	英仙座
赤经	2h40m
赤纬	39°04′

星等	9.3
视径	8.6′×4.2′
类型	旋涡星系
别称	英仙透镜（The Perseus Lenticular）

　　NGC 1023是个明亮的透镜状星系，呈现出来的长轴约为短轴的3倍，长轴大致在东—西方向上。在小口径的望远镜中，它的核心显得非常小，就如同单颗恒星的样子。不过，若换用口径不低于350mm的设备，就可以看出它的中心区的跨度其实占了它直径的一半。

　　如果还想挑战一下的话，可以尝试在该星系的外围光晕的东端寻找一个13.8等的不规则星系NGC 1023A。

必看天体 836　NGC 1027　安东尼·阿伊奥马米蒂斯

必看天体 836	NGC 1027
所在星座	仙后座
赤经	2h43m
赤纬	61°36′
星等	6.7
视径	15′
类型	疏散星团

　　这个美丽的星团位于3.4等的仙后座ε星的东南偏东方向接近6°处。使用200mm左右口径并配以100倍放大率的望远镜观察它可以分辨出大约15颗成员星飘浮在一片由更暗的恒星提供的模糊背景光之上。若使用300mm左右口径的设备，则可以分辨出超过20颗成员星。位于该星团中心的亮星是7.0等的SAO 12402。

必看天体 837 M 34 安东尼·阿伊奥马米蒂斯

必看天体 837	M 34（NGC 1039）
所在星座	英仙座
赤经	2h42m
赤纬	42°47′
星等	5.2
视径	35′
类型	疏散星团
别称	旋涡星团（The Spiral Cluster）

　　这是一个很适合用小口径望远镜来充分观赏的天体。它也是一个梅西尔天体，而且在梅西尔深空天体目录中算是比较明亮的天体，但不知为何经常被观星爱好者们忽视。

　　若夜空环境足够好，那么仅凭肉眼也可能看到这个星团，它就在英仙座β星（本书"必看天体848"）的西北偏西方向大约5°处。它的总亮度达到5.2等，其成员星中亮于9等的就有10颗，散布在直径35′的天区里，比满月的面积还大一点儿。

　　使用100mm左右口径的望远镜可以辨认出30多颗成员星，它们的亮度在8～12等。它们组成的星链仿佛是转着圈地布满了整个视径，所以英国的天文学家杰夫·邦多诺给它起了个别称——"旋涡星团"。其实，使用中等放大率（100倍左右）的望远镜就可以看出许多更暗的成员星，它们漫布整个星团。

必看天体 838	NGC 1052
所在星座	鲸鱼座
赤经	2h41m

赤纬	-8°15′
星等	10.5
视径	2.5′×2′
类型	旋涡星系

在鲸鱼座的东部边缘，有一处漂亮的三重星系组合，其中最亮的就是这里写的NGC 1052。可以从3.9等的波江座η星（中文古名为"天苑六"）出发，朝西移动3.8°来找到它。在200mm左右口径的望远镜中，它呈现为明亮的椭圆形，中心区平展，边缘稍有模糊感。

在它西南仅15′处是11.0等的旋涡星系NGC 1042，它比NGC 1052大50%，所以至少要用400mm口径的设备才能看出它的旋臂结构。

而以NGC 1042为起点，朝东北方向移动23′就是12.2等的NGC 1035。这个星系的长宽比约为3∶1，但在绝大多数望远镜中看不出细节，有的观星爱好者喜欢配以大约100倍的放大率"同框"观赏这3个星系。

必看天体 839	NGC 1055
所在星座	鲸鱼座
赤经	2h42m
赤纬	0°26′
星等	10.6
视径	7.3′×3.3′
类型	旋涡星系

从4.1等的鲸鱼座δ星（中文古名为"天囷九"）出发，朝东移动39′就可以定位NGC 1055这个星系。我觉得，该星系的整体轮廓看上去很像"鲸鱼星系"（本书"必看天体293"）。使用150mm左右口径的望远镜观察，可见其长轴在东—西方向上，长轴长度约是短轴长度的3倍。在该星系的北侧一点儿可以看到一颗11.2等的前景恒星GSC 47:1504。

必看天体 840　M 77　弗朗索瓦·佩雷蒂尔、谢利·佩雷蒂尔 / 亚当·布洛克 /NOAO/AURA/NSF

必看天体 840	M 77（NGC 1068）
所在星座	鲸鱼座
赤经	2h43m
赤纬	-0°01′
星等	8.9
视径	8.2′×7.3′
类型	旋涡星系
别称	鲸鱼座A（Cetus A）

　　鲸鱼座是个面积巨大但并不显眼的星座，而在它天区之内的M 77则是全天区最为躁动的星系之一。不过，该星系的绝大多数剧烈活动发生在可见光波段之外，这对于在可见光波段观赏天体的我们来说就有些遗憾了。但也正是由于它的这种剧烈活动，我们才开始习惯使用它在射电天文学领域的编号来称呼它——"鲸鱼座A"，意思是说，它是鲸鱼座天区内第一个强烈的射电源。

　　1780年，皮埃尔·梅襄发现了这个天体，梅西尔则于1780年12月17日将它编入目录中。

　　专业天文学家把这个星系归类为塞弗特星系。美国天文学家卡尔·塞弗特是研究旋涡星系的核心区对外放射方面的先驱，特别关注那些核心区明亮、其放射的能量在光谱中有发射线且这些发射线有增宽趋势的星系。星系的光谱中带有这种特征，说明其核心正在以高速向外推挤出巨量的气体。

　　在可见光波段，该星系的中心区占其总直径的1/3，也很引人注目。虽然小口径望远镜也可以观察到这个星系，但要想看到尽可能多的细节，还是要用口径不小于250mm的设备并配以不低于300倍的放大率。

　　它的明亮星系核对我们而言没有太多可观察的，所以我们可以转而关注其周围的盘面，看能否辨认其中的斑驳迹象。若设备口径很大，还可以试着分辨其紧抱的旋臂，其中，核心东南侧的那条旋臂是最亮的。

必看天体 841	鲸鱼座γ星
所在星座	鲸鱼座
赤经	2h43m
赤纬	3°14′
星等	3.5/7.3
角距	2.8″
类型	双星
别称	天囷八（Kaffaljidhmah）

　　这处彩色的双星有点儿神秘。其主星的颜色倒没有太多的争议，基本是白色或者略带一点儿黄的白色，但其伴星恐怕不会有正式的目视颜色报告。这颗伴星属于F型星，也就是比我们的太阳温度稍高一些的恒星，其颜色应该比太阳更白，但大多数观察过它的人觉得它带有一些蓝色调。

　　根据理查德·艾伦的说法，该天体的英文俗称"Kaffaljidhmah"来自阿拉伯文的"Al Kaff al Jidhmah"，代表组成"鲸鱼头部"的一整组星。

必看天体 842	NGC 1073
所在星座	鲸鱼座
赤经	2h44m
赤纬	1°23′
星等	11.0
视径	5′×5′
类型	旋涡星系

　　要定位这个星系，可以从4.1等的鲸鱼座δ星出发，朝东北方移动1.5°。若所用望远镜的口径小于250mm，那么除了它的星棒结构之外看不出太多的细节。若用400mm左右口径的设备，则比较容易看到它暗弱的旋臂，其中北侧的旋臂明显要亮于南侧的旋臂。

必看天体 843	北苍蝇座
所在星座	白羊座
赤经	2h46m
赤纬	27°36′
类型	废弃星座
别称	猿猴（Apes）

　　请允许我把这个目标编写进来，因为我也不是一个非常专业的星座历史研究者，总觉得如果本书中写进一个不再以原来方式存在的观察目标，会是件有趣的事。这个"北苍蝇座"是肉眼可见的，它曾经是个星座，但现在已经弃用了。1614年，荷兰的星图绘制者普朗修斯最先把这片天区划为一个星座，但名字是"猿猴座"。当今的白羊座33号星、35号星、39号星和41号星组成了"猿猴"的基本框架。

　　从白羊座α星（中文古名为"娄宿三"），也就是白羊座内的最亮星出发，朝东北偏东方向移动大约9°就可以找到这个已经废弃的星座。这里需要说明一下，虽然它被我列为在夜空通透时肉眼可见的目标，但其中最亮的星，即白羊座41号星（中文古名为"胃宿三"）也只有3.6等，而白羊座39号星（中文古名为"胃宿二"）只有5.3等。所以，如果直接用眼睛观测感到有困难，那请使用双筒镜。这个废弃的星座直径只有2.5°。

必看天体 844	NGC 1084
所在星座	波江座
赤经	2h46m
赤纬	−7°35′
星等	10.7
视径	2.8′×1.4′
类型	旋涡星系

　　这个相对还算明亮的旋涡星系位于3.9等的波江座η星的西北偏西方向2.9°处。使用100mm左右口径的望远镜可以看到它的外观接近矩形，长是宽的2倍。若在300mm左右口径的设备的帮助下，

虽然无法看到很多细节，但可以呈现该星系宽阔的核心区，它占了整个星系长径的3/4。该星系的边缘呈现出不规则的特征，但我并未看出它旋臂结构任何的蛛丝马迹。

必看天体 845	NGC 1097
所在星座	天炉座
赤经	2h46m
赤纬	-30°14′
星等	9.2
视径	10.5′×6.3′
类型	棒旋星系
别称	科德威尔67（Caldwell 67）

这个明亮的棒旋星系位于4.5等的天炉座β星（中文古名为"天庾三"）的北方2°处。通过200mm左右口径的望远镜可以看到它如同明亮圆盘一样的核心区，以及环绕周围的椭圆形模糊光晕。在这个光晕内有该星系暗弱的星棒，而它的旋臂更暗并且特别细，所以无法看到。我倒是曾使用762mm左右口径的大设备看到过该星系北侧那条旋臂的根部。

这个NGC编号为1097的星系旁边还有一个小巧而特殊的椭圆星系，那是NGC 1097A，其亮度为13.2等。有证据表明这两个星系之间曾经互相作用。

必看天体 846	IC 1848
所在星座	仙后座
赤经	2h51m
赤纬	60°26′
星等	6.5
视径	60′
类型	发射星云
别称	婴儿星云（The Baby Nebula）、灵魂星云（The Soul Nebula）

一个天体的意义会因它附近的天体而增加，这里要介绍的IC 1848就是一例：如果单独看它（或它的照片），天文爱好者们喜欢以它的外形为根据，叫它"婴儿星云"；但若将它与附近的IC 1805即"心脏星云"（本书"必看天体831"）结合并与其他天体作对比，那么更合适叫它"灵魂星云"，以便体现它跟IC 1805是"天生一对"。

IC 1848位于IC 1805的东南偏东方向2.5°处，虽然二者在宽度上相仿，都是1°，但IC 1848的视面更小，所以光亮显得更为集中。

透过星云滤镜来观察IC 1848，可以看到其中有两个亮区很像"婴儿"的"头"和"躯干"。其中，"头"的光线更加紧致，而"躯干"则与一个小的星团融为一体。要想更清晰地观察这些恒星，可以移除星云滤镜。如果使用300mm左右口径或更大口径的设备，则还可以注意到"躯干"边缘各段的亮度并不均等。在该星云的东北部和西部各有一个月牙形的云气结构，其中西部的那个更大，可以试着辨认一下。

必看天体 847	斯特鲁维 331
所在星座	英仙座
赤经	3h01m
赤纬	52°21′
星等	5.3/6.7
角距	12.1″
类型	双星

这处双星美景离昴星团（本书"必看天体882"）很近，但定位它的最佳方式是以3.9等的英仙座τ星（中文古名为"大陵二"）为起点，朝西北方向移动1.5°。该双星的两颗子星角距可以使用小口径的望远镜来分辨，其主星呈柠檬黄色、伴星呈淡蓝色。

必看天体 848	英仙座 β 星
所在星座	英仙座
赤经	3h08m
赤纬	40°57′
星等	2.1~3.4
周期	2.867d
类型	变星
别称	大陵五（Algol）

英仙座β星的正常亮度是2.1等，它会维持这个亮度，直到2天20小时49分钟之后变暗，最暗时只有3.4等，也就是说，它正常的亮度是它最暗时的3.3倍。之所以有这种现象，是因为它有一颗很暗且看不见的伴星在围着它运转，每当这颗伴星从它面前经过时，它的亮度就会显著下降，这个过程会持续大约10小时。

它的这种性质于1667年被意大利的天文学家蒙塔纳里所发现，由此成了人类认识的第一处交食双星，而且也是最容易观察的交食双星。在大部分的时间里，它看起来不比1.8等的英仙座α星（中文古名为"天船三"）暗多少，但如果坚持关注它，说不定哪一次就会看到它的亮度反而比不上3.0等的英仙座δ星（中文古名为"天船五"）了。

该星的英文别称"Algol"在阿拉伯文里是"Ra's al Ghul"，意思是"恶魔的脑袋"。有些历史研究者尝试将这个别称与该星亮度会变的特性联系起来，但没有论证成功。毕竟这个别称早在托勒密的时代[1]就有了，人们注意到它的亮度会变则是在许多个世纪之后。

必看天体 849	NGC 1201
所在星座	天炉座
赤经	3h04m
赤纬	-26°04′
星等	10.7
视径	3.6′×2.1′
类型	椭圆星系

---

1. 译者注：约公元 2 世纪。

这个天体位于5.7等的天炉座ζ星的东南方向1.3°处，它是一个宽大的透镜形星系，长轴在南一北方向上。它的中心区平展、缺乏特征，周围有很薄的一圈模糊光晕。

在它的东北方不足4′处有一颗10.7等星GSC 6441:848，不难看到。此星的星等数值正好与这个星系相同，所以这里正好可以作为一个样板，用来对比点状光源和面状光源在总亮度一样时的视觉效果差异。

必看天体 850	NGC 1232
所在星座	波江座
赤经	3h10m
赤纬	-20°35′
星等	10.0
视径	6.8′×5.6′
类型	旋涡星系

这是个以盘面正对着我们的、典型的旋涡星系，虽然只用100mm左右口径的望远镜也可以观测到它，但最好还是用300mm左右或更大口径的设备欣赏它。能否清晰辨认它的旋臂，关键要看观测地点当时的大气视宁度，也就是大气物质安静稳定的程度。有人可以在它身上辨认出3条旋臂，也有人看出4条，甚至有人看到6条（或至少呈现出具备6条旋臂的态势，却只看出其中的一部分），这取决于观测时的视场是否足够通透。

若使用很大口径的望远镜，则还能看出该星系的核心区略有拉长，长轴在东一西方向上。这一特征使得该星系也可以被归类为棒旋星系。

必看天体 851	NGC 1245
所在星座	英仙座
赤经	3h15m
赤纬	47°15′
星等	8.4
视径	10′
类型	疏散星团

在4.1等的英仙座ι星（中文古名为"大陵三"）和3.8等的英仙座κ星（中文古名为"大陵四"）之间作一条连线，找到连线的中点并向东偏移不到1°就可以看到NGC 1245了。使用200mm左右口径的望远镜观察该星团，可以看出至少50颗成员星均匀地分布在它的视径之内。该星团的南端有一颗8.0等的恒星SAO 38671。

必看天体 852	NGC 1252
所在星座	时钟座
赤经	3h11m
赤纬	-57°46′
视径	6′
类型	星群
附注	由 18 ~ 20 颗星组成

　　这组很有意思的恒星位于时钟座天区的最南端。以5.1等的时钟座μ星为起点，朝东北偏北方向移动2.5°就可以找到它们。其中，有8颗星松散地组成了一个希腊字母λ的形状，这8颗星的亮度为6.0～9.5等。

　　这里请重点观察6.0等的GSC 8498:1319，它位于上述"λ"形状里的最南端，也是其中最亮的星。有的天文学家认为，它附近一些更暗的星组成了一个离我们有2000光年的星团，但后来"依巴古"卫星收集到的恒星自行速度数据说明这些恒星并不"成协"，也就是没有共同运动的趋势。使用100mm左右口径的望远镜还可以看出这里有一群11～14等的恒星聚集在直径为6′的天区内。

必看天体 853　NGC 1255　彼得·埃里克森、苏西·埃里克森 / 亚当·布洛克 /NOAO/AURA/NSF

必看天体 853	NGC 1255
所在星座	天炉座
赤经	3h14m
赤纬	−25°43′
星等	10.7
视径	4.2′ × 2.7′
类型	旋涡星系

　　这个天体位于3.9等的天炉座α星（中文古名为"天苑增三"）的北方3.3°处。在200mm左右口径的望远镜中，它呈现为一个有着不规则边缘的椭圆形。若改用400mm左右口径并配以超过350倍放大率的望远镜，则还可以看到它浮现出稀薄的旋臂结构。它的旋臂全部强烈向心蜷曲，就旋涡星系这一类型来说，这种外观并不典型。

必看天体 854	NGC 1261
所在星座	时钟座
赤经	3h12m
赤纬	-55°13′
星等	8.3
视径	6.9′
类型	球状星团
别称	科德威尔 87（Caldwell 87）

　　这是个优美的球状星团，位于5.1等的时钟座μ星的东北偏北方向4.7°处。仅用寻星镜或双筒镜就可以看到它，若使用单筒望远镜，无论口径如何，效果都会很好。当设备口径超过250mm时，可以将其外围区的恒星充分地分辨出来。当然，它极为致密的核心区也相当引人注意，即便设备口径再大，也无法从那里分辨出单颗的成员星。在该星团中心点的东北方向3′处有一颗9.1等的恒星，那是GSC 8495:1472。

必看天体 855　NGC 1275　杰夫·克莱默 / 亚当·布洛克 /NOAO/AURA/NSF

必看天体 855	NGC 1275
所在星座	英仙座
赤经	3h20m
赤纬	41°31′
星等	11.9
视径	3.2′×2.3′
类型	旋涡星系
别称	英仙座 A（Perseus A）、科德威尔 24（Caldwell 24）

NGC 1275是"英仙座星系团"（又称"阿贝尔426"）中最亮的星系，而"英仙座星系团"又是成员超过1000个星系的"双鱼-英仙超星系团"的一部分。

"阿贝尔"这个编号前缀来自美国天文学家乔治·阿贝尔，他在1958年辨识了多达2712个星系团并将它们编成了目录。这个目录后来又增补了南天的星系团，收录总数达到了4073个。

从英仙座β星出发，朝东移动2°就可以定位到NGC 1275。这个星系在望远镜中显得小而明亮，轮廓近乎圆形。注意它西边仅5′处还有一个跟它相似的星系NGC 1272，不要混淆：NGC 1275稍微亮一些，有11.7等，而NGC 1272是12等。

若使用250mm左右口径的望远镜，则可以在直径为1°的视场里识别出NGC 1275附近的10余个星系，其中大部分在它的南侧和西侧。在这片天区，增加望远镜的口径是一定有回报的。使用口径更大的望远镜不但能增加可见的星系数量，而且还可以让原先已能看到的星系呈现出更多的细节。

必看天体 856	斯托克 23
所在星座	鹿豹座
赤经	3h16m
赤纬	60°02′
星等	6.5
视径	14′
类型	疏散星团
别称	帕兹米诺星团（Pazmino's Cluster）

处于鹿豹座天区西南部的"帕兹米诺星团"编号为"斯托克23"，其总亮度喜人，达到了6.5等，所以适合用小口径望远镜观赏。要定位它，可以从3.8等的英仙座η星（中文古名为"天船一"）出发，朝东北方向移动5.3°。

仅使用寻星镜也可以看到它，此时它是个无法分辨出成员星的光团。若用76mm左右口径并配以50倍放大率的望远镜观察，则可以在其约15′的直径内辨认出20多颗成员星。

这个星团中亮度高于8等的成员星有4颗，包括位于星团中心的双星ADS 2426，其两子星角距仅有7″。如果50倍放大率分辨不了它，那么改配100倍放大率就没问题了。

德国天文学家于尔根·斯托克在20世纪50年代就将这个天体编进了自己的目录。但自从1977年美国业余天文学家约翰·帕兹米诺观测它之后，观测者群体就习惯称它为"帕兹米诺星团"。

必看天体 857	NGC 1291
所在星座	波江座
赤经	3h17m
赤纬	-41°08′
星等	8.5
视径	11′×9.5′
类型	旋涡星系
别称	雪毛领星系（The Snow Collar Galaxy）

这个明亮的星系位于3.5等的波江座θ星（中文古名为"天园六"，注意"天园"跟"天苑"

是不同的星官）东边3.7°处。在中等口径的望远镜中，它看起来略有拉长，但除了一个暗弱的外围光晕之外看不出什么细节；使用大口径的设备有可能辨认出两道宽阔、暗弱的弧形，《天文学》杂志的特约编辑奥米拉认为这个特征很像落在大衣毛领子上的一层薄薄的雪花。

顺便一提，这个星系有时候会被标记为NGC 1269，但这其实是编目上的一个错误，两个号码对应的是同一个天体。

必看天体 858	NGC 1300
所在星座	波江座
赤经	3h20m
赤纬	−19°25′
星等	10.4
视径	5.5′×2.9′
类型	棒旋星系

NGC 1300的外形像个压扁了的字母S，虽然这个形状很简单，但我觉得读者一定会不止一次地欣赏它，甚至把它推荐给朋友们。这是个典型的棒旋星系，其两条旋臂分别从星棒结构的两端伸出，并且都向右拐。

从3.7等的波江座τ^4星（中文古名为"天苑十一"）出发，朝北移动2.3°就可以找到这个星系。请将放大率配到200倍以上，先试着辨认一下它明亮的椭圆形核心区，其长轴长度是短轴长度的2倍。接着，可以见证它两条旋臂的根部，它们都相当厚重，紧贴着核心区。如果有口径大于400mm的设备可用，可以尝试看出其纤细的旋臂本身，这两条旋臂分别在核心区的南侧和北侧，呈紧抱核心区的曲线状。

必看天体 859	NGC 1313
所在星座	网罟座
赤经	3h18m
赤纬	−66°30′
星等	8.9
视径	11′×7.6′
类型	旋涡星系

这个天体是天球南极附近最有代表性的星系之一。当然，由于太靠南，它的知名度难免较低。从3.8等的网罟座β星（中文古名为"蛇首二"）出发，朝西南方向移动3.2°就可以找到它。

使用200mm左右口径的望远镜观察它，首先可以注意到一个厚重的星棒，长轴在南—北方向上，中心有轻微的隆起。星棒的北、南两端延伸出的旋臂分别朝东、西延伸。其中，向东延伸的旋臂被一个暗区明显分成了两个部分，每个部分都呈扁长形。此外，旋臂和星棒之中都能看到许多亮结，那些都是恒星形成区。这么多的特征居然可以用200mm左右口径的设备看到，这一点令人兴奋。

若能使用口径不低于350mm的望远镜，则还可以在该星系的东南方16′处寻找一个13.8等的旋涡星系NGC 1313A，后者是以侧面对着我们的。

必看天体 860	NGC 1316
所在星座	天炉座
赤经	3h23m
赤纬	-37°12′
星等	8.9
视径	11′×7.6′
类型	旋涡星系
别称	天炉座A（Fornax A）

这个明亮的星系也是个强劲的射电源，被天文学家称为"天炉座A"。从6.4等的天炉座χ^1星出发，朝西南方向移动1.4°就可以找到它。它的旋臂把核心区抱得太紧，以致在大多数望远镜中它更像一个椭圆星系。不过，虽然身为旋涡星系，这个星系的轮廓也并非圆形，它的长轴长度和短轴长度之比约为3∶2，长轴处在东北—西南方向上。其中心区宽阔，外面的光晕区也颇为浓厚。

在它北边6′多一点儿的位置是另一个旋涡星系NGC 1317，后者亮度为11.9等，拥有与前者类似的外观，旋臂同样盘得很紧。

必看天体 861	NGC 1326
所在星座	天炉座
赤经	3h24m
赤纬	-36°28′
星等	10.5
视径	3.9′×2.9′
类型	旋涡星系

该星系位于6.4等的天炉座χ^1星的西南边41′处，它呈现为一个厚重的椭圆形，长轴在东北—西南方向上。其中心区域宽阔平展，可以在大多数望远镜中显现出来；其外围光晕则很稀薄，必须使用大口径设备并配以足够高的放大率才能看到。

必看天体 862	英仙座 α 星协
所在星座	英仙座
赤经	3h24m
赤纬	49°52′
星等	1.2
视径	185′
类型	疏散星团

"英仙座α星协"是很受欢迎的一个仅凭肉眼就可看见的目标天体。顾名思义，它是以英仙座α星为中心的一群恒星。这群明亮的星星还有一个常用的编号"梅洛特20"。

这群亮星分布稀散、总视径很大，因此不用任何望远镜也很容易找到。它们与我们的距离为600光年左右，处于银河系盘面内的密集星场之中。

观赏"梅洛特20"的最佳设备则是双筒镜，或者视场配置得特别宽的单筒镜。请注意望远镜的放大率不宜超过20倍，即便是这么低的放大率，也不影响我们从中分辨出大约50颗亮星，其中最主要的是1.8等的英仙座α星及4.3等的英仙座ψ星，其他的恒星大部分在英仙座α星的南侧和东侧。

总的来说，这个星协共含有超过100颗亮于12等的年轻恒星，分布在直径为3°的天区里，因此它的总亮度标到了1.2等这个让人难忘的数字。

必看天体 863	NGC 1332
所在星座	波江座
赤经	3h26m
赤纬	−21°20′
星等	10.5
视径	5′×1.8′
类型	椭圆星系

假如您正在从头到尾阅读本书，那么应该对波江座τ⁴星有印象。若从这颗3.7等星出发，朝东北偏东方向移动1.6°，那么就可以定位到NGC 1332。

该星系的外形是扁长的，其长轴长度约是短轴长度的3倍，看起来像一根粗大的雪茄。在小口径望远镜中，它的表面亮度显得相当均匀；更大口径的设备可以揭示出其最外围10%的区域要稍暗一些，该区域的亮度由里向外衰减得极快。

必看天体 864　NGC 1333　杰伊·拉文、阿里·黄 / 亚当·布洛克 /NOAO/AURA/NSF

必看天体 864	NGC 1333
所在星座	英仙座
赤经	3h29m
赤纬	31°25′
视径	6′×3′
类型	发射星云和反射星云
别称	胚胎星云（The Embryo Nebula）、幻冕（The Phantom Tiara）

这个天体位于英仙座的南部，与金牛座和白羊座"接壤"。要在望远镜中定位它，可以从3.8等的英仙座o星（中文古名为"卷舌五"）出发，朝西南偏西方向移动3.3°。

使用200mm左右口径的望远镜观察它，可以看到一团明亮的"雾气"，其东北端最亮，那里有一颗10.5等的恒星GSC 2342:624映照着周围的星云物质。该星云内部还分布着很多缺乏物质的空洞区。

观赏该天体可以使用一种我在看"三裂星云"M 20（本书"必看天体509"）的时候用过的技巧，因为它和M 20有一个共同点：都是发射星云和反射星云的复合体。使用星云滤镜会减弱反射星云的光，但同时会提升发射星云影像的对比度；而摘掉星云滤镜的话，眼睛就会用错觉欺骗我们，让我们觉得这里反射星云的亮度要高于发射星云的亮度。

"胚胎星云"和"幻冕"这两个别称都是《天文学》杂志的特约编辑奥米拉所起。他的联想来自该星云中的一颗10.5等星HIP 16243（注意该星的位置属于白羊座，不在英仙座），认为此星既像镶嵌在王冠上的钻石，又像胚胎上的眼睛。

必看天体 865	NGC 1342
所在星座	英仙座
赤经	3h32m
赤纬	37°22′
星等	8.9
视径	11′×7.6′
类型	疏散星团

从3.0等的英仙座ε星（中文古名为"卷舌二"）出发，朝西南偏西方向移动5.7°就可以定位到这个星团。使用200mm左右口径并配以150倍放大率的望远镜可以从中看到50多颗成员星均匀地分布在其视径内；若使用300mm左右口径的设备，则可以看到的成员星数就会破百，且可以看出其中一些亮星组成的线段或弧线。

必看天体 866	NGC 1350
所在星座	天炉座
赤经	3h31m
赤纬	-31°38′
星等	10.3
视径	6.2′×3.2′
类型	棒旋星系

这个星系用中小口径的望远镜看起来就像一只橄榄球，表面亮度均匀。若用400mm左右口径的大设备，则可以看出它长长的星棒结构及几条半透明的、紧抱中心区的旋臂。该星系位于5.0等的天炉座δ星的西南方向2.9°处。

必看天体 867	NGC 1360
所在星座	天炉座
赤经	3h33m
赤纬	-25°51′

星等	9.4
视径	390″
类型	行星状星云

众所周知，大部分的行星状星云是圆形的，但这里要介绍的NGC 1360是个例外。它的长是宽的2倍，长轴大致在南—北方向上，其北半部的亮度高于南半部。

使用300mm左右口径的望远镜并配以不低于200倍的放大率观察，可以看到其南、北两个部分各被一条暗带"撕开"：北半部的那条暗带很细，是从东侧进入的；南半部的那条暗带则很粗，与北半部的暗带形成了鲜明的对比，它从该天体的南端切入，直通到11等的中心恒星。给望远镜加装氧Ⅲ滤镜可以提升图像的对比度，有助于我们更清晰地辨认该天体的各个亮区和暗区。

要定位这个天体，从4.0等的天炉座α星出发，朝东北方向移动5.6°即可。

必看天体 868	NGC 1365
所在星座	天炉座
赤经	3h34m
赤纬	−36°08′
星等	9.3
视径	8.9′ × 6.5′
类型	棒旋星系

棒旋星系是一类让专业天文学家和业余天文人士都很着迷的天体，可惜对北半球的观测者来说，这类天体的最佳代表NGC 1365实在太靠南了，所以无法在望远镜中充分展现其魅力。它位于天炉座，赤纬数值已经低于−30°，所以在北半球中纬度地区它几乎是无法观测的天体。

棒旋星系在其中心区内遍布着恒星、气体和尘埃带，其中央有一个由恒星组成的小型隆起，而其星棒结构的两端延伸出旋臂。

天文学家曾用哈勃太空望远镜观察了NGC 1365的物质被输送到它的中心区的过程，这种输送催生了大质量恒星，并且会促进星系中心隆起部分的增长。同时，这些物质也给该星系最核心处的超大质量黑洞提供了"食物"。

NGC 1365的亮度不低，但是定位起来有些难度：首先要找到由天炉座的χ¹星（6.4等）、χ²星（5.7等）、χ³星（6.5等）组成的三角形，这3颗星都很暗；然后从其中相对最亮的χ²星出发，朝东南偏东方向移动1.3°。

在夜空环境很好的地方使用100mm左右口径的望远镜，可以看到其棒状结构及明亮的中心区。升高放大率之后，还可以注意到它的星棒在更接近核心处反而要暗一些。

若使用200mm左右口径的设备，则可以看到它的旋臂，其中较亮的一条从星棒结构的西端伸出，朝北延伸，另一条只比它暗一点儿，但呈现出某种斑驳的质感，这说明它内部包含一些巨大的恒星形成区。

必看天体 869	NGC 1374
所在星座	天炉座
赤经	3h35m
赤纬	−35°14′
星等	11.0
视径	2.6′×2.4′
类型	旋涡星系

这个星系是"天炉座星系团"的一员，其轮廓为圆形，在小口径的业余天文望远镜里呈现不出特征，所以观星爱好者们认为专业天文学家把它归类为"旋涡星系"而非"椭圆星系"有点儿奇怪。其实，在哈勃星系分类法中，该星系属于S0类，也就是著名的"哈勃音叉图"中处在分叉点的那个位置，算是旋涡星系与椭圆星系之间的一个过渡类型。

该星系南侧仅2.5′处就是12.2等的椭圆星系NGC 1375，其视径为2.3′×0.9′，但同样展现不出什么细节。而要定位NGC 1374，可以从5.7等的天炉座χ^2星出发，朝东北偏东方向移动1.6°。

必看天体 870	NGC 1379
所在星座	天炉座
赤经	3h36m
赤纬	−35°27′
星等	11.0
视径	2.6′×2.5′
类型	椭圆星系

这个星系外观为圆形，它也是"天炉座星系团"的成员之一。不过，在观赏它时，必须克服7.2等恒星GSC 7034:577的光线干扰。要定位这个星系，可以从5.7等的天炉座χ^2星出发，朝东移动1.7°。

必看天体 871	NGC 1380
所在星座	天炉座
赤经	3h37m
赤纬	−34°59′
星等	10.0
视径	4.8′×2.8′
类型	旋涡星系

在良好的夜空下，可以使用任意口径的望远镜观察到这个外形扁长的天体。在300mm左右口径的设备中，它像个模糊的橄榄球，其视面的中间3/4区域具有均匀的亮度。要定位它，可以从5.7等的天炉座χ^2出发，朝东北偏东方向移动1.9°。

必看天体 872	NGC 1387
所在星座	天炉座
赤经	3h37m
赤纬	−35°31′
星等	10.8
视径	3.1′×2.8′
类型	旋涡星系

这个天体是"天炉座星系团"中另一个主要的、缺乏特征的旋涡星系。不过，它相对明亮，所以不难通过望远镜辨认出来。以5.7等的天炉座χ²星为出发点，朝东移动1.9°就可以找到它。

必看天体 873	NGC 1395
所在星座	波江座
赤经	3h39m
赤纬	−23°02′
星等	9.8
视径	11′×7.6′
类型	椭圆星系

这个天体位于4.3等的波江座τ⁵星（中文古名为"天苑十二"）的东南方向1.8°处。在夜空环境良好时，即便用小口径的望远镜也可以看到它，但要想辨认它明亮的面状中心区及其外围的光晕，则需要至少200mm口径的设备。

必看天体 874　NGC 1398　西恩·斯泰克、雷尼·斯泰克 / 亚当·布洛克 /NOAO/AURA/NSF

必看天体 874	NGC 1398
所在星座	天炉座
赤经	3h39m
赤纬	-26°20′
星等	9.8
视径	7.2′×5.2′
类型	棒旋星系

这个棒旋星系的核心相当明亮，因此如果只用小口径望远镜观察它，则它旋臂的微妙结构会被核心区的光芒掩盖掉。我偶尔在望远镜口径达到350mm的情况下，使用高放大率看到过这个星系的旋臂。当然，若能使用500mm左右口径的大设备来观赏该星系，则会很满足。

该星系的星棒结构的长轴大致处在南—北方向上，其亮度仅略低于宽阔的中心区的其余部分。从6.0等的天炉座τ星出发，朝北移动1.6°就可以定位到这个星系。

必看天体 875	NGC 1399
所在星座	天炉座
赤经	3h39m
赤纬	-35°27′
星等	9.9
视径	8.1′×7.6′
类型	椭圆星系

这个颇为明亮的天体在高放大率配置下会显现出略微拉长的形状。要定位它，可以从6.4等的天炉座χ¹星出发，朝5.7等的天炉座χ²星作一条连线，并继续延长5倍距离即可。

该星系的中心区巨大，占了它直径的3/4，其外围即是绒毛状的边缘区，那里的亮度渐次降低。

必看天体 876	NGC 1404
所在星座	天炉座
赤经	3h39m
赤纬	-35°35′
星等	9.7
视径	4.8′×3.9′
类型	椭圆星系

该天体就在上一个目标（NGC 1399）的东南偏南方向仅10′处，它虽然和NGC 1399同属椭圆星系，但不如NGC 1399大，亮度也稍逊一筹。在它的东南偏南方向仅3′处还有一颗8.1等的恒星SAO 194428。

必看天体 877	NGC 1407
所在星座	波江座
赤经	3h40m
赤纬	−18°35′
星等	9.8
视径	4.6′×4.3′
类型	椭圆星系

NGC 1407这个星系与另一个椭圆星系凑成了一对，那就是在它西南约12′的NGC 1400（亮度为10.9等）。通过配以100倍放大率的200mm左右口径的望远镜可以清晰地看到这一对椭圆星系。但即便是其中相对较亮的NGC 1407也仅能显示出一个纤薄的外围光晕，除此以外看不到其他细节；NGC 1400就更谈不上什么细节了。即便换用更大口径的设备，这个状况也无法改善。

要定位NGC 1407，可以从5.2等的波江座20号星出发，朝东南方向移动1.5°。

必看天体 878	NGC 1421
所在星座	波江座
赤经	3h43m
赤纬	−13°29′
星等	11.4
视径	3.1′×1′
类型	旋涡星系

这个星系位于4.4等的波江座π星（中文古名为"天苑二"）的西南偏南方向1.6°处，长轴在南—北方向上，其长度是短轴长度的3倍。使用小口径的望远镜观察它可见其核心区呈点状，外边包有一层雾状光芒。口径在300mm以上的设备可以分辨出它细瘦的旋臂，此时若将放大率配到200倍以上，还可以看到其旋臂内部那些明亮的恒星形成区。该星系南侧的旋臂长度为北侧旋臂长度的2倍，且其末端看上去像是被猝然切断的。

必看天体 879	NGC 1433
所在星座	时钟座
赤经	3h42m
赤纬	−47°13′
星等	10.0
视径	5.5′×3.2′
类型	棒旋星系

该天体相当值得一看，但它附近没有什么亮星，所以手动寻找起来可能要多费一点工夫。可以从3.9等的时钟座α星出发，朝西南方向移动7.5°来定位它。这个星系的核心宽大且明亮，其长长的星棒结构沿着东—西方向展开，很容易辨认。若使用400mm左右口径的设备可辨认出其外围一层更大的光晕，其间勉强透出一点儿存在旋臂的迹象。

必看天体 880	NGC 1444
所在星座	英仙座
赤经	3h49m
赤纬	52°40′
星等	6.6
视径	4′
类型	疏散星团

　　这个星团以6.7等的恒星SAO 24248为基础，由10颗左右的恒星组成。它虽然成员不多，但很明亮。从4.3等的英仙座λ星（中文古名为"积水"）出发，朝西北方向移动3.5°就可以找到它。

必看天体 881	NGC 1448
所在星座	时钟座
赤经	3h45m
赤纬	-44°39′
星等	10.8
视径	6.5′×1.4′
类型	旋涡星系

　　这个天体位于3.9等的时钟座α星的西南偏西方向5.8°处，它作为一个旋涡星系恰好以侧面对着我们，所以也是"针"状深空天体之一。通过300mm左右口径的望远镜观察，可以看到它狭长的轮廓，其长轴在东北—西南方向上，长轴长度是短轴长度的4～5倍。其表面亮度从中心到两端有明显的渐变。在它中心点的东南侧一点儿有一颗12.9等的恒星GSC 7575:918。

必看天体 882　M 45　塔德·丹顿/亚当·布洛克/NOAO/AURA/NSF

必看天体 882	M 45
所在星座	金牛座
赤经	3h47m
赤纬	24°07′
星等	1.2
视径	110′
类型	疏散星团
别称	昴星团（Pleiades）

昴星团也叫"七姐妹星团"，是整个天球中第一亮的星团，也是仅凭肉眼即可观赏的最美天体之一。它的梅西尔编号为M 45。

过去曾有许多天文学家把它单独算作一个星座，这其实不无道理：以亮度和外观辨识度而言，它明显胜过了现今通用的88星座中的许多星座。

梅西尔把这个天体列为第45号"看起来像彗星"的天体之后，就于1771年2月16日在巴黎科学院发表了他的第一版《星云和星团目录》，该版只收录了45个天体。不过，即使是当时，绝大多数人也已经熟悉昴星团这个天体了，不会把它当成彗星，因此梅西尔为何收录它，至今还是个谜。[1]

关于"七姐妹星团"这个称呼，也要说明一下，大部分人直接用肉眼观察它，只能看到6颗星星。有人说，这是因为"七姐妹"中有一位因"害羞"而躲起来了。比这更合理的解释是我们看得不够认真。

视力较好的观测者通过认真观察，就有可能从中看到第7颗乃至更多的星。我曾经只用肉眼就从这个星团里辨认出11颗星，不过也只尝试过一次。而就在当时，我身后的一位观星伙伴确信自己辨认出了13颗。

虽然昴星团是个经典的"裸眼深空天体"，但如果用双筒镜观察它，无疑更为壮观。大部分观星爱好者使用放大率在10～15倍的双筒镜去充分欣赏它的美丽。

必看天体 883	波江座 32 号星
所在星座	波江座
赤经	3h54m
赤纬	-2°57′
星等	4.8/6.1
角距	6.8″
类型	双星

这处双星位于波江座北部、靠近金牛座的一片寂寥的天区里，不过它呈现的色彩对比值得我们去观察一番。大部分看过它的人表示其两子星分别呈黄色和蓝色。

---

1. 译者注：有传闻说，梅西尔是为了"凑数"，理由是其目录里的第 42 ~ 45 号都是特别明亮的天体。

必看天体 884 NGC 1491 亚当·布洛克 / 莱蒙山天空中心 / 亚利桑那大学

必看天体 884	NGC 1491
所在星座	英仙座
赤经	4h03m
赤纬	51°19′
视径	25′×25′
类型	发射星云

　　这处星云位于4.3等的英仙座λ星的西北偏北方向1.1°处。使用加装了星云滤镜的250mm左右口径的望远镜可以清楚地看到它呈现明亮的扇形。放大率刚开始可以用75倍，以便利用星云的亮光确认它的位置，然后再逐渐升到更高的倍数去观察。

　　该星云的西侧最亮，物质凝集程度也较高，越往东越弥散，亮度也逐渐下降。使用400mm左右口径的设备可以看出从它的南端延伸出来的一些条纹结构。注意，在望远镜的目镜中，它的视径最多仅约4′，至于相关数据库里说的25′视径，那并不是我们能看到的。

必看天体 885	NGC 1493
所在星座	时钟座
赤经	3h58m
赤纬	-46°12′
星等	11.2
视径	3.5′×3.2′
类型	棒旋星系

　　这个星系的附近也几乎没有亮星。可以从3.9等的时钟座α星出发，朝西南偏南方向移动6.4°来定位它。它以盘面对着我们，但其星棒结构却不可能用口径小于762mm的望远镜看到，不过我

们能够看到它有一个亮度异乎寻常的中心。它的亮度从星系核往外逐渐下降，整体暗淡，呈烟雾状，轮廓是圆形。

必看天体 886 NGC 1499 亚当·布洛克 /NOAO/AURA/NSF

必看天体 886	NGC 1499
所在星座	英仙座
赤经	4h01m
赤纬	36°37′
视径	160′×40′
类型	发射星云
别称	加州星云（The California Nebula）

这个目标十分特别，它既是一个不依赖望远镜就可以直接看到的星云，也是唯一以美国的一个州命名的天体。

这块外形罕见的星云位于银河系的"猎户旋臂"（是一条比较靠外的旋臂）内部，其发光的部分约宽100光年，周围还有大量由年轻的大质量恒星生成的氢云，而这群大质量恒星被天文学家称为"英仙座OB2星协"。

在这块星云的南侧0.2°处有一颗4.0等的亮星，即英仙座ζ星（中文古名为"卷舌三"），它也是"英仙座OB2星协"的一员，并且是该星云发光的动力之源。在天文学上，该星云有一个罕见的特性，即它不仅在氢α波段发出强烈的光，而且在氢β波段也发光。

氢原子的电子吸收能量之后会进入激发态，然后又掉回到较低的能级上去。这一掉，它就会发光。这片星云里的氢原子就是从英仙座ζ星那里吸收能量的。其电子从较高的能级跌落时，跨越的能级数量越多，跌的幅度就越大，释放出的能量也就越多。如果只下降一个能级，那么产生的就是氢α辐射，表现为波长656.3nm的光；而若下降两个能级，氢β辐射就出现了，其波长是486.1nm。在大多数发射星云里，氢元素的电子跌落幅度是一个能级，所以其光芒只有氢α波段的。

即便在极佳的夜空环境下，视力最好的观星爱好者也无法不依赖任何外部工具就能看到这块星云，但这并不意味着一定要用望远镜：只要使用特定种类的星云滤镜直接挡在眼前就可以了。但请注意，要使用标有"氢β"（Hβ）或"深空"字样的滤镜，本书中常见的氧Ⅲ滤镜在这里是不行的。

若改用望远镜来观察这个天体，则应选择合适的目镜、配出尽可能低的放大率。当然，也需要加装滤镜。如果这样仍不足以让视场容纳整块星云，可以慢慢向周边偏移视场来欣赏。

必看天体 887　　NGC 1501　　亚当 · 布洛克 /NOAO/AURA/NSF

必看天体 887	NGC 1501
所在星座	鹿豹座
赤经	4h07m
赤纬	60°55′
星等	11.5
视径	52″
类型	行星状星云
别称	牡蛎星云（The Oyster Nebula）、蓝牡蛎星云（The Blue Oyster Nebula）

从4.0等的鹿豹座β星（中文古名为"八穀增十四"）出发，朝西移动6.9°就可以找到这个行星状星云。观星爱好者们习惯叫它"牡蛎星云"，而《天文学》杂志的特约编辑奥米拉在这个天体的照片上看到它外围有一层淡蓝色的气壳，就给这个别称补了一个字，称"蓝牡蛎星云"。

使用250mm左右口径的望远镜可以看出该天体的圆形盘面；若用400mm左右口径并配以350倍以上放大率的望远镜，则可以看出它其实略微呈椭圆形，长轴在东—西方向上。

该天体的中心恒星亮度为14等，但不是特别难看到，因为这个行星状星云的外围环状结构比较厚重，而中心区稍微暗些，所以中心恒星的光很容易透射出来。如果能用更大口径的设备观察，则能看出它的视面上有一些斑驳的特征，并且从中分辨出几个小的暗区。

必看天体 888	NGC 1511
所在星座	水蛇座
赤经	4h00m
赤纬	-67°38′
星等	11.1
视径	3.5′ × 1.3′
类型	旋涡星系

从3.8等的网罟座β星出发，朝东南偏南方向移动3.2°即可找到这个位于水蛇座天区的星系。该星系的东侧1′和西侧1′处各有一颗14.5等的恒星。在我们的视角上，看到的是这个星系侧面，所以它呈现出一个长宽比为3∶1的轮廓。它的表面亮度基本均匀，唯独两端稍有变暗。

必看天体 889	甘波星瀑
所在星座	鹿豹座
赤经	4h00m
赤纬	63°00′
视径	2.5°
类型	星群

这是一个由多颗恒星偶然组成的形状，其最早的记载来自法国的一位爱好天文的神父卢西安·甘波，他是在用双筒镜巡天的过程中注意到这条星链的。因此，这里也被观测者们称为"甘波星瀑"。

欣赏该目标的最佳放大率配置是15倍，它由15颗星组成，其中大部分的亮度为7~9等，星链的总长度为2.5°。在星链的正中，有一颗亮度达5等的恒星SAO 12969十分醒目。

要想提升这一观察活动的"性价比"，还可以注意一下这条星链的东南端，视场里应该很容易看到一个疏散星团，它是NGC 1502（赤经为4h08m，赤纬为62°20′，视径为7′）。要想分辨出这个星团里的成员星，必须使用单筒望远镜，不过它5.7等的总亮度确实让我们不忍错过。它有时也被称为"海盗旗星团"。

必看天体 890	NGC 1512
所在星座	时钟座
赤经	4h04m
赤纬	-43°21′
星等	10.2
视径	8.3′ × 3.6′
类型	棒旋星系

该天体位于3.9等的时钟座α星的西南偏西方向2.1°处，它是一个棒旋星系，在中心区周围带有

一个环状结构，但这个环与星系的核心抱得太紧，所以业余天文望远镜分辨不出来。它的核心区本身足够明亮，我们可以尝试从中辨认出一个点状的最核心区。在200mm左右口径的望远镜中，这个星系看上去呈椭圆形，长大约是宽的2倍。其星棒结构较短，需要400mm左右口径的设备才可能勉强看得出来。该星系的东半部看起来比西半部稍微亮一点儿。

看过这个星系之后，不妨再看一下位于它西南方只有5′处的、亮度为12.4等的NGC 1510。

必看天体 891	NGC 1513
所在星座	英仙座
赤经	4h10m
赤纬	49°31′
星等	8.4
视径	12′
类型	疏散星团

从4.1等的英仙座μ星（中文古名为"天船七"）出发，朝西北方向移动1.4°就可以定位到这个美丽的星团。若以4.3等的英仙座λ星为起点，朝东南方向移动1°也是可以的。使用100mm左右口径的望远镜可以从中分辨出30多颗成员星，它们在整个星团的视径之内分布均匀；若用200mm左右口径的设备，则可分辨的成员星能够达到50颗。

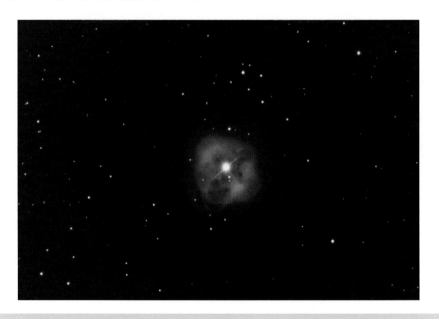

必看天体 892 NGC 1514 亚当·布洛克 /NOAO/AURA/NSF

必看天体 892	NGC 1514
所在星座	金牛座
赤经	4h09m
赤纬	30°47′

星等	10.9
视径	114″
类型	行星状星云
别称	水晶球星云（The Crystal Ball Nebula）

这个目标可以使用200mm左右口径并配以200倍放大率的望远镜，并加装星云滤镜来观赏。它近年来被称为"水晶球星云"，在业余天文望远镜中呈现为一团圆形的模糊云气，其边缘的一圈明显亮于中心区。在其西北侧和东南侧有一些小亮斑与云气混杂在一起。作为一处行星状星云，它的中心恒星SAO 57020的亮度达9.4等，或许会对我们观赏云气部分造成一点儿干扰，因此有必要使用滤镜来适度减少它的影响。如果感觉很难看清这个天体，可以尝试把望远镜的放大率配到150倍甚至更高。定位这个天体可以从2.9等的英仙座ζ星（中文古名为"卷舌四"）出发，朝东南偏东方向移动3.4°。

必看天体 893	NGC 1527
所在星座	时钟座
赤经	4h08m
赤纬	−47°53′
星等	10.7
视径	4.2′ × 1.8′
类型	旋涡星系

这个天体位于3.9等的时钟座α星的南侧5.7°处。在200mm左右口径的望远镜中，它呈现为一个透镜形状的模糊光斑，中心区亮度更高。即使使用更大口径的设备，也无法识别出更多细节。

必看天体 894	NGC 1528
所在星座	英仙座
赤经	4h15m
赤纬	51°12′
星等	6.4
视径	18′
类型	疏散星团

从4.3等的英仙座λ星出发，朝东北偏东方向移动1.6°就可以定位到这个星团。若夜空条件极佳，视力敏锐的观测者可以只用肉眼就能察觉到它的存在。使用配以150倍放大率的100mm左右口径的望远镜可以从中辨认出大约50颗成员星，其中大部分成员星可以视为参与了某种图形的构建，例如旋涡形之类。若设备口径达到200mm，则可以辨认近100颗成员星，其中最亮的是8.8等的SAO 24496，位于整个星团中心点略偏西的地方。

必看天体 895	NGC 1532
所在星座	波江座
赤经	4h12m
赤纬	−32°52′

星等	9.9
视径	11.2′ × 3.2′
类型	旋涡星系

　　这个目标是一处"双重星系"，由NGC 1532和它西北边不到2′处的NGC 1531组成：前者是一个以侧面对着我们的、壮观的旋涡星系；后者则是一个只有11.7等的椭圆星系，但更加值得一看，因为它呈现给我们的长宽比接近6∶1。

　　若使用口径不小于400mm的望远镜，就可以看出NGC 1532的旋臂，它们沿着东北偏北—西南偏南的方向延展。如果把放大率配到200倍或更高，还可以看到它明亮的核心及其周围的一层椭圆形雾状光芒。另外，对于持有400mm级别的大口径设备的人来说，别忘了在NGC 1532的东南方12.5′处寻找一个15.2等的不规则星系PGC 14664。

　　从3.6等的波江座v^4星（中文古名为"天园十"，有的星图将其标注为波江座41号星）出发，朝西北方向移动1.5°即可找到这处"双重星系"。

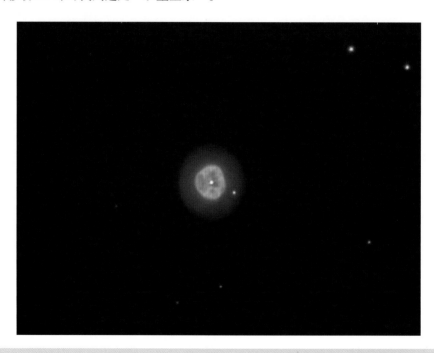

必看天体 896　NGC 1535　亚当•布洛克 /NOAO/AURA/NSF

必看天体 896	NGC 1535
所在星座	波江座
赤经	4h14m
赤纬	−12°44′
星等	9.6
视径	18″
类型	行星状星云
别称	埃及艳后之眼（Cleopatra's Eye）、星空水母（The Celestial Jellyfish）、海王星之魂星云（The Ghost of Neptune Nebula）

这个美丽、明亮的行星状星云位于3.0等的波江座γ星（中文古名为"天苑一"）的东北偏东方向4°处，特别适合把放大率配置到高倍来观赏。

在150mm左右口径的望远镜中，它呈现出一个边缘锐利的圆盘，外面有一层暗弱的包络。若使用300mm左右口径的设备，则可以开始辨认它的色彩。到这一步，可以将放大率配至300倍以上，可以观察它的中心恒星周围那一片不发光的"空洞"区。在这种配置之下，比较该天体明亮的内盘和暗淡的外晕，会觉得它们之间的亮度反差更为明显，这种反差要接近极限了。

"埃及艳后之眼"这个别称已经陪伴了该天体很长时间，而由美国的业余天文学家沃尔特·胡斯顿赋予它的别称"星空水母"也由来已久。至于"海王星之魂星云"这个名字也是来自《天文学》杂志的特约编辑奥米拉：他用72倍放大率的望远镜观察该天体时，看着那淡蓝色的圆盘，觉得它很像海王星，故给它起了别称。

必看天体 897	NGC 1537
所在星座	波江座
赤经	4h14m
赤纬	-31°39′
星等	10.5
视径	3.9′ × 2.6′
类型	椭圆星系

该天体位于3.6等的波江座υ⁴星的西北偏北方向2.3°处，它的轮廓是椭圆形的，长宽比约为3∶2。其中心区明亮，直径占到总体的3/4，看不出任何细节，外围则有一层很薄的光晕。

必看天体 898	NGC 1543
所在星座	网罟座
赤经	4h13m
赤纬	-57°44′
星等	9.7
视径	7.2′ × 4.9′
类型	棒旋星系

从4.4等的网罟座ε星出发，往西北偏北方向移动1.6°即可找到这个比较亮的星系。使用200mm左右口径的望远镜观察它，可以轻松认出它醒目的星棒结构。在它的西南偏南方向5′处还有一颗8.7等的恒星SAO 233433。

必看天体 899	NGC 1545
所在星座	英仙座
赤经	4h21m
赤纬	50°15′
星等	6.2
视径	12′
类型	疏散星团

以4.3等的英仙座λ星为出发点，朝东移动2.3°就可以找到这个明亮的疏散星团。在夜空环境良好时，可以尝试仅凭肉眼看到它如同一颗模糊的暗星挂在天上。使用100mm左右口径的望远镜可以从中分辨出大约20颗成员星，其中最亮的3颗在接近星团中心处组成了一个等腰三角形，它们是7.1等的SAO 24556、8.1等的SAO 24555和9.3等的SAO 24549。

找到这个星团后，请用200倍以上放大率的望远镜多观察一会儿，你可以看出它五颜六色的成员星，其中还包括几处漂亮的双星。

必看天体 900	NGC 1549
所在星座	剑鱼座
赤经	4h16m
赤纬	−55°36′
星等	9.5
视径	5.4′×4.8′
类型	旋涡星系

这个星系与本书要介绍的下一个天体（NGC 1553）之间有引力互动，它虽然是旋涡星系，但更像一个椭圆星系，有一个庞大的、亮度均匀的中心区。要定位它，可以从3.3等的剑鱼座α星（中文古名为"金鱼二"）出发，朝西南偏西方向移动2.6°。

必看天体 901	NGC 1553
所在星座	剑鱼座
赤经	4h16m
赤纬	−55°47′
星等	9.1
视径	6.3′×4.4′
类型	旋涡星系

该星系位于本书介绍的上一个天体（NGC 1549）的东南偏南方向12′处，这两个天体都是"剑鱼座星系群"的成员。无论所用望远镜的口径大小，该星系都呈现为一个椭圆形的亮斑，细节则展现得很少，只能看到明亮的中心区周围的一个薄层光晕。

必看天体 902	金牛座χ星
所在星座	金牛座
赤经	4h23m
赤纬	25°38′
星等	5.5/7.6
角距	19.4″
类型	双星

这处双星（中文古名为"砺石三"）到昴星团（M 45）的距离与到3.5等的金牛座ε星（中文古名为"毕宿一"）的距离相等[1]。大部分观察过它的人认为其主星发黄、伴星发蓝，但也有一

---

1. 译者注：原著的这个描述在几何上不足以定位之，请按上述赤道坐标数值寻找。

部分人认为其主星呈蓝白色,伴星呈深蓝色。建议读者在大气视宁度允许的情况下,尽可能把望远镜的放大率配高来观察该双星的颜色,以便给出自己的意见。具体来说,可先把伴星微微移出视场边缘,单看主星,然后再把主星放到视场边界之外,单看伴星。单独观察一颗恒星更有利于准确判断其真实色彩。

必看天体 903	NGC 1554 和 NGC 1555
所在星座	金牛座
赤经	4h22m
赤纬	19°32′
视径	1′
类型	发射星云
别称	斯特鲁维遗失星云(Struve's Lost Nebula)、欣德变光星云(Hind's Variable Nebula)

这是一个被迫由两个天体合并出来的目标。上述"别称"栏里介绍的"斯特鲁维遗失星云"本来是指NGC 1554,而"欣德变光星云"指的是NGC 1555。看到"遗失"二字就可以猜到,不必寻找NGC 1554了,因为它已经从天空中消失了。天文学家目前已经把这两个NGC编号对应到了同一个坐标点上,而且即便通过很大口径的望远镜来观察它也有一定难度。

上述两个别称所用的都是对应的天体发现者的名字。约翰·欣德是英国的天文学家,他于1852年10月11日发现了NGC 1555。此后的几年之内,该天体是可见的,但后来就逐渐变暗消失了。

后来有不少知名的天文学家坚持观测NGC 1555,其中也包括俄罗斯的天文学家奥托·斯特鲁维,不过到了1868年之后,该天体就完全看不见了。就在1868年年初,斯特鲁维在检查该天体所在的天区时,发现了另一块小星云,也就是NGC 1554,他将其位置记录为金牛座T星的西南偏西方向4′。其他人的后续观测却显示,那个位置上没有任何物体,于是这块新发现的小星云也被天文学家们认为是很难找到的天体,直到1890年美国的天文学家爱德华·巴纳德弄清了真相。

巴纳德发现:斯特鲁维的记录中,目标天体相对于金牛座T星的偏移量不对,所以其他的天文学家找错了地方。1890年3月24日,他使用里克天文台的914mm左右口径的望远镜看到了一处暗弱的星云,根据其位置推算,他觉得那是NGC 1555。不过,斯特鲁维当年看到的NGC 1554却再也没人目睹过,这个天体彻底"遗失"了。

要定位"欣德变光星云",可以从3.5等的金牛座ε星出发,朝西北偏西方向移动1.7°。在其位置附近,可以看到8.4等的恒星SAO 93887。以该星为参考点,朝东北方移动5′就可以找到金牛座T星,它是一颗变星,平时亮度为9.6等。如果在它附近看到一丝暗淡的光,那可能就是NGC 1555。

我最近于2009年在新墨西哥州的阿尼玛斯举行的"兰彻·伊达尔戈天文社区"活动中观赏过这个天体,当时使用的是762mm口径的反射望远镜。在那样的巨镜中,该天体的外观呈现出楔形,表面亮度分布不均匀。

必看天体 904	NGC 1559
所在星座	网罟座
赤经	4h18m
赤纬	-62°47′
星等	10.4
视径	4.3′×2.2′
类型	棒旋星系

　　要定位这个天体，可以先把望远镜的视场对准3.3等的网罟座α星（中文古名为"夹白二"），然后朝东南方向移动0.5°。在极佳的夜空环境下，通过200mm左右口径的设备可以看到其轮廓大致呈矩形，长大约是宽的2倍。其表面还有一些斑驳的特征，但只能通过口径处于最高级别的业余天文望远镜看到。

必看天体 905	网罟座 θ 星
所在星座	网罟座
赤经	4h18m
赤纬	-63°15′
星等	6.2/8.2
角距	2.9″
类型	双星

　　这处位于南半天球深处的双星拥有一颗蓝色的主星和一颗白色的伴星，二者角距很小，所以需要至少150倍的放大率才能清楚地分辨。要定位它，可以从3.3等的网罟座α星出发，朝东南偏南方向移动0.9°。

必看天体 906	NGC 1566
所在星座	剑鱼座
赤经	4h20m
赤纬	-54°56′
星等	9.4
视径	7.1′×4.8′
类型	旋涡星系

　　这个明亮的旋涡星系就在剑鱼座α星的西侧2°处，它离我们有5500万光年，是"剑鱼座星系群"的成员之一。若使用250mm左右口径并配以200倍放大率的望远镜观察，则可以看出它优雅的旋臂结构：一条从星系中心区的北端伸出，朝东弯曲，另一条则始于中心区的南端，朝西盘绕。在西侧这条旋臂的末端，也就是其北端，有一个看起来很像暗星的小亮点，它其实是一个明亮的恒星形成区。

　　这个编号为NGC 1566的星系正好位于一个由3颗恒星组成的标准三角形的中心，这3颗恒星分别是8.1等的SAO 233486、9.9等的SAO 233482和10.1等的GSC 8505:1410。

十二月

必看天体 907	NGC 1582
所在星座	英仙座
赤经	4h32m
赤纬	43°51′
星等	7.0
视径	24′
类型	疏散星团

　　这个颇具魅力的星团位于3.0等的御夫座ε星（中文古名为"柱一"）的西侧5.4°处。它的成员星分布为两组，两组的亮度水平是有差异的，所以看起来仿佛两个星团混叠在了一起——这一效果需要用至少250mm口径的望远镜才能看得出来。这里的"第一个星团"包括10颗亮于10等的恒星，其中位于东部边缘的8.6等星SAO 39578是"亮度担当"；而"第二个星团"包括数十颗暗星，填充了上述较亮成员星之间的诸多空隙。

必看天体 908	梅洛特 25
所在星座	金牛座
赤经	4h27m
赤纬	16°00′
星等	0.5
视径	330′
类型	疏散星团
别称	哈迪斯（The Hyades）、科德威尔41（Caldwell 41）

这个外观呈字母V形状的星团是金牛座天区内一个不容错过的观赏目标，它包括金牛座的α星（中文古名为"毕宿五"）、θ^1星（中文古名为"毕宿六"）、θ^2星、γ星（中文古名为"毕宿四"）、δ星（中文古名为"毕宿三"）和ε星，是著名的M 45即"昴星团"（本书"必看天体882"）的"邻居"。其实，它比昴星团更近、更大也更亮，但看起来反而没有昴星团那样壮观，这主要是因为它较亮的成员星在我们看来太过分散。

在希腊神话中，哈迪斯姐妹们是巨神阿特拉斯与普勒俄涅（或埃特拉，即Aethra）所生，因此与昴星团的"七姐妹"算是同母异父的姐妹关系。对于哈迪斯的名字，理查德·艾伦在《星星的名字及其含义》一书中写道："奥维德称她们为"带雨之星"，而她们还有个兄长名叫许阿斯，她们的名字最有可能是从这里自然衍生出来的；许阿斯身亡带给她们的哀伤成了贺拉斯的作品《悲伤的哈迪斯》中脍炙人口的情节[1]，在这个故事的某个版本中，朱庇特因同情而将她们升入星空。"

该星团在天幕上占据了宽度超过5°的区域，所以也只有在双筒镜中或仅凭肉眼观察时才显得像个星团。如果使用单筒的天文望远镜，则不如把注意力放在其中多处漂亮的双星上。

顺便说一下，金牛座的最亮星，也就是金牛座α星并不是该星团的成员星：它离我们只有65光年，而该星团的成员星与我们的距离平均为150光年。

必看天体 909	鹿豹座 1 号星
所在星座	鹿豹座
赤经	4h32m
赤纬	53°55′
星等	5.7/6.8
角距	10.3″
类型	双星
附注	蓝色和白色

这处漂亮的双星适合身处北半球的观测者欣赏，其主星呈蓝色、伴星呈白色。由于鹿豹座的主要恒星很暗，因此寻找这个目标可以从相对较亮（4.3等）的英仙座λ星开始，朝东北方向移动5.3°。

必看天体 910	NGC 1617
所在星座	剑鱼座
赤经	4h32m
赤纬	-54°36′
星等	10.5
视径	4.3′×2.1′
类型	旋涡星系

这个目标位于3.3等的剑鱼座α星的西北方0.5°处。它的亮度还不错，不论用何种口径的天文望远镜都可以看到。其轮廓呈椭圆形，长轴长度是短轴长度的2倍。其明亮的中心区占了直径的一半，外围光晕厚重。

---

1. 译者注："带雨"也暗指她们为逝去的许阿斯流下的泪水。

必看天体 911	NGC 1624
所在星座	英仙座
赤经	4h40m
赤纬	50°27′
视径	5′×5′
类型	带有星云的疏散星团

要定位这个目标，可以从4.1等的英仙座μ星（该星位于英仙座天区的东北角区域）出发，向东北偏东方向移动4.6°。这是个因与星云相伴而显出神秘之美的星团，它的10多颗成员星都比较暗，而且聚集得很紧，无法在望远镜中被清晰分辨开来。星团周围的星云物质则如薄纱一样发出透明、均匀的光，仿佛镜片上沾了露水。

必看天体 912	NGC 1647
所在星座	金牛座
赤经	4h46m
赤纬	19°07′
星等	6.4
视径	40′
类型	疏散星团
别称	假月亮星团（The Pirate Moon Cluster）

从亮达0.9等的金牛座α星出发，朝东北方向移动3.5°就可以遇到这个明亮的星团。在夜空环境极佳时，视力极佳的人可以仅用肉眼就能看到它。即便不行，用双筒镜或寻星镜也足以看到。

若通过100mm左右口径的望远镜观察，则可以从中辨认大约30颗成员星；更大口径的设备可以看出更多。若将放大率配到150倍以上，就能看出其中许多成员星是角距很小也因此很惹眼的双星。这个星团展现出的内容比通常想象得要多。

《天文学》杂志的特约编辑奥米拉给这个天体起了一个别称"假月亮星团"，因为它不仅能在7×50的双筒镜里呈现出一片比满月圆面大的、带有鬼魅之气的圆形光，而且其成员星汇聚成了许多难以分辨的斑块，那种明暗分布的现象很像我们肉眼看到的月球表面特征。

必看天体 913	IC 2087
所在星座	金牛座
赤经	4h40m
赤纬	25°44′
视径	4′×4′
类型	发射星云

这个天体位于5.5等的金牛座χ星的东边3.9°处。在300mm左右口径的望远镜中，它可以显现出一个亮度均匀的圆形模糊轮廓。比这更有意思的是它周围的星场，看上去仿佛不存在——给望远镜配以尽量低的放大率就可以见证这一点。从这个天体出发，朝西南偏西方向移动1.5°可以看到暗星云"巴纳德7"，它属于美国天文学家爱德华·巴纳德编纂的一份含有数百个暗星云的天体目录。

必看天体 914	波江座 55 号星
所在星座	波江座
赤经	4h44m
赤纬	−8°48′
星等	6.7/6.8
角距	9.2″
类型	双星
附注	黄色和白色

　　该处双星的一大特点是：其两颗子星亮度几乎一致，但颜色迥然不同。假如这两颗子星都增亮2个星等的话，该目标一定是冬季观星活动里必看的著名目标了。其主星呈深黄色、伴星呈浅蓝色（也有人说呈白色），具体结论的差异取决于色觉细胞因人而异的特性。要定位这个天体，可以从很亮的猎户座β星（本书"必看天体939"）出发，朝西移动7.7°。使用望远镜观察该天体时，还可以找一下散发着蓝色光芒的波江座56号星，它就在该天体的东北偏北方向19′处。

必看天体 915	NGC 1664
所在星座	御夫座
赤经	4h51m
赤纬	43°42′
星等	7.6
视径	18′
类型	疏散星团

　　这个很有吸引力的星团位于3.0等的御夫座ε星的西边2°处。通过100mm左右口径并配以100倍放大率的望远镜观察它可以看到30多颗成员星。它虽然处在一片背景恒星颇多的天区里，但很容易与周围的星场区分出来。它西南边缘有一颗7.5等的亮星，那是SAO 39807。

必看天体 916	NGC 1672
所在星座	剑鱼座
赤经	4h46m
赤纬	−59°15′
星等	9.8
视径	6.2′ × 3.4′
类型	棒旋星系

　　要定位这个拥有4条旋臂的棒旋星系，从5.3等的剑鱼座κ星出发，朝东北偏北方向移动0.5°即可。不过，即便使用300mm左右口径并配以高放大率的望远镜，也只能看到其中一条旋臂，它始自该星系的东端，向北盘绕；若配置更低，则看不出旋臂。

必看天体 917 IC 342 肯·显克微支、艾米莉·显克微支 / 亚当·布洛克 /NOAO/AURA/NSF

必看天体 917	IC 342
所在星座	鹿豹座
赤经	3h46m
赤纬	68°06′
星等	8.4
视径	21.4′×20.9′
类型	旋涡星系
别称	科德威尔 5（Caldwell 5）

  这个深空天体属于IC目录。跟大部分读者熟悉的NGC目录相比，IC这个前缀的字面意思是"索引目录"，它代表着NGC目录的一个扩展目录。1888年，英国的天文学家约翰·德雷耳编完了NGC目录，共包括7840个天体；他后来又在1895年和1908年两次对NGC目录进行增补，这两个后来加上的部分就是《星云星团第一与第二索引目录》，其中收录的也是和NGC目录中类型一样的各种深空天体，但都是NGC目录中未收入的，所以赋了IC的前缀。

  这里的IC 342位于鹿豹座这个极暗弱的星座天区的西侧边缘，我们可以用4.6等的鹿豹座γ星来当出发点，朝南移动3.2°去定位它。

  虽然标称的亮度只有8.4等，但它其实是个很壮观的星系，只不过银河内部的尘埃和气体削弱了它的光芒，不然它在我们看来至少应该变亮2个星等。

  当然，8.4等也不算很暗，但是20′的视径让它的表面亮度大为下降，从而不太容易被看到。可以先在一片繁密的背景星场中找到它核心区的团块（其视径约为0.5′），以及周围有比它暗得多的一片直径为2′的光晕。再向外还能看到一些特别暗的斑点状结构，撑起了这20′的视径数值。

必看天体 918	NGC 1679
所在星座	雕具座
赤经	4h50m
赤纬	−31°59′
星等	11.5
视径	3.0′ × 1.5′
类型	棒旋星系

这个星系由于几颗前景恒星的存在，其视面的外观显得有些奇怪。它总体上是一个肥厚的月牙形，中心的亮度比周围稍微高一点儿。它的西北端叠加有一颗12等星，外围光晕的东侧还闪烁着一颗13等星。要定位这个星系，可以从3.8等的波江座v^2星（中文古名为"天园十二"）出发，朝东南偏东方向移动3.4°。

必看天体 919	NGC 1714
所在星座	剑鱼座
赤经	4h52m
赤纬	−66°56′
视径	1.2′
类型	发射星云

这块堪称微小的星云位于"大麦哲伦云"的西侧边缘；可以从3.8等的剑鱼座β星（中文古名为"金鱼三"）出发，朝西南方向移动6°多一点儿就可以找到它。它虽然视径只有1′，但表面亮度足够高，因此不妨使用高放大率来观察它的细节。在250mm左右口径的望远镜中，不仅可以看到它的圆形轮廓，还能发现它的北侧边缘亮度突出。在它西边仅8″处有一颗6.3等的恒星GSC 8889:215。

必看天体 920	天兔座
赤经（约）	5h31m
赤纬（约）	−19°
面积（约）	290.29 平方度
类型	星座

天兔座是观星爱好者应该熟悉的又一个小星座，它就在猎户座的正下（正南）方。其实这个星座天区的面积并不算太小，290平方度占到了天球总面积的0.7%，在全天区88个星座中排在第51位。

天兔座内有两颗恒星拥有英文别称，即天兔座α星（2.6等）的Arneb（中文古名为"厕一"）和天兔座β星（2.9等）的Nihal（中文古名为"厕二"）。[1]

没有任何已知的流星群的辐射点在天兔座的天区内。

在北纬63°以南的任何地点天兔座都是完整可见的星座，而在北纬79°以北它就成为了完全不可见的星座。每年12月14日，太阳会在天球上运行到与这个星座赤经完全相对的位置，因此这时也是观赏这个星座的最佳时机。由此也可知，每年6月15日前后，太阳的赤经坐标会与天兔座重叠。

---

1. 译者注：天兔座的多颗主要恒星在中国古代星官体系中对应"军井""屏""厕"等星官，而其南边的天鸽座里的μ星甚至名为"屎"。

必看天体 921	NGC 1744
所在星座	天兔座
赤经	5h00m
赤纬	-26°01′
星等	11.3
视径	5.1′×2.5′
类型	棒旋星系

该天体位于3.2等的天兔座ε星（中文古名为"屏二"）的西南偏南方向3.9°处，它的光芒暗弱，长轴在南—北方向上，其长度是短轴长度的2倍。其核心区平展，外围的轮廓线形状不规则。

必看天体 922	NGC 1755
所在星座	剑鱼座
赤经	4h55m
赤纬	-68°11′
星等	9.9
视径	2.6′
类型	疏散星团

这个天体在天球上相当靠南，它是个孤悬在"大麦哲伦云"中的棒状结构西端的疏散星团。通过200mm左右口径并配以100倍放大率的望远镜可以看到它的大约20颗13～14等的成员星群集在直径为2′的区域内。这些成员星悬浮在一片明显的背景光中，这说明该星团还有许多更暗的成员星。在该星团西侧2′处还有一个比它更暗的疏散星团NGC 1749。

必看天体 923	NGC 1763
所在星座	剑鱼座
赤经	4h57m
赤纬	-66°24′
视径	5′×3′
类型	发射星云

这个目标依然在"大麦哲伦云"的旁边，它由4块发射星云组成，这4块星云聚集在直径不足0.3°的天区里。它的外观呈现为一种厚重的雾状且处于一个明显的疏散星团的内部。还可以以它为起点找到附近的另外3个NGC天体：它南侧仅7′处的NGC 1760、东南偏东方向7′处的NGC 1769和东北偏东方向9′处的NGC 1773。

必看天体 924	天兔座 R 星
所在星座	天兔座
赤经	5h00m
赤纬	-14°48′
星等	5.5～11.7
周期	432d
类型	变星
别称	欣德暗红色星（Hind's Crimson Star）

这颗星位于天兔座天区的边缘，接近波江座的天区。从3.3等的天兔座μ星（中文古名为"屏一"）出发，朝西北偏西方向移动3.5°就可以定位到它。它是天空中最红的恒星之一，因此无愧其别称中的"暗红色"一词。观察它最好使用200mm以上口径的望远镜，并配置尽可能低的放大率。若视场已对准该星，可以轻微调动目镜在调焦筒上的位置，使之略微失焦，这样反而会观察得更省力些。

"欣德暗红色星"之称源于英国天文学家约翰·欣德，他于1845年发现了这颗变星。

必看天体 925	NGC 1778
所在星座	御夫座
赤经	5h08m
赤纬	37°01′
星等	7.7
视径	8′
类型	疏散星团

这个天体位于5.1等的御夫座ω星的东南偏东方向接近2°处。在100mm左右口径的望远镜中，它可以呈现20多颗成员星，这些星的分布并不算均匀。若使用口径翻倍的，也就是200mm左右口径的望远镜，则可辨认的成员星会达到50颗。

必看天体 926	NGC 1788
所在星座	猎户座
赤经	5h07m
赤纬	-3°21′
视径	5′×3′
类型	反射星云

从2.7等的波江座β星（中文古名为"玉井三"）出发，朝北移动2°就可以找到这块反射星云。若望远镜口径达到250mm，则看清它的外观就没有什么困难，它的边缘呈弥散状，另外还带着两个颇有特点的瓣状结构：西侧的瓣较大，含有一颗10等星；东侧的瓣较小，但其光芒也在其中心处紧致起来。这块星云的南端紧挨着一块编号为LDN 1616的暗星云；在望远镜中看到这块暗星云也很容易，因为它让一块宽约5′的天区内没有显示出任何背景恒星。

必看天体 927	天鸽座
赤经（约）	5h45m
赤纬（约）	-35°
面积（约）	270.18 平方度
类型	星座

天鸽座的形象最早出现在星图里是1592年，那是由荷兰的天文学家、制图师普兰修斯绘制的星图。天鸽座也是大部分天文爱好者认不出来的星座之一，所以读这段介绍是一个进步的好时机。首先找到猎户座，这个几乎没有难度，然后看向猎户座的南边，寻找到天兔座，再从天兔座

继续往南，便可以看到天鸽座。

天鸽座里最亮的两颗星会最先引起我们的注意，也就是2.6等的天鸽座α星（中文古名为"丈人一"）和3.1等的天鸽座β星（中文古名为"子二"）。除了这两星之外，天鸽座内亮于4等的星就只有3颗了。可以试试把这5颗星连成一只鸽子的形状——这想象出来并不容易。

在观察这个星座时，或许应该有一种告别的意念：我们的太阳系相对于周围的恒星来说是不断移动的，我们朝特定方向前进，也就意味着离另一个特定方向远去，这个被我们甩开的方向就处于天鸽座的天区之内。在天球上可以用一个点来标出这个方向，它的专业名称是"太阳背点"。

如果手头有很大口径的设备可用，还可以试试寻找一个几乎正好处在"太阳背点"位置上的星系IC 2153。但是，这个星系的亮度只有13.2等，所以如果夜空环境不够理想，或是设备口径不够大的话，就无法看到它。

必看天体 928	NGC 1792
所在星座	天鸽座
赤经	5h05m
赤纬	-37°59′
星等	9.9
视径	5.5′×2.5′
类型	旋涡星系

这个旋涡星系在不久的过去跟它附近的NGC 1808发生过引力互动，导致其外形受到了影响。若使用100mm左右口径的望远镜，只能看到它呈现出一个肥厚的、缺乏特征的椭圆形视面；但若用300mm左右口径并配以200倍放大率的设备，则可以看到它以均匀的亮度展现出不规则的形状。它位于4.6等的雕具座γ¹星的南边2.5°处。

必看天体 929	巴纳德 29
所在星座	御夫座
赤经	5h06m
赤纬	31°44′
视径	10′×10′
类型	暗星云

从2.7等的御夫座ι星（中文古名为"五车一"）出发，朝东南方移动2.4°就可以找到这个目标，这里没有恒星，只有这块编号为"巴纳德29"的暗星云，它是一个离我们大约500光年的、不透光的物质带。虽然它在"最不透明星云排行榜"上名列前茅，但也并不容易被看到。若使用300mm左右口径的望远镜，它会呈现为一个斑驳且并非全黑的区域，其间的星光会变得十分暗淡，与周围的正常星空之间有着渐变的交接。它内部最暗的区域有15′的视径。若仅用肉眼观察，其实在御夫座ι星和1.7等的金牛座β星（中文古名为"五车五"）之间整个是一条暗带，而"巴纳德29"属于其中的一部分。

必看天体 930	NGC 1808
所在星座	天鸽座
赤经	5h08m
赤纬	-37°31′
星等	9.9
视径	5.2′×2.3′
类型	旋涡（星暴）星系

　　这个星系的表面亮度足够高，因此很容易被看到，并且相当适合以高放大率的望远镜观赏。其轮廓为椭圆形，长轴长度是短轴长度的2倍，但旋臂很暗，只能看到根部。其实这些旋臂的环绕幅度达到了该星系的全长，但这只有在通过长时间曝光得到的天文照片上才能显现出来。

　　若使用配成高倍的400mm或更大口径的望远镜，则有可能在该星系内部靠近边缘处识别出一些暗线。近年来，天文学家已经确认这些暗线里隐藏着很多的恒星形成区。

　　如果拥有顶级口径的业余天文望远镜，则可以尝试在这个星系的东南方大约10′处寻找3个很难找到的星系，其中最亮的是15.6等的PGC 620467，另外两个更暗，都只有15.9等，分别是PGC 131395和PGC 16804。

必看天体 931	NGC 1817
所在星座	金牛座
赤经	5h12m
赤纬	16°42′
星等	7.7
视径	15′
类型	疏散星团

　　这个天体位于3.0等的金牛座ζ星（中文古名为"天关"）的西南方7.5°处。不要误以为它是7.0等的NGC 1807，后者应该在它的西南偏西方向0.5°，并且后者的视径是12′。说回到它，它在100mm左右口径的望远镜中可以显示出30多颗成员星，其西侧的边缘更是由一条引人注目的星链直接勾勒而出。若改用200mm左右口径的设备，则可以识别出约100颗成员星。这个星团的亮度不如NGC 1807，但它的规模明显比NGC 1807更大。

必看天体 932	NGC 1832
所在星座	天兔座
赤经	5h12m
赤纬	-15°41′
星等	11.3
视径	2.1′×1.5′
类型	旋涡星系

　　这个天体位于3.3等的天兔座μ星的西北偏北方向0.5°处。它是个视面偏圆的旋涡星系，但若望远镜口径小于400mm，则看不出太多细节。若以至少400mm口径并配以超过250倍的放大率的望远镜，则可以更清晰地看到其细瘦的东侧旋臂外观，且能感觉出其与星系的主体部分未能连接。

必看天体 933	NGC 1835
所在星座	剑鱼座
赤经	5h05m
赤纬	−69°24′
星等	10.1
视径	1.2′
类型	球状星团

　　这个星团位于"大麦哲伦云"的星棒结构的西半部分内部，它自身的轮廓乍看上去是圆形，但其实在东、西两侧各有一块暗弱的延展区。这两块使该星团长轴加倍的区域很暗，必须把放大率加到足够高才能辨认出来。在该星团的西侧6′处还有两个暗弱的疏散星团，分别是12.5等的NGC 1828和12.6等的NGC 1830。

必看天体 934　IC 2118　弗雷德·卡弗特/亚当·布洛克/NOAO/AURA/NSF

必看天体 934	IC 2118
所在星座	波江座
赤经	5h07m
赤纬	-7°13′
视径	180′×60′
类型	反射星云
别称	女巫头星云（The Witch Head Nebula）

每年从10月底的后半夜开始，就进入了"女巫头星云"的观赏季，这个编号为IC 2118的天体位于波江座的天区内。作为反射星云，它的外观质感与猎户座的M 78相似，不过它的视径却远胜过M 78——后者的视径只有8′，但它却有1.5°之大。

IC 2118跟M 78等同类天体一样，其光芒都不是自己发出的，而是要反射恒星的光。给IC 2118提供光的恒星已被天文学家识别出来，那就是猎户座β星，也就是在"猎人奥利翁"的艺术形象中代表他抬起的左腿的那颗亮星。

要观赏这块星云，对夜空环境的要求是很高的。我们可以从猎户座β星出发，朝2.8等的波江座β星作一条连线，然后在该连线的2/3处再略偏西一点儿的地方找到它。使用200mm左右口径的望远镜并配以尽量低倍且宽视场的目镜就有可能看到"女巫"的"面部"中相对较亮的部分。

如果有机会使用达到400mm甚至更大口径的设备，则可以很明显地看出这块星云，只不过此时需要移动视场才能看全它的各处特征。刚才提到的那个"2/3处"的点其实也被包裹在该星云的北半部之内。

必看天体 935	NGC 1850
所在星座	剑鱼座
赤经	5h09m
赤纬	-68°46′
星等	9.0
视径	3.4′
类型	疏散星团
别称	科德威尔 18（Caldwell 18）

这个疏散星团的规模庞大，它位于"大麦哲伦云"的星棒结构的北半部之内。使用150mm左右口径的望远镜可以从中辨认出亮度在13～14等的成员星约50颗，该星团的西侧边缘有一个很醒目的团块，它有自己的星团编号NGC 1850A。

必看天体 936	NGC 1851
所在星座	天鸽座
赤经	5h14m
赤纬	-40°03′
星等	7.2
视径	11′
类型	球状星团
别称	科德威尔 73（Caldwell 73）

这个亮度达到7.0等的球状星团是特别适合用小口径望远镜欣赏的目标之一。它位于天鸽座α星的西南方将近8°处，在夜空环境很好时用双筒镜就可以被轻松看到。在它周围20°范围之内，它是最明亮的深空天体。

使用100mm左右口径的望远镜可以看到它紧致的核心，它与周围诸多恒星之间的确切界线是无法分辨的。由于距离遥远，在该星团的核心区也分辨不出单颗的成员星，即便使用大口径的设备也无法分辨。它与太阳的距离为4万光年，与银河系中心的距离为5.5万光年。

必看天体 937	NGC 1857
所在星座	御夫座
赤经	5h20m
赤纬	39°21′
星等	7.0
视径	5′
类型	疏散星团

要定位这个星团，可以从4.7等的御夫座λ星（中文古名为"咸池三"）出发，朝东南偏南方向移动0.8°。使用100mm左右口径的望远镜观察它可以看到数十颗成员星，其亮度大多在13~14等的级别，其中大部分处于星团的南半部分。但有一颗7.4等的黄色星SAO 57903是个例外，它处于该星团的正中心。

必看天体 938	NGC 1866
所在星座	剑鱼座
赤经	5h14m
赤纬	−65°28′
星等	9.7
视径	4.5′
类型	疏散星团

要定位这个星团可以从3.8等的剑鱼座β星出发，朝西南偏南方向移动3.7°。它的成员星中最亮的也仅在15等的水平，因此若用大口径的设备观察，则可以分辨出数百颗之多。若将放大率配到300倍乃至更高来观赏，该星团将会充满魅力。

必看天体 939	猎户座β星
所在星座	猎户座
赤经	5h15m
赤纬	−8°12′
星等	0.1/6.8
角距	9″
类型	双星
别称	参宿七（Rigel）

这颗堪称耀眼夺目的星在猎户座的艺术形象中代表着猎人的左脚，同时也是特别适合用小口径望远镜观赏的目标之一。它的亮度数值（0.12等）可以在夜空中的所有恒星里排到第7位。

其英文别称"Rigel"来自阿拉伯文里的"Rijl Jauzah al Yusra"，也就是"Jauzah的左腿"。针对"Jauzah"一词，理查德·艾伦在《星星的名字及其含义》一书中这样写道："该词通常被解释为'巨人'，但这其实并不正确，首先必须明确，它并不是指某种人物。它最初是指一种在身体中部带有白斑的黑羊，但后来就引申为天空舞台上的明星，毕竟它惊人的亮度总是让它赢得人们的关注。"

将单筒望远镜对准该星，并选择合适的目镜并配以大约100倍的放大率之后，就可以看到它南侧大约9″处还有一颗亮度为6.7等的伴星，这就是"参宿七B"，或者更严谨地写成"猎户座 βB"[1]。虽然对观星者来说6.7等星并不算暗星，但鉴于该星的亮度只有其主星的1/436，因此如果我们配置的放大率不够高，是难以认出它的。

一旦认出了"猎户座βB"，可以关注一下它的颜色。在望远镜中，它的主星显然是白色的，但它自己，根据我使用100mm左右口径折射望远镜的观察经验来说，无疑带一点紫色调。当然，不同的人对颜色的感受结果也可能大不相同，所以读者可能会对此有完全不同的经验。

必看天体 940　IC 405　亚当·布洛克 /NOAO/AURA/NSF

必看天体 940	IC 405
所在星座	御夫座
赤经	5h16m
赤纬	34°16′
视径	30′×20′
类型	发射星云
别称	火焰恒星云（The Flaming Star Nebula）、科德威尔 31（Caldwell 31）

1. 译者注：这是希腊字母和拉丁字母的并列。

"火焰恒星云"这个别称的字面印象确实有些夸大了，这块位于御夫座天区之内的星云看起来其实只是一缕暗淡的微光。要定位它，可以从2.7等的御夫座ι星出发，朝东北偏东方向移动4.2°，找到"御夫座AE星"——是这颗星辐射出的能量激发了"火焰恒星云"里的气体，使后者发出光来。

大部分的发射星云发光的能量来源是自身内部的单颗亮星或者星团，此类恒星在紫外波段的辐射会激发星云里的氢原子，从而导致其辐射光子。而在"火焰恒星云"这里，"御夫座AE星"虽然是它的能量来源，却不是在它内部形成的。

在200多万年以前，"御夫座AE星"还是一颗处于M 42（本书"必看天体957"）内部的年轻、高温的恒星。它在经过与周围恒星之间的引力互动之后，被甩向了外部的空间，根据目前所见，它偶然从这块编号为IC 405的星云附近"路过"，这才让该星云中的部分物质开始发光。

这块星云是1892年2月6日被出生于德国的美国天文学家约翰·舍贝勒发现的。他当时在加利福尼亚州哈密尔顿山上的里克天文台，使用那里的150mm左右口径的反射镜拍摄了一张照片，然后在照片上发现了这个天体。而"火焰恒星云"这个名字是1903年由德国天文学家马克西米利安·沃尔夫所起。

在150mm左右口径的望远镜中，该星云的轮廓呈三角形，其中一个角正是御夫座AE星。如果想削弱该星和附近其他恒星的光，提升星云成像的对比度，那你可以加装H-β滤镜，同时改用更大口径的设备也会对此有所帮助。

必看天体 941	科林德 464
所在星座	鹿豹座
赤经	5h22m
赤纬	73°00′
星等	4.2
视径	120′
类型	疏散星团

这个星团是鹿豹座天区内的一个适合小口径设备观赏的天体。从4.3等的鹿豹座α星（中文古名为"少卫/紫微右垣六"）出发，朝东北偏北方向移动大约7°就可以找到它。对于使用鹿豹座α星作为参考星，我是犹豫的，毕竟它的亮度还比不上这个星团的总亮度，但无论如何它也是该星团附近最亮的恒星了。而若用几何图形法来寻找，不妨再找到4.6等的鹿豹座γ星，它、鹿豹座α星及这个星团组成了一个等边三角形。

这个星团的编号为"科林德464"，其视径达到2°，成员星分布稀散，且明显割裂为东、西两部分。比较亮的成员星基本在西半部，包括5颗亮于6.5等的成员星；相比之下，东半部最亮的5颗星处于6.2～7.3等。只用双筒镜就可以看到这个星团，但我更喜欢用单筒镜，配以25～50倍的放大率来欣赏它，因为这样才能充分呈现出它的立体感。

必看天体 942	IC 410
所在星座	御夫座
赤经	5h23m
赤纬	33°31′
视径	40′×30′
类型	发射星云

这处动人的星云位于4.7等的御夫座χ星（中文古名为"柱七"）的西北偏西方向2.4°处。在望远镜上加装星云滤镜，可以极大提升观赏它的效果，即使物镜口径不大也可以令它显现出丰富的细微结构。这块星云中亮度最大的区域视径约为5′，位于它的西北边缘处。如果使用300mm左右口径的设备并配以氧Ⅲ滤镜去看它，则所见会无比震撼人心。

必看天体 943	NGC 1893
所在星座	御夫座
赤经	5h23m
赤纬	33°24′
星等	7.5
视径	12′
类型	疏散星团

这个星团位于刚刚介绍过的星云IC 410之内，正是它的成员星发出的紫外辐射激发了该星云内的气体，使之发光。通过250mm左右口径并配以100倍放大率的望远镜观察这个星团可以看到大约50颗成员星不规则地散布在其视径之内。

必看天体 944	大麦哲伦云
所在星座	剑鱼座
赤经	5h24m
赤纬	−69°45′
星等	0.4
视径	650′×550′
类型	不规则星系
别称	大麦云（LMC）、大星云（Nubecula Major）

毫无疑问，居住在南半球的观测者更为幸运，因为天球的南半部比北半部精彩得多：它拥有夜空中最亮的恒星、银河系的中心点方向最好看的暗星云，以及最为辉煌的深空天体——"大麦哲伦云"。关于这个名字和该天体的实际性质，已经在讲解"小麦哲伦云"（本书"必看天体776"）时说过，这里不再赘述。

在"大麦哲伦云"所占据的天区内，光是拥有NGC编号的天体就至少有114个。其中，编号为NGC 2070的"毒蜘蛛星云"（本书"必看天体966"）是这本书里最为壮丽的深空天体之一。

假如我们所生活的行星位于"大麦哲伦云"的内部，则银河系会成为天球上第一雄伟的天体，其亮度将是−2等，长轴则有36°。

回到真实的地球，在极佳的夜空环境中，我们可以不依赖任何设备直接看到这个名为"大麦哲伦云"的星系，它最亮的部分是一个棒状结构，长轴长度和短轴长度分别约为5°和1°。在这个星棒结构之外，该星系的亮度迅速衰减，但仍然可以看到一个模糊的椭圆形状，长轴长度和短轴长度分别为6°和4°。当然，该星系的实际范围比这还要大，我们可以用双筒镜或者视场宽的单筒镜在周围天区扫视，以全面欣赏。

建议使用口径不低于150mm的望远镜并配以大约200倍的放大率，让视场慢慢地在"大麦哲伦云"的视径内反复移动。期间会遇到很多小的星云和星团，不妨停下来品味一番。若加装星云滤镜，会提升其中星云的观赏效果，但同时也会削弱星团的成像质量。

必看天体 945　M 79　亚当·布洛克 /NOAO/AURA/NSF

必看天体 945	M 79（NGC 1904）
所在星座	天兔座
赤经	5h24m
赤纬	-24°31′
星等	7.8
视径	8.7′
类型	球状星团

　　球状星团 M 79 位于天兔座这个小星座内，该星座很容易被找到，因为它就在猎户座的正南方。

　　顺便一提，M 79 也是冬季夜空中最靠南的梅西尔天体。要定位它，可以以 2.6 等的天兔座 α 星和 2.9 等的天兔座 β 星作为"指针"：从 α 星出发，向 β 星作一条连线，并继续延长 3.5°（这个距离仅略长于这两颗星的角距）即可找到。

　　M 79 属于银河系中最老（诞生最早）的那批球状星团，它距离我们约有 4 万光年，离银河系的中心则约有 6 万光年，所以在我们看来的总亮度只有 7.8 等，因此小口径的望远镜很难分辨出它的成员星。

　　使用 250mm 左右口径的设备可以看到这个视径为 8.7′ 的星团呈现出一个明亮且比较致密的核心区，但几乎看不到单颗的成员星。不过，若放大率配置到 200 倍以上，则能在该星团的边缘处分辨出一些亮度在 13 等水平上的成员星。

必看天体 946	NGC 1907
所在星座	御夫座
赤经	5h28m
赤纬	35°19′
星等	8.2
视径	6′
类型	疏散星团

这个星团位于著名的疏散星团M 38（本书"必看天体948"）的西南偏南方向0.5°处，在使用配以100倍放大率、100mm左右口径的望远镜观察时可以呈现出20多颗成员星，它们的亮度分布均匀，但要适当降低望远镜的放大率来欣赏它们。

必看天体 947	金牛座 118 号星
所在星座	金牛座
赤经	5h29m
赤纬	25°09′
星等	5.8/6.6
角距	4.8″
类型	双星

定位这处漂亮的双星很容易，它就在1.7等的金牛座β星的南侧3.5°处。其主星的光芒呈蓝白色，伴星则呈现出一种更为标准的蓝色。

必看天体 948　M 38　安东尼·阿伊奥马米蒂斯

必看天体 948	M 38（NGC 1912）
所在星座	御夫座
赤经	5h29m
赤纬	35°50′
星等	6.4
视径	21′
类型	疏散星团
别称	海星星团（The Starfish Cluster）

　　御夫座的天区内有许多壮观的疏散星团，M 38也是其中之一。该星座拥有3个被收入梅西尔深空天体目录的星团，M 38是三者中最靠西的一个。

　　使用100mm左右口径的望远镜可以在该星团大约20′的视径中看出30多颗成员星。这些成员星虽然处于一片密集的背景星场之中，但不难与背景星区分开来。如果配以更高的放大率，则还可以看到该星团的部分成员星组成了几条美丽的星链。

　　M 38的南侧0.5°处还有一个疏散星团NGC 1907（本书"必看天体946"），这两个星团看起来很像一个"低配版"的"英仙座双重星团"（本书"必看天体821"）。NGC 1907拥有25颗成员星，但如果用100mm左右口径的设备，则只能看出10多颗，它们分布在4′的视径内。

　　M 38有"海星星团"的别称，但观星爱好者们最习惯直接称呼它的梅西尔编号，而不是别称。其实，在本书介绍的天体中，还有两个以"海星"为别称的天体，那就是NGC 6544（本书"必看天体521"）和NGC 6752（本书"必看天体582"）。

必看天体 949 NGC 1931 阿尔·费拉奥米、安迪·费拉奥米 / 亚当·布洛克 /NOAO/AURA/NSF

必看天体 949	NGC 1931
所在星座	御夫座
赤经	5h31m
赤纬	34°15′
视径	4′×4′
类型	与疏散星团成协的发射星云

从5.1等的御夫座φ星（中文古名为"天潢二"）出发，朝东南偏东方向移动0.8°就可以找到这处天体。这块星云的内部包着一个极小的疏散星团，后者只有5颗亮星。通过200mm左右口径并配以200倍放大率的望远镜即可细细品味这里的风景。该星云自东北方朝西南方延展，表面亮度并不均匀。

必看天体 950	猎户座 δ 星
所在星座	猎户座
赤经	5h32m
赤纬	−0°18′
星等	2.2/6.3
角距	53″
类型	双星
别称	参宿三（Mintaka）

这处双星的定位难度属于最低级别，因为只要找到猎户座的"腰带三星"就等于找到它了：它是这三处亮星中最靠北的那处。其主星呈纯白色，伴星的亮度只有主星的2%，呈现深蓝色。其英文的别称"Mintaka"来自阿拉伯文"Al Mintakah"，意思是"腰带"。

必看天体 951	M 1（NGC 1952）
所在星座	金牛座
赤经	5h35m
赤纬	22°01′
星等	8.0
视径	6′×4′
类型	超新星遗迹
别称	蟹状星云（The Crab Nebula）

金牛座的"蟹状星云"M 1是非常适合用较小口径的望远镜欣赏的目标，也是最著名的深空天体之一。应该注意的是，虽然它的名字里带有"星云"二字，但专业天文学家已经将其归类为"超新星遗迹"。

1054年，在"金牛"靠南一侧的那只"牛角"附近出现了一颗"新"的星星[1]，它的亮度达到了金星的4倍，在此后的3个星期里它都亮得可以在白昼看到，后来逐渐变暗，但仍然在超过1年的时间里处于夜间可见的水平。

1844年，第三代罗斯伯爵威廉·帕森斯借助他那部口径超过1828mm的巨型望远镜进行观察，给

---

1. 译者注：中国古代文献称这种现象为"客星"。

M 1画了素描。其他的天文学家觉得这块云雾状的天体的形状像只螃蟹，于是称之为"蟹状星云"。

该天体正是1054年那次事件留下的痕迹，其表面亮度较高，即便是76mm左右口径的望远镜（甚至双筒镜）也有可能看到它[1]。它的总亮度为8.0等，轮廓近似椭圆形，长轴长度和短轴长度分别约6′和4′，长轴在西北—东南方向上。

定位该天体最简单的方式是以金牛座ζ星这颗发蓝光的3等星为起点，朝西北方移动1°。

必看天体 952　M 36　安东尼·阿伊奥马米蒂斯

必看天体 952	M 36（NGC 1960）
所在星座	御夫座
赤经	5h36m
赤纬	34°08′
星等	6.0
视径	12′
类型	疏散星团
别称	风车星团（The Pinwheel Cluster）

御夫座天区内有个属于梅西尔深空天体目录的"疏散星团三重奏"，其中M 36是气势相对最弱的。不过，M 36的总亮度达到6.0等，在全天区所有疏散星团中已经可以排进前1%了。只需要100mm左右口径的望远镜就可以看到它有几十颗成员星散布在直径为10′的范围内。

英国的业余天文学家杰夫·邦多诺给M 36赋予了"风车星团"的别称。我们可以挑选合适的目镜，将放大率配到100倍左右，然后试着看看该星团的成员星是否排列得像一只风车。

1.　译者注：需要在夜空环境极佳的条件下。

必看天体 953	NGC 1962
所在星座	剑鱼座
赤经	5h26m
赤纬	-68°50′
类型	发射星云
附注	与 NGC 1965、NGC 1966、NGC 1970 形成复合体

这个目标由聚集在直径为5′的天区里的4块星云组成，位于"大麦哲伦云"中心区域的北半部。使用200mm左右口径的望远镜，将放大率配低观察，可以看出NGC 1962平平的一片圆形视面；若配以200倍以上的高放大率，就可以看出NGC 1962北侧边缘的3处小星云，三者排成一个弧形。

必看天体 954	NGC 1964
所在星座	天兔座
赤经	5h33m
赤纬	-21°57′
星等	10.7
视径	5.0′×2.1′
类型	棒旋星系

该天体位于2.8等的天兔座β星的东南方1.7°处。使用300mm左右口径的望远镜观察它只能看到一团雾气包裹着一个明亮的核心。在其西北方不到2′处有一颗10.2等星SAO 170546。

必看天体 955	IC 418
所在星座	天兔座
赤经	5h28m
赤纬	-12°42′
星等	9.3
视径	12″
类型	行星状星云
别称	万花尺星云（The Spirograph Nebula）、树莓星云（The Raspberry Nebula）、变色龙星云（The Chameleon Nebula）

天兔座天区内这个深空天体拥有令人难忘的魅力，但并不是因为它有多亮或者有多大。作为一个小小的行星状星云，它的视径只有12″，亮度也仅有9.3等。它的光芒大部分来自它10.2等的中心恒星，此星藏在它云雾状的盘面之内。

由于它在大口径设备中看起来带有淡红色，因此业余天文学家们喜欢叫它"树莓星云"，不过，如果望远镜口径不足300mm，就无法觉察到这种颜色的存在。更确切地说，只有在放大率低到无法认出它的盘面的情况下，才有部分观测者会觉得这个暗淡的小光点是红色的。建议有条件的读者也降低放大率，尝试辨认这一点红。

必看天体 956　NGC 1973、NGC 1975 和 NGC 1977　彼得·斯波克斯 / 亚当·布洛克 /NOAO/AURA/NSF

必看天体 956	NGC 1973、NGC 1975 和 NGC 1977
所在星座	猎户座
赤经	5h35m
赤纬	−4°41′
视径	10′×5′
类型	发射星云和反射星云
别称	奔跑者星云（The Running Man Nebula）

　　在很多文献上，"奔跑者星云"被标出3个NGC编号，因为它其实是这3个天体的合称。使用口径不小于250mm的望远镜可以看出这块星云扁长的轮廓和斑驳的表面纹理。它内部包有两颗亮星，稍亮的是4.6等的猎户座42号星（中文古名为"伐一"），另外一颗是5.2等的猎户座45号星。

　　请挑选视场差不多正好能容纳该目标的目镜，多花一点儿时间来观察它，看看能否辨认出它的别称所指的那个"奔跑者"的形象。这个特征在照片上很明显，但通过目视观测是很难被认出来的，当然只要夜空环境够好就仍是可能的。提示一下，尝试时不要加装星云滤镜，因为这种滤镜将把该天体中属于反射星云的那部分光芒挡住，从而破坏"奔跑者"的外观，增加辨认的难度。

必看天体 957　M 42　亚当·布洛克 / 莱蒙山天空中心 / 亚利桑那大学

必看天体 957	M 42（NGC 1976）
所在星座	猎户座
赤经	5h35m
赤纬	-5°27′
星等	4.0
视径	65′×60′
类型	发射星云
别称	猎户座大星云（The Orion Nebula）

本书介绍的1001个值得此生一看的天体是按照年初到年底的顺序排列的。假如我们改用知名度来排列的话，那这里介绍的M 42恐怕会毫无疑问地排在第1位。

在人类开始使用望远镜观星之前，星图绘制者们是把这个天体当成一颗恒星来记录的。例如拜尔就在自己的《测天图》中给了它一个希腊字母编号——猎户座θ。1610年，法国的一位有钱人佩雷斯克率先看到这是一块星云。

如果不算船底座η星云（本书"必看天体164"），那么M 42就是天空中最亮的弥漫式星云了。良好的夜空环境自不必说，哪怕是中等程度光害干扰下的夜空，也不妨碍眼力好的人直接看到这个模糊的光斑。大口径的望远镜可以让我们看到它的全貌，其整体视面积达到了满月圆面的6倍。虽然无须星云滤镜也足以观赏它，但若遇到很好的夜空条件，还请记得加装星云滤镜，以便进一步提升其成像的对比度，凸显其中的明暗错杂。

在M 42的东北偏北方向仅0.1°处就是M 43，也叫"梅朗星云"，这是在纪念其发现者——法国数学家梅朗。请注意观察M 43的东侧，那里的"边缘"显得非常锐利，因为有一块暗星云遮在那里。

必看天体 958	猎户座λ星
所在星座	猎户座
赤经	5h35m
赤纬	9°56′
星等	3.6/5.5
角距	4.4″
类型	双星
别称	觜宿一（Meissa）

猎户座λ星代表着"猎人"的头部。作为一处双星，其主星呈蓝色，伴星呈灰白色。要分辨它，可以先用配以100倍放大率的望远镜，若不成，再逐渐调高。

理查德·艾伦在《星星的名字及其含义》中表示，该星获得"Meissa"这个英文别称，可能缘于词典编纂家菲鲁扎巴迪的一个失误。菲鲁扎巴迪编写过一部体量庞大的阿拉伯文字典，该书成了后来编纂欧洲文字与阿拉伯文之间的多种字典的基础资料。根据艾伦的观点，"Meissa"对应于阿拉伯文"Al Maisan"，意思是"一个骄傲前行的人"，而这个名字本来应该属于双子座γ星。

必看天体 959	NGC 1981
所在星座	猎户座
赤经	5h35m
赤纬	-4°26′
星等	4.2
视径	28′
类型	疏散星团
别称	运煤车厢星团（The Coal Car Cluster）

NGC 1981是猎户座天区内一个很容易被定位的疏散星团。我们在充分欣赏过"猎户座大星

云"M 42的风采之后，只要将视场朝北移动1°就可以找到NGC 1981。如果熟悉猎户座的艺术形象，则可以把这个星团理解为"猎人"的"宝剑"中最北端的天体。

该星团的总亮度达到了4.2等，在整个天球的疏散星团中名列第11位。此外，它的视径也很大，已经接近了满月的直径。

若使用小口径的望远镜观察它，不妨配以接近100倍的放大率。应注意把该星团的成员跟背景恒星区分开来，例如它东侧有3颗6.5等星组成了一条小弧线，但那3颗星并不是它的成员星。不过，在《天文学》杂志的特约编辑奥米拉看来，该星团正好和那3颗无关的星组成了一节旧式运煤车厢的样子，所以才给它起了"运煤车厢星团"的别称。

必看天体 960   NGC 1999   丹·辛普森、艾利卡·辛普森 / 亚当·布洛克 /NOAO/AURA/NSF

必看天体 960	NGC 1999
所在星座	猎户座
赤经	5h37m
赤纬	−6°42′
视径	2′ × 2′
类型	反射星云

NGC 1999位于3.0等的猎户座ι星（中文古名为"伐三"）的东南偏南方向0.8°处，它的主要特征是中心附近有一块不发光的遮挡物。由于这个暗区的存在，该星云乍看上去很像那种环形的行星状星云。若用配以150倍以上放大率的望远镜观察，就可以看出中间的那块不发光的物质大致是三角形的。为整个NGC 1999提供光源的变星——猎户座V380星，紧贴着这块暗星云的边缘，在其东南偏东方向。该星是十分年轻的恒星，所以NGC 1999中的反光物质其实是它生成之后剩下的"材料"。

更仔细地看，NGC 1999中的这块暗星云带有一个不规则的棒状结构，遮住了NGC 1999中心区大部分的光。它实际上属于一种叫"博克球状体"的天体——有尘埃和低温气体聚集，有可能是恒星形成区。这种天体不透光，会把它后面的景象挡住。研究这种天体的先驱是一位在荷兰出生的美国天文学家巴特·博克，于是，后来的天文学家决定将此类天体以博克命名。

必看天体 961	猎户座σ星
所在星座	猎户座
赤经	5h39m
赤纬	-2°36′
星等	4.0/7.5/6.5
角距	2.4″/58″
类型	双星

这处天体（中文古名为"参宿增一"）的类型虽然被标为"双星"，实际却是一个聚星系统，大部分观星指导列表关注的是其中最亮的3颗，但其实旁边还有1颗比较暗的星。望远镜的放大率较低时即可分辨出其中角距最大的一对，但要想看清楚角距较小的那一对，并看到另外那颗暗星，就需要至少150倍的放大率了。这4颗星都呈白色，但颜色的纯度也有微妙的差异。作为4等星，这处目标只用肉眼就可以看到，它的位置在1.7等的猎户座ζ星（本书"必看天体967"）的西南方0.8°处。

必看天体 962	NGC 2019
所在星座	山案座
赤经	5h32m
赤纬	-70°10′
星等	10.9
视径	1′
类型	球状星团

要找到这个星团，只要看向"大麦哲伦云"的棒状结构的中心即可。该星团拥有一个小而明亮的核，天文学家已经证实这个核发生过塌缩，该情况在大、小两个"麦哲伦云"内部的其他几个球状星团里也出现过。

使用200mm左右口径的望远镜可以很轻松地看到该星团有一个块状的中心区。把望远镜的放大率配置到200倍以上就可以观察这个星团不规则的外围区域，但要从其边缘分辨出单颗的恒星，则需要设备口径达到400mm。

必看天体 963	NGC 2022
所在星座	猎户座
赤经	5h42m
赤纬	9°05′
星等	11.9
视径	39″
类型	行星状星云

如果望远镜上没有自动寻星装置，我们可以利用两颗亮星来轻松定位这处行星状星云：从猎户座α星向猎户座λ星作一条连线，则该目标就在此线段的2/3处。请使用口径至少为200mm的望远镜并配以250倍以上的高放大率观赏它。若能使用400mm左右口径的设备，则还能看出它的外圈稍亮一些，使得它整体更像一个圆环，并且还可以轻松看出它的那颗亮度为15等的中心恒星。

必看天体 964	NGC 2024
所在星座	猎户座
赤经	5h42m
赤纬	−1°51′
视径	30′×30′
类型	发射星云
别称	火焰星云（The Flame Nebula）、坦克辙（The Tank Tracks）、参宿一之魂（The Ghost of Alnitak）

该星云位于"猎户座大星云"的东北偏北方向将近4°处。如果感觉这个角距太长，也可以先找到2.0等的猎户座ζ星，也就是"腰带三星"中最靠南的那颗，再朝东南方向移动仅15′即可。由于该星云离猎户座ζ星这种亮星太近，观察它时最好把望远镜的放大率配高一些，不要低于100倍，最好是200倍，以便把猎户座ζ星偏移到视场之外，免去其光芒干扰。当然，也可以试着加装星云滤镜来减弱此星的强光，但由于这颗星实在太亮，减弱的幅度依然不够。

在观察"火焰星云"时应该清楚它的视面积跟满月相仿，因此即便它的表面亮度较低，也仍有不少细节可供我们拾取，尤其是在我们的望远镜口径不小于250mm的情况下。可以首先辨认它内部一条南—北走向的暗带，然后分别在暗带的两侧多花一些时间，尽可能辨认那些云雾状光芒中的细微特征。

在欣赏这块星云之余，也一定别忘了关注一下猎户座ζ星，因为它是一处三合星，其中主要的两颗子星亮度分别为1.9等和3.4等，相距为2.6″，使用100mm左右口径的设备即可分辨。在这两颗子星旁边57″处是亮度为9.5等的第3颗子星。[1]

只要在任何一张天文照片的任何一部分里看到过NGC 2024，就不难理解它为何得到"火焰星云"这个别称。《天文学》杂志的特约编辑奥米拉还给这个天体起了3种其他的名字，但我最喜欢"参宿一之魂"。看着这个别称，不由得想起"仙女座β星之魂"（本书"必看天体784"）。

加拿大著名的天文摄影师杰克·牛顿称这个天体为"坦克辙"，因为他通过大口径望远镜看到该天体的暗带两侧的云气物质间距很规整。

必看天体 965	M 78（NGC 2068）
所在星座	猎户座
赤经	5h47m
赤纬	0°03′
视径	8′×6′
类型	反射星云

---

1. 译者注：后文提到猎户座 ζ 星时数据略有不同，疑为年份不同造成的数值差异，详见本书"必看天体 967"。

M 78是一个使用小口径望远镜就能观察的目标，同时也是夜空中最亮的反射星云。使用100mm左右口径并配以120倍放大率的望远镜可以在其坐标位置上看到一颗11等星，而此星的两侧就是M 78中最为致密的两个区域。

如果遇到极佳的夜空环境，不妨在观察M 78的时候顺便看看它西北侧仅4.5′处的NGC 2067，后者也是一块星云，但比M 78暗得多。这两块星云之间有一条暗带分隔。鉴于附近的天区缺乏背景恒星，天文学家认为M 78是被一块巨大的暗星云包围着的，这个暗星云里的物质最终也会形成新的恒星。

观察M 78不宜使用星云滤镜或深空滤镜，因为它的光芒主要来自对附近恒星的反射（因此混合着各种波长），所以滤镜只会让它显得更暗。

必看天体 966	NGC 2070
所在星座	剑鱼座
赤经	5h39m
赤纬	−69°05′
视径	30′×20′
类型	发射星云
别称	毒蜘蛛星云（The Tarantula Nebula）、剑鱼座 30 号（30 Doradus）、真爱之结（The True Lover's Knot）、科德威尔 103（Caldwell 103）

很遗憾，大部分生活在北半球的观星爱好者没有观察这处星云的经验。它虽然身处"大麦哲伦云"之内，但仍足以在中等口径的望远镜中展现自己不可思议的魅力。它的实际直径达到了1000光年，所以假如把它移到银河之内，放在与"猎户座大星云"M 42一样的距离上，它将能在我们的夜空中获得宽达20°的视径。

英国天文学家弗拉姆斯蒂德把这个天体编为"剑鱼座30号星"，他去世后，法国天文学家拉卡伊在1751年12月5日率先认识到这个天体不是恒星，而是星云。

R 136是该星云内部最亮的星团，同时也是整个天空中最引人注目的恒星形成区。该星团的60多颗成员星中，大部分在已知的大质量恒星、高温恒星、高光度恒星排行榜中名列前茅。

即使只用100mm口径的望远镜，也可以呈现出这块星云里的许多环圈和细丝，以及南—北走向的一个致密的中心棒状结构。R 136也十分醒目，它由数十颗恒星聚集在宽为1′的天区里构成。最长的一根丝状云气从这个星团的中心出发，朝南延伸了7′，然后折向东边，并朝北继续延伸了类似的长度。

在R 136的东侧，有两个港湾形状的暗区，其边界清晰，其中一个比另一个更暗。一些云气物质盘桓在这两个暗区周围，这种景象让《天体大巡礼》的作者、英国天文学家史密斯给它起了个"真爱之结"的别称。根据一些记载，16世纪的荷兰水手会打出与之类似的绳结，让自己经常想起留在家乡等待船只归航的心上人。

必看天体 967	猎户座 ζ 星
所在星座	猎户座
赤经	5h41m

赤纬	–1°57′
星等	1.9/4.0/9.9
角距	2.4″/58″
类型	双星
别称	参宿一（Alnitak）

正如猎户座δ星（本书"必看天体950"）那样，该天体也属于"猎人"的"腰带"，它是这3颗亮星中最靠东也最靠南的一颗。它本身也是一个由3颗恒星组成的聚星系统，属于"三合星"，不过只叫它"双星"同样合理：其最亮的子星呈亮蓝色，4等的伴星也呈蓝色，使用76mm左右口径并配以150倍以上放大率的望远镜就足以分辨出这两颗星；而第3颗子星离前两者约有1′远，且暗到了接近10等，虽然同为蓝色，但需要大口径的望远镜才能看到。

其英文别称"Alnitak"来自阿拉伯文"Al Nitak"，意为"腰带"。

必看天体 968　B 33　亚当·布洛克 / 莱蒙山天空中心 / 亚利桑那大学

必看天体 968	B 33
所在星座	猎户座
赤经	5h41m
赤纬	–2°28′
视径	6′×4′
类型	暗星云
别称	马头星云（The Horsehead Nebula）

如果你可以轻易找到"火焰星云"（本书"必看天体964"），那就可以寻找一下"马头星云"，它可是许多观测者心目中的高难度目标之一。这是一块轮廓带有凸起的暗星云，挡在了发射星云IC 434的前面。在它的东北方仅15′处还有一处视径为10′的圆点状亮星云NGC 2023。

曾经有人用口径仅127mm的望远镜看到了"马头星云"这块黑色的凸起物，不过，要想看出它像一只黑色的马头，则至少需要300mm口径的设备。加装一块标准的星云滤镜或深空滤镜有助于完成这一挑战，不过，若能使用"氢β"滤镜，则视觉效果会尤为理想。

必看天体 969	NGC 2090
所在星座	天鸽座
赤经	5h47m
赤纬	-34°15′
星等	11.0
视径	4.5′×2.3′
类型	旋涡星系

从2.7等的天鸽座α星出发，朝东移动1.5°就可以找到这个星系。不论望远镜的口径大小，该星系都呈现出透镜形状的外观，长轴在南—北方向上，其核心区平展且亮度均匀。它的外部还有一层很薄的弥散光晕，但需要至少300mm口径的望远镜才能看到。

必看天体 970　M 37　安东尼·阿伊奥马米蒂斯

必看天体 970	M 37（NGC 2099）
所在星座	御夫座
赤经	5h52m
赤纬	32°33′
星等	5.6
视径	20′
类型	疏散星团
别称	椒盐星团（The Salt and Pepper Cluster）

如果想在自己家里制作深空天体模型，不妨拿 M 37 来试试：在桌子上铺一张黑纸，取1/4茶勺的盐撒在上面，然后用明亮的台灯照亮这些氯化钠晶体即可。当然，这种模仿并不严格，但至少已经得其神采。

乔瓦尼·霍迪尔纳在1654年已经发现了这个星团；梅西尔则在不知情的前提下于1764年发现了它。对该星团的最佳描述或许来自《天体大巡礼》的作者史密斯："这个天体的壮观，犹如在视场内洒满了不断闪动的金粉，可以分辨出大约500颗亮度在10～14等的成员星，这还不包括外围那些边缘成员。"

不论望远镜口径大还是小，都可以看出 M 37 的成员星分布特别均匀，均匀程度超过了其他许多星团。它虽然处于银河盘面之内，但边界仍非常容易辨认。

用76mm左右口径的小望远镜即可从中认出大约50颗成员星，其中最亮的是中心点附近一颗9等的橙色星。

对大多数疏散星团来说，提高放大率配置只会让观赏效果变差，因为当影像放大之后，成员星之间也会显得更加稀散。此外，如果使用大口径的望远镜，还会呈现出更多更暗的背景星，导致越发难以分辨星团的边界在何处。

不过，这些经验都不适用于 M 37，这个"景点"适合用大口径设备来充分"挖掘"更多的成员星：使用250mm左右口径的设备有望看到200颗左右的成员星；使用400mm左右口径的设备则有望看到500颗左右的成员星。

必看天体 971	NGC 2100
所在星座	剑鱼座
赤经	5h42m
赤纬	−69°14′
星等	9.6
视径	2.8′
类型	疏散星团

这个星团位于"毒蜘蛛星云"（本书"必看天体966"）的东南偏东方向0.3°处。使用200mm左右口径的望远镜可以分辨出它外围的20多颗成员星；它的核心区比较致密，需要更高的放大率才能看出其中单颗的成员星。

必看天体 972	沙普利斯 2-276
所在星座	猎户座
赤经	5h48m
赤纬	1°00′
视径	600′×30′
类型	发射星云
别称	巴纳德环（Barnard's Loop）

这处环状的星云相当巨大——它的直径大约为10°，覆盖了一多半猎户座的"身躯"部分。要观察它，必须合理搭配望远镜和目镜，获取尽可能宽阔的视场。该天体最亮的一段在东北部，长

约6°，在西北端逐渐收束。请抓住最佳的天气时机，在良好的夜空环境下，多花一些时间来仔细寻找它的踪迹。视场如果实在不够大，也可以沿着它的亮区，缓慢移动着观察。它很不明显，即使加装了星云滤镜，也仅能收获一点弥散的光感，但只要位置对了即可。

必看天体 973	NGC 2112
所在星座	猎户座
赤经	5h54m
赤纬	0°24′
星等	8.4
视径	11′
类型	疏散星团

该星团很适合用小口径望远镜观赏，它位于猎户座，亮度约为9等，离我们有2800光年。要定位它，可以从猎户座ζ星（"腰带三星"中最靠南的那颗）出发，朝东北方移动4°。使用配以100倍放大率的100mm左右口径的望远镜可以从中看出20多颗成员星分布在直径约为8′的区域内。这些成员星分布松散，但通过明显的背景光可以推知还有数十颗更暗的、未能辨认出来的成员星。若欲一睹全貌，就需要更大口径的设备。

必看天体 974	NGC 2126
所在星座	御夫座
赤经	6h03m
赤纬	49°54′
星等	10.2
视径	6′
类型	疏散星团

在1.9等的御夫座β星（中文古名为"五车三"）和3.7等的御夫座δ星之间作一条连线，则NGC 2126就在该线段的中点上。使用150mm左右口径的望远镜可以从这个星团里看出大约20颗成员星。另外，有一颗编号为SAO 40801的6等星位于该星团的东北方3′处。

必看天体 975	NGC 2129
所在星座	双子座
赤经	6h02m
赤纬	23°19′
星等	6.7
视径	6′
类型	疏散星团

这个星团距离金牛座、猎户座、双子座3个星座的交界点不到0.5°，可以从3.3等的双子座η星出发，朝西北偏西方向移动3.3°来定位它。

使用100mm左右口径的望远镜可以从中辨认出20多颗成员星，其中最亮的是7.4等的SAO 77842。

必看天体 976	麒麟座 ε 星
所在星座	麒麟座
赤经	6h24m
赤纬	4°36′
星等	4.5/6.5
角距	13.4″
类型	双星

这处美丽且明亮的双星用任何口径的天文望远镜都可以将其分辨开来。要定位它可以以耀眼的猎户座α星当作出发点，朝东南偏东方向移动7.6°。

必看天体 977	NGC 2141
所在星座	猎户座
赤经	6h03m
赤纬	10°26′
星等	9.4
视径	10′
类型	疏散星团

这个星团位于4.1等的猎户座μ星北方0.8°处。它的成员星很多，但都太暗，聚集得也很紧，因此若想成功分辨其成员星，则需要口径达到200mm的望远镜。此时以200倍的放大率观察它，能够看到这些成员星均匀地分布着。另外，还有很多亮度处在视觉极限水平上的暗星，为这一道风景提供着曼妙的背景光，若想看清这些暗星，请使用口径不小于300mm的设备。

必看天体 978 NGC 2146 亚当·布洛克 /NOAO/AURA/NSF

必看天体 978	NGC 2146
所在星座	鹿豹座
赤经	6h19m
赤纬	78°21′
星等	10.6
视径	5.4′ × 4.5′
类型	棒旋星系
别称	脏手星系（The Dusty Hand Galaxy）

NGC 2146是一个内部有大量恒星正在爆发式生成的星系，它的周围没有什么比较亮的恒星可以作为标记，所以手动定位起来颇有难度，可以尝试从4.6等的鹿豹座γ星出发，朝东北方移动11.6°。它有一个开阔的中心区，若使用口径大于250mm的望远镜，则可以看出接近其核心处有一些斑驳感，还能看到它在接近西南方边缘处有一条纤细的暗带。

它在照片上可以呈现出一个由3条暗带组成的尘埃分布系统，目前倾向于认为这都是它的旋臂，"脏手星系"这个别称也由此而来。天文学家已经掌握了一些确凿的证据，说明该星系内部有星暴活动，例如它吹出了强烈的"星风"。通常来说，如果一个星系显示出强烈的恒星生成活动迹象，则离不开一个看起来正在被它吞噬的伴系。不过，在NGC 2146这里，目前还没有明确发现标志着此类过程的线索，但该类过程仍然是解释该星系的活动态势时最有可能被用到的依据，毕竟这一吞噬事件可能发生在很久以前，当下已难寻其痕迹了。

必看天体 979	御夫座 θ 星
所在星座	御夫座
赤经	6h00m
赤纬	37°13′
星等	2.6/7.1
角距	3.6″
类型	双星

这处双星角距较小，其两子星的亮度相差也很多，主星的亮度达到了伴星的63倍。主星的光芒呈白色，但或许也可以说带一点儿蓝色；伴星则呈明亮的橙色。

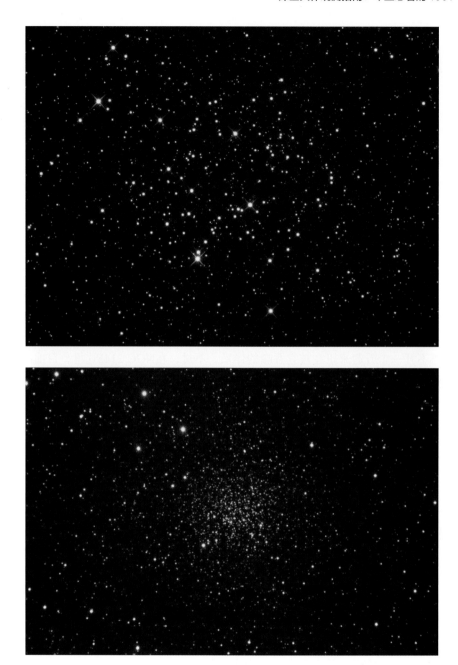

必看天体 980 M 35（上） 安东尼・阿伊奥马米蒂斯；NGC 2158（下） 亚当・布洛克 / 莱蒙山天空中心 / 亚利桑那大学

必看天体 980	M 35（NGC 2158）
所在星座	双子座
赤经	6h09m
赤纬	24°20′
星等	5.1
视径	28′
类型	疏散星团

　　"买一送一"是我们很难抵挡的诱惑,这个道理用在M 35身上也十分合适。以3.3等的双子座η星为起点,朝西北方移动2.3°即可定位到这个星团。在夜空环境极佳的时候,仅凭肉眼也可以看到它,但是用上望远镜之后,不但可以分辨出它大量的成员星,还可以看到它的"伙伴",那就是8.6等的疏散星团NGC 2158。

　　瑞士的天文学家让菲利普·谢索于1745年年底或者1746年年初发现了这个星团。英国天文学家约翰·贝维斯也在不晚于1750年的时候发现了它,因为他在1750年出版的《不列颠天文图册》中对此有所记载。梅西尔则在1764年8月30日将该星团收入自己的目录中,并且认贝维斯为其发现者。

　　M 35的成员星中,亮于9等的有20多颗,其中绝大部分位于星团中心附近。在该区域,有一条长约10′的星链,形状像一只萨克斯风。当然,其他成员星还组成了许多图形,其中有些星链总长度接近1°。再加上许多更暗的成员星,该星团的星数超过了200颗。

　　如果使用低倍的目镜,把M 35和NGC 2158同时包括在视场以内,则后者看起来会像个小绒球。当然,后者也很值得使用高放大率的望远镜单独观赏,例如在350mm左右口径并配以500倍放大率的望远镜中,它可以呈现出约30颗成员星,而若改用500mm左右口径的设备,则可以辨认出约60颗成员星。

必看天体 981	NGC 2169
所在星座	猎户座
赤经	6h08m
赤纬	13°58′
星等	5.9
视径	6′
类型	疏散星团
别称	"37"星团("37"Cluster)

　　要定位NGC 2169,可以首先找到4.4等的猎户座μ星和4.5等的猎户座ξ星(中文古名为"水府二"),然后在这两星的南侧,离两者各约0.8°处找到一个与两者共同构成一个等腰三角形的位置即可。该位置代表这个三角形的几何顶角。在夜空环境极佳时,眼力极佳的人可以直接在该位置察觉到NGC 2169的存在。

　　该星团的视径只有6′,不算很大,但其中亮于9等的星就有7颗。使用视场直径达到1°的目镜配置,可以充分欣赏它悬浮在繁华的银河背景星场中的样子,它在其中相当突出。

　　需要说明的是,它之所以被称为"37"星团,是因为在低放大率的望远镜下看时,如果以北为上,以东为左,则其中有一些成员星组成了数字"37"的图案(倒过来看也可以说组成了LE两个字母的图案)。若合理配置目镜,使望远镜的视场直径为15′左右,就能更清楚地观察这一特征。

必看天体 982   NGC 2170   G. 多克、迪克·戈达德 / 亚当·布洛克 /NOAO/AURA/NSF

必看天体 982	NGC 2170
所在星座	麒麟座
赤经	6h08m
赤纬	–6°24′
视径	2′×2′
类型	反射星云

　　NGC 2170这块反射星云是一组几块同类天体之一。我们可以从4.0等的麒麟座γ星出发，朝西移动1.8°来定位它。使用200mm左右口径的望远镜可以看到它明亮的、圆形的云雾状外观，中间还有一颗9.5等恒星。它东侧仅0.5°处是另一块反射星云NGC 2182，后者比它要暗，视径为1′，含有一颗亮度为9.3等的恒星。

必看天体 983	NGC 2175
所在星座	猎户座
赤经	6h10m
赤纬	20°30′
视径	40′×30′
类型	发射星云
别称	猴脸星云（The Monkey Face Nebula）

　　这个观赏目标是一块发射星云和一个疏散星团的复合体。天文学家赋予它们2174和2175两个NGC编号，但其中最常被欣赏的还是NGC 2175。从3.3等的双子座η星出发，朝西南方移动2.2°就可以轻松找到它。

　　这块星云位于一片繁密的星场中，外观大体呈圆形，但西侧有一处缺口。使用100mm左右口径的望远镜就能看到它，但若要完整观赏其视面，就需要口径不小于400mm的设备。有了400mm口径的望远镜之后才可能看到使它被戏称为"猴脸"的形状特征。在它中心有一颗7等星，但该星只是偶然重叠在这个位置上的，实际上它离NGC 2174更近。为了减少此星的光芒带来的影响、更好地观赏这块星云的风姿，可以加装诸如"氧Ⅲ"等种类的星云滤镜。

必看天体 984　NGC 2182　亚当·布洛克 /NOAO/AURA/NSF

必看天体 984	NGC 2182
所在星座	麒麟座
赤经	6h10m
赤纬	-6°20′
视径	2.5′×2.5′
类型	反射星云

　　这处星云位于4.0等的麒麟座γ星西侧1.3°处，它包裹着的那颗9.3等星是GSC 4795:1776。在它的东北偏东方向20′处可以找到另一块反射星云NGC 2183。

必看天体 985	NGC 2186
所在星座	猎户座
赤经	6h12m
赤纬	5°28′
星等	8.7
视径	5′
类型	疏散星团

　　这个美丽的星团在配以100倍放大率、口径为200mm左右的望远镜中可以呈现出20多颗成员

星，其中心处的一对恒星分别是9.3等和9.8等。要定位它，可以从亮达0.5等的猎户座α星出发，朝东南偏东方向移动4.6°。

必看天体 986	NGC 2188
所在星座	天鸽座
赤经	6h10m
赤纬	-34°06′
星等	11.6
视径	5.5′×0.8′
类型	棒旋星系

这个星系以侧边对着我们，其盘面与我们视线的夹角只有3°。用200mm左右口径的望远镜观察，可以看到其亮度适中且分布均匀，轮廓的长度是宽度的5倍，长轴大致在南—北方向上。若使用400mm左右口径的设备，则还可以看出其南端的轮廓被"截断"。

必看天体 987　NGC 2194　道格·马修斯 / 亚当·布洛克 /NOAO/AURA/NSF

必看天体 987	NGC 2194
所在星座	猎户座
赤经	6h14m
赤纬	12°48′
星等	8.5
视径	8′
类型	疏散星团

这个星团位于猎户座"猎人"上扬的"手臂"内，可以用4.5等的猎户座ξ星作为出发点，朝东

南偏南方向移动1.5°来找到它。它颇为明亮，因此建议用小口径望远镜来观赏。将望远镜的放大率配到150倍就能从中看到几十颗成员星，它们的亮度范围在10 ~ 13等，分布在一个直径约为6′的天区中。在该星团的中心，还有一些11等的星星紧紧扎在一起，可以尝试辨认一下。

必看天体 988	NGC 2204
所在星座	大犬座
赤经	6h16m
赤纬	−18°40′
星等	8.6
视径	10′
类型	疏散星团

定位这个星团，可以从2.0等的大犬座β星（中文古名为"军市一"）出发，朝西南偏西方向移动1.8°。使用200mm左右口径的望远镜可以从中分辨出30多颗成员星，其中最亮的一颗是8.8等的SAO 151278，位于整个星团的西北边缘处。在其西北偏北方向仅12′的地方还有一颗亮度达到6.0等的恒星SAO 151274。

必看天体 989	NGC 2207
所在星座	大犬座
赤经	6h16m
赤纬	−21°22′
星等	10.8
视径	4.8′ × 2.3′
类型	旋涡星系

从2.0等的大犬座β星出发，朝西南偏西方向移动4°就可以找到NGC 2207。这个旋涡星系正在与它11.7等的"邻居"，也是另一个旋涡星系IC 2163发生相互作用。在250mm左右口径的望远镜中，它呈现出一个明亮的核心及一层薄薄的光晕，其长轴处在东—西方向上。IC 2163就在它东侧1′处，呈现为一个比较致密的光斑，视径为2′。

必看天体 990	NGC 2214
所在星座	剑鱼座
赤经	6h13m
赤纬	−68°16′
星等	10.9
视径	3.6′
类型	疏散星团

这个小星团位于"大麦哲伦云"的东北偏东方向4.5°处。为了更准确地定位它，可以从5.1等的剑鱼座ν星出发，往东北偏北方向移动0.7°。在100mm左右口径的望远镜中，该星团呈现为一团明亮的"雾气"；即便使用300mm左右口径的设备，也仅能在其边缘区域分辨出单颗的成员星，再向里边的区域观测便很难分辨出成员星。

必看天体 991	双子座 9 ~ 12 号星团
所在星座	双子座
赤经	6h18m
赤纬	23°38′
类型	星群

　　这处适合用小口径望远镜欣赏的目标拥有一个罕见的名称格式，它并不是特指某一天体的编号，而是4颗星的编号组合。这种以星座名加上自然数的编号法来自英国的皇家天文学家弗拉姆斯蒂德，他在巡礼各个星座的过程中，给相对较亮的恒星编了这种号码，其编号数字在每个星座之内均按照赤经坐标由小往大的顺序排列，共编目恒星2554颗。

　　如今，大多数恒星的弗拉姆斯蒂德编号已不再被专业天文学家使用，但也有一些著名的例外，例如：天鹅座61号星是最早被人类测定出自行速度的恒星之一；飞马座51号星是人类发现的第一颗拥有类地行星的"类太阳恒星"；而所谓"杜鹃座47号星"（也叫NGC 104，本书"必看天体755"）则是夜空中第二亮的球状星团。

　　这里要说的4颗恒星当然就是双子座的9号、10号、11号、12号，它们的亮度分别为6.3等、6.6等、6.9等、7.0等。这4颗星组成的小星团总亮度为5.7等，它们作为星团，在科林德的目录里被编为第89号。要找到它们，可以从2.9等的双子座μ星（中文古名为"井宿一"）出发，朝西北方移动大约1.5°。这个星团的视径达到1°，适合使用双筒镜欣赏。

必看天体 992	NGC 2215
所在星座	麒麟座
赤经	6h21m
赤纬	-7°17′
星等	8.4
视径	10′
类型	疏散星团

　　该星团位于4.2等的麒麟座β星的西侧2°处。使用150mm左右口径的望远镜观察它可以看到大约25颗成员星，它们的亮度相差不大，分布也比较均匀，因此特别容易让我们联想成某些图形。不妨试试，能否从中看出一个弯曲的"字母M"。

必看天体 993	NGC 2217
所在星座	大犬座
赤经	6h22m
赤纬	-27°14′
星等	10.2
视径	5.0′×4.5′
类型	旋涡星系

　　这个星系位于3.0等的大犬座ζ星（中文古名为"孙增一"）北侧3°处。使用300mm左右口径并配以250倍放大率的望远镜可以看出它的一个短棒状结构，其长轴在东—西方向上。该星系的中心区表面亮度分布均匀，在南、北两侧还有望呈现出暗弱的光晕。

必看天体 994	NGC 2232
所在星座	麒麟座
赤经	6h27m
赤纬	−4°45′
星等	3.9
视径	29′
类型	疏散星团

在各个观星条件良好的地方，都有望仅凭肉眼就直接在夜空中看到这个星团。其中心恒星是亮度为5.1等的麒麟座10号星。使用150mm左右口径并配以100倍放大率的望远镜可以看到10余颗成员星，这些星星分布区域的长轴在南—北方向上。若使用300mm左右口径的设备，则还可以从中看出几十颗更暗的成员星。

必看天体 995	麒麟座 β 星
所在星座	麒麟座
赤经	6h29m
赤纬	−7°02′
星等	4.7/5.2
角距	7.3″
类型	双星

这是一处让人看不厌的目标，它其实是由3颗恒星组成的聚星，亮度分别为4.7等、5.2等和6.1等，可以按天文学家的做法将其分别称为A星、B星和C星。其中，A—B对的角距为7″，B—C对的角距为3″，A—C对的角距为10″。这3颗星都呈白色。

必看天体 996　NGC 2236　马克·韦塞尔斯、帕特里夏·韦塞尔斯 / 亚当·布洛克 /NOAO/AURA/NSF

必看天体 996	NGC 2236
所在星座	麒麟座
赤经	6h30m
赤纬	6°50′
星等	8.5
视径	6′
类型	疏散星团

从4.5等的麒麟座ε星（中文古名为"四渎四"）出发，朝东北偏北方向移动2.7°就可以找到这个星团。使用150mm左右口径的望远镜观察它可以看出20多颗分布不均匀的成员星。星团中心位置有一颗9等星，被众多更暗的"同伴"包围着。

必看天体 997　NGC 2237、NGC 2238 和 NGC 2239　亚当·布洛克 /NOAO/AURA/NSF

必看天体 997	NGC 2237、NGC 2238 和 NGC 2239
所在星座	麒麟座
赤经	6h32m
赤纬	5°03′
视径	80′×60′
类型	发射星云
别称	玫瑰星云（The Rosette Nebula）、科德威尔 49（Caldwell 49）

绝大多数观星人把壮观的"玫瑰星云"视为单一的深空天体，但它当初并不是一次就被完整发现的。

1784年，威廉·赫舍尔发现了疏散星团NGC 2244（本书"必看天体999"），这个仅凭肉眼就能看到的星团位于"玫瑰星云"的正中。据说1830年约翰·赫舍尔发现了N 2239，而此人的父亲正是天王星的发现者威廉·赫舍尔。1864年，德国天文学家阿尔伯特·马尔斯发现了NGC 2238，但此时对这处景观的发现仍未完成。美国天文学家刘易斯·斯威夫特分别于1883年和1886年发现了NGC 2237和NGC 2246。

在深暗的夜空之下，首先可以注意到NGC 2244。使用100mm左右口径的望远镜观察它可以看到其轮廓为椭圆形，长轴在西北—东南方向上，并且可以分辨出20多颗成员星，其中有五六颗成员星的亮度高于8等。若用更大口径的设备，则还可以看出不计其数的暗弱背景星。

要想尽情地欣赏玫瑰星云，使用的望远镜应配置50倍的放大率，并加装星云滤镜以减轻来自NGC 2244的星光干扰。玫瑰星云的西侧比东侧稍亮一些，其环形结构的内侧边界显得相当平滑，略带一些常见于贝壳花纹上的那种波浪感，外侧边界则呈纤薄状，在西北方向延伸较多。该星云的东侧则比西侧更宽，边界总体上模糊，但在北侧非常清晰。

玫瑰星云虽然是一块发射星云，但我们也能通过望远镜注意到，有许多小块的暗星云叠加在它那发光的视面之上。

必看天体 998	NGC 2243
所在星座	大犬座
赤经	6h30m
赤纬	−31°17′
星等	9.4
视径	13′
类型	疏散星团

这个暗弱的星团藏在3.0等的大犬座ζ星的东南偏东方向2.3°处。使用200mm左右口径的望远镜可以看出10多颗成员星飘浮在一块模糊的背景微光之上；使用400mm左右口径的设备则可以看到30颗左右的成员星，但仍然很难将它们分辨开。

必看天体 999	NGC 2244
所在星座	麒麟座
赤经	6h32m
赤纬	4°52′
星等	4.8
视径	23′
类型	疏散星团
别称	科德威尔 50（Caldwell 50）

这个疏散星团与"玫瑰星云"（本书"必看天体997"）成协。在夜空环境极佳的情况下，不难仅凭肉眼直接看到它。使用150mm左右口径的望远镜就可以从中看出20多颗明亮的成员星及大约100颗更暗的成员星。它有五六颗成员星的亮度超过了8等。该星团的主要成员星聚集在一个椭圆形的区域内，该区域的长轴在西北—东南方向上。

必看天体 1000	NGC 2251
所在星座	麒麟座
赤经	6h35m
赤纬	8°22′
星等	7.3
视径	10′
类型	疏散星团

　　本书到这里已经介绍到第1000个天体了。从0.5等的猎户座α星（中文古名为"参宿四"）出发，朝东移动9.8°就可以定位到它。它是个明亮的疏散星团，即使在只有100mm左右口径的望远镜中也显得颇为精彩。若把放大率配置到100倍观察，则可以看到20多颗成员星杂乱地分布着且亮度差异很大。如果改用200mm左右口径的设备，则可以分辨出大约50颗成员星。

必看天体 1001　NGC 2261　卡罗尔·韦斯特法尔 / 亚当·布洛克 /NOAO/AURA/NSF

必看天体 1001	NGC 2261
所在星座	麒麟座
赤经	6h39m
赤纬	8°44′
视径	3.5′ × 1.5′
类型	发射星云和反射星云
别称	哈勃变光星云（Hubble's Variable Nebula）、科德威尔 46（Caldwell 46）

　　不知不觉就到了本书的结尾了。为了做个强有力的收束，我在此选择了NGC 2261，这个目标用76mm左右口径的望远镜也能看到，当然如果想看得很清楚、很立体，最好还是使用口径至少

300mm的望远镜并配以250倍的放大率。

　　它也叫"哈勃变光星云"，是一块与"麒麟座R星"这颗变星共存的、颇有魅力的反射星云。它的轮廓是三角形的，并且酷似彗星，其"彗头"指向南边。它的视面亮度相当均匀、边界清晰，唯独北侧"彗尾"是"淡出"的。

　　至于这块星云反射的光为何会变化，最新的理论认为：在离麒麟座R星很近的地方有一些由不透明的尘埃组成的致密小团块飘过，它们在反射星云所含的颗粒物质上投下了缓慢移动的阴影，让这些负责反射恒星光芒的主力物质外观有所改变。

　　这处星云是威廉·赫舍尔于1783年发现的。它的别称显然来自美国的天文学家哈勃，他从1916年起就经常在威斯康星州的叶凯士天文台研究这个天体。

　　这里还要附加一些"冷知识"：加州理工学院的资料显示，这个天体也是帕洛玛天文台那部口径达5080mm的"海尔望远镜"拍摄的第一个目标——那是1946年1月26日，哈勃亲自坐进了位于这部巨型望远镜第一焦点处的安全笼，该设备的第一张天文照片随之诞生。